现代电子机械工程丛书

天线系统结构

郑元鹏　刘国玺　王从思　伍　洋
郝会乾　周昊天　董长胜　宁晓磊　著

电子工业出版社
Publishing House of Electronics Industry
北京·BEIJING

内 容 简 介

本书是一本关于反射面天线系统结构的著作，是作者近二十年从事天线系统结构工作的研究成果和实际工程经验的总结。全书共九章，具体内容包括绪论、反射面天线结构、天线座结构、天线系统结构仿真分析、天线系统结构机电综合设计、天线系统结构电磁屏蔽设计、复合材料在天线系统中的应用、天线系统结构测量与标校、天线系统结构状态监测与故障诊断。所涉及的专业主要有：机械结构、工程力学、电磁理论、自动控制、复合材料、工程测量和故障诊断等。本书所给出的大部分案例及研究成果均已应用于重大项目和实际工程，产生了良好的社会效益和经济效益。

本书可供从事雷达通信及射电天文领域从事天线设计研发的工程技术人员阅读，同时也可作为高等院校相关专业教师和学生的参考书。

未经许可，不得以任何方式复制或抄袭本书之部分或全部内容。
版权所有，侵权必究。

图书在版编目（CIP）数据

天线系统结构 / 郑元鹏等著. -- 北京 ：电子工业出版社，2025. 4. -- （现代电子机械工程丛书）.
ISBN 978-7-121-50024-4

Ⅰ．TN82

中国国家版本馆 CIP 数据核字第 20255LA046 号

责任编辑：雷洪勤
印　　刷：北京雁林吉兆印刷有限公司
装　　订：北京雁林吉兆印刷有限公司
出版发行：电子工业出版社
　　　　　北京市海淀区万寿路 173 信箱　邮编　100036
开　　本：787×1 092　1/16　印张：20.5　字数：564.2 千字
版　　次：2025 年 4 月第 1 版
印　　次：2025 年 4 月第 1 次印刷
定　　价：98.00 元

凡所购买电子工业出版社图书有缺损问题，请向购买书店调换。若书店售缺，请与本社发行部联系，联系及邮购电话：（010）88254888，88258888。
质量投诉请发邮件至 zlts@phei.com.cn，盗版侵权举报请发邮件至 dbqq@phei.com.cn。
本书咨询联系方式：leihq@phei.com.cn。

现代电子机械工程丛书
编委会

主　任：段宝岩

副主任：胡长明

编委会成员：

季　馨	周德俭	程辉明	周克洪	赵亚维
金大元	陈志平	徐春广	杨　平	訾　斌
刘　胜	钱吉裕	叶渭川	黄　进	郑元鹏
潘开林	邵晓东	周忠元	王文利	张慧玲
王从思	陈　诚	陈　旭	王　伟	赵鹏兵
陈志文				

丛书序
Preface

电子机械工程的主要任务是进行面向电性能的高精度、高性能机电装备机械结构的分析、设计与制造技术的研究。

高精度、高性能机电装备主要包括两大类：一类是以机械性能为主、电性能服务于机械性能的机械装备，如大型数控机床、加工中心等加工装备，以及兵器、化工、船舶、农业、能源、挖掘与掘进等行业的重大装备，主要是运用现代电子信息技术来改造、武装、提升传统装备的机械性能；另一类则是以电性能为主、机械性能服务于电性能的电子装备，如雷达、计算机、天线、射电望远镜等，其机械结构主要用于保障特定电磁性能的实现，被广泛应用于陆、海、空、天等各个关键领域，发挥着不可替代的作用。

从广义上讲，这两类装备都属于机电结合的复杂装备，是机电一体化技术重点应用的典型代表。机电一体化（Mechatronics）的概念，最早出现于 20 世纪 70 年代，其英文是将 Mechanical 与 Electronics 两个词组合而成，体现了机械与电技术不断融合的内涵演进和发展趋势。这里的电技术包括电子、电磁和电气。

伴随着机电一体化技术的发展，相继出现了如机-电-液一体化、流-固-气一体化、生物-电磁一体化等概念，虽然说法不同，但实质上基本还是机电一体化，目的都是研究不同物理系统或物理场之间的相互关系，从而提高系统或设备的整体性能。

高性能机电装备的机电一体化设计从出现至今，经历了机电分离、机电综合、机电耦合等三个不同的发展阶段。在高精度与高性能电子装备的发展上，这三个阶段的特征体现得尤为突出。

机电分离（Independent between Mechanical and Electronic Technologies，IMET）是指电子装备的机械结构设计与电磁设计分别、独立进行，但彼此间的信息可实现在（离）线传递、共享，即机械结构、电磁性能的设计仍在各自领域独立进行，但在边界或域内可实现信息的共享与有效传递，如反射面天线的机械结构与电磁、有源相控阵天线的机械结构-电磁-热等。

需要指出的是，这种信息共享在设计层面仍是机电分离的，故传统机电分离设计固有的诸多问题依然存在，最明显的有两个：一是电磁设计人员提出的对机械结构设计与制造精度的要求往往太高，时常超出机械的制造加工能力，而机械结构设计人员只能千方百计地满足其要求，带有一定的盲目性；二是工程实际中，又时常出现奇怪的现象，即机械结构技术人员费了九牛二虎之力设计、制造出的满足机械制造精度要求的产品，电性能却不满足；相反，机械制造精度未达到要求的产品，电性能却能满足。因此，在实际工程中，只好采用备份的办法，最后由电调来决定选用哪一个。这两个长期存在的问题导致电子装备研制的性能低、周期长、成本高、结构笨重，这已成为制约电子装备性能提升并影响未来装备研制的瓶颈。

随着电子装备工作频段的不断提高，机电之间的互相影响越发明显，机电分离设计遇到的问题越来越多，矛盾也越发突出。于是，机电综合（Syntheses between Mechanical and Electronic Technologies，SMET）的概念出现了。机电综合是机电一体化的较高层次，它比机电分离前进了一大步，主要表现在两个方面：一是建立了同时考虑机械结构、电磁、热等性能的综合设计的数学模型，可在设计阶段有效消除某些缺陷与不足；二是建立了一体化的有限元分析模型，如在高密度机箱机柜分析中，可共享相同空间几何的电磁、结构、温度的数值分析模型。

自 21 世纪初以来，电子装备呈现出高频段、高增益、高功率、大带宽、高密度、小型化、快响应、高指向精度的发展趋势，机电之间呈现出强耦合的特征。于是，机电一体化迈入了机电耦合（Coupling between Mechanical and Electronic Technologies，CMET）的新阶段。

机电耦合是比机电综合更进一步的理性机电一体化，其特点主要包括两点：一是分析中不仅可实现机械、电磁、热的自动数值分析与仿真，而且可保证不同学科间信息传递的完备性、准确性与可靠性；二是从数学上导出了基于物理量耦合的多物理系统间的耦合理论模型，探明了非线性机械结构因素对电性能的影响机理。其设计是基于该耦合理论模型和影响机理的机电耦合设计。可见，机电耦合与机电综合相比具有不同的特点，并且有了质的飞跃。

从机电分离、机电综合到机电耦合，机电一体化技术发生了鲜明的代际演进，为高端装备设计与制造提供了理论与关键技术支撑，而复杂装备制造的未来发展，将不断趋于多物理场、多介质、多尺度、多元素的深度融合，机械、电气、电子、电磁、光学、热学等将融于一体，巨系统、极端化、精密化将成为新的趋势，以机电耦合为突破口的设计与制造技术也将迎来更大的挑战。

随着新一代电子技术、信息技术、材料、工艺等学科的快速发展，未来高性能电子装备的发展将呈现两个极端特征：一是极端频率，如对潜通信等应用的极低频段，天基微波辐射天线等应用的毫米波、亚毫米波乃至太赫兹频段；二是极端环境，如南北极、深空与临近空间、深海等。这些都对机电耦合理论与技术提出了前所未有的挑战，亟待开展如下研究。

第一，电子装备涉及的电磁场、结构位移场、温度场的场耦合理论模型（Electro-Mechanical Coupling，EMC）的建立。因为它们之间存在相互影响、相互制约的关系，需在已有基础上，进一步探明它们之间的影响与耦合机理，廓清多场、多域、多尺度、多介质的耦合机制，以及多工况、多因素的影响机理，并将其表示为定量的数学关系式。

第二，电子装备存在的非线性机械结构因素（结构参数、制造精度）与材料参数，对电子装备电磁性能影响明显，亟待进一步探索这些非线性因素对电性能的影响规律，进而发现它们对电性能的影响机理（Influence Mechanism，IM）。

第三，机电耦合设计方法。需综合分析耦合理论模型与影响机理的特点，进而提出电子装备机电耦合设计的理论与方法，这其中将伴随机械、电子、热学各自分析模型以及它们之间的数值分析网格间的滑移等难点的处理。

第四，耦合度的数学表征与度量。从理论上讲，任何耦合都是可度量的。为深入探索多物理系统间的耦合，有必要建立一种通用的度量耦合度的数学表征方法，进而导出可定量计算耦合度的数学表达式。

第五，应用中的深度融合。机电耦合技术不仅存在于几乎所有的机电装备中，而且在高端装备制造转型升级中扮演着十分重要的角色，是迭代发展的共性关键技术，在装备制造业的发展中有诸多重大行业应用，进而贯穿于我国工业化和信息化的整个历史进程中。随着新科技革命与产业变革的到来，尤其是以数字化、网络化、智能化为标志的智能制造的出现，工业化和信息化的深度融合势在必行，而该融合在理论与技术层面上则体现为机电耦合理论的应用，由此可见其意义深远、前景广阔。

本丛书是在上一次编写的基础上进行进一步的修改、完善、补充而成的，是从事电子机械工程领域专家们集体智慧的结晶，是长期工作成果的总结和展示。专家们既要完成繁重的科研任务，又要于百忙中抽时间保质保量地完成书稿，工作十分辛苦。在此，我代表丛书编委会，向各分册作者与审稿专家深表谢意！

丛书的出版，得到了电子机械工程分会、中国电子科技集团公司第十四研究所等单位领导的大力支持，得到了电子工业出版社及参与编辑们的积极推动，得到了丛书编委会各位同志的热情帮助，借此机会，一并表示衷心感谢！

中国工程院院士
中国电子学会电子机械工程分会主任委员　段宝岩

2024 年 4 月

前言

在古代，人们通过击鼓、烽火、鸿雁等方式传递信息，但信息传递的距离和效率受到诸多限制。随着电磁波的发现，通信技术迎来了革命性的突破。利用传输线并通过电信号传递信息的方式称为有线传输；而无需传输线、依靠自由空间中传播的电磁波传递信息的方式则称为无线传输，俗称"无线电"。天线作为能够有效辐射或接收空间电磁波的装置，成为各种无线电系统或设备中不可或缺的组成部分。

天线技术的发展与电子学技术的进步密不可分。1873年，麦克斯韦发表了严格的电磁理论，为天线技术奠定了理论基础；1901年，马可尼首次实现了跨越大西洋的无线电通信，为天线的应用开辟了广阔前景；第二次世界大战期间，雷达的出现推动了各种新型微波天线的快速发展。

天线形式多样，种类繁多。在实际工程中，选择哪种类型的天线主要取决于特定应用场合下的电气和机械要求。例如，按工作性质可分为发射天线和接收天线；按用途可分为通信天线、雷达天线、广播天线等；按频段则可分为长波天线、中波天线、短波天线和微波天线等。为便于学习天线的基本原理，通常将天线按结构形状划分为线天线和面天线。

线天线是由导线构成的天线，如振子天线、螺旋天线、八木天线等；面天线则是由金属曲面或特殊形状介质体构成的天线，如喇叭天线、反射面天线、透镜天线等。其中，反射面天线因其强方向性而广泛应用于通信、雷达、测控和射电天文等领域。本书将重点介绍反射面天线系统的结构及相关专业技术内容。

国内最早的天线结构书籍是1963年由王寿尊先生编写的《雷达天线结构设计》。1980年，国防工业出版社出版了《伺服机械结构》（包括《伺服系统基本原理》《伺服机械传动装置》和《天线座结构设计》）。1986年，叶尚辉先生与李在贵教授编写了《天线结构设计》，吴凤高教授编写了《天线座结构设计》。这些教科书成为天线系统结构领域的经典之作，指导了几代天线结构技术人员。此后，段宝岩教授撰写了《天线结构分析、优化与测量》《电子装备机电耦合理论、方法及应用》等著作，开拓了电子装备机电耦合的新领域，极大地推动了天线结构技术的发展。

在过去的二十多年里，我们先后承担了多个国家重大项目以及SKA国际大科学工程中的天线研制任务，积累了丰富的实践经验。本书的编写初衷是将工程中常见的实用技术加以归纳总结，供同行交流学习。此外，我们还借鉴和参考了国外经典教材和书籍，在此向相关作者表示由衷的感谢。

随着多元化需求的驱动，天线结构形式也朝着多样化方向发展。特别是近年来，一些新结构、新机构和新体制的出现，大幅提升了天线的性能。本书第1～3章对天线结构技术进行了系统归纳和总结，所列举的案例均经过实际工程验证。天线系统在运行过程中需承受多种载荷，因此需要进行科学的力学分析，同时，天线结构是为实现电性能服务的，具有机电强耦合的特点，本书第4、5章对此进行了详细论述，并列举了大量工程应用案例。对于应用于射电天文领域及复杂环境下的天线，需具备很高的电磁屏蔽与电磁兼容性能，第6章介绍了天线系统的电磁屏蔽结构设计。随着复合材料技术的发展，其在天线系统中的应用日益广泛，尤其在一些具有特殊需求的天线部件及天线罩上成效显著，第7章对此进行了详细阐述。第8、9章结合最新技术发展，分别论述了天线系统结构测量与标校、状态监测与故障诊断等内容。

本书的撰写得到了中国电子科技集团公司第五十四研究所的大力支持，许多内容源自同事的工作总结与技术报告，在此向他们表示深深的谢意。

由于时间仓促，加之作者水平和能力有限，书中难免存在错误和不妥之处，敬请广大读者批评指正。

目录

第1章　绪论 ··· 1
　1.1　天线类型与天线系统构成 ··· 1
　　　1.1.1　天线类型 ··· 1
　　　1.1.2　天线系统构成 ··· 4
　1.2　天线系统性能指标 ··· 4
　　　1.2.1　天线系统电磁性能 ·· 4
　　　1.2.2　天线系统机械性能 ·· 9
　　　1.2.3　天线系统伺服性能 ·· 11
　1.3　天线系统结构概述 ··· 14
第2章　反射面天线结构 ·· 16
　2.1　反射面天线类型 ·· 16
　　　2.1.1　前馈天线 ·· 16
　　　2.1.2　偏馈天线 ·· 17
　　　2.1.3　后馈天线 ·· 19
　2.2　天线结构构成 ··· 22
　　　2.2.1　反射面结构 ··· 23
　　　2.2.2　反射面背架结构 ·· 30
　　　2.2.3　馈源（副反射体）支撑结构 ··· 34
　　　2.2.4　馈源网络结构 ··· 35
　　　2.2.5　频段切换机构 ··· 41
　　　2.2.6　波束波导结构 ··· 50
　2.3　结构误差分析 ··· 51
　　　2.3.1　误差对电性能的影响 ··· 51
　　　2.3.2　误差来源与控制方法 ··· 54
　2.4　结构保型设计 ··· 56
　　　2.4.1　保型设计原理 ··· 56
　　　2.4.2　设计应用实例 ··· 56
　2.5　主动反射面 ·· 59
　　　2.5.1　主动反射面补偿方法 ··· 59
　　　2.5.2　促动器设计 ··· 60
　2.6　天线结构涂层与防护 ··· 63

- 2.6.1 天线结构防护特点 ·· 63
- 2.6.2 天线结构防护涂层材料 ·· 64
- 2.7 天线结构发展与新技术 ·· 65

第3章 天线座结构 ·· 68
- 3.1 天线座结构类型 ·· 68
  - 3.1.1 AE型天线座 ··· 69
  - 3.1.2 XY型天线座 ··· 74
  - 3.1.3 多轴天线座 ·· 76
  - 3.1.4 并联机构天线座 ··· 77
  - 3.1.5 选型与应用实例 ··· 79
- 3.2 天线座结构设计 ·· 81
  - 3.2.1 载荷计算 ··· 81
  - 3.2.2 驱动系统 ··· 84
  - 3.2.3 轴角单元 ··· 87
  - 3.2.4 电缆卷绕机构 ·· 89
  - 3.2.5 安全保护装置 ·· 90
  - 3.2.6 典型装置应用 ·· 91
- 3.3 轴系误差 ·· 94
  - 3.3.1 轴系误差对指向精度的影响 ·· 94
  - 3.3.2 轴系误差控制方法 ··· 96
- 3.4 天线座安装与调试 ··· 97
- 3.5 结构柔性与控制方法 ··· 99
  - 3.5.1 柔性体补偿 ·· 99
  - 3.5.2 风载荷的影响及控制方法 ··· 99
  - 3.5.3 温度载荷的影响及控制方法 ·· 100

第4章 天线系统结构仿真分析 ·· 102
- 4.1 仿真分析的基本内容 ··· 102
  - 4.1.1 静力分析 ··· 104
  - 4.1.2 动力学分析 ·· 107
  - 4.1.3 机电联合仿真分析 ··· 113
- 4.2 仿真模型建立方法 ··· 120
  - 4.2.1 载荷计算与工况 ··· 122
  - 4.2.2 边界条件设置 ·· 138
  - 4.2.3 单元选择与网格划分 ·· 142
  - 4.2.4 模型精度与分级 ··· 145
- 4.3 测试与模型修正 ·· 146
  - 4.3.1 静态刚度测试与模型修正 ··· 147
  - 4.3.2 动态性能测试与模型修正 ··· 147

第5章 天线系统结构机电综合设计 ·149

5.1 概述 ·149
5.2 天线结构误差因素与电性能的机电耦合模型 ·149
- 5.2.1 理想反射面天线远场计算 ·149
- 5.2.2 主反射面变形的影响 ·151
- 5.2.3 馈源位置误差的影响 ·152
- 5.2.4 馈源指向误差的影响 ·152
- 5.2.5 反射面天线机电耦合模型 ·153
- 5.2.6 机电场耦合模型求解 ·154
- 5.2.7 数值算例对比与工程应用案例 ·156

5.3 天线机电综合优化设计 ·159
- 5.3.1 保型设计要点分析 ·159
- 5.3.2 机电综合优化设计模型 ·161
- 5.3.3 基于主动面调整的综合优化 ·163
- 5.3.4 基于馈源补偿的综合优化 ·166
- 5.3.5 工程应用案例 ·167

5.4 面天线机电性能综合分析系统 ·172
- 5.4.1 模块结构 ·172
- 5.4.2 工作流程 ·173
- 5.4.3 功能设计 ·174
- 5.4.4 前后处理 ·175

第6章 天线系统结构电磁屏蔽设计 ·178

6.1 概述 ·178
6.2 屏蔽效能 ·180
6.3 屏蔽效能测试方法 ·182
6.4 屏蔽结构设计 ·184
- 6.4.1 舱室结构屏蔽 ·184
- 6.4.2 机柜屏蔽 ·188
- 6.4.3 电机屏蔽 ·189
- 6.4.4 轴角装置屏蔽 ·192
- 6.4.5 照明设备、探头、传感器屏蔽 ·192

6.5 工程应用案例 ·193
- 6.5.1 驱动机柜屏蔽设计 ·195
- 6.5.2 轴角装置屏蔽设计 ·200

第7章 复合材料在天线系统中的应用 ·206

7.1 概述 ·206
7.2 复合材料天线反射面 ·208
- 7.2.1 碳纤维反射面结构与材料设计 ·208
- 7.2.2 高精度碳纤维反射面技术进展 ·214

    7.2.3　频率选择反射面结构与材料设计 ································ 220
  7.3　复合材料天线支撑结构 ·· 223
    7.3.1　碳纤维桁架结构与材料设计 ·· 223
    7.3.2　碳纤维腔体结构与材料设计 ·· 225
    7.3.3　介质撑杆结构与材料设计 ·· 235
  7.4　复合材料在天线罩中的应用 ·· 236
    7.4.1　低插损天线罩结构与材料设计 ····································· 238
    7.4.2　耐大功率天线罩结构与材料设计 ·································· 242
    7.4.3　防弹天线罩结构与材料设计 ·· 245
    7.4.4　隐身天线罩结构与材料设计 ·· 251

第8章　天线系统结构测量与标校 ··· 256
  8.1　结构谐振频率测量 ·· 256
    8.1.1　模态测试法 ·· 257
    8.1.2　扫频法 ··· 258
  8.2　反射面结构测量 ··· 259
    8.2.1　面形精度测量 ··· 259
    8.2.2　位置精度测量 ··· 263
  8.3　天线座结构测量 ··· 265
    8.3.1　轴系精度测量 ··· 265
    8.3.2　轴角精度测量 ··· 270
  8.4　天线系统标校 ··· 271
    8.4.1　指向精度及误差源分析 ·· 272
    8.4.2　标校塔法指向标校 ··· 274
    8.4.3　射电源法指向标校 ··· 278

第9章　天线系统结构状态监测与故障诊断 ·· 285
  9.1　常见故障与典型案例 ·· 285
    9.1.1　驱动传动系统故障 ··· 285
    9.1.2　轴角系统故障 ··· 287
    9.1.3　构件失效故障 ··· 287
  9.2　状态监测系统 ··· 288
    9.2.1　监测系统组成与原理 ··· 288
    9.2.2　关键技术 ·· 289
    9.2.3　工程实例 ·· 295
  9.3　故障诊断技术 ··· 301
    9.3.1　信号采集与预处理 ··· 301
    9.3.2　故障特征提取与选择 ··· 305
    9.3.3　典型天线部件故障诊断 ··· 309

参考文献 ·· 313

第 1 章 绪论

天线作为无线传输系统的关键设备,是一种具有空间选择性、能够实现空间电磁波与导行电磁波转换的装置,通常将辐射或接收无线电波的装置称为天线。一般而言,天线具有四项最基本的要求:①为了完成高频电流与空间电波之间的能量转换,要求天线与它的源或负载具有良好的匹配;②天线应只向所需要的方向辐射或接收电磁波,而减少其他方向的干扰和噪声,这称为天线的方向特性;③天线应能发射或接收预定极化的电磁波;④天线应有足够的工作频率范围。

1.1 天线类型与天线系统构成

1.1.1 天线类型

天线应用领域广泛,种类繁多,类型划分有多种方式。按照工作性质,天线可分为发射天线、接收天线和收发共用天线;按照用途,天线可分为通信天线、雷达天线、测控天线、侦收对抗天线等;按照工作频段,天线可分为长波天线、中波天线、短波天线、微波天线等;按照辐射方式,天线可分为线天线、孔径天线、阵列天线等;按照天线的载体,天线可分为手持设备天线、固定站天线、车载天线、船载天线、机载天线和星载天线等。

无论哪种形式的天线,都与电磁波的频率或波长密不可分,电磁频谱的波段划分以及名称如表 1-1 所示。

表 1-1 电磁频谱的波段划分和波段的命名

频带名称	频率范围	波段名称	波长范围
低频(LF)	30～300kHz	长波	10～1km
中频(MF)	300～3000kHz	中波	1000～100m
高频(HF)	3～30MHz	短波	100～10m
甚高频(VHF)	30～300MHz	米波	10～1m
特高频(UHF)	300～3000MHz	分米波	10～1dm
超高频(SHF)	3～30GHz	厘米波	10～1cm

续表

频带名称	频率范围	波段名称	波长范围
极高频（EHF）	30～300GHz	毫米波	10～1mm
至高频（THF）	300～3000GHz	丝米波或亚毫米波	10～1dmm

此外，对于微波频段又进行了细分，如表 1-2 所示。

表 1-2 常用微波频段字母代码

字母代码	频率范围/GHz	波长/mm
L	1～2	300～150
S	2～4	150～75
C	4～8	75～37.5
X	8～12	37.5～25
Ku	12～18	25～16.7
K	18～27	16.7～11.1
Ka	27～40	11.1～7.5
U	40～60	7.5～5
V	60～80	5～3.75
W	80～100	3.75～3

图 1-1～图 1-4 给出了不同载体下的反射面天线实物照片。可以看出，虽然反射面天线的原理类似，但根据不同的用途，其结构设计存在较大的差异。便携式反射面天线口径较小，要求重量轻、可折叠或拆卸。船载反射面天线要求能够克服船体航向变化及摇摆，始终对准目标，具有跟踪精度高、可靠性高、耐盐雾等特点，以适应恶劣的海洋环境。

图 1-1 便携式反射面天线

图 1-2 船载反射面天线

车载天线包括动中通天线、静中通（一键自动展开、人工快速架设）天线，如图 1-3、图 1-4 所示。为提高机动性，要求动中通天线具有较低的外形包络，常采用椭圆形的口面以降低天线高度；同时为满足在颠簸路面行驶时始终对准目标，对天线的速度、加速度和抗震性能要求较高。静中通天线口径一般比动中通天线大，对天线的收藏方式、收藏高度和重量有较高的要求。

  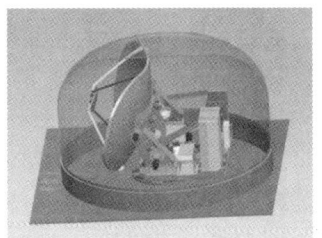

图 1-3　车载动中通与静中通天线

图 1-4　车载快速架设天线

由于天线主要依靠金属等导体控制电流的流向，从而控制天线的传输与辐射性能，因此天线的电磁性能与结构密切相关。本书侧重于介绍天线结构，因此将天线类型按照结构形式和工作原理划分为线天线和口径天线两大类型。

线天线由金属导线构成，导线的截面尺寸远比波长小，导线长度与波长相当。常见的线天线有对数周期天线、螺旋天线、振子天线、八木天线等，如图 1-5 所示。

 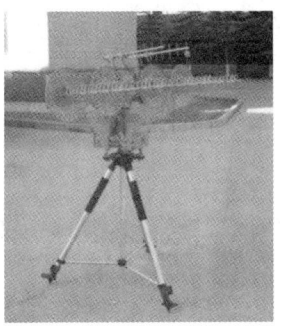 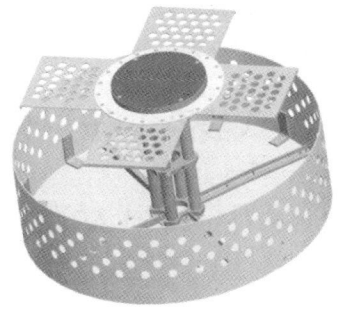

（a）对数周期天线　　　　　（b）螺旋天线　　　　　（c）振子天线

图 1-5　典型的线天线

口径天线由金属板或导线栅格构成辐射面，面积远大于波长的平方。较为常见的口径天线有反射面天线、喇叭天线和透镜天线等。反射面天线是本书要介绍的重点，其应用广泛、种类较多。按照天线中反射面的数量，可分为单反射面天线、双反射面天线、多反射面天线，按照结构形式和馈源馈电方式，可分为正馈反射面天线和偏馈反射面天线等。很多反射面天线都具备对目标的跟踪与对准功能，伺服机械系统是实现这一功能的重要保证，因此，按照运动性能还可以将天线分为单轴、双轴和多轴天线等。

关于阵列天线，早期的雷达天线系统采用由多个独立辐射器组成的阵列天线，天线的性能由各个辐射器的几何位置及其激励幅度和相位来决定。随着雷达天线发展到较短的波长，阵列天线也采用了反射面天线。电控移相器和开关的出现再次把人们的注意力吸引到阵列天线上，孔径激励可以通过控制多个单元的相位来调制，从而产生电扫描的波束。

相控阵天线分为无源相控阵天线和有源相控阵天线。无源相控阵天线采用集中式发射机，每个天线单元接入一个移相器，由计算机控制移相器产生适当的相移，控制波束扫描。有源相控阵天线采用分布式发射机，每个天线单元接一个 T/R 组件。阵列单元、移相器、馈电网络、波控和 T/R 组件是有源相控阵天线的 5 个基本组成部分。

阵列天线与相控阵天线的关键技术在于相位的控制和收发组件的设计，偏重于信号处理领域，本书对这两类天线不做介绍。

1.1.2 天线系统构成

天线系统定义为天线及实现其正常功能的机械和控制系统的组合，一般将天线系统分为馈电分系统、伺服分系统和结构分系统。随着组阵天线技术的发展，多个天线组成的系统通常也被称为天线系统。天线的种类繁多，复杂度也差别很大。功能单一的简单天线，如单极天线、角锥喇叭天线等，仅包含简单的馈电结构，能够实现对电磁波的辐射或接收功能。功能较多的天线除了完成对电磁波的收发，还要实现对信号源的辨识与跟踪，如大型有源相控阵天线、大型射电望远镜天线等，这样的天线已成为一个复杂的系统。天线系统与信号接收机、发射机、数据处理等系统结合，实现了在不同领域的应用目标。

1.2 天线系统性能指标

天线系统的性能指标一般可分为电磁性能、机械结构性能和伺服性能三类，这三类性能之间既存在相互独立性，又存在相关性。

1.2.1 天线系统电磁性能

天线的电磁性能用于描述天线实现电磁波转换和定向辐射的能力，主要的电磁性能参数包括辐射方向图、方向性系数、增益、阻抗等。

1.2.1.1 辐射方向图

天线辐射方向图简称为方向图，是天线辐射（或接收）参量随空间方向变化的图形表示。辐射参量包括辐射的功率通量、场强、相位和极化，对应的有功率方向图、场强方向图、相位方向图和极化方向图。通常天线方向图是指功率或场强方向图。

在球坐标系下，设天线位于坐标原点，天线在球面上各点的辐射（或接收）强度是不同的，令远场区球面任意方向 (θ,φ) 某点处的场强振幅为 $|E(\theta,\varphi)|$，其最大值为 E_M，则描述方向图的函数可以表示为

$$F(\theta,\varphi) = \frac{|E(\theta,\varphi)|}{E_M} \quad (1\text{-}1)$$

该函数则称为归一化的方向图函数。

天线方向图的主要特性参数有主瓣宽度、旁瓣电平、前后比、旁瓣包络等，如图1-6所示。

主瓣宽度是指天线方向图主瓣上两个半功率电平点之间的夹角，也称为半功率波束宽度。主瓣宽度大小反映了天线辐射（或接收）能量的集中程度，数值越小，说明天线的方向性越强。

旁瓣电平是指旁瓣最大值与主瓣最大值之比，通常用分贝数表示。旁瓣电平越低，说明天线在不需要的方向辐射能量越弱，在这些方向上抑制杂散来波的能力越强。

前后比是最大辐射（或接收）方向的功率通量密度与相反方向附近（180°±30°）副最大功率通量密度之比，通常用分贝数表示。

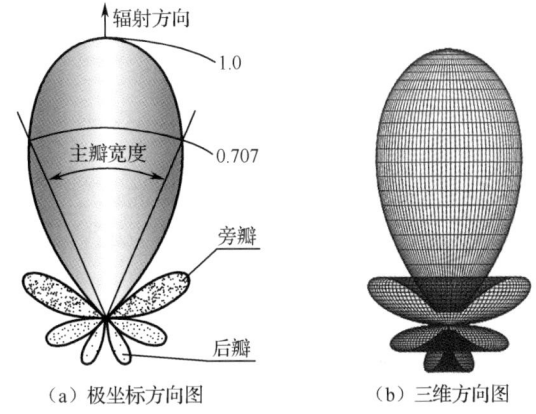

(a) 极坐标方向图　　(b) 三维方向图

图1-6　天线方向图

旁瓣包络是针对卫星通信天线旁瓣电平指标要求设定的限值曲线。

1.2.1.2　方向性系数

天线的方向性系数是表征天线辐射能量在空间分布的集中程度的量，又称为方向系数或方向性增益，定义为天线在最大辐射方向上，远场区某点的功率密度 S_M 与辐射功率 P_r 相同的无方向性天线在同一点的功率密度 S_O 的比值

$$D = \left.\frac{S_M}{S_O}\right|_{P_r\text{相同}} \quad (1\text{-}2)$$

用无方向性天线作为标准进行比较，可看出不同天线最大辐射功率的相对大小，即方向性系数表明了天线方向性的强弱。由

$$S_M = \frac{1}{2}\frac{E_M^2}{120\pi}, \quad S_O = \frac{P_r}{4\pi r^2} \quad (1\text{-}3)$$

得到

$$D = \frac{S_M}{S_O} = \frac{E_M^2 r^2}{60 P_r} \quad (1\text{-}4)$$

从式（1-4）可以看出方向性系数的物理意义：在辐射功率相同的情况下，有方向性天线在最大辐射方向的场强是无方向性天线（$D=1$）场强的 $\sqrt{D}$ 倍。在最大辐射方向，等效于辐射功率增大到 D 倍，称为天线在该方向上的等效辐射功率。

1.2.1.3 增益

天线方向性系数表征天线辐射电磁能量的集中程度,是以辐射功率为基点,没有考虑天线转换电磁能量的效率。为完整描述天线性能,将方向性系数定义中的天线辐射功率改为天线输入功率即可得到天线增益。天线增益可以表征天线辐射能量集中程度和转换能量效率的总效益,其定义为:天线在某一辐射方向上,远场区某点的功率密度 S_D 与输入功率相同的无方向性天线在同一点的功率密 S_O 度之比,即

$$G = \frac{S_D}{S_O}\bigg|_{P_{in}\text{相同}} \tag{1-5}$$

通常天线增益都是指天线在最大辐射方向的增益,并用分贝形式表示

$$G(\text{dB}) = 10\lg G \tag{1-6}$$

对于面天线,表征功率增益的单位还有 dBi 和 dBd,二者都是一个相对值,但是参考基准不同。dBi 的参考基准为全方向性天线,dBd 的参考基准是偶极子。一般认为 dBi 和 dBd 表示同一个增益,用 dBi 表示的值比用 dBd 表示的值大 2.15。

1.2.1.4 阻抗

1)输入阻抗

天线输入阻抗反映了天线电路特性,定义为天线输入端电压与电流的比值。通常输入阻抗具有电阻和电抗两个部分,当输入电压与电流同相时,输入阻抗呈纯阻性。

$$R_{in} = \frac{U_{in}}{I_{in}} = R_{in} + jX_{in} \tag{1-7}$$

在发射或接收系统中,天线的输入阻抗相对于发射机或接收机的负载表征了天线与发射机或接收机的匹配程度。从能量传输的角度看,天线是馈线的终端,输入阻抗影响了导行波与辐射波之间能量转换的效果。

2)辐射电阻

如果将天线的辐射功率看作一个电阻吸收的功率,这个等效电阻就称为辐射电阻,表示为

$$R_r = \frac{P_r}{I^2} \tag{1-8}$$

式中,I 是天线上某点处电流的有效值,一般取天线电流驻波的波腹电流或输入电流计算辐射电阻,辐射电阻表征了天线辐射或接收的能力。

3)损耗电阻

如果将天线的损耗功率也看作一个电阻吸收的功率,这个等效电阻称为损耗电阻,表示为

$$R_L = \frac{P_L}{I^2} \tag{1-9}$$

一般取天线电流驻波的波腹电流计算损耗电阻。

天线输入阻抗、辐射阻抗和损耗阻抗存在以下关系

$$R_{in} = R_r + R_L \tag{1-10}$$

1.2.1.5 电压驻波比

电压驻波比（Voltage Standing Wave Radio，VSWR），是指天线输入阻抗和馈线的特性阻抗不一致时，产生的反射波和入射波在馈线上叠加形成的波，其相邻电压的最大值 $V_{\max}$ 和最小值 $V_{\min}$ 之比。

$$\text{VSWR} = \frac{V_{\max}}{V_{\min}} = \frac{1+|\Gamma|}{1-|\Gamma|} \tag{1-11}$$

式中，Γ 是电压反射系数，它是反射电压波振幅 V_o^- 与入射电压波振幅之比 V_o^+，表示为

$$\Gamma = \frac{V_o^-}{V_o^+} = \frac{Z_L - Z_0}{Z_L + Z_0} \tag{1-12}$$

式中，Z_L 是负载阻抗；Z_0 是特征阻抗。

电压驻波比是检验馈线传输效率的依据，取值范围为 1 至无穷大。驻波比等于 1 时意味着负载匹配，此时高频能量完全被天线辐射出去，没有反射损耗；驻波比为无穷大时意味着全反射，能量完全没有辐射出去。

1.2.1.6 效率

天线效率是指天线辐射出去的功率与输入到天线的功率的比值。由于天线系统中存在导体损耗、介质损耗等，实际辐射到空间的电磁波功率要小于天线的输入功率。天线效率用于表征天线转换电磁波能量的有效程度，定义为辐射功率与输入功率之比

$$\eta = \frac{P_r}{P_{in}} = \frac{P_r}{P_r + P_L} \tag{1-13}$$

式中，P_r 为辐射功率；P_{in} 为输入功率；P_L 为损耗功率。

天线效率用天线电阻表示为

$$\eta_A = \frac{R_r}{R_{in}} = \frac{R_r}{R_r + R_L} \tag{1-14}$$

按照天线方向性系数 D 与天线增益 G 的定义，天线效率与这两个参数存在以下关系

$$G = \eta_A D \tag{1-15}$$

通常，天线效率是多个效率因子的乘积，表示为

$$\eta_A = \eta_1 \eta_2 \eta_3 \cdots \eta_n \tag{1-16}$$

式中，η_1、η_2、η_3 等分别表示影响天线增益的效率因子，对于口径天线，包括照射漏失、口径遮挡、表面公差等，具体见 2.3.1 节。

1.2.1.7 极化

天线极化是描述天线辐射电磁波矢量空间指向的参数。由于电场与磁场之间具有恒定关系，通常以空间某点上电磁波电场矢量 $\boldsymbol{E}$ 的空间指向作为波的极化方向，$\boldsymbol{E}$ 的矢端轨迹表示了极化状态。若 $\boldsymbol{E}$ 的矢端轨迹是直线，则电磁波称为线极化波；若 $\boldsymbol{E}$ 的矢端轨迹是圆，则电磁波称为圆极化波；若 $\boldsymbol{E}$ 的矢端轨迹是椭圆，则电磁波称为椭圆极化波；若 $\boldsymbol{E}$ 的矢端轨迹的运动没有规律性，则电磁波称为随机极化波，太阳光就是一种典型的随机极化波。

对于线极化波，通常以地面为参考，电场矢量 E 的方向与地面平行的波称为水平极化波，与地面垂直的波称为垂直极化波。同样，对于圆极化波和椭圆极化波都有左右旋向特性，沿波的传播方向，电场矢量 E 随时间沿顺时针方向旋转的波称为右旋极化波，沿逆时针方向旋转的波称为左旋极化波。电磁波极化示意图如图 1-7 所示。

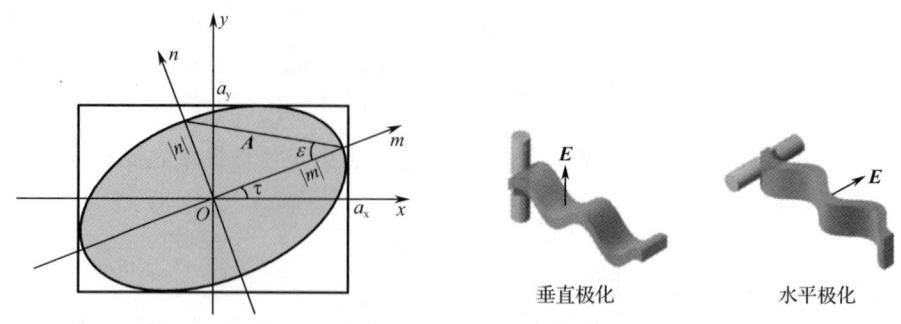

图 1-7　电磁波极化示意图

对于椭圆极化，椭圆的长轴和短轴各代表一种线极化分量，两分量幅度相近时接近圆极化，相差很远时接近线极化。因此，可用椭圆的长轴与短轴之比表示波的极化性能指标。对于圆极化波，长短轴之比称为轴比；对于线极化波，长短轴之比称为交叉极化。

1.2.1.8　噪声温度

天线在接收目标信号的同时还会从周围环境中接收到噪声。通常用噪声温度来度量一个系统产生或接收到的噪声功率的大小。仿照匹配电阻的热噪声功率与其温度的关系定义系统的噪声温度，天线接收的信号功率可用天线增益衡量，接收的噪声功率就用噪声温度衡量。

天线噪声可分为内部噪声和外部噪声。内部噪声主要包括天线传输损耗和欧姆损耗等；外部噪声是天线所处的环境中的噪声源产生的噪声，如大气衰减噪声、宇宙噪声和地面热辐射噪声等。通常用噪声温度来度量天线从周围环境接收到噪声功率的大小。天线噪声功率可以用给定频带内的等效噪声温度表示

$$N = k_0 B T_A \tag{1-17}$$

式中，k_0 为玻尔兹曼常数，B 为接收机的噪声带宽，T_A 为天线等效噪声温度。天线方向图和背景噪声相对位置如图 1-8 所示。

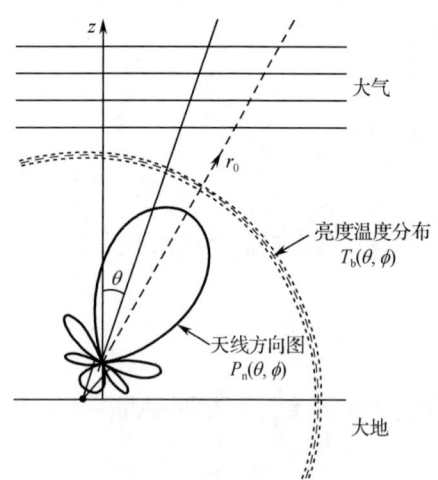

图 1-8　天线方向图和背景噪声相对位置示意图

由天线理论可知：在球坐标系中，天线噪声温度 T_A 可用式（1-18）进行计算：

$$T_A(f|\hat{r}_0) = \frac{\int_0^{2\pi}\int_0^{\pi}[T_b(f,\theta,\phi)P(f,\theta,\phi|\hat{r}_0)]\sin\theta\,\mathrm{d}\theta\,\mathrm{d}\phi}{\int_0^{2\pi}\int_0^{\pi}P(f,\theta,\phi|\hat{r}_0)\sin\theta\,\mathrm{d}\theta\,\mathrm{d}\phi} \tag{1-18}$$

式中，$P(f,\theta,\phi|\hat{r}_0)$ 为天线全功率方向图，包括主极化和交叉极化，并且天线指向 $\hat{r}_0$；$T_b(f,\theta,\phi)$ 为天线背景噪声函数，包括天空背景噪声和地面噪声。

式（1-18）为计算天线噪声温度的基本公式，该噪声温度计算结果不包括损耗引起的噪声温度，是由天空噪声和地面噪声引起的，则式（1-18）可表示为

$$T_A = T_{A\_Sky} + T_{A\_Ground} \tag{1-19}$$

$$T_{A\_Sky}(f|\hat{r}_0) = \frac{\int_0^{2\pi}\int_0^{\pi}[T_{Sky}(f,\theta,\phi)P(f,\theta,\phi|\hat{r}_0)]\sin\theta\mathrm{d}\theta\mathrm{d}\phi}{\int_0^{2\pi}\int_0^{\pi}P(f,\theta,\phi|\hat{r}_0)\sin\theta\mathrm{d}\theta\mathrm{d}\phi} \tag{1-20}$$

$$T_{A\_Ground}(f|\hat{r}_0) = \frac{\int_0^{2\pi}\int_0^{\pi}[T_{Ground}(f,\theta,\phi)P(f,\theta,\phi|\hat{r}_0)]\sin\theta\mathrm{d}\theta\mathrm{d}\phi}{\int_0^{2\pi}\int_0^{\pi}P(f,\theta,\phi|\hat{r}_0)\sin\theta\mathrm{d}\theta\mathrm{d}\phi} \tag{1-21}$$

式中，$T_{Sky}(\theta)$为天空噪声温度分布函数；$T_{Ground}(\theta)$为地面噪声温度分布函数。

由式（1-19）、式（1-20）和式（1-21）可知：只要知道天空和地面噪声温度分布函数，以及天线功率方向图，就可以精确计算天线噪声温度的大小。

计入连接天线与接收机之间的馈线传输损耗引起的热噪声，则天线及馈线系统的噪声温度为

$$T_{AL} = \frac{T_A}{L_F} + \left(1 - \frac{1}{L_F}\right)T_0 \tag{1-22}$$

式中，L_F为传输线的损耗；T_0为环境温度。

1.2.1.9 品质因数（G/T值）

天线主要用来发射和接收电磁波，接收信号获取信息是根本目的，如果信号中的噪声太高，轻则造成信息质量受损，重则不能通信和探测，所以把天线增益和噪声温度之比称为天线品质因数，单位为dB/K，品质因数是衡量天线性能的重要指标。

1.2.2 天线系统机械性能

天线系统机械性能的基本要求是在满足系统结构自身安全与环境适应性的前提下，满足馈电设计对结构刚度与几何精度的要求，以及伺服系统对天线运动性能的要求。因此，机械性能主要有3个方面，一是对应天线馈电需求的构件的几何形状及位置精度指标，如馈源喇叭的几何尺寸精度、反射面的表面精度等；二是与天线运动相关的性能，影响到天线对准与跟踪目标能力，如转动速度与加速度、轴系精度、系统谐振频率等；三是系统自身的力学性能与环境适应性。

1.2.2.1 构件几何精度

无论哪种类型的天线，其馈电功能都要通过不同类型的构件实现，对这些构件的几何精度都有相应的要求，工作频率越高，精度要求也越高。对于简单的阵子天线、喇叭天线，精度要求主要是阵子与喇叭自身的几何形状误差，对于复杂的双反射面天线，不仅对反射面表面精度有严格要求，还要求反射面与馈源之间、反射面与反射面之间的位置关系满足设计指标。

由馈源辐射出来的电磁波照射到反射面，在反射面上感生出电流。设想把反射面分成许许多多小单元，每一小单元可看作一个辐射单元，整个天线的辐射场是许多辐射单元的辐射

场的合成。在理想情况下，电磁波到达天线口面路径长度相等，相位相同，所有单元的辐射场合成场强最大。当反射面表面有误差时，口面不再是等相位面，合成场强减弱，使得天线增益下降。

构件几何精度的具体要求取决于馈电设计，相关内容在第 2 章介绍。

1.2.2.2 系统运动性能

天线系统运动性能主要包括运动速度和运动加速度、轴系精度以及系统的谐振频率，这些性能与天线的机械结构和伺服驱动系统密切相关。

1) 运动速度

天线的运动速度分为最大运动角速度、保精度角速度和最低平稳运动角速度。最大运动角速度是指天线运动过程中所能够达到的最大角速度；保精度角速度是指满足跟踪精度或者测角精度条件下天线能够达到的最大角速度；最低平稳运动角速度是指天线在工作过程中所能达到的无爬行现象的最低角速度，反映了伺服系统跟踪低速目标的稳定性。天线角速度表示为

$$n = n_{电机} / i \tag{1-23}$$

式中，$n_{电机}$ 为电机转速；i 为传动链总速比。

2) 运动加速度

天线的运动加速度分为最大运动角加速度、保精度角加速度。最大运动角加速度是指天线运动过程中所能够达到的最大角加速度；保精度角加速度是指满足跟踪精度或者测角精度条件下天线能够达到的最大角加速度。天线角加速度表示为

$$\alpha = M_{电机} / J \tag{1-24}$$

式中，$M_{电机}$ 为电机输出转矩；J 为传动链等效总惯量。

3) 轴系精度

天线对目标的指向与跟踪是通过绕天线机械轴的运动实现的，这个过程需要将目标与天线统一到大地坐标系下进行位置计算。天线轴系，无论是单轴还是多轴，天线机械轴与大地的位置关系要满足一定的精度要求。轴系精度与结构设计、轴承等零件的精度等级、安装与测量方法等密切相关，具体内容见第 3 章和第 8 章。

4) 谐振频率

天线系统通常包括天线、天线座架、驱动系统和安装基础，是一个复杂的弹性系统，谐振频率 ω 是系统固有的性能指标。当外界干扰力频率接近或等于谐振频率时会引起系统产生谐振，天线振幅急剧增大，严重时可能会导致系统损伤。

作用于天线系统的干扰力有阵风、地震力、驱动力矩等，对于移动载体天线，还要考虑载体带来的振动载荷，避免发生谐振。

由于精度要求的提高，从而必须提高伺服系统的带宽，这可能使得结构谐振频率与伺服带宽接近，甚至落入带宽之内，伺服噪声就会激发系统发生谐振，造成伺服系统不稳定。为了保证伺服系统的稳定性，并有足够的稳定裕度，通常要求结构谐振频率高于伺服带宽 3～5 倍。

1.2.2.3 结构力学性能

通常情况下,天线在服役过程中要承受多种载荷,如重力、温度、风以及雨雪等。对于一些载体上使用的天线,希望重量要足够轻,这又会导致重量与强度或刚度发生矛盾。因此,天线在各种环境条件下要满足刚度、强度、稳定性等力学性能要求,主要通过结构仿真分析为设计提供支撑,相关内容将在第 4 章介绍。

1.2.3 天线系统伺服性能

1.2.3.1 调速范围

调速范围是指天线驱动电机最高转速与最低转速之比,反映的是驱动器的调速能力,尤其是低速下稳定转动的能力,好的驱动器调速比可达 5000~10 000。调速范围记为

$$D = \frac{n_{\max}}{n_{\min}} \tag{1-25}$$

1.2.3.2 静差率

静差率又称为转速变化率,是指在控制信号一定的条件下,理想空载转速与满载转速之差相对满载转速的比值,反映的是驱动器的"硬度",即负载变化对电机转速的影响,好的驱动器静差率可以做到≤±0.5%。静差率记为

$$\delta = \frac{n_0 - n_R}{n_R} \tag{1-26}$$

式中,n_0 为空载转速;n_R 为满载转速。

1.2.3.3 阶跃特性

伺服系统的动态指标有跟踪误差、振荡指标(超调量 M_r 或伺服带宽 ω_B)、调节时间 T_s、上升时间 T_r 等。其中超调量 M_r、调节时间 T_s、上升时间 T_r 是系统时域指标,可反映在阶跃响应曲线上,如图 1-9 所示。

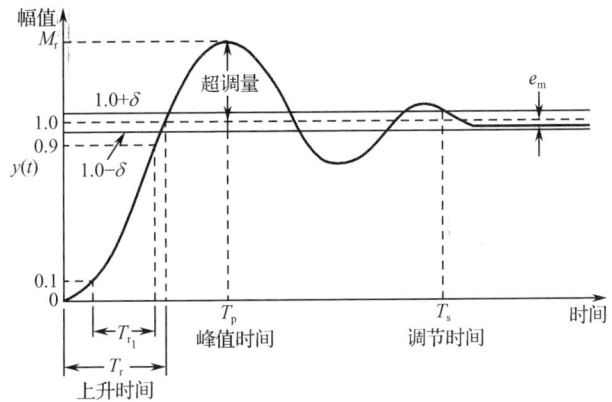

图 1-9 系统阶跃响应曲线

1.2.3.4 伺服带宽

伺服带宽表征系统对输入命令的响应特性：伺服带宽越高，系统响应速度越快，跟踪误差越小，抗外部干扰能力越强；但过高的伺服带宽会放大伺服环路噪声，引入高频响应干扰。所以在设计过程中，要结合天线系统需求综合考虑。

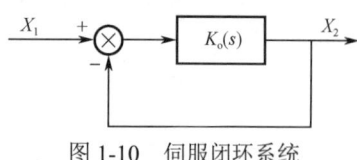

图 1-10 伺服闭环系统

伺服带宽是指当伺服闭环系统的幅频响应下降 3dB（0.707倍）或相位滞后 90°时所对应频率的较低者。在实际天线系统中，一般先是幅频响应下降 3dB，故称伺服带宽为 3dB 带宽。图 1-10 所示为伺服闭环系统。

伺服闭环系统 3dB 带宽的测试方法如下：

令 $X_1(t)=X_{1\max}\sin(\omega t)$，把它加到系统输入端，如果系统是线性的，则过渡过程结束后系统输出为同频正弦信号：$X_2(t)=X_{2\max}\sin(\omega t+\varphi)$。

保持 $X_{1\max}$ 不变，改变输入信号频率 ω，这样就可以得出不同频率下的 $X_{2\max}/X_{1\max}$ 比值，记为 $A(\omega)$，将这些点连接起来就得出闭环系统频率特性，如图 1-11 所示。当 $A(\omega)$ 降到 0.707 时，对应的频率 ω_B 即为系统闭环带宽。

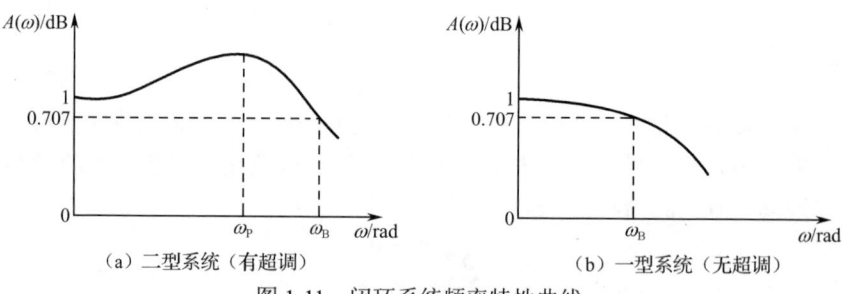

(a) 二型系统（有超调）　　　　　　(b) 一型系统（无超调）

图 1-11 闭环系统频率特性曲线

闭环系统带宽也可用 $L(\omega)$ 来表示，如图 1-12 所示。

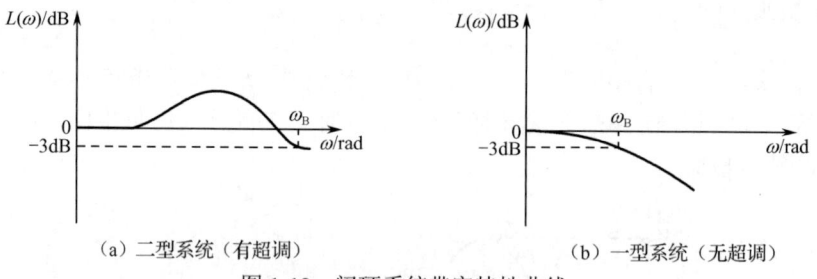

(a) 二型系统（有超调）　　　　　　(b) 一型系统（无超调）

图 1-12 闭环系统带宽特性曲线

对于雷达天线系统，既要求 3dB 带宽又要求等效噪声带宽；而对于信标式单脉冲自跟踪系统、程序跟踪系统等，只要求 3dB 带宽。通常希望 3dB 带宽越宽越好，而等效噪声带宽越窄越好。

对于天线系统，通常希望提高其 3dB 带宽，以增强系统的动态伺服响应性能。

1.2.3.5 摇摆隔离度

对于飞机、舰船等移动载体上的天线伺服系统，一般用摇摆隔离度表征伺服系统对载体摇摆引起的偏差的抑制能力，假设摇摆为周期性的，则隔离度为

$$K = 20\lg\left(A/\varepsilon\right) \tag{1-27}$$

式中，A 为摇摆幅度，残差为 ε。隔离度反映在伯德图上，如图 1-13 所示。

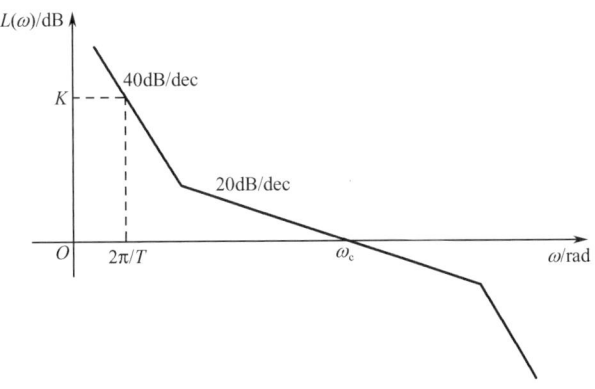

图 1-13 系统频率幅度特性曲线

1.2.3.6 指向、跟踪与测角精度

伺服系统的主要功能是实现对天线运动的控制，使天线精确地指向并跟踪目标。衡量这一功能的指标包括指向精度、跟踪精度与测角精度。影响这些精度指标的因素不仅仅来自伺服系统，这几项精度指标也表征了天线的综合性能。

1）指向精度

指向精度定义为在规定条件下天线按给定命令运动所能达到的精确度，是人工控制或程序控制工作状态的性能指标，反映了天线电轴转到输入指令方向的准确度。指向精度一般用指向误差来度量，指向误差 $\Delta\boldsymbol{\theta}_P$ 定义为天线电轴矢量 $\boldsymbol{\theta}_T$ 和指令方向矢量 $\boldsymbol{\theta}_P$ 的角度差

$$\Delta\boldsymbol{\theta}_P = \boldsymbol{\theta}_T - \boldsymbol{\theta}_P \tag{1-28}$$

对目标信号来说，指向跟踪是开环跟踪，天线根据给定的时间、位置序列运动。指向误差主要包括伺服误差、机械结构误差、环境影响误差三类。指向精度指标可以规定为在指定频率上和规定的环境条件下天线波束宽度的百分比，为保证目标的有效捕获，一般工程要求天线指向精度优于天线波束宽度的三分之一，有些天线要求会更高。

2）跟踪精度

天线跟踪精度是指天线电轴对准被跟踪目标的准确度，它是反映跟踪系统性能的指标。跟踪精度由跟踪误差来表示，跟踪误差 $\Delta\boldsymbol{\theta}_T$ 是目标的真实位置矢量 $\boldsymbol{\theta}_A$ 与天线电轴矢量 $\boldsymbol{\theta}_T$ 之间的空间角度差

$$\Delta\boldsymbol{\theta}_T = \boldsymbol{\theta}_A - \boldsymbol{\theta}_T \tag{1-29}$$

跟踪精度可以规定为在指定频率上和规定的环境条件下天线波束宽度的百分比，也可以规定为接收信号增益的变化量。

自跟踪是对目标信号的闭环跟踪，它根据跟踪接收机的误差信号动作，保持天线始终在误差最小（信号最强）的方向跟踪目标。自跟踪误差主要来自电波传输、跟踪接收机和伺服系统。自跟踪的精度与指向精度无关，但指向精度的提高可以保证天线快速、稳定地捕获目标，快速建立自跟踪条件。

3）测角精度

测角精度是指天线测量目标空间角位置所能达到的精确度，综合反映跟踪系统和数据传递系统性能的指标。测角精度一般由测角误差来表示，测角误差 $\Delta\theta_M$ 是指被测目标的真实位置 θ_A 与天线测量结果 θ_M 之间的误差值

$$\Delta\theta_M = \theta_A - \theta_M \tag{1-30}$$

测角误差通常分为系统误差及随机误差，测控系统天线对目标的跟踪方式大多采用经典的多模单脉冲跟踪方式，一般要求跟踪精度优于十分之一的波束宽度。

指向精度与测角精度的区别在于：指向精度是人工或程序控制工作状态的性能指标，测角精度是自动跟踪系统数据读出工作状态的性能指标。天线跟踪是用跟踪馈源（圆锥扫描法或单脉冲法）得出误差信号，通过接收机放大、检波，并分解为方位、俯仰两个误差信号送到伺服系统，驱动天线转动。人工或程序控制工作状态是由人工或计算机经数据转换系统将指令输入控制系统，所以指向精度与控制系统的精度和数据转换系统的精度有关，而与跟踪馈源及接收机无关。测角精度则与控制系统、数据转换系统和跟踪馈源及接收机都有关系。

1.3　天线系统结构概述

通常将天线系统分为馈电分系统、伺服分系统和结构分系统，本书将结构分系统称为天线系统结构。天线的电磁性能和伺服性能都与机械结构密切相关。机电综合设计在天线设计上表现为机械结构与微波电磁场的综合和机械结构与控制系统的综合，促进了天线技术与装备的发展。

天线的类别和性能要求决定了天线系统结构的复杂程度。根据功能特点将天线系统结构分为馈电系统结构、支撑系统结构和伺服机械系统结构。

馈电系统结构是直接用于电磁波传输、辐射或接收的结构。馈电系统的功能是实现电波传播，电波传播的方式可以分为导行波传播和空间自由辐射传播，对应的馈电系统结构是传输线和辐射天线。传输线包括双导线、同轴线、波导；辐射天线种类繁多，按照前文提到的分类方式，分为线天线和口径天线。这里说的馈电系统结构主要是指各种类型的波导和喇叭，如图1-14所示为常见的矩形波导和波纹喇叭。

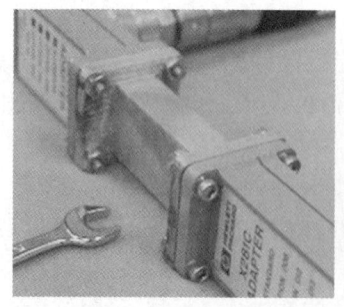
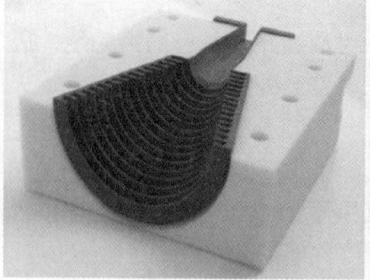

图1-14　矩形波导与波纹喇叭

支撑系统结构是指为馈电系统提供支撑的结构，对于简单天线，馈电系统结构本身就能够独立支撑；对于复杂天线，支撑系统需要在各种工作环境条件下为馈电系统提供位置、姿态与形面精度的保证，同时满足系统自身的结构安全性要求。不同类型的支撑结构如图1-15所示。

伺服系统是使天线按照预设的轨迹要求准确指向并跟随目标运动的控制系统，可以看作是以位置、速度、加速度为被控参数的控制系统。伺服机械系统结构主要包括两部分，一部分是实现天线转动的轴系结构、驱动机构，通常称为天线座结构，如图 1-16 所示；另一部分是用于安装控制单元与器件的机箱机柜结构，如图 1-17 所示。

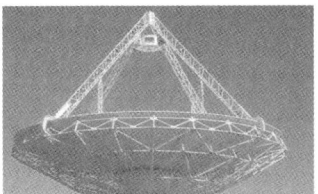

图 1-15　不同类型的支撑结构

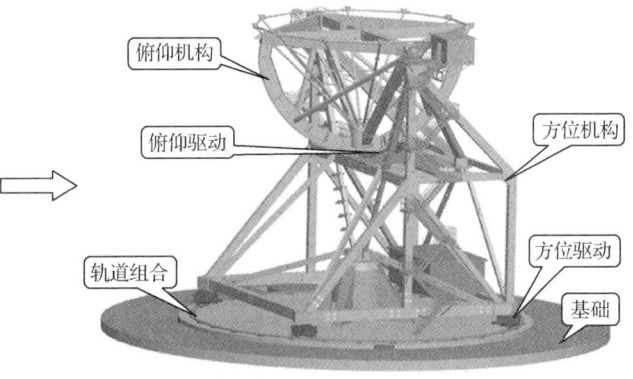

图 1-16　天线座结构

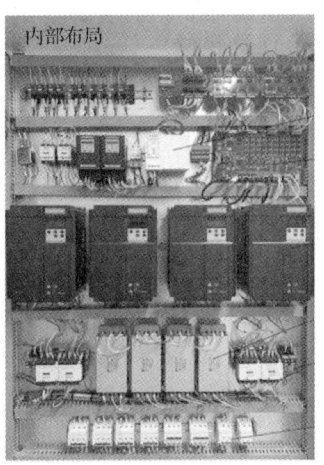

图 1-17　机箱机柜结构

馈电系统结构与支撑系统结构主要以保持结构的特定形状为目标，以实现特定的电磁波传输与辐射性能，设计的重点是要求结构能够保持形状和精度，并且轻巧，这部分的描述可参见第 2 章。伺服机械系统结构的目标是实现天线特定的位姿或运动状态，设计要求运动稳定可靠，其中天线座结构的描述参见第 3 章。本书的其他章节主要围绕这两类结构在设计仿真、系统综合、新材料应用以及性能测试等方面展开论述。

第 2 章 反射面天线结构

2.1 反射面天线类型

反射面天线的类型有很多，按照反射面的数量划分，有单反射面天线、双反射面天线、多反射面天线；按照馈源照射方式划分，有正馈反射面天线和偏馈反射面天线等。将以上两种分类方式进行组合，可以给出较为典型的反射面天线，包括正馈单反射面天线（前馈天线）、偏馈单反射面天线（单偏置天线）、正馈双反射面天线（后馈天线）、偏馈双反射面天线（双偏置天线）。其中，对于正馈双反射面天线，根据反射面曲面的形式，又分为卡塞格伦天线、格里高利天线、环焦天线等，而偏馈双反射面天线一般都采用格里高利型天线。后面将对前馈天线、偏馈天线（包括单偏置天线和双偏置天线）、后馈天线三种类型加以介绍。

2.1.1 前馈天线

前馈天线的反射面是以抛物线为母线，以焦轴（抛物线的焦点与顶点的连线）为对称轴旋转而成的抛物面，天线馈源的相心和轴线分别与抛物面的焦点和焦轴重合，电磁波的辐射方向指向抛物面。

电磁波在天线反射面和馈源的传输遵循光学反射原理，空间电磁波经反射面反射后汇聚到焦点进入馈源，经过馈源收集转换为导行波继续传输。前馈天线几何示意图如图 2-1 所示。

前馈天线具有结构简单、技术成熟、易于制造等优点。由于其反射面为旋转对称结构，小口径反射面可以采用薄金属板整体数控旋压工艺制造，大口径反射面采用分块面板拼接结构，用于加工面板的模具数量也可大幅减少。

前馈天线的不足之处是天线效率较低，位于反射面焦点的馈源对天线电磁波辐射造成遮挡，从而降低天线的效率。另外，馈源远离天线反射面及接收机，馈线必须从反射面背后绕到反射面焦点处，馈线长度相对较长，增加了插入损耗。图 2-2 为 1.2m 和 12m 前馈天线。

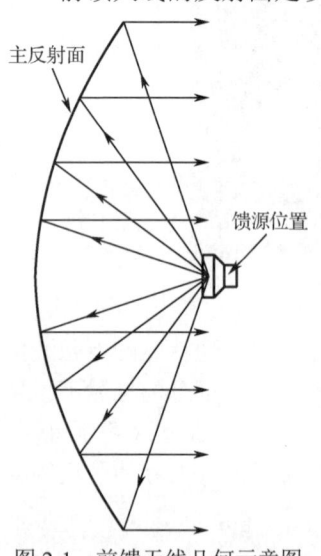

图 2-1 前馈天线几何示意图

(a) 1.2m 前馈天线　　　　　(b) 12m 前馈天线

图 2-2　前馈天线

2.1.2　偏馈天线

2.1.2.1　单偏置天线

单偏置天线的反射面是旋转对称抛物面的一部分,由平行于旋转轴的圆柱与抛物面相贯而成。反射面母线一般为标准抛物线,对于一些性能指标要求较为特殊的天线,母线也会考虑在标准抛物线的基础上做修正。天线的有效辐射口径为相贯圆柱体的截面直径。单偏置天线几何示意图如图 2-3 所示。

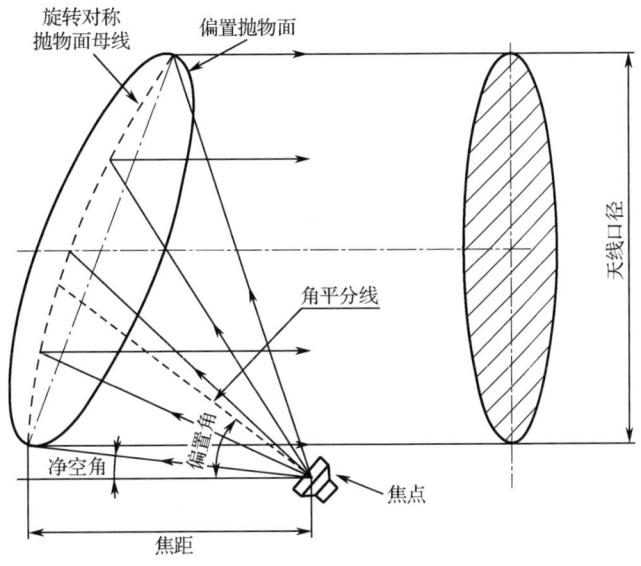

图 2-3　单偏置天线几何示意图

天线馈源位于抛物面的焦点位置,馈源波束中心指向天线口径中心在抛物面的投影位置。如果馈源的波束中心指向沿偏置角的方向,则经过反射面反射后的天线口面场分布会很不均匀,从而降低天线的效率。

相对于前馈天线，单偏置天线有明显的优点。由于采用馈源偏置结构，馈源相心（焦点）与反射面下沿连线与旋转轴存在夹角，称为净空角，馈源不会对电磁波辐射造成遮挡，天线的有效辐射面积最大，辐射方向图的旁瓣也会较低。

单偏置天线也有其不足，由于采用偏置结构，线极化工作时天线的交叉极化电平较高，交叉极化特性会劣化；圆极化工作时，天线的收、发波束电轴不能同时平行于旋转轴。

单偏置天线主要应用于中小型天线，尤其是口径在 2.4m 以下的天线产品，应用站型主要为便携站和车载站。对于口径较小的天线，一般将反射面设计为整体形式，减少拼装环节，满足快速展开与收藏的要求，图 2-4 所示为 0.3m、1.8m 单偏置天线。

（a）0.3m 单偏置天线　　　　　　　　（b）1.8m 单偏置天线

图 2-4　单偏置天线

2.1.2.2　双偏置天线

双偏置天线一般采用格里高利型，天线的主反射面与单偏置天线的反射面相似，由平行于旋转轴的圆柱与旋转对称抛物面相贯而成；副反射面是椭球的一部分，以椭圆为母线，椭圆长轴为旋转轴生成椭球。椭球的一个焦点与主反射面的焦点重合，另一个焦点与馈源相位中心重合；椭球的旋转轴与主反射面旋转轴成一定角度放置，馈源的轴线与椭球的旋转轴也成一定角度放置，因此，该类型天线称为双偏置天线，其几何示意图如图 2-5 所示。

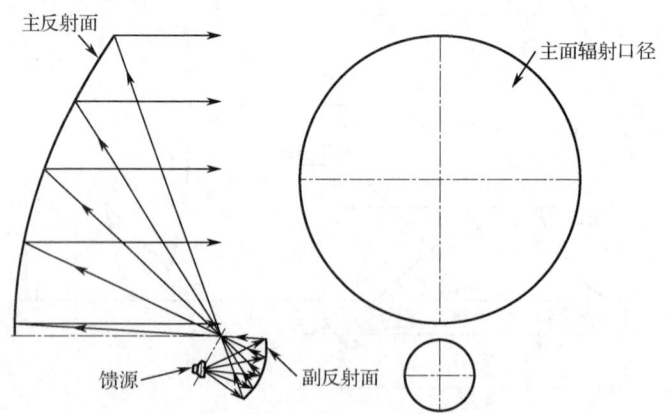

图 2-5　双偏置天线几何示意图

与单偏置天线相比，双偏置天线增加了一个偏置副反射面，通过合理设计馈源轴线与副反射面轴线、副反射面轴线与主反射面轴线的偏置角，可以实现电磁波从馈源到副反射面、主反射面，再到自由空间传播路径上没有遮挡，从而提高了天线的效率。经过主副反射面两次互补的非旋转对称反射，形成了旋转对称的辐射方向图，克服了单偏置反射面的缺点，保证了天线在线极化工作时有优良的交叉极化特性，在圆极化工作时，波束电轴不发生偏移。

双偏置天线要求馈源、副反射面及主反射面之间的相对位置精度高，给结构设计和制造安装带来了难度，生产成本较高。但由于其具有良好的电气性能，仍然得到了广泛的应用，大量应用于车载站、便携站等小口径通信天线产品中。目前世界上最大的全可动反射面天线，美国的GBT射电望远镜也采用了双偏置光学设计。与单偏置天线相似，很多车载站机动式双偏置天线的反射面也设计为一个整体，便于天线的展开与收藏，保证馈源与反射面间的位置精度。随着材料与成型技术的发展，采用碳纤维复合材料，通过真空负压工艺制造的拼装式反射面进一步提升了双偏置天线的再装精度，在小型背负式天线中得到了大量应用。图2-6所示为0.9m背负式双偏置天线。

图2-6　0.9m背负式双偏置天线

2.1.3　后馈天线

按照主、副反射面曲面的类型划分，后馈天线主要有卡塞格伦、格里高利和环焦三种形式。卡塞格伦天线的主反射面为旋转抛物面，副反射面为旋转双曲面；格里高利天线的主反射面为旋转抛物面，副反射面为旋转椭圆曲面；环焦天线主反射面是偏轴旋转抛物面（旋转轴偏离抛物线的焦轴），副反射面为偏焦旋转椭圆面（椭圆的一个焦点在旋转轴上，另一焦点偏离旋转轴）。

后馈天线的轴向尺寸小，结构紧凑，馈源距主反射面近，馈线可以从主反射面中心点穿过，长度相对较短，减少了信号损失；通过改变天线主反射面的口径场分布，可以实现高增益、低旁瓣、低噪声温度等特性。

2.1.3.1　卡塞格伦天线

卡塞格伦天线简称为卡氏天线，其主反射面为旋转抛物面，副反射面为旋转双曲面。双曲面的一个焦点与抛物面的焦点重合，称为虚焦点；另一个焦点与馈源的相位中心重合，称为实焦点。两个焦点都在主反射面的焦轴上，如图2-7所示。由馈源辐射出去的电磁波是球面波，经过副反射面和主反射面的反射后形成平面波，以平面波的形式向空间辐射。

从图2-7中可以看到，在对应副反射面口径的区域内，经过主反射面反射的平面波被副反射面遮挡而不能辐射到自由空间，还有部分进入馈源中，从而造成能量的损失和驻波系数的升高。后来发展的赋形技术有效地解决了这一问题。该技术是通过设定的方程对天线的主副反射面进行赋形（即曲面修正），赋形后的主反射面的焦点和副反射面的虚焦点不再固定不变，而是随着馈源辐射出的电磁波到副反射面入射角的改变而变化，使得电磁波再次经主反射面反射后不再落入副反射面遮挡区，全部辐射到自由空间。赋形后的卡氏天线反射几何示意图如图2-8所示。

将副反射面与旋转轴的交点称为副反射面顶点，该顶点与副反射面在主反射面投影轮廓的连线构成的圆锥体为非遮挡区域。当馈源网络置于非遮挡区域时，不会对副反射面的反射波造成遮挡。但是，对于天线口径与波长比值较小的天线，馈源的尺寸相对较大，难以保证馈源完全在非遮挡区域内,仍然会对副反射面反射的电磁波造成遮挡,达不到理想效果,因此卡氏天线一般用于口径与波长比值较大的天线。应用反射面赋形技术,可以在已知馈源辐射方向图的前提下对主反射面口径的能量分布进行设计,使天线的辐射方向图达到预定特性。

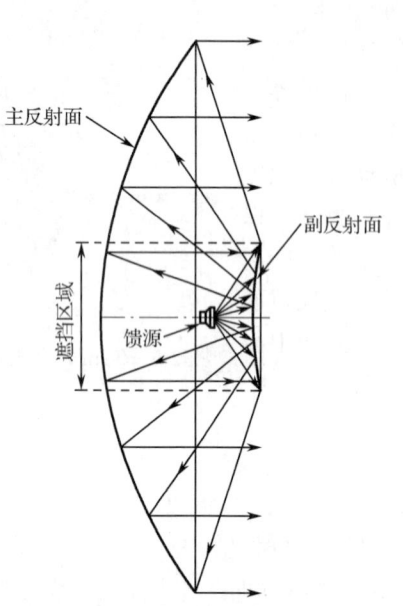 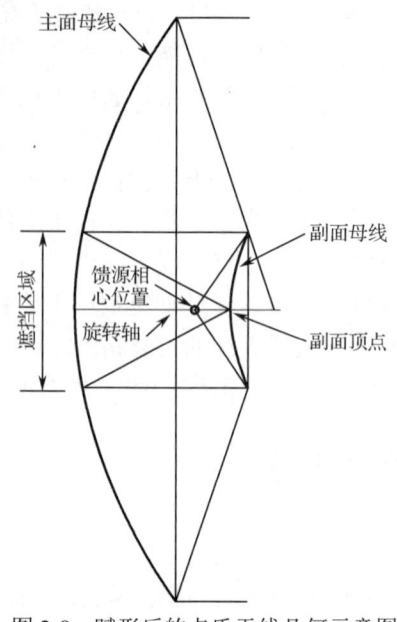

图 2-7　卡氏天线几何示意图　　　图 2-8　赋形后的卡氏天线几何示意图

卡氏天线在大中型天线中应用较多,如图 2-9 所示为 11m、13m 赋形卡氏天线。

(a) 11m 赋形卡氏天线　　　(b) 13m 赋形卡氏天线

图 2-9　赋形卡氏天线

2.1.3.2　格里高利天线

格里高利天线的主反射面为抛物面,副反射面为椭球面的一部分,馈源的相位中心与椭球面的一个焦点 O 重合,抛物面的焦点与椭球面的另外一个焦点 O′ 重合,其原理如图 2-10 所示,图中阴影部分为不产生二次遮挡的区域。

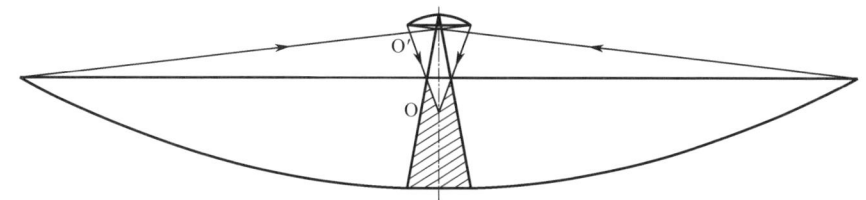

图 2-10　格里高利天线原理图

格里高利天线具备一个特点，在主反射面的焦点 O' 上放置馈源，不用移动副反射面就可以使天线以前馈的形式工作。当需要后馈馈源工作时，可将前馈馈源移开。这样，天线就同时具备了前馈和后馈两种馈电方式，可显著拓宽工作频率范围，为实现多频段工作提供了有利条件。图 2-11 为某 110m 天线光学设计图。

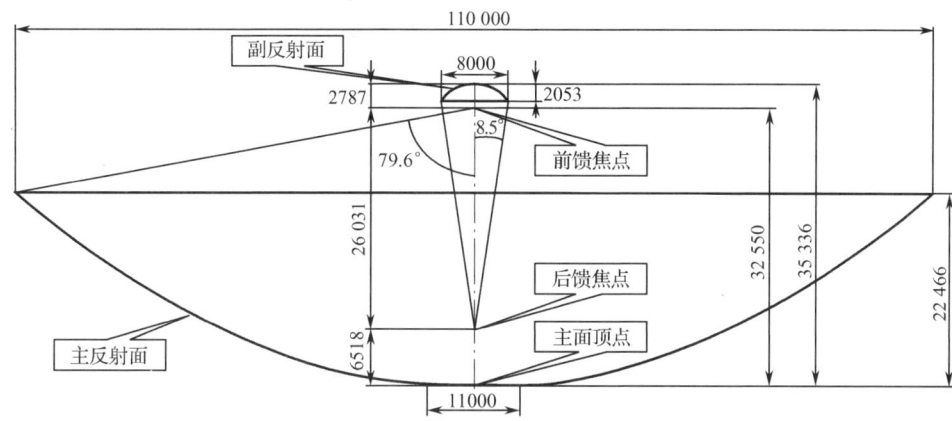

图 2-11　天线光学设计图（单位：mm）

2.1.3.3　环焦天线

环焦天线的电磁波辐射路径如图 2-12 所示，其主反射面的母线为抛物线，副反射面的母线为椭圆的一部分。椭圆的一个焦点（第一焦点）与抛物线的焦点重合，另一个焦点（第二焦点）与馈源相心重合，椭圆的长轴与抛物线的对称轴夹角为 β。将旋转轴设定为与抛物线对称轴平行且通过第二焦点的直线，旋转抛物线和椭圆线段形成天线的主反射面和副反射面。第一焦点经旋转后形成一个环，这也是环焦天线名称的由来。馈源的相位中心置于第二焦点，轴线与天线的旋转轴重合，辐射方向指向副反射面。馈源辐射出的球面波经过副反射面和主反射面的两次反射后，转换成平面波后向空间辐射。

环焦天线的优点是天线的非遮挡区域是以副反射面直径为横截面的圆柱体，只要馈源网络外形轮廓不超出该圆柱体，就能有效避免遮挡，基

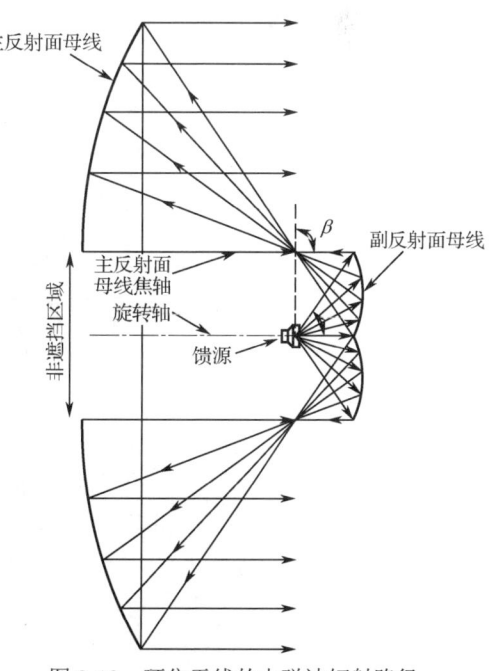

图 2-12　环焦天线的电磁波辐射路径

本消除了副反射面对馈源的电波回射；馈源与副反射面距离可设计得很短，有利于在宽频段上降低天线旁瓣和驻波比，提高效率。缺点是主反射面的利用率低，副反射面的曲面特殊，加工难度相对较大。

环焦天线一般用于对旁瓣性能要求较高的中小型卫星通信地球站天线，包括地面固定站和载体移动站天线，图 2-13 分别为船载 1.2m 环焦天线、地面 7.3m 环焦天线。

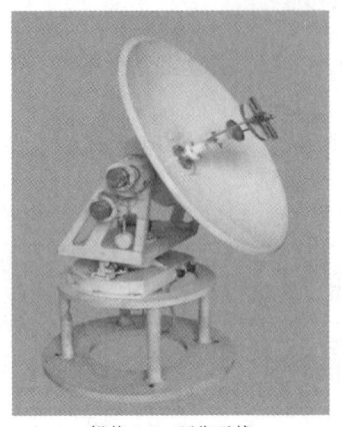
船载 1.2m 环焦天线

地面 7.3m 环焦天线

图 2-13　环焦天线

2.2　天线结构构成

反射面天线结构一般包括反射面结构、反射面背架结构、馈源网络结构、馈源网络支撑调整结构等。通常将反射面结构与反射面背架结构的组合体称为反射体，对于双反射面天线，就有主反射体和副反射体两个反射体。为保证馈源、副反射面和主反射面三者之间的相对位置关系，还需要有馈源和副反射体的支撑调整结构。对于具有多组馈源、可在多个频段工作的天线，还需要有专门的机构对馈源进行移动调整，以实现工作频段的切换，我们称之为频段切换机构。图 2-14 是某大型卡塞格伦反射面天线，主要由主反射体、副反射体、副反射体支撑结构、副反射体调整机构、馈源网络、馈源网络调整机构（频段切换机构）等组成。

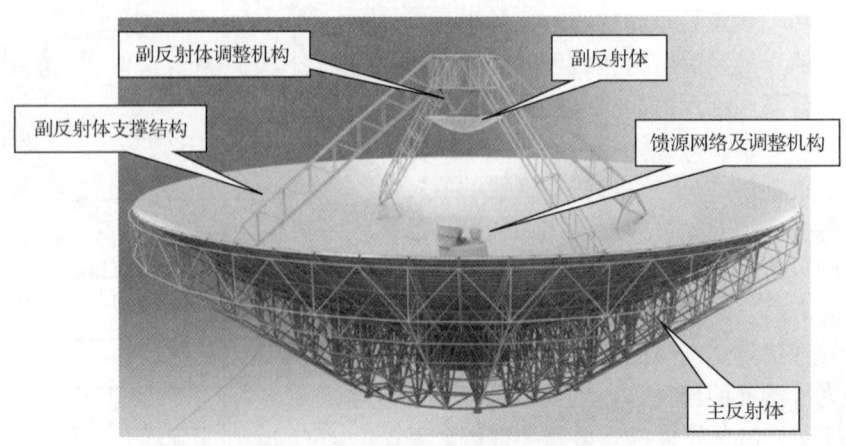

图 2-14　40m 卡塞格伦反射面天线

图 2-15 是某 13m 双反射面天线，包括反射面、反射面背架结构和馈源网络等。由于副反射体的尺寸较小、重量较轻，其支撑结构相对简单，采用四根细长杆支撑。副反射体的调整采用手动调整螺杆方式，在天线的安装调试过程中完成。

图 2-15 13m 双反射面天线

2.2.1 反射面结构

2.2.1.1 反射面材料

反射面天线的工作原理与光学望远镜类似，天线反射面与光学镜面的作用相似，都是将空间电磁波汇聚到焦点或将焦点发出的电磁波反射到自由空间。反射面的材料、表面精度对天线的性能有很大的影响。

金属材料可以较好地实现对电磁波的反射，选用哪种金属，主要考虑反射面的结构尺寸、重量、制造工艺以及成本要求等。目前，绝大多数的天线反射面都采用金属铝板加工成型，主要是铝合金材料具备导电率高、密度低、耐腐蚀性强、制作工艺成熟、成本低等多方面的综合优势。随着复合材料和增材制造技术的发展，非金属材料的反射面得到越来越多的应用。通过对非金属材料反射面进行表面金属化处理，能够较好地满足高频段天线的工作要求，这些内容详见第 7 章。

当天线工作在低频段时，可以将反射面加工成网孔状或者栅格状，统称其为网状反射面，简称网面。网面的优势是可以降低自身重量和风载荷影响，制造成本低。一般采用金属丝焊接网或编织网制造反射面，对于有特殊要求的天线，也可以选用非金属材料制作成栅格状反射面。

对于网状反射面，从网孔中透过的电磁波不仅会降低天线的增益，还会引起天线噪声温度的升高，因此网孔尺寸的选择十分重要。网面引起的漏失可用透射效率来描述，其定义为网状反射面实际反射能量与同一反射面为全实面时反射能量的比值。若地面温度为 300K，要将网孔漏失引入的噪声温度限制为 1.5K，则透射效率应大于 99.5%。

对于常用的由金属丝构成的网状反射面，其透射损失可根据如下经验公式进行估算：

$$A = 20\lg\left(\ln\left(\frac{\lambda/2\alpha}{1-\exp\left(-\frac{2\pi r}{\alpha}\right)}\right)\right) \text{ dB} \qquad (2\text{-}1)$$

式中，λ 为波长；α 为两条金属线的线间距；r 为金属线的半径。

2.2.1.2 反射面结构类型

表面精度是天线反射面的重要指标，也是反射面结构设计的主要输入条件。根据鲁兹公式估算，天线反射面精度要求与工作频段密切相关，从微米级到厘米级，对应的反射面结构设计与制造工艺差别很大。此外，天线在自重、风和温度等各种载荷作用下的结构变形对反射面精度也会产生影响，在结构设计时需重点关注。

常见的反射面结构有两种类型，一类是反射面与其背面的加强结构为一个整体结构，有多种结构设计与加工工艺适用于整体结构反射面，一是采用薄金属材料板，通过冲压、旋压、拉延等工艺方式成型；二是选用厚金属板或金属铸件，通过数控精密加工、研磨等工艺方法实现较高的表面精度；三是选用非金属材料，通过模压或3D打印等方式直接成型，再对反射面进行金属化。整体结构适用于尺寸较小或者曲面较为复杂的反射面，如环焦天线的副反射面等，图2-16为采用铸造铝合金材料加工的环焦天线副反射面。

另一类结构是将反射面和加强结构设计为分体结构，通过铆接、黏结或螺接等方法将分体构件连接为一个整体，形成具备一定精度和刚度的反射面，连接的过程通常需要借助专用的工装模具完成。此类结构中的反射面也称为蒙皮，蒙皮材料一般为厚度1~2mm的金属薄板，通过拉延工艺使其接近曲面形状；也可以采用非金属材料，在模具上铺覆预制为蒙皮，详细内容见第7章。加强结构包括筋板结构或蜂窝结构，由此产生了蒙皮加筋结构和蒙皮加蜂窝结构两种类型的反射面，分别简称为加筋面板和蜂窝面板。

加筋面板的蒙皮一般选用铝合金薄板材料，加强筋选用Z形或L形截面的铝型材。传统的工艺是借助专用的模具将铝板和铝型材分别进行拉伸和拉弯，形成具有一定精度的构件，再将构件固定在专用的工装夹具上，通过铆接或黏结形成面板。

另一种制造工艺是将构件柔性化，节省拉伸和拉弯的工序。对于加强筋，沿长度方向间隔一定距离开槽，使得加强筋具备一定的柔性，能够比较容易地贴合到模具上。根据加强筋的截面形状，一般选择在与蒙皮贴合的一面及立面上开槽。对于蒙皮，根据尺寸大小和曲面形状选择适当位置开缝，提高其与模具的贴合度。注意，如果反射面的曲率很大，会增大蒙皮贴膜难度，不宜采用这种方法，仍需通过预先拉伸使蒙皮接近曲面形状。将所有预制好的构件固定在专用工装夹具上，在构件之间的连接面上涂胶，通过真空负压使蒙皮与模具、加强筋与蒙皮之间紧密贴合，保持一定的温度和压力，待胶黏剂固化、结构稳定后，去除负压，面板成型即完成。

以上两种工艺方法各有优点，传统的铆接工艺方法连接可靠性高，在大曲率反射面中具有优势，但由于加强筋拉弯精度限制和铆接过程产生的局部应力影响，难以实现很高的表面精度。柔性构件胶接工艺方法克服了铆接工艺的缺点，蒙皮与模具贴合度好，面板精度高，但实现负压的工装相对复杂，胶黏剂的使用和固化对环境条件有一定要求，总体成本较高。

上海65m天线采用的是筋开槽胶接面板结构设计。该面板蒙皮采用厚度为1.5mm的铝板，加强筋采用Z形铝型材，截面尺寸为143mm×50mm×3mm，沿长度方向等间距开槽，间距为

120mm。将蒙皮、加强筋、连接件等构件固定在模胎上,通过负压胶接工艺成型。

在面板的四个角点位置增加了安装支座,通过调整杆将面板与背架支撑结构连接,实现面板安装和位置调整,如图 2-17 所示。安装支座与 Z 形筋立面通过胶接和铆接结合的方式连接,保证连接强度和可靠性。

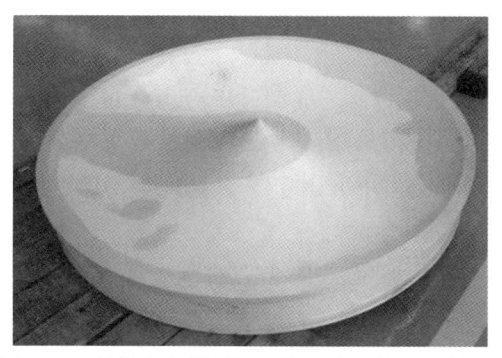

图 2-16　铸铝合金材料加工的环焦天线副反射面

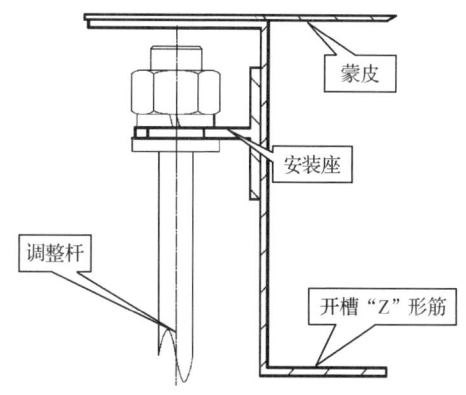

图 2-17　筋开槽面板及安装座局部结构图

65m 天线全部 1008 块面板的精度测试数据统计结果表明,面板精度分布在 0.06～0.13mm 区间,平均精度达到 0.08mm,满足了天线设计要求。通过对加强筋布局、截面及开槽尺寸、胶接过程参数的优化,可进一步提升面板的表面精度,在某 40m 天线中,面板的平均精度已达到 0.05mm。目前,筋开槽面板加工工艺日趋成熟,已经在多项工程中得到应用。图 2-18 为 65m 天线面板的制造、精度检测与存放过程。

（a）面板制造　　　　　　（b）面板精度检测　　　　　　（c）面板存放过程

图 2-18　开槽筋面板的制造、精度检测及存放

蜂窝面板由内蒙皮、外蒙皮和蜂窝芯材胶接而成。蒙皮材料可以是薄金属板,也可以是非金属材料,蜂窝芯材一般选用铝蜂窝。根据精度和刚度要求,可将面板设计为单层蜂窝双层蒙皮和双层蜂窝三层蒙皮两种结构。蒙皮承受平面内拉、压、剪切,蜂窝芯材对前后蒙皮提供均匀连续支撑。蜂窝夹层结构的受力原理类似于工字梁,蒙皮相当于工字梁的翼板承受弯曲应力,蜂窝相当于工字梁的腹板承受剪切应力。由于蒙皮的强度和模量较大,因此夹层结构具有较大的弯曲刚度、比强度和比刚度（如图 2-19 所示）,适宜用作承受横向载荷的

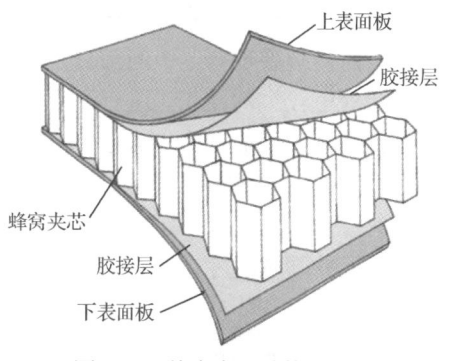

图 2-19　蜂窝夹层结构示意图

抗弯构件。同时，蒙皮和蜂窝通过预制易于形成曲面，因而蜂窝结构被广泛用于制造高精度的天线面板。

蜂窝面板的制造工艺与筋开槽胶接面板有相近之处，借助高精度的包络模具实现蒙皮的预制成型以及蒙皮与蜂窝的胶接成型，通过真空密封装置对面板施加均匀的压力，使刚度极低的蒙皮和蜂窝等柔性部件被压贴在模具上，经胶接固化成为具有较高刚度的整体面板，实现在小刚度下贴模、大刚度下定型。这种"复合化"面板成型技术是解决高精度天线面板制造难题的有效方法。

蜂窝面板的优点是面内结构各向一致性好，截面对称性高，成型过程应力分布均匀，因此相比筋开槽面板易于实现更高的表面精度。其不足是面板为封闭结构，密封性要求高，否则面板会因潮湿等因素失效；此外，对于主动反射面，因面板结构刚度较大，在促动器的反复作用下易发生局部脱胶开裂等失效现象。

面板结构类型的选择要考虑反射面的精度要求、使用环境和成本等因素。表2-1给出了部分射电望远镜天线反射面面板的信息。

表2-1 部分射电望远镜天线反射面板的信息

天线	口径/m	工作频率/GHz	面板结构	面积/m²	面板精度/μm	国家
Effelsberg	100	95	铝蒙皮铝蜂窝	<2	25	德国
IRAM	15	115	碳纤维铝蜂窝	<1	25	法国
NRO	45	115	碳纤维铝蜂窝	<2.6	51	日本
GBT	100	117	铝蒙皮背筋	<5	75	美国
LMT	50	350	镍板铝蜂窝	<1	15	德国
YEBES	40	115	铝蒙皮背筋	<4.2	70	西班牙
ALMA	12	950	镍板铝蜂窝	<1	8	美、德
SRT	64	100	铝蒙皮背筋	<4.6	75	意大利

2.2.1.3 反射面划分

当反射面的尺寸较大时，一般会将其划分成多个小尺寸面板单元，通过面板单元拼接组成反射面。反射面划分要根据不同类型的天线需求，结合面板单元的设计和制作工艺进行。

图2-20是某4.5m车载天线反射面，为实现天线快速展开和收藏的要求，采用折叠反射面结构形式，这种结构的优点在于天线结构紧凑、架设和收藏便捷。将天线反射面分为中间固定部分与两侧折叠部分，中间部分反射面与背架结构组成固定单元，安装在座架上。固定单元应尽可能保留较大的面积，这有利于反射面精度的稳定，其外形尺寸主要受限于天线载车的尺寸和运输条件，一般宽度不大于2400mm。两侧可折叠面板与中间固定单元通过铰链连接，可实现天线的快速收藏和展开。

对于大口径天线，反射面划分要与天线背架结构设计同步考虑，根据精度、刚度要求确定面板单元的基本尺寸，在可能的条件下，尽量减小面板单元的尺寸种类。对于圆对称反射面，一般按照径向和周向进行划分，这样面板结构和背架结构都具有旋转对称性，易于设计加工，工装模具的数量也可减小。

图 2-20 4.5m 车载天线反射面

拼接反射面的面板单元之间存在缝隙，这些缝隙对天线效率和噪声会产生一定的影响。因此，在保证面板刚度与制造精度的前提下，应尽量增大面板单元面积，以减小缝隙的总量。设计时，面板缝隙宽度要考虑环境温度变化引起的面板热胀冷缩，还要考虑面板的制造与安装误差，一般面板缝隙宽度为 2～3mm。

图 2-21 为上海 65m 射电望远镜天线反射面的划分情况，主反射面在径向被分为 14 环，在周向从内向外依次被分为 24 段、48 段、96 段，共计 1008 块面板，其分块设计与实物图如图 2-21 所示。

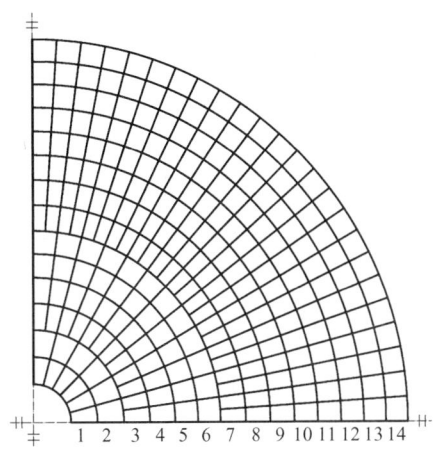

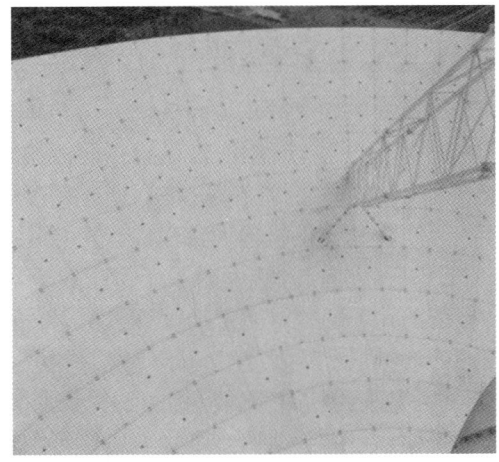

图 2-21 上海 65m 射电望远镜天线反射面分块设计与实物图

各环面板的主要结构尺寸参数如图 2-22 和表 2-2 所示。

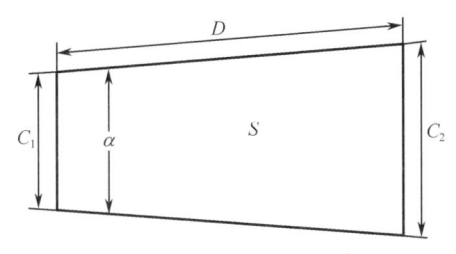

图 2-22 单块面板几何示意图

表 2-2 各环面板的主要结构参数

环 数	D/mm	C_1/mm	C_2/mm	S/m^2	$\alpha/°$
1	2311	850	1448	2.66	15
2	2310	1448	2047	4.04	15

续表

环　数	D/mm	C_1/mm	C_2/mm	S/m^2	α/°
3	2309	1023	1318	2.71	7.5
4	2292	1318	1609	3.36	7.5
5	2105	1609	1870	3.66	7.5
6	2085	1870	2126	4.17	7.5
7	2370	1063	1206	2.69	3.75
8	2370	1206	1346	3.02	3.75
9	2371	1346	1483	3.36	3.75
10	2370	1483	1617	3.67	3.75
11	2371	1617	1748	3.99	3.75
12	2371	1748	1877	4.30	3.75
13	2371	1877	2003	4.60	3.75
14	2371	2003	2126	4.90	3.75

2.2.1.4　反射面与背架的连接

为满足反射面的精度要求，面板拼装后一般需要进行位置调整，这个调整功能由面板与背架的连接机构实现。连接机构通常设置在面板的角点或边缘位置，与背架的连接应尽量放置在背架的节点处，以提高支撑刚度。根据调整精度的要求，连接机构的设计有所不同。对于精度要求不高的天线，其连接机构非常简单，多采用可以调节的螺杆，配合带有长槽孔的安装板，实现面板三个位移方向的调整。对于工作在亚毫米波段的天线，面板的调整精度要求达微米级，就要采用精密的调整机构，如差动螺纹机构，同时还要考虑使用球铰连接消除调整过程的自由度耦合问题。

图 2-23 为某天线精密微调机构的结构示意图，由上部的 4 个调整器和下部的差动螺纹直线微动调整机构、角度微动调整机构组成。其中 4 个调整器分别与相邻的 4 块面板连接，实现 4 块面板汇交点处的位移一致性。下部差动螺纹结构配有微调旋钮，调整精度可以达到 2μm；内部的球铰结构能够实现±3°范围内的角度微调。调整机构预留电机连接接口，可扩展到电动调整模式，为实现主动反射面功能提供条件。

对于具有反复拆装要求的天线，为了提高天线的再装精度，应采用"锥销加螺母"的定位连接方式。调整螺杆的一端加工为锥销，锥销与面板预先连接，面板调整到位后，将螺杆的下端与背架结构中的支撑节点通过焊接或胶接等方式连接为一体。天线再装时，锥销就起到了定位作用，锁紧螺母可将面板的法向位置恢复到初始安装位置，保证重复安装精度，面板安装定位方式如图 2-24 所示。

天线的反射面精度调整基本由人工完成，对于大型天线，为了保证面板调整过程的安全性和工作效率，通常要求在反射面正面上方进行操作，因此其调整机构的设计较为特殊。如图 2-25 所示，螺杆下端固定在天线背架结构上，上端固定在面板 Z 形加强筋的支座上。在对应调整杆位置的面板蒙皮上开一个直径为 50mm 的圆孔，通过该圆孔，操作者可将专用工具从面板上方通过圆孔伸入接触到调整杆，实现从反射面正面进行操作。操作时，先使用套管扳手将紧固螺母松开，再用专用工具调整套上的内六角孔，实现面板的上下位置调整。调整到位后，将紧固螺母锁死，再使用盖板将圆孔覆盖，保证反射面的完整性。

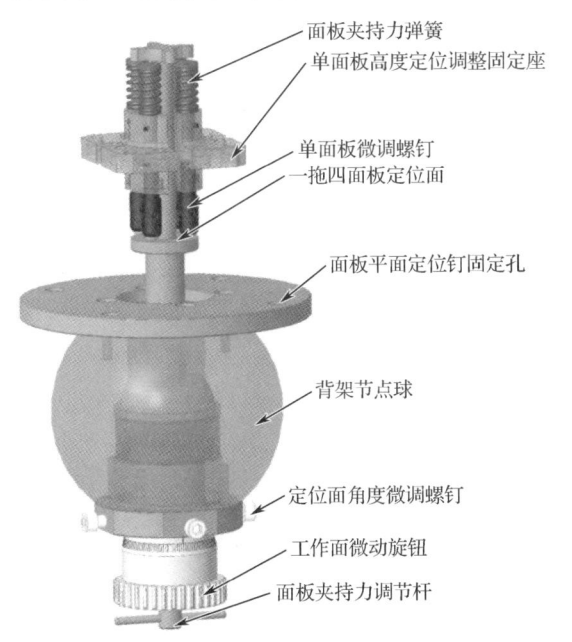

图 2-23　某天线精密微调机构的结构示意图

图 2-24　面板安装定位方式

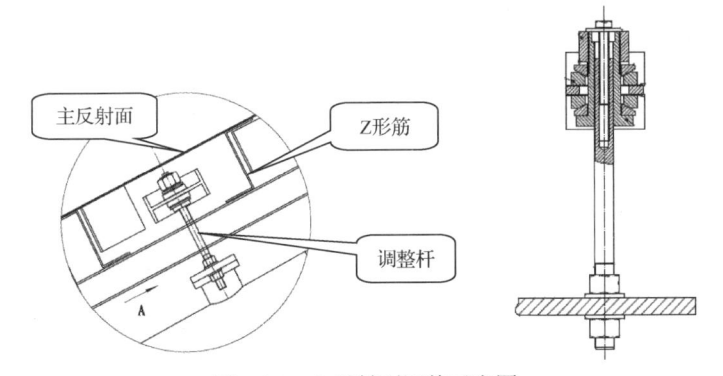

图 2-25　主反射面调整示意图

温度变化可以引起面板变形，面内的尺寸变化因调整机构的约束产生应力，引起法向方向的微小变形，影响反射面精度，其量值取决于反射面与背架结构的变形差异和调整机构的约束力。在满足连接强度和刚度的前提下，适当提高调整杆的长细比，可降低面内约束力，减小温度变化对表面精度的影响，如图 2-26 所示。

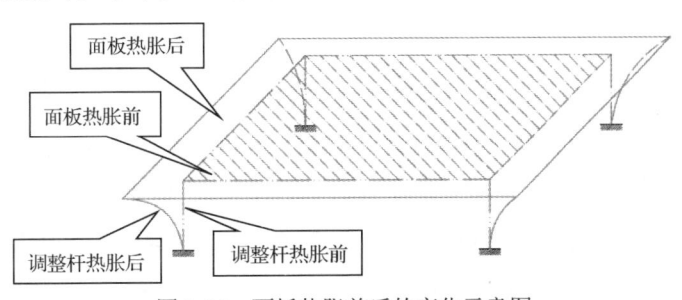

图 2-26　面板热胀前后的变化示意图

2.2.2 反射面背架结构

反射面背架结构为反射面提供支撑，使反射面在各种工况下保持其设计要求的形面精度。对于一些小尺寸天线，可采用简单的筋板等加强结构，通过铆接或胶接等方式，与反射面连接为一个整体，具备了足够大的自身刚度，就不需要额外的背架结构支撑，如图 2-27 所示。

图 2-27　整体反射面

对于大中型天线，加强筋板不能提供足够的刚度，需要采用背架结构提供支撑，如图 2-28 所示。背架结构的复杂度随着天线尺寸的增大而增加。背架结构外形轮廓应与反射面曲面形状保持一致，结构刚度沿径向从中心向外逐渐减弱。中心部位刚度较高的结构称为中心体，沿中心体圆周方向设置向外延伸的梁杆结构，称为辐射梁。根据结构刚度需要，还可以用环向杆、空间杆将辐射梁连接，形成空间结构。

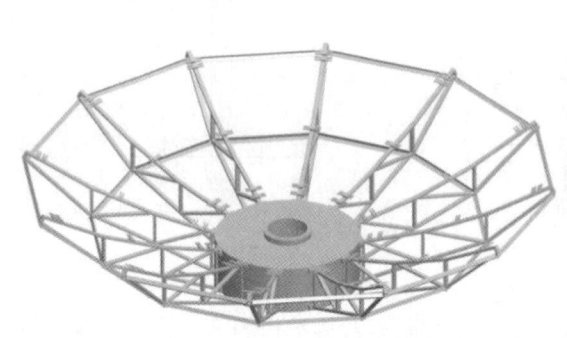

图 2-28　反射面背架结构

天线反射体与天线座架一般通过背架结构的中心体连接，反射体承受的载荷通过辐射梁等构件传递到中心体，再传递到天线座架。因此，中心体是背架结构的受力基础构件，应具备较高的强度和刚度。中心体一般设计为腔体结构，这样既能够提高结构刚度，又为天线的馈源网络和接收机等设备的安装提供了便利条件。

当中心体内部空间足够大时，还能够容纳更多的电子设备，此时中心体的设计更为复杂，还要考虑密封、隔热、防火、人员出入等舱室要求。图 2-29 是某 18m 天线结构及中心体结构示意图，中心体的侧壁为钢板卷制焊接成型的锥形体，顶面和底面是由法兰和加强筋板焊接成的双层腔体结构，在与辐射梁对应的部位设置了立筋和一道平面筋板。在中心体的上端中心有大圆孔，实现了馈源套筒与中心体腔体的连通，便于馈源网络与接收机等设备的安装与连接。

第 2 章 反射面天线结构

中心体外圈沿圆周方向设计了与 16 片辐射梁的连接节点，同时沿圆周方向还均布了四对吊装环，用于天线反射体吊装。

中心体内壁喷涂了 100mm 厚的聚氨酯发泡保温材料，用防火板装饰，构成具有防火保温功能的中心体机房，内部净空间尺寸为 ϕ2350mm×1500mm，用于安装馈源网络和接收设备。中心体底面的中心部位有供人员与设备进出的密封门，尺寸为 1500mm×650mm。中心体机房内还安装了空调和照明灯等设施。

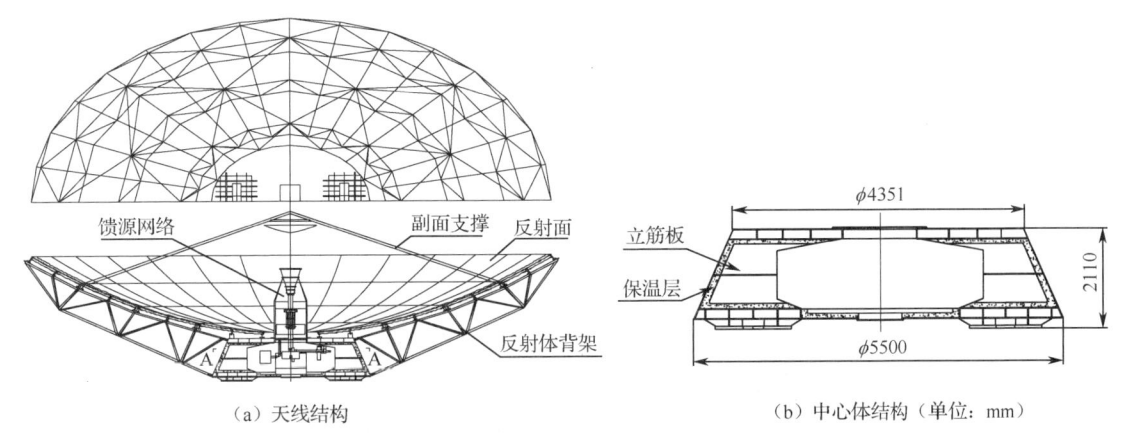

(a) 天线结构　　　　　　　　　　(b) 中心体结构（单位：mm）

图 2-29　18m 天线结构及中心体结构

图 2-30 显示的是某 6.2m 车载天线反射体，包括反射面、反射面骨架结构和馈源副反射面装置。可以看到，其副反射体的支撑结构是从主反射面中心伸出的一根刚性支柱，支柱顶端引出四根弯曲支杆与副反射体连接。这种结构的优点是以主反射面中心为基准，刚性支柱具备了定位工装的作用，易于保证主、副反射面和馈源三者之间的位置关系，缺点是天线处于低俯仰角度时，单根支柱类似悬臂梁，易产生弯曲变形。此外，由于四根弯曲支杆距离副反射面很近，产生的球面波遮挡较大，通常将支杆做成扁平结构以减小遮挡。

图 2-30　6.2m 车载天线反射体

对于一些车载中型天线，反射面背架结构存在反复拆装的需求，再装精度是一个关键指标。在满足运输条件的前提下，增大固定结构反射面面积是提升再装精度的有效方法之一。在天线的展开和收藏过程中，中心体一般不用拆卸，属于固定结构。因此，此类天线结构的中心体尺寸较大，并与反射面结合为一体，有利于精度的稳定。如图 2-31 所示，天线中心体直径为 2m，下部结构为钢板焊接的腔体结构，上部反射面结构采用铸铝材料，与钢结构腔体通过螺栓连接为一体，再采用数控加工设备对铸铝结构上表面进行加工，满足反射面曲面精度要求。这个中心体既是天线背架结构的基础承载体，又是天线反射面的一部分。中心体上方有连接法兰，与

31

馈源网络支撑结构连接，圆周侧面与 16 片辐射梁相连（可拆装方式），下方与天线座架连接。

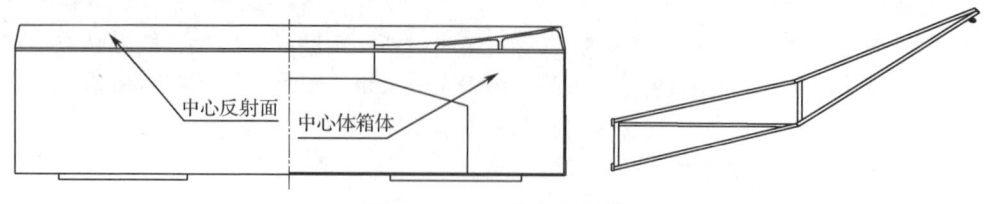

图 2-31　中心体与辐射梁

辐射梁设计主要考虑再装定位方式、结构轻量化和操作便捷等因素。一般将辐射梁与中心体、反射面面板的连接设计为锥销定位结构，如图 2-24 所示，同时采用不脱落螺栓提高操作的便捷性，缩短安装时间。

还有一种折叠式车载天线，可以将固定反射面面积做得更大，如图 2-32 所示。这种类型天线结构的特点是反射面与背架结构、固定部分与折叠部分的结构基本都是一体结构。

图 2-32　车载 4.5m 折叠天线

为了降低车载天线的高度，充分利用天线自身曲面的凹形空间，采用两侧折叠方式，在天线主反射面背部采用弧形的腹板梁作为背架结构，将腹板梁的布置与天线的分块方式进行匹配，保持结构的完整性和简洁连续的外观。在折叠轴线附近，适当增大腹板梁刚度，为面板连接定位结构及锁定机构提供安装空间和基础。

根据刚度和重量要求，腹板梁可采用薄钢板或铝板折弯成型，在适当位置设置减重孔。将沿横向和纵向分布的腹板梁焊接为一个整体，形成天线背架结构，其上部形状接近天线反射面，焊接时通过工装保证结构尺寸精度。4.5m 折叠天线反射体及背架结构如图 2-33 所示。

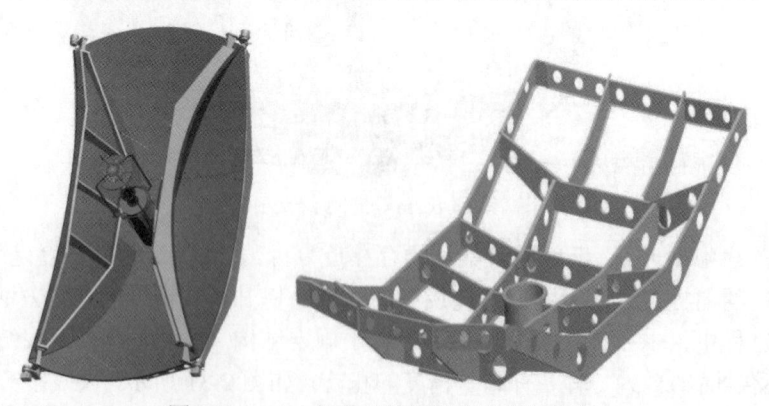

图 2-33　4.5m 折叠天线反射体及背架结构

对于大型天线，其反射体背架多采用空间桁架结构，这种结构具有较大的刚度重量比，应力分布均匀，结构件相似度高，制造和安装技术成熟，得到了广泛的应用。

大型天线反射体背架由中心体、主辐射梁、副辐射梁、环向拉杆、上弦面和下弦面斜拉杆、空间拉杆以及连接件等组成。

如图 2-34 所示，某 40m 天线背架结构为空间桁架结构，由一个中心体和沿圆周方向均布的 16 片主辐射梁、16 片副辐射梁、32 片上弦副梁，以及环向杆和斜拉杆等组成；杆件采用钢管加工，截面尺寸经设计优化确定，采用连接板节点结构，这种结构形式制造工艺简单，便于三防处理和运输，适用于现场安装。

中心体为锥形圆筒结构，高度为 3m，上端直径为 4m，锥形圆筒由钢板卷绕焊接成型，再与纵向、横向及环向设置的加强筋板焊接形成腔体结构，上部与馈源支撑结构连接，形成空间连续的舱体，用于馈源、接收机等设备布置，侧面与辐射梁连接。

主辐射梁由上弦杆、下弦杆、轴向腹杆（立杆）、斜向腹杆等组成，如图 2-35 所示。副辐射梁只有上弦杆，节点位置与主辐射梁上弦节点一致。主、副辐射梁与环向、空间杆件等一起组成空间桁架结构。

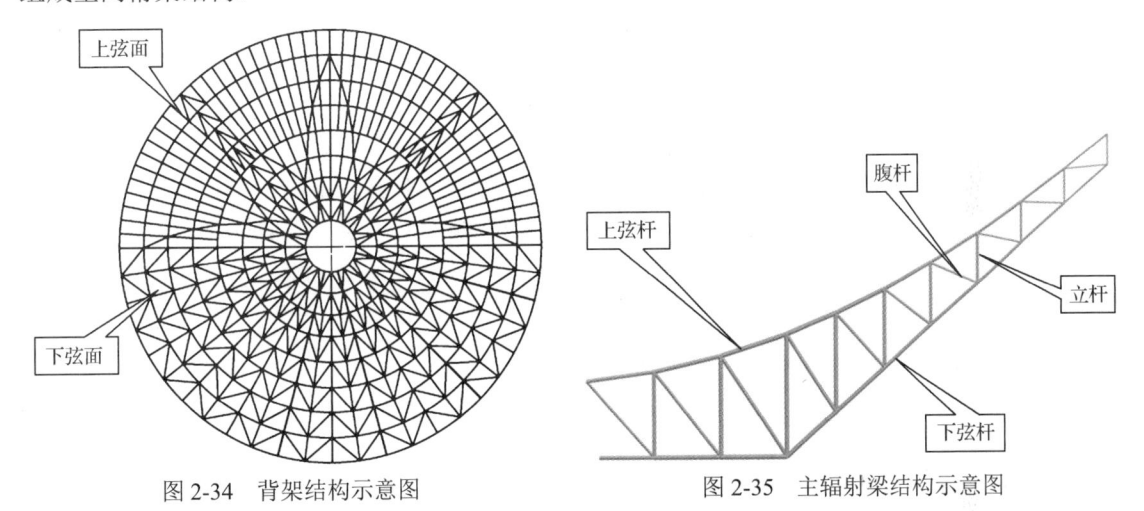

图 2-34 背架结构示意图

图 2-35 主辐射梁结构示意图

主辐射梁的平面形状决定了背架结构整体外形，其节点设置与主反射面划分相对应，沿半径方向分为 10 段，内部 3 段的下弦杆水平放置。由于内部 3 段背架结构杆件密度高、截面尺寸大，与中心体一起形成了刚度较大的局部结构，扩展了与座架的连接区域，增强了整体背架结构刚度，因而也可将传统意义上的腔体结构中心体扩展为腔体加桁架结构中心体。

背架杆件在交汇节点处的连接方式主要有杆件与杆件直接相贯焊接、杆件与节点球相贯焊接、杆件与节点板焊接或螺栓连接等方式。连接方式的选择要考虑节点汇交杆件的数量和截面尺寸，还要考虑加工设备能力和施工安装条件的限制。大型天线背架结构的节点形式一般不局限于某一种，可以是多种方式的结合，如将球节点与板节点结合形成球板结合连接方式，将主杆件与节点球相贯焊接，其余杆件通过连接板连接，这种节点结构紧凑、刚度大，如图 2-36（a）所示。

有些天线因施工进度和安装现场条件限制，需尽量减少现场焊接工作量，可采用节点板螺栓定位连接形式，如图 2-36（b）所示。这种节点连接方式可通过工厂内预装实现现场的快速再装配。

对于大型圆对称背架结构，现场安装时，一般先通过平面放样将主辐射梁整体预制，再进行分段组装。组装时以中心体为基础，从内向外分步组装主、副辐射梁，环向拉杆和空间斜拉杆等构件。

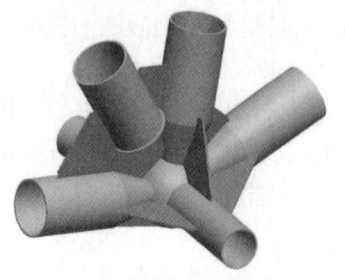

（a）球板结合连接方式　　　　　　（b）节点板螺栓连接方式

图 2-36　节点连接方式示意图

2.2.3　馈源（副反射体）支撑结构

在通常情况下，馈源或副反射体的支撑结构都是与主反射体背架结构相连接的。由于支撑结构位于主反射面的正面，会对电磁波的传输造成遮挡（称为口面遮挡），引起天线效率的下降，因此，支撑结构的设计要重点考虑减小口面遮挡面积。

天线的口面遮挡主要包括馈源（或副反射体）遮挡和支撑结构遮挡两项，如图 2-37 所示，馈源遮挡为平面波遮挡；支撑结构的遮挡分为两部分，在支撑结构与主反射面汇交点以内为平面波遮挡，另外的为球面波遮挡。考虑遮挡损失后的天线效率可由下式估算：

$$\eta = \left(1 - \frac{A_b}{A_p}\right)^2 \quad (2\text{-}2)$$

式中，A_p 为天线投影口径面积；A_b 为遮挡区域面积。

天线微波光学设计完成后，馈源或副反射体引起的遮挡面积基本确定，口面遮挡的减小主要取决于支撑结构的设计。主要措施是减小支撑结构沿来波方向的截面面积，将支撑结构尽量向反射面外端移动，减小球面波遮挡。但这样可能会造成支撑结构刚度下降，增大馈源或副反射面的变形；此外，还要考虑支撑结构对主反射面精度的影响。因此，一些天线采用了增加拉索的方法来提升支撑结构的刚度。

图 2-38 是某 15m 天线副反射面及支撑结构、调整机构。支撑结构由 4 片桁架梁组成，支杆下端支撑在天线背架结构上，上端与腔体结构连接。

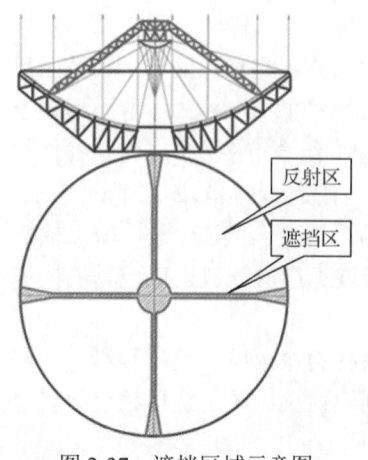

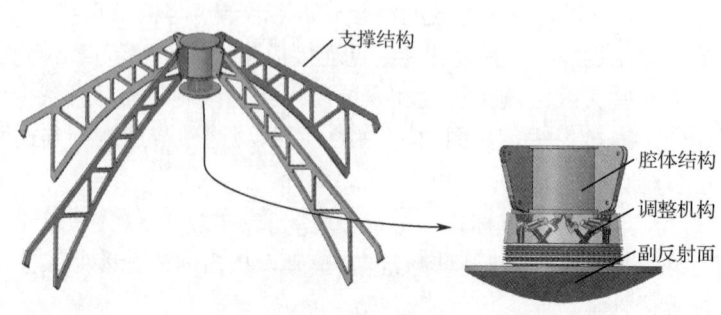

图 2-37　遮挡区域示意图　　　　　图 2-38　副反射面及支撑结构、调整机构

副反射面调整机构为六杆机构,包括上平台、下平台、球铰以及调整杆,如图 2-39 所示。调整杆两端为不同螺距的螺杆,当旋转调整杆的调整器时,两个螺杆差动运动,实现调整杆长度的精确调整。根据测量系统给出的副反射面调整量(X、Y、Z 三个方向的位移和旋转量值),使用程序计算出每根杆的伸长或缩短的距离,通过调整器调整杆长度到计算值,实现副反射面的位姿调整。

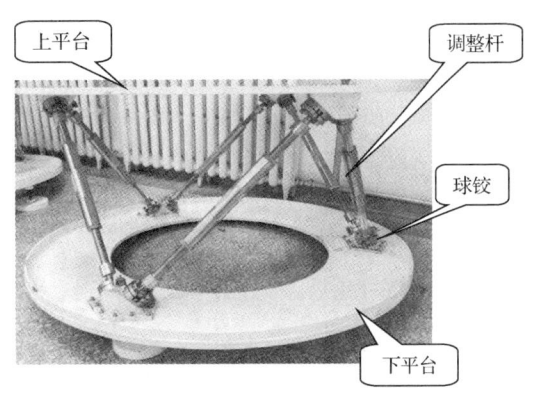

图 2-39 副反射面调整机构图

2.2.4 馈源网络结构

反射面天线的馈源网络包含馈源和微波网络,馈源用来实现电磁波的辐射和收集,微波网络用来实现收发信号、多频段信号的合成与分离。

2.2.4.1 馈源

馈源的形式多种多样,主要有喇叭、腔振子、对数周期、螺旋等类型。由于反射面天线一般是旋转对称形式,为提高天线效率,也要求馈源方向图具有旋转对称性。主模喇叭、多模喇叭和波纹喇叭等馈源都能够满足这一要求。主模喇叭工作带宽窄,主要用于测控天线;多模喇叭和波纹喇叭工作频带宽,一般用于卫星通信地球站天线。

1. 主模与多模喇叭

主模喇叭利用圆波导中的主模,即 TE_{11} 模作为辐射模式,多模喇叭除使用 TE_{11} 模外,还增加了 TM_{11}、TE_{12}、TM_{12}、TE_{13} 等高次模。

多模喇叭一般由高次模激励器和移相器组成,激励器包括变张角激励器、台阶激励器以及半径和张角同时跃变的激励器,移相段包括圆锥移相段和圆柱移相段。多模喇叭的结构示意图如图 2-40 所示。

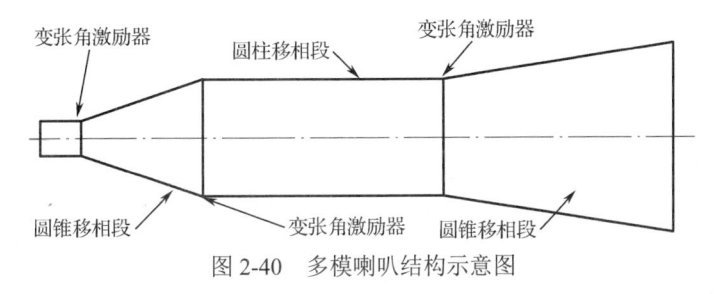

图 2-40 多模喇叭结构示意图

多模喇叭具有结构简单,易于加工,耐高功率等特性,适合于接收或发射单工天线和高功率微波天线。

2. 波纹喇叭

在光壁圆锥喇叭中增加波纹状槽形结构就形成了波纹喇叭,波纹喇叭具有工作频带宽、匹配特性良好、方向图旋转对称、交叉极化低等诸多优点，是多频段高性能双反射面天线馈源的理想选择。

波纹喇叭由输入渐变段、模转换段、变角段、变频段和辐射段等几部分组成，如图2-41、图2-42所示，其中模变换段对波纹喇叭辐射场交叉极化性能影响很大。

波纹喇叭的波纹槽尺寸精度要求高，加工难度大，尤其是低频大尺寸波纹喇叭，通常采用分段加工再组装工艺。

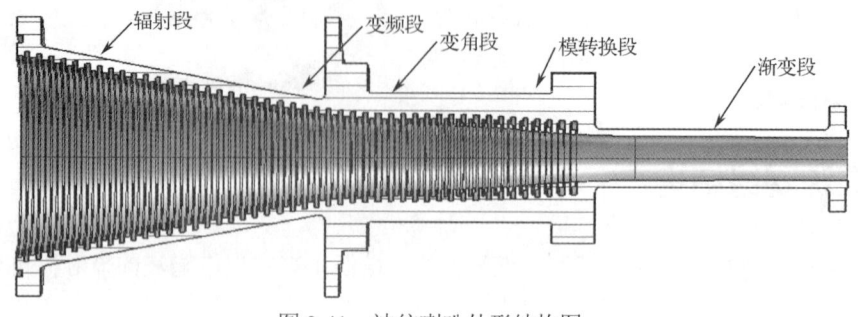

图2-41 波纹喇叭外形结构图

3. 脊喇叭

脊喇叭由脊片、外壁、脊波导段和锥形短路板组成，如图2-43、图2-44所示。与其他超宽带馈源相比，脊喇叭有着馈电结构简单、波束宽度可控、工作频带宽的特点。脊喇叭由波导终端逐渐张开而形成一种口径天线，与波导辐射器相比，由于口径逐渐变大，改善了自由空间的匹配和方向性，提高了增益，广泛应用在超宽带反射面天线中。

图2-42 波纹喇叭实物图

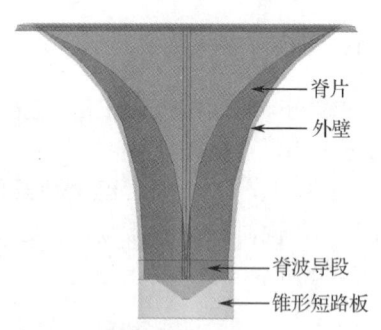

图2-43 脊喇叭馈源结构示意图

图2-44 脊喇叭馈源实物图

4．对数周期馈源

对数周期馈源频带宽度可以达到十几个倍频，适合用于宽带微波侦收前馈抛物面天线，如图 2-45 所示。其缺点是相位中心不恒定，天线效率较低。

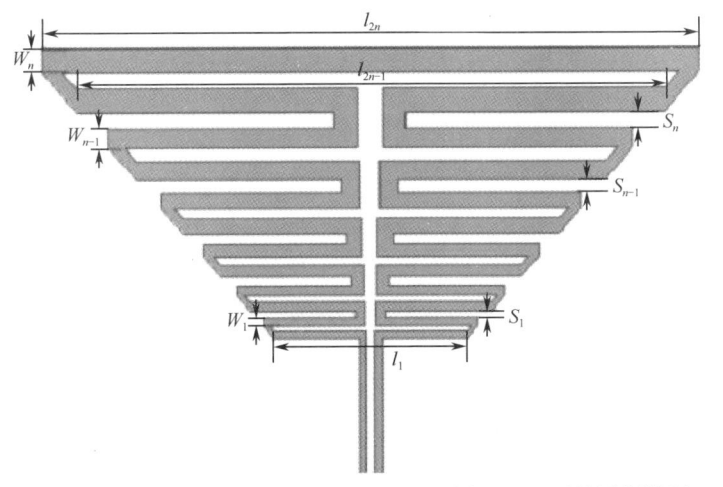

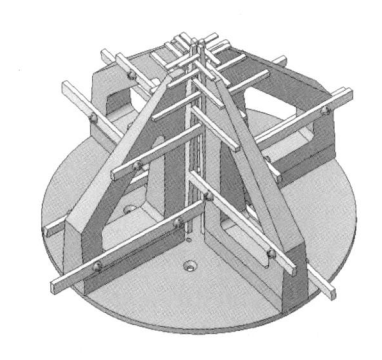

图 2-45　对数周期馈源

5．组合喇叭

组合喇叭一般用于工作频带为 3 个倍频以上的双频段天线，通常中间喇叭工作于高频段，四周的 4 个喇叭工作在低频段。可通过和差器形成和信号及方位俯仰差信号，实现单脉冲跟踪，双频组合喇叭如图 2-46 所示。

2.2.4.2　微波网络

微波网络直接与馈源喇叭连接，由分波器、合路器、滤波器、圆极化器、旋转关节、正交模耦合器、连接波导管等部件组成，通过不同的组合形式实现对电磁波信号的处理。微波网络的分类有多种形式，按频段可分为单频段微波网络、双频段共用微波网络和多频段共用微波网络；按极化形式可分为线极化微波网络、圆极化微波网络和线圆极化共用微波网络；按收发功能可分为接收微波网络、发射微波网络和收发共用微波网络；按端口数量可分为两端口微波网络、四端口网络和多端口微波网络。

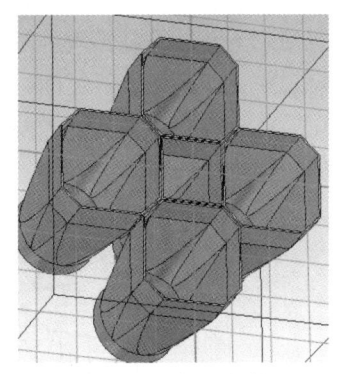

图 2-46　双频组合喇叭

2.2.4.2.1　单频段微波网络

单频段收发微波网络用于单一频段微波信号的收发。最初的单频段微波网络是两端口微波网络，为了充分利用不同极化的卫星转发器资源，又研制出了具有极化复用功能的四端口、多端口微波网络。

1．两端口微波网络

两端口微波网络用于收发极化固定的天线，主要类型有线极化微波网络、圆极化微波网络

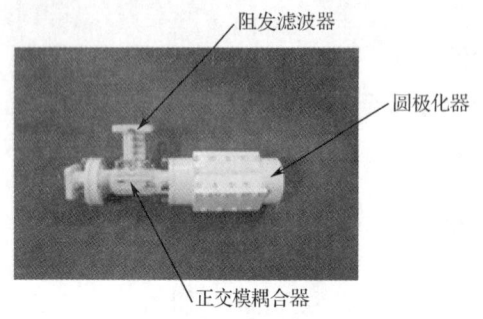

图 2-47 Ka 频段圆极化收发两端口微波网络

以及线圆极化可变的微波网络。线极化微波网络由双工器、阻发滤波器和连接波导组成；圆极化微波网络在线极化微波网络基础上增加了一个圆极化器，位于馈源和双工器之间；线圆极化可变的微波网络在圆极化微波网络的基础上增加了旋转关节，位于圆极化器和双工器之间。图 2-47 是某 Ka 频段圆极化收发两端口微波网络。

2. 四端口微波网络

四端口微波网络是在两端口微波网络的基础上增加了收发频段分波器、宽频带正交模耦合器等器件，使得接收与发射端口同时具有两个极化的能力，实现极化复用功能。四端口微波网络主要有两种形式，一种是先分频段再分极化，另一种是先分极化再分频段。

（1）先分频段再分极化

先分频段再分极化的四端口微波网络多用于接收与发射频段间隔较大的情况。收发频段分波器与波纹喇叭相连，接收频段信号在分波器直通通道中是截止的，只能够通过分波器侧壁 4 个耦合臂耦合到低通滤波器中，由合路器合成，再通过正交模耦合器实现极化鉴别，输出垂直、水平两路接收信号，两个阻发滤波器用于对发射频段的抑制。发射频段信号由正交模耦合器实现极化鉴别，并由分波器的直通通道传输进入波纹喇叭。由于侧壁 4 个低通滤波器的抑制作用，接收通道对于发射频段来说近似短路。当天线工作于圆极化时，需要在线极化四端口微波网络的基础上增加收发频段的圆极化器，分别放置在分波器和发射频段正交模耦合器、合路器和接收频段正交模耦合器之间。

具有线圆转换功能的四端口微波网络是在圆极化四端口微波网络基础上，在收发通道上分别增加极化旋转关节，实现极化的转换，其原理如图 2-48 所示，实物如图 2-49 所示。

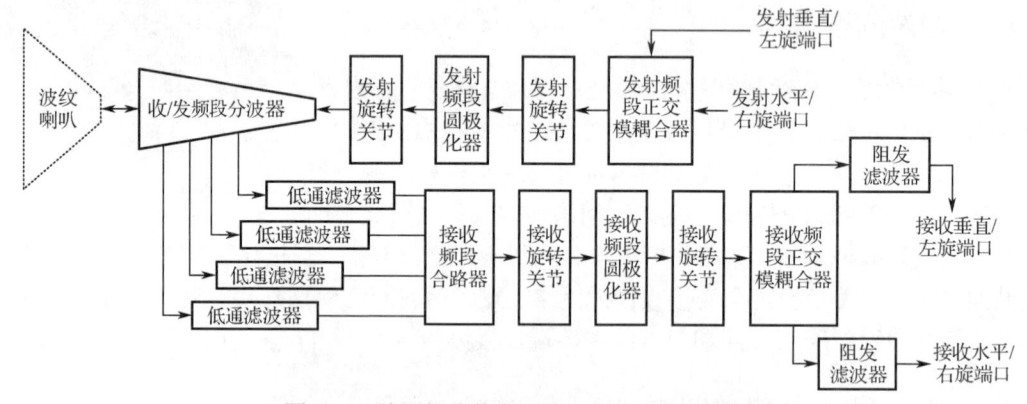

图 2-48 线圆极化收发四端口微波网络原理图

图 2-49 线圆极化收发四端口微波网络实物图

（2）先分极化再分频段

这种形式的四端口微波网络先使用宽带正交模耦合器进行极化鉴别，再用频率双工器进行收发频率的分离。频率双工器是一个三端口器件，接收与发射端口之间相互隔离。在波纹喇叭和正交模耦合器之间增加圆极化器就成为圆极化微波网络；在圆极化器和正交模耦合器之间增加极化转换旋转关节，可实现线圆极化转换功能，其原理如图 2-50 所示。

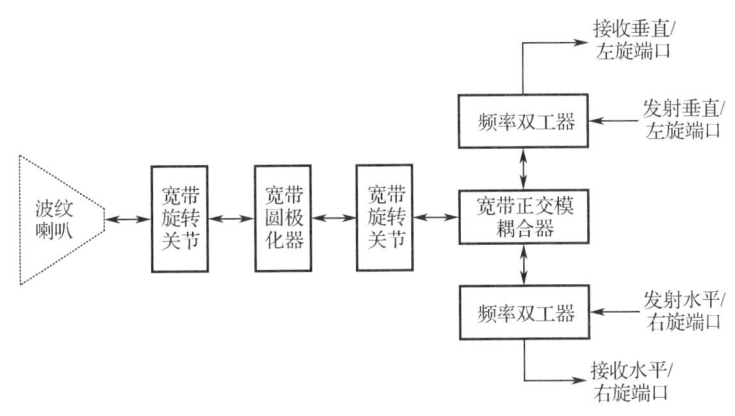

图 2-50　收发宽带正交模耦合形式四端口线圆极化微波网络原理图

3. 差模跟踪耦合网络

对于单脉冲跟踪天线，需采用差模跟踪耦合网络，用于差模跟踪信号的提取，可与两端口或四端口微波网络级联使用，实现单脉冲跟踪功能。

差模跟踪耦合网络难以实现跨频段工作，一般只针对一个特定频段进行设计，常用的有 TE_{21} 模耦合跟踪网络和 TM_{01} 模耦合跟踪网络两种。

TE_{21} 模跟踪网络由 TE_{21} 模耦合网络（由圆波导及侧壁矩形波导组成）和差信号合成网络（由合成器、90°移相器、3dB 电桥组成）组成。选择合适的圆波导直径，保证主模在波导中的传输不受影响，还要激励出两个信号电场分布的横截面相差 45°的 TE_{21} 模差信号，同时要求对更高阶模的电磁信号截止。为实现对差模信号的耦合提取，在 TE_{21} 模耦合器的圆波导壁上周期分布八组耦合孔，将圆波导中的 TE_{21} 模耦合到八个侧壁矩形波导中，再采用 TE_{10} 模进行传输。为使得耦合强度最强，要求矩形波导中 TE_{10} 模的截止波长与圆波导中 TE_{21} 模的截止波长一样。矩形波导中的 TE_{10} 模信号经差信号合成网络处理后形成左旋和右旋两路圆极化信号，用于单脉冲跟踪。TE_{21} 模跟踪微波网络具备圆极化和线极化跟踪功能，跟踪线极化信号时，差信号电平将损失 3dB，其原理框图如图 2-51 所示，图 2-52、图 2-53 分别是 Ka 频段 TE_{21} 模单脉冲跟踪微波网络的结构示意图和实物图。

在仅需圆极化跟踪的情况下，为简化网络结构，降低加工难度和成本，通常也可以采用 TM_{01} 模单脉冲跟踪微波网络。

2.2.4.2.2　双频段微波网络

双频段微波网络可实现两个不同频段信号的传输，其工作原理为：先利用分波器对信号进行分频，低频信号通过侧壁耦合孔耦合到四组低通滤波器中，再由低频合路器合成，然后通过低频正交模耦合器进行极化鉴别，输出两个极化的低频信号；高频信号由分波器的直通通道传输，再经过高频正交模耦合器进行极化鉴别，输出两个极化的高频信号。以上是线极化工作原理，如图 2-54 所示。圆极化工作时，需在分波器和正交模耦合器之间分别增加高、低频段圆极化器；采用带有开关功能的圆极化器可实现线圆极化切换功能。图 2-55 和图 2-56 分别为 C/Ku 线极化双频段共用微波网络结构示意图和实物图。

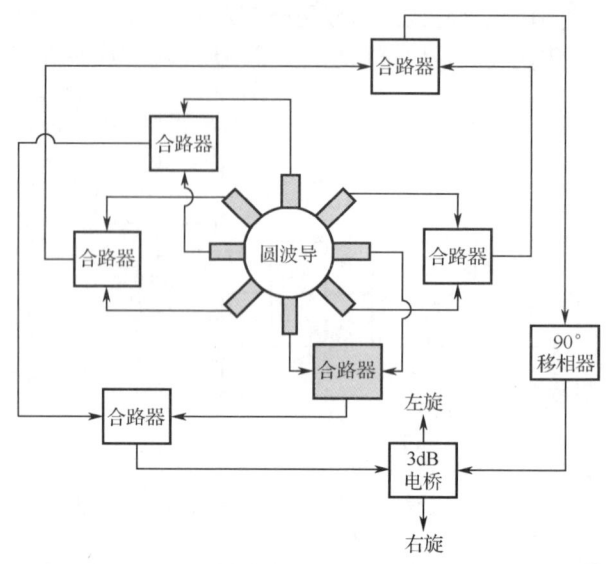

图 2-51 TE_{21} 模单脉冲跟踪微波网络原理框图

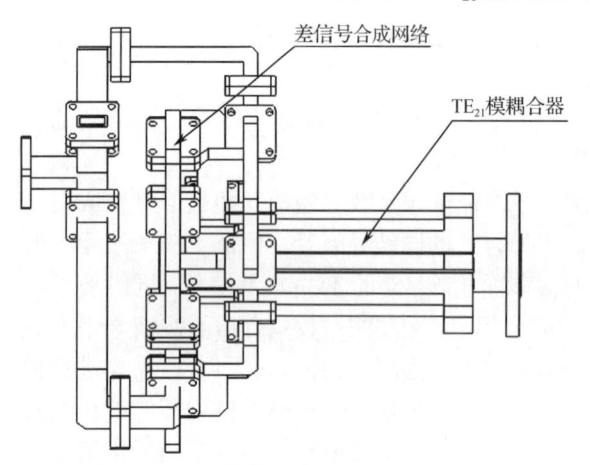

图 2-52 TE_{21} 模单脉冲微波网络结构示意图

图 2-53 Ka 频段 TE_{21} 模单脉冲跟踪微波网络实物图

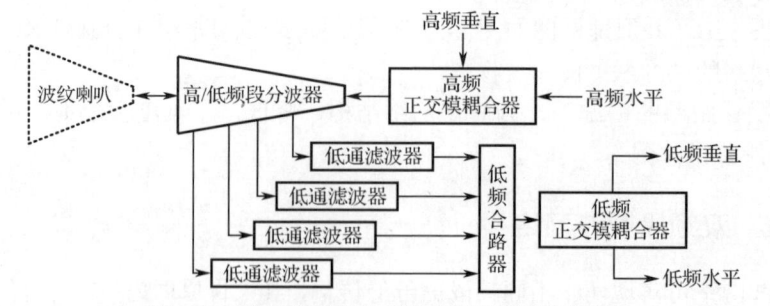

图 2-54 线极化双频共用微波网络原理方框图

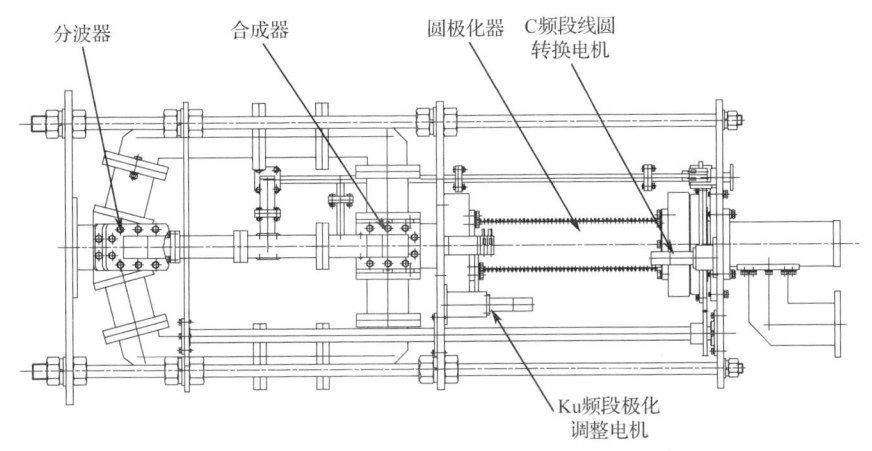

图 2-55 C/Ku 线极化双频共用微波网络结构示意图

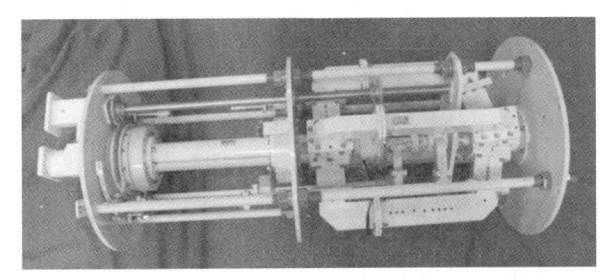

图 2-56 C/Ku 线极化双频共用微波网络实物图

2.2.5 频段切换机构

对于大中型反射面天线，通常会配备多组馈源以实现在多个频段工作的目标。需要用到某个频段时，将对应的馈源移动定位到天线焦点位置，将原有馈源移走，我们将这种更换馈源的过程称为换馈过程，更换馈源的方式称为换馈方式。显然，换馈方式多种多样，可以是人工拆装、调整，也可以通过一套专用的机构来实现自动或半自动换馈，这样的机构称为换馈机构，也称为频段切换机构。对于双反射面天线，存在一种换馈方式，即馈源不移动，通过调整副反射面改变天线焦点位置，使其与需要的馈源相心重合，实现频段切换。为统一描述，将调整副反射面的方式也作为换馈方式的一类，相应的调整机构也称为换馈机构。在设计频段切换机构时，首先要考虑换馈方式，换馈方式的选择对于天线系统的性能有很大影响，主要表现在以下方面：

（1）不同的换馈方式对电气性能影响不同，这些影响包括减小天线有效辐射口径，改变天线微波射线的方向，增加电磁波在天线系统中的反射次数导致引入额外的差损和噪声。

（2）不同换馈方式的结构和伺服控制方案实现难度不同，所需要的伺服驱动装置数量不同，换馈机构的复杂度不同，对天线系统的可靠性、可维修性等影响程度不同。

目前国内外天线采用的换馈方式主要有以下几种：
- 偏转副反射面方案，如德国埃菲尔伯格 100m 天线；
- 旋转副反射面方案，如 VLA 25m、VLBA 25m 天线；
- 旋转馈源方案，如美国 GBT 100m 天线、上海 65m 天线；
- 爬升馈源方案，如乌鲁木齐 25m 天线；
- 波束波导方案，多数深空测控网天线都采用了这种方式；

- 几种方式结合使用，如意大利 SRT 64m 天线。

图 2-57～图 2-60 给出了几种现有换馈方式的设计与实物图片。

除以上换馈方案之外，在一些项目的概念设计过程中还产生过摆动馈源舱方案、绕摆馈源舱方案等，虽然还未在工程中应用，但是可以为未来工程设计开拓思路。下面将对以上各种换馈方案进行描述和比较分析。

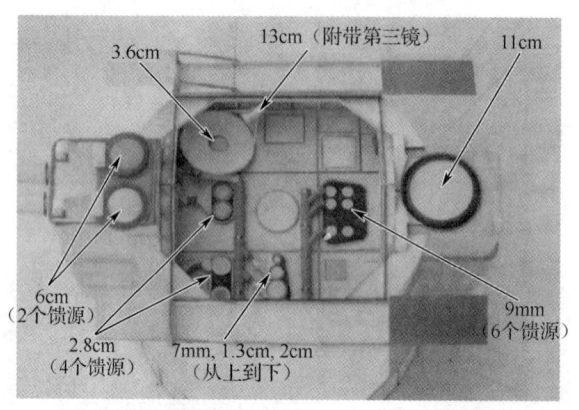

图 2-57　德国埃菲尔伯格 100m 天线馈源布局

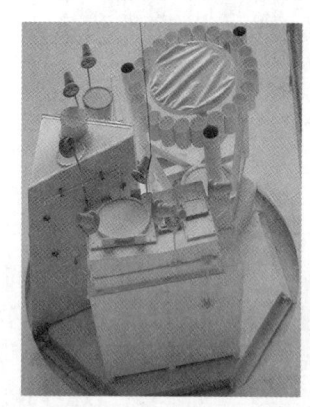

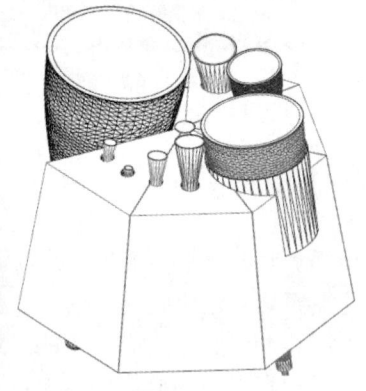

图 2-58　VLA 25m 天线馈源布局

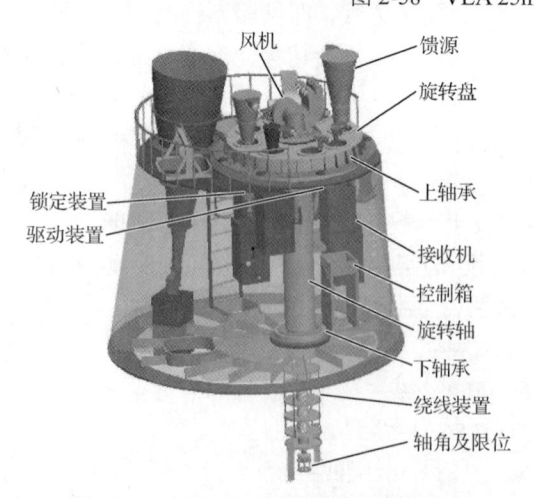

图 2-59　上海 65m 天线旋转换馈装置

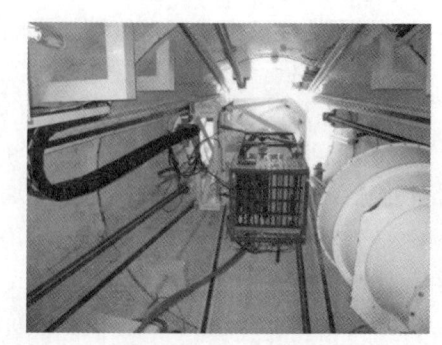

图 2-60　乌鲁木齐 25m 天线爬升换馈装置

2.2.5.1 偏转副反射面方案

偏转副反射面方案的原理如图 2-61 所示,使各馈源的相心位于天线的焦平面上,根据馈源偏焦位置的不同,将副反射面偏转一定角度,使其对准某一馈源实现频段切换。该方式原理简单,对结构设计要求相对较低,可靠性高,但会带来一定的增益损失和旁瓣升高。对于大口径天线,由于焦距很长,对偏焦导致的影响不很敏感。考虑副瓣性能要求,设计时可以采用高效率、低旁瓣口面场分布函数赋形。通过调整副反射面偏角,可以在天线增益和旁瓣电平间进行折中平衡,但方向图对称性难以保证。

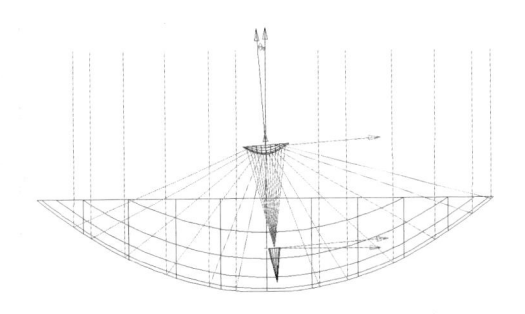

图 2-61 偏转副反射面方案原理图

由于偏焦馈电要求各馈源尽可能密集排布,因此高频段馈源较为集中,留给后端接收和制冷设备的空间相比其他换馈方案要小。

2.2.5.2 旋转副反射面方案

旋转副反射面方案是通过对副反射面二次赋形,使得由偏置馈源发射的射线经主、副反射面反射后仍沿天线轴向射出。二次赋形后的副反射面焦点偏离主面的旋转对称轴,随着副反射面旋转,焦点轨迹为一圆周,该圆周的中心位于主反射面的中心轴上,将所有馈源的相心放置在此圆周上,旋转副反射面使焦点与对应频段馈源相心重合,即可实现频段的切换,其原理如图 2-62 所示。

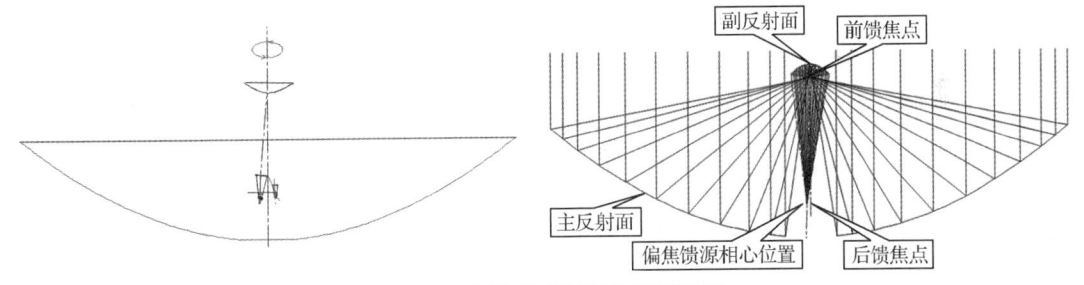

图 2-62 旋转副反射面方案原理图

根据该原理,给出了某 40m 天线换馈设计布局,如图 2-63 所示。按照微波光学设计与馈源布局,重新赋形副反射面,计算得到天线在 1.75GHz、15.5GHz 和 40GHz 时的方向图,如图 2-64 所示。

可以看出,采用旋转副反射面方案的天线方向图与赋形正馈的方向图主波束几乎完全重合,旁瓣变化也非常小。

采用旋转副反射面方式切换频段时,若副反射面不能旋转到位,则会引入误差,造成电气性能下降。分别计算了副反射面旋转误差为 0.1°、0.05°、0.02°、0.01°和 0.003°时天线

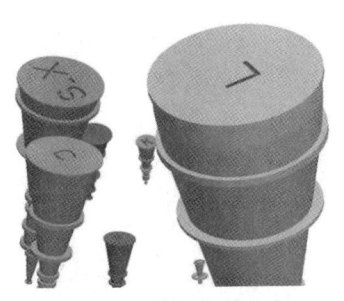

图 2-63 馈源位置分布

的性能(频率 40GHz,焦点轨迹圆周直径 1800mm),结果如表 2-3 所示。

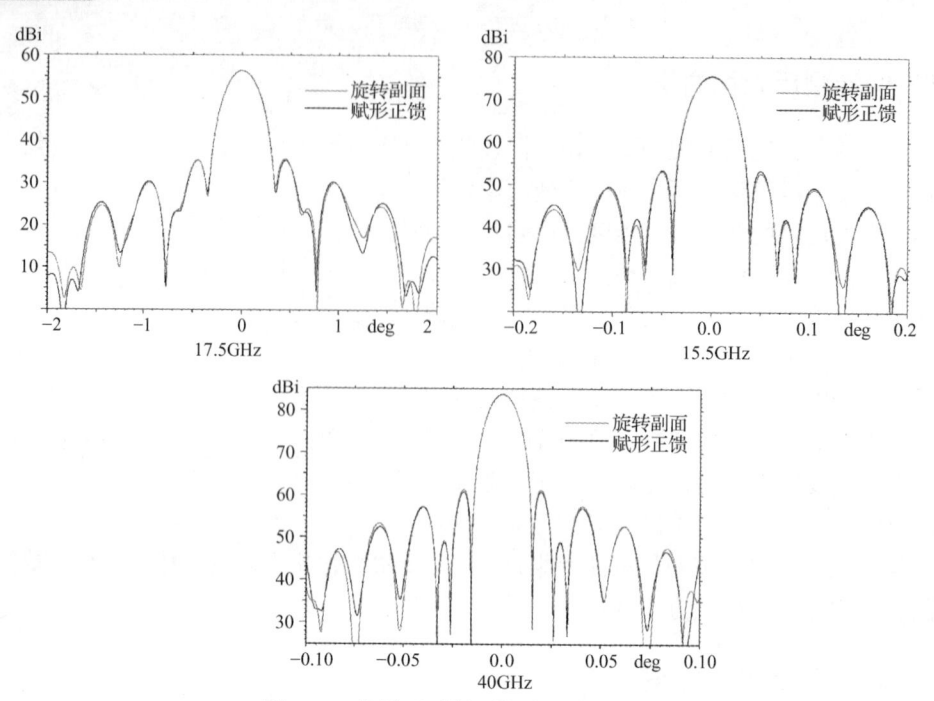

图 2-64　旋转副反射面换馈天线方向图

表 2-3　不同旋转误差时天线性能

旋转误差/°	增益/dB	第一旁瓣/dB	主波束偏移/°
0	83.7273	−22.56, −22.56	0
0.003	83.7273	−22.57, −22.55	5×10^{-11}
0.01	83.7271	−22.58, −22.54	0.0001
0.02	83.7270	−22.60, −22.51	0.0001
0.05	83.7265	−22.66, −22.44	0.0004
0.1	83.7253	−22.73, −22.33	0.0009

由表中数据可以看出，当旋转误差小于 0.1°时，天线增益、第一旁瓣和主波束偏移性能几乎不变，图 2-65~图 2-67 给出了仿真计算结果。

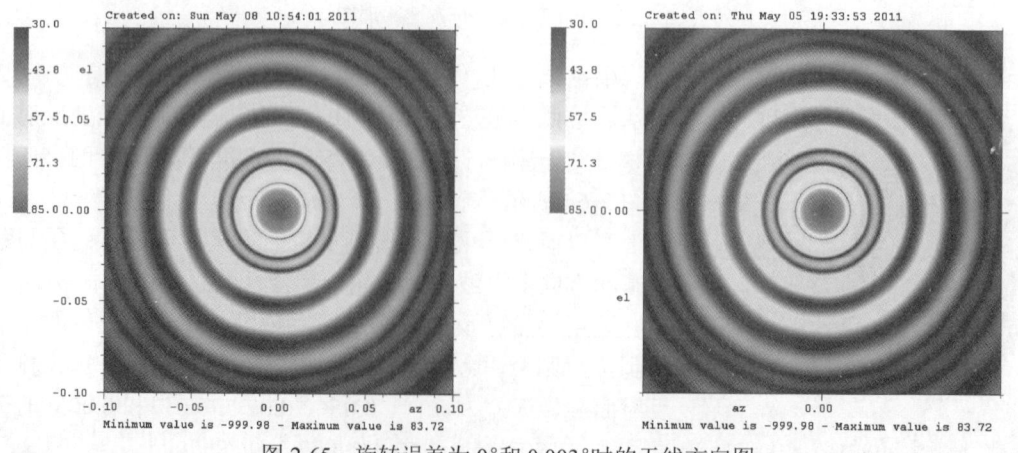

图 2-65　旋转误差为 0°和 0.003°时的天线方向图

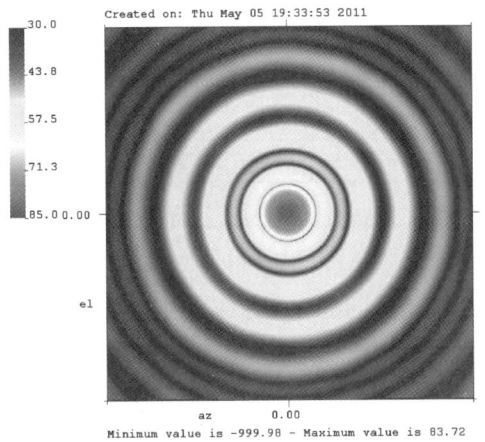

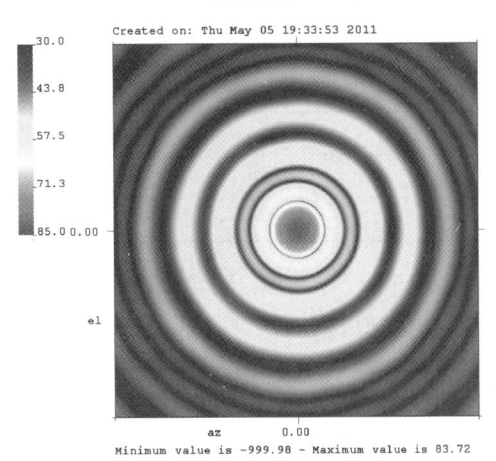

图 2-66 旋转误差为 0.01°和 0.02°时的天线方向图

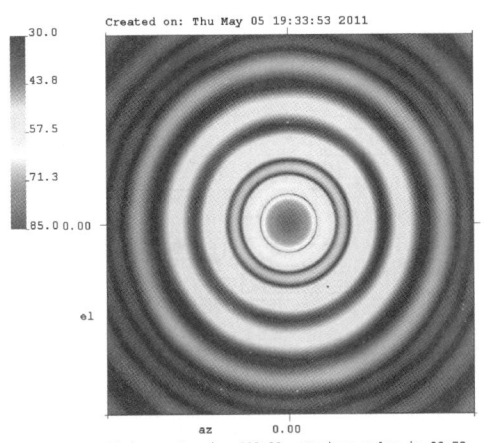

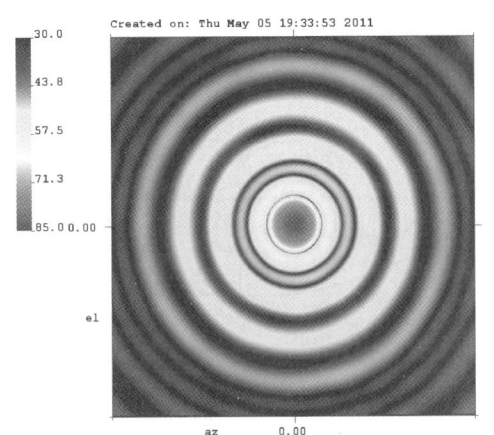

图 2-67 旋转误差为 0.05°和 0.1°时的天线方向图

旋转机构实现定位误差小于 0.1°在工程上不难实现，因此，副反射面旋转方案在许多天线上得到了成功应用。如图 2-68 所示，建造于美国新墨西哥州的甚大阵综合孔径射电望远镜（VLA）天线采用了这种换馈方式，目前已工作了 30 年。该天线工作于 L、S、C、X、Ku、K、Ka、Q 这 8 个频段，最高工作频率 52GHz。表 2-4 给出了 VLA 天线的电气性能。

图 2-68 美国甚大阵综合孔径射电望远镜天线

表 2-4 VLA 天线电气性能

频 段	频率范围/GHz	相 对 带 宽	系统温度/K	天 线 效 率
L	1.0~2.0	2.0	26	0.50
S	2.0~4.0	2.0	29	0.62
C	4.0~8.0	2.0	31	0.60
X	8.0~12.0	1.5	34	0.56
Ku	12.0~18.0	1.5	39	0.54

续表

频 段	频率范围/GHz	相 对 带 宽	系统温度/K	天 线 效 率
K	18.0~26.0	1.44:1	54	0.51
Ka	26.0~40.0	1.53:1	45	0.39
Q	40.0~52.0	1.3:1	66	0.34

由表 2-4 可以看出，VLA 25m 天线在高频段时仍保持了良好的电气性能。该天线升级时仍延续了旋转副反射面换馈方式，同一时期建造完成的 VLBA 同样采用了旋转副反射面方案。20 世纪 90 年代，美国深空网 DSS-14 由 64m 升级为 70m 时也采用了副反射面二次赋形技术。

2.2.5.3 旋转馈源方案

旋转馈源方案的原理是将各馈源布置在一个圆周上，通过旋转将所需馈源移动到焦点位置，实现频段切换，其原理示意如图 2-69 所示。机构的旋转轴与天线的焦轴平行，偏开一定距离，各馈源的轴向与旋转轴平行。

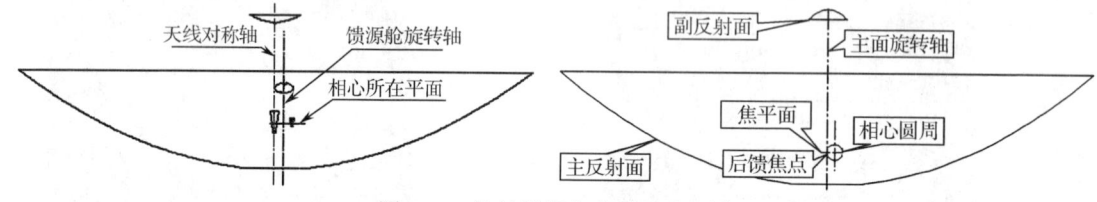

图 2-69 旋转馈源方案原理示意图

上海 65m 天线采用了旋转馈源方案，馈源旋转机构安装了 C、S/X、X/Ka、Ku、K、Q 频段馈源，并预留了 2 个备份馈源位置，预留空间考虑了相关制冷设备、接收机及支撑结构的尺寸。由于 L 频段馈源尺寸较大，若将其与其他各频段馈源共同放置在一个圆盘上，会显著增大圆盘和支撑结构的尺寸，产生较大的遮挡，因此将 L 频段馈源单独放置，尽管由于横向偏焦会造成性能下降，综合考虑各频段性能要求还是有利的。

馈源旋转方案的一个缺点是馈源网络及其后端接收机等设备在切换频段时也要进行旋转，需要相应的线缆缠绕装置，结构设计较为复杂。因此，对于馈源数量少的天线，也可以考虑用馈源平移的方式实现频段切换。

某 13m 天线有宽带馈源和 X/Ka 双频馈源两组馈源，采用了平移换馈方式，馈源安装在换馈平台上，通过平移实现位置的更换，如图 2-70 所示。

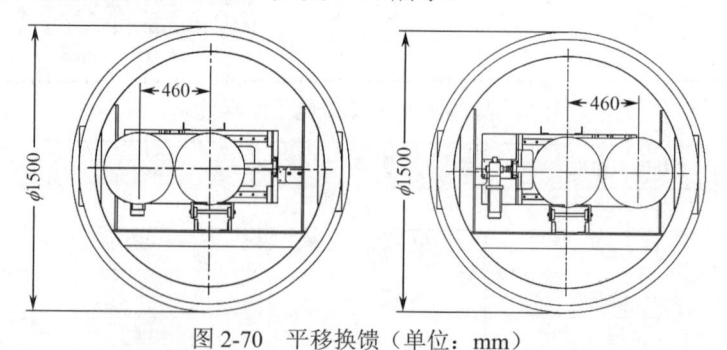

图 2-70 平移换馈（单位：mm）

换馈平台由底座、步进电机、蜗轮减速器、滚珠丝杠、导轨、限位块组成，如图 2-71 所示。平移换馈机构可实现馈源定位精度 0.1mm 的指标，该指标主要受到滚珠丝杠精度、蜗轮减速器回差、限位块加工精度以及安装调整精度的影响。

2.2.5.4　爬升馈源方案

如图 2-72 所示，馈源均布于馈源舱圆周方向，沿各自的轨道从收藏位置爬升到工作位置。

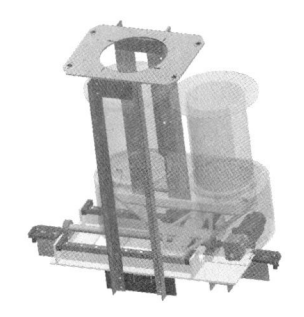

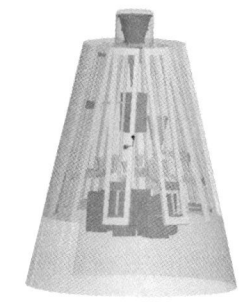

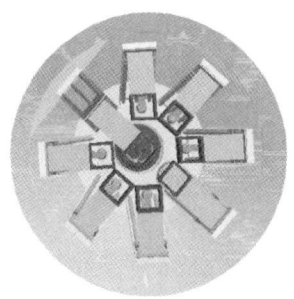

图 2-71　换馈平台示意图　　图 2-72　馈源舱布局

馈源舱呈圆锥台状，天线焦点位于锥台顶部中心处。实现馈源沿轨道移动的方法有许多种，如丝杠拖动法、链条拖动法、齿条拖动法、钢带拖动法、钢丝绳拖动法等，下面以丝杠拖动进行说明。

馈源及轨道如图 2-73 所示，中间为滚珠丝杠副，两侧为导轨。将馈源（包含制冷放大器和接收机）安装在托架上，通过直线位移实现馈源的上下移动。

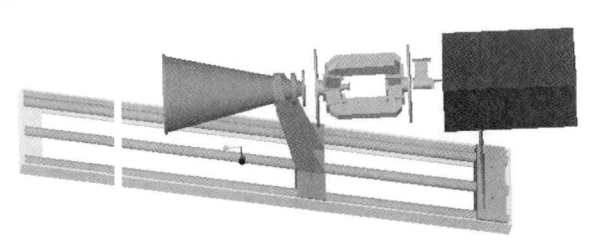

图 2-73　馈源及轨道示意图

馈源升降方案避免了大尺寸的低频馈源旋转至外侧时对主面形成的遮挡和线缆缠绕问题，传统的直线运动机构技术成熟，易于实现。

由于不同频段的馈源尺寸可能差距很大，馈源舱顶部空间需按照最大尺寸的馈源进行设计，给馈源舱的密封与保温带来了压力。解决密封问题有两个方法：一是在小尺寸馈源上附加与馈源舱开口相同大小的密封盘；二是馈源舱顶端用介质密封。方法一对电气性能基本没有影响，但会增大馈源的外形尺寸，对应的馈源舱尺寸也要增大。方法二对结构要求低，但增加的介质会产生损耗，引起天线噪声温度的升高。

2.2.5.5　波束波导方案

波束波导天线的馈源、放大器等设备放置在高频房（或馈源舱）内，通过平面反射镜、曲面镜、波导管等将电磁波发送到天线主反射面（详细描述见 2.2.6 节）。图 2-74 给出了某 40m 天线采用频率选择面与波束波导相结合的换馈方案原理。频段切换时馈源和频率选择面固定不动，椭球面反射镜绕天线对称轴旋转实现切换。

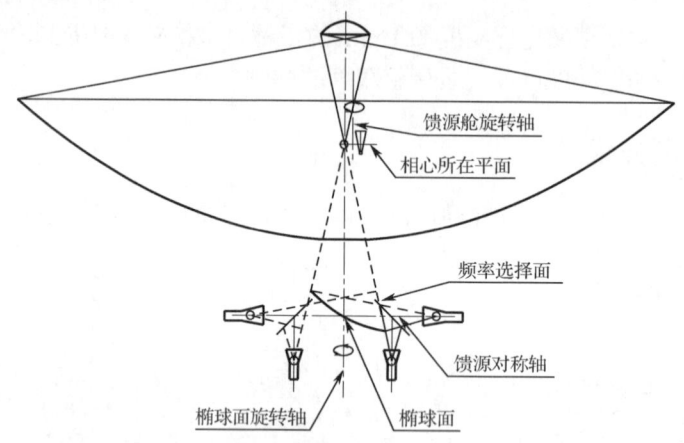

图 2-74 频率选择面与波束波导相结合的换馈方案原理

频率选择面方案的插损估算如表 2-5 所示，可以看出频率选择面与波束波导引入的插损偏大。

表 2-5 频率选择面方案的插损估算表

频段	波纹喇叭 /dB	圆极化器 /dB	正交模耦合器/dB	椭球镜引入插损/dB	频率选择面引入差损/dB	频率选择面引入的漏失/dB	总插损 /dB
S	0.03	0.05	0.03	0	0.15	0.18	0.26
X	0.05	0.08	0.08	0.006	0.16	0.18	0.382
Ku	0.05	0.10	0.08	0.025	0.18	0.1	0.535
K	0.05	0.12	0.09	0.05	0.2	0.1	0.61

以上插损都是在常温环境下估算得出的。椭球反射镜引入的插损按照镜面精度为 0.1mm 计算，两个频率选择面引入的漏失损失按照馈源最佳照射计算。

2.2.5.6 摆动馈源舱方案

如图 2-75 所示，将馈源舱设计为绕两个正交轴摆动的装置，原理与船载摇摆台相同。舱顶设计为球面形状，球心在馈源舱的摆动轴上，馈源按照互不干涉和舱体摆动角最小的原则，呈上下左右方向的"十"字形布置在舱顶球面，工作馈源位于焦点位置，通过馈源舱摆动实现频率切换。与固定馈源舱相比，该方案的不足是摆动机构的负荷较大，尺寸大时可能产生不对称遮挡。

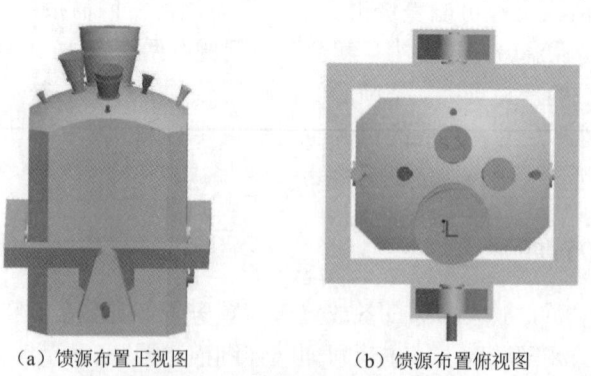

（a）馈源布置正视图　　（b）馈源布置俯视图

图 2-75 摆动馈源舱装置示意图

2.2.5.7 绕摆馈源舱方案

如图 2-76 所示,绕摆馈源舱方案与摆动馈源舱方案相似,只是将左右方向摇摆动作改为绕天线轴线的转动。舱顶设计为球面形状,球心在馈源舱的摆动轴上,通过馈源舱的转动和摆动实现频率切换。

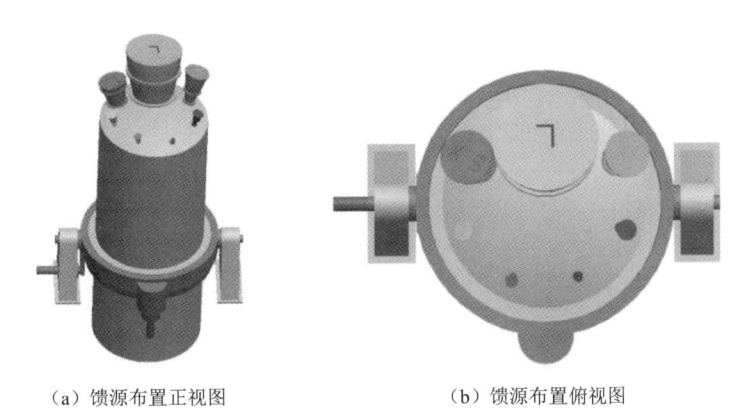

（a）馈源布置正视图　　（b）馈源布置俯视图

图 2-76　绕摆馈源舱装置示意图

2.2.5.8 各种方案比较与结论

各种频段切换方案综合性能的比较见表 2-6。

表 2-6　频段切换方案综合性能比较表

项　目	偏转副面	旋转副面	旋转馈源	爬升馈源	波束波导	摆动馈源舱	绕摆馈源舱
换馈时间	较短	较短	较短	较短	较短	较短	较短
增益	略有下降	无影响	略有下降	略有下降 介质密封	有下降	略有下降	略有下降
第一旁瓣	有上升	无影响	无影响	无影响	无影响	无影响	无影响
噪声温度	稍高	低	低	较高 介质密封	高	低	低
控制复杂度	简单	较复杂	较复杂	较复杂	复杂	较复杂	较复杂
机构	副反射面偏转机构	副反射面旋转机构	馈源旋转机构	馈源爬升机构	多镜面旋转机构	驱动机构	驱动机构
可靠性	高	较高	较高	较低	较高	较低	较低

电气性能较好的换馈方式大体可分为旋转副反射面和移动馈源两类。需要注意的是,尽管馈源旋转、爬升、馈源舱摆动和绕摆四种方式的副反射面在理论上可以保持不动,但对于大中型天线,为克服天线在不同俯仰角下的重力变形,副反射面仍需要调整机构,因此旋转副反射面方案仅是对副反射面的调整,而馈源旋转、爬升、馈源舱摆动和绕摆等方案的副反射面和馈源都需要运动。

偏转副反射面方案的结构最简单、可靠性最高,但馈源相心偏离了天线焦点,因此增益稍有降低、旁瓣电平升高、不对称。同时由于馈源排布密集,留给后端接收机和制冷设备的空间较小，对于接收机和制冷设备的尺寸有较高要求。

旋转副反射面方案的电气性能基本不变，只是副反射面需要增加一个转动自由度，但馈源网络不需要移动，系统可靠性较高。

馈源旋转、爬升、馈源舱摆动和绕摆方案在理论上也没有损失，但馈源旋转方案存在一定的遮挡，同时需要解决线缆缠绕问题。当馈源数量较多时，爬升馈源方案中，馈源网络及接收设备间的干涉问题较大，同时多套机构运行也降低了系统的可靠性，馈源舱若采用介质密封，还会引入一定的损耗，增大噪声温度。

波束波导方案可以较好地解决馈源排布问题，但镜面的数量增多，用于低频的镜面物理尺寸较大，加工成本较高，镜面还会带来损耗以及噪声温度提高。

2.2.6 波束波导结构

波束波导是由一系列顺序排列的曲面镜和平面镜构成的波导结构，它可以将馈源发射的电磁波或反射面天线接收的电磁波通过聚束传播的方式传输，图2-77所示是一种典型的波束波导天线系统结构。它主要由两部分组成：一是由副反射面和主反射面所构成的辐射系统，二是由馈源、曲面反射镜及平面反射镜所组成的传输系统。波束波导具有馈电损耗低、传输距离远、馈源摆放位置不受反射面焦点位置限制、馈源维修更换便捷等优点。

波束波导天线的主辐射系统通常选择双反射面天线，例如卡塞格伦天线、格里高利天线等。在波束波导的传输系统中，平面反射镜的作用是将电磁波的传播方向改变90°，而曲面镜则一般有三种类型：椭球面、双曲面和抛物面，其作用是将馈源的辐射波束对称地传输到天线的副反射面焦点处。合理地布置曲面镜是波束波导传输系统的关键，传输系统路径上反射镜面的精度对系统的性能影响很大，是结构设计的核心工作之一。大功率工作时，应尽量避免采用有聚焦能力的曲面镜，防止聚焦导致空气击穿现象。

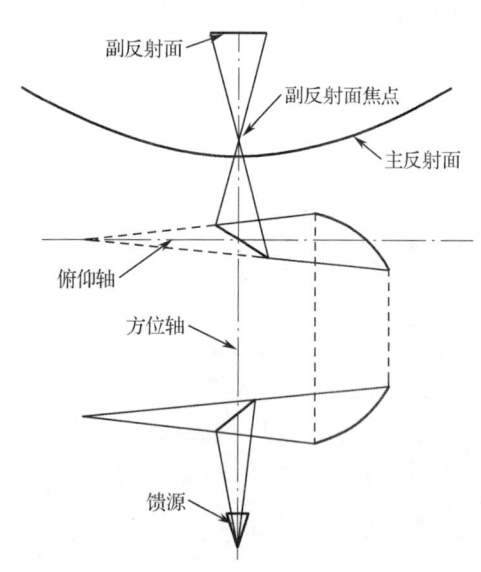

图2-77 典型的波束波导天线系统结构图

影响反射镜面精度的主要因素包括反射面的面形精度和安装位置精度。采用精密的数控机床一体加工而成的镜面面形精度可达到微米级，能够满足一般微波频段天线的需求。相比而言，由于波束传输系统各镜面相对位置关系要求十分严格，镜面的位置精度的实现难度更大，需要有效的安装工艺与检测方法。

针对波束传输系统各反射镜位置的定位需求，可采用光学传播原理定位波束反射镜的方法，其核心思想是设计与反射镜面相同定位基准的玻璃反射镜，替代铝面反射镜进行位置调整，以玻璃反射镜的十字基准线对准基准光管的十字中心为依据，定位各个波束反射镜。

波束波导天线早期主要应用于深空探测领域，自1991年美国航空航天局（NASA）建造世界上第一个波束波导型深空探测天线以来，美、欧、日的深空探测天线几乎全部采用波束波导天线。美国夸加林岛上的13.7m双频共用远程毫米波雷达是世界上第一座采用波束波导天线形式的高功率、双极化、角跟踪毫米波雷达，天线选用对称型卡塞格伦设计，通过频率选择表面实现 Ka 和 W 双频段工作。为了增加带宽和灵敏度，对天线进行了改造，在 Ka 波段增加了波束波导系统。改造后的天线损耗降低了 4dB，发射机峰值功率增加到 100kW。

波束波导天线具有波束窄、驻波小、旁瓣低、增益高的优点，还具有以下传统的天线所没有的优点：

（1）波束波导本身具有宽频带特性和极低的损耗。
（2）馈源的摆放位置不再受天线焦点位置的制约，可以放置在准实验环境中，利于安装和维护。
（3）消除了馈源遮挡，避免由此带来的驻波比升高、旁瓣性能恶化的问题。
（4）功率容量高，适用于高功率微波系统。

2.3 结构误差分析

2.3.1 误差对电性能的影响

2.3.1.1 误差对效率的影响

天线效率和指向精度是反射面天线最重要的两项指标，结构误差对这两项指标有重要影响。

天线效率主要受微波光学设计（含馈源）以及结构设计两方面的影响，因此可分为馈电效率与结构效率两部分。式（2-3）给出了传统的抛物面天线效率计算公式

$$\eta = \eta_1 \eta_2 \eta_3 \eta_4 \eta_5 \eta_6 \eta_7 \eta_8 \tag{2-3}$$

式中，η 为天线的总效率；η_1 为口面利用效率；η_2 为反射面截获效率；η_3 为馈源及支杆遮挡效率；η_4 为反射损耗效率；η_5 为表面公差效率；η_6 为馈源插损效率；η_7 为交叉极化效率；η_8 为相位误差效率。

各效率中 η_1、η_2、η_6、η_7、η_8 可归为馈电效率，η_3、η_4、η_5 可归为结构效率。

口面遮挡引起的效率下降在 2.2.3 节中已有描述，面板缝隙对天线效率也存在一些影响，在保证面板制造精度的前提下，应尽量增大面板面积，以减小这部分影响。此外，还可通过缝隙填充或金属线连接等方式减小影响。

表面电阻和涂覆的影响造成的效率损失较小，约为 1%，采用高导电率的金属材料反射面和低损耗涂覆材料可降低效率损失。

结构因素引起的遮挡效率 η_3 和反射损耗效率 η_4 基本是一个固定值，受环境的影响较小。而表面公差效率 η_5 随着天线的工况变化而变化，是结构设计中要重点关注的内容。

一般可根据鲁兹公式估计表面公差的影响：

$$\eta_5 = 10^{-68.6\left(\frac{\sigma}{\lambda}\right)^2} \text{ dB} \tag{2-4}$$

式中，σ 为反射面的表面公差，实际反射面检测点相对理论反射面法向误差的均方根值；λ 为电磁波的波长。

根据反射面天线的原理，从焦点发出的电磁波经过反射面反射后到达口面的路径长度相同。对于双反射面，包含了主面和副反射面的两次反射过程。当实际反射面与理论反射面相比

存在误差时，就会改变电磁波传播路径长度，造成天线口面处电磁波的相位误差，从而影响辐射性能。借用光学概念，将传输路径长度称为光程，实际传输路径长度相对理论路径长度的变化量称为光程差。不考虑介质折射率，通过几何分析，可以知道反射面某一点法向误差沿天线轴线的分量为光程差的一半，即半光程差。

2.3.1.2 误差对波束方向的影响

当馈源偏离焦点时，从馈源发出的电磁波经过反射面到达天线口面的路径长度不再一样，产生相位误差。将馈源沿天线轴线方向的偏离称为纵向偏焦，沿垂直于轴向的偏离称为横向偏焦。

轴向偏焦会造成天线增益下降，旁瓣电平升高，但最大辐射方向仍然在天线的轴线方向。在口面上产生旋转对称的相位误差，相位误差近似正比于径向坐标的平方，这种影响类似于散焦所产生的像差。对于一个给定的相位误差，其偏焦量取决于反射面的焦径比，此外，也受到照射锥削的影响。许多大型天线的反射面经最佳吻合后的焦距会随俯仰角的变化而变化，如果能够通过机械对焦装置沿轴向调整馈源，则可以补偿大部分增益损失。

横向偏焦会导致口面上的非对称相位误差，辐射方向图主瓣相对轴向偏转，在靠近天线轴线方向一侧的波束旁瓣电平较高。主瓣宽度变化不大，引起的增益损失相对较小，当横向偏焦为一个波长时，损失只有5%。

横向偏焦引起波束最大值方向发生偏转导致指向误差，误差大小取决于馈源离轴偏移量。如果反射面是平板，则指向的变化等于馈源相对于轴线的偏转角。对于曲面，指向的变化小于馈源的角度偏转量。将波束偏转角与馈源偏转角的比值称为波束偏移因子（BDF），该因子小于1。BDF与反射面焦径比和照射函数的锥削相关。图2-78给出了三种不同锥削照射下，BDF与焦径比的关系曲线。

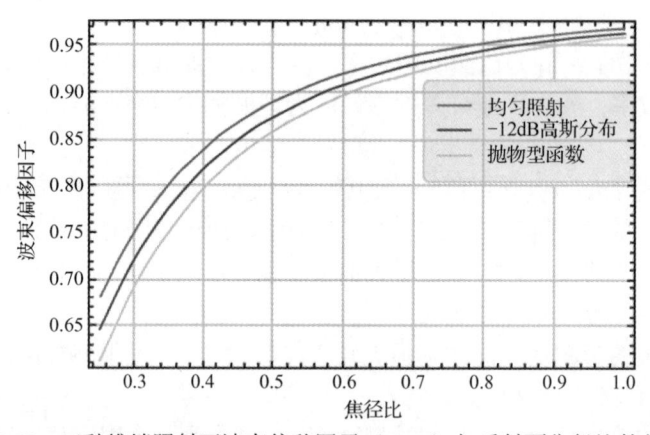

图 2-78 三种锥销照射下波束偏移因子（BDF）与反射面焦径比的关系

前面关于偏焦的讨论适用于主焦天线模式，对于卡塞格伦双反射面天线系统，馈源和副反射面的偏焦可以等效为主焦天线馈源偏焦的影响，可用下式计算波束偏转。

$$\theta = (1+K)\theta_3 - \frac{K\delta_P}{f} + \frac{K\delta_F}{Mf} + \frac{K(M-1)\delta_S}{Mf} - \frac{2KH\theta_4}{f} \quad (2-5)$$

式中，

f——设计抛物面焦距；

H——副反射面顶点到焦点距离；

K——波束偏移因子；

M——虚焦点横向位移放大因子；

θ_3——最佳吻合抛物面轴向与设计抛物面轴线夹角；

θ_4——反射面绕顶点转角；

δ_P——最佳吻合抛物面顶点到设计抛物面轴线的距离；

δ_F——馈源相心横向位移；

δ_S——副反射面顶点横向位移。

以上面形误差和馈源偏焦这两项误差对电性能的影响分析基本上是独立的。随着计算技术的发展，可以在电磁场仿真环境中直接建立误差模型，反映出实际天线反射面形状及馈源位置，通过数值计算分析能够更准确地获得电性能。

2.3.1.3 误差对相位中心稳定度的影响

天线的相位中心定义为天线辐射电磁波的辐射源中心（即等效源点），或描述为天线远区辐射场的等相位面与通过天线的平面相交曲线的曲率中心。具有唯一相位中心的天线实际上是不多的，绝大多数天线只在主瓣某一范围内或以某点为参考点时，即所关心天线主波束一部分的角度范围内，天线的相位保持恒定，由这部分等相位面求出的相位中心，叫作天线的视在相位中心。

在导航定位系统中，天线相位中心的标定误差直接影响到导航定位系统的测距精度，因此天线相位中心的标定是相当重要的。

天线相位中心是由天线的电气特性决定的，无法通过高精度光学测量方法获得精确的坐标点，所以需要在天线附近建立经过大地测量的标志点作为基准点，通过确定天线相位中心和基准的相对关系，获得相位中心的坐标，提供给系统作为测距基础。所以天线相位中心相对于标志点的改正精度直接影响到系统的测距精度，在天线系统的设计、制造及安装调试时要作为主要指标进行考虑。

天线相位中心的标校是通过测量天线相位方向图完成的，天线相位中心标定的不确定度应满足规定的技术指标要求，需要采取相应的技术措施来保证天线相位稳定。

天线相位稳定性分析有两种情况：第一种情况为天线在全空域角度范围内结构重力变形导致的天线相位中心的变化；第二种情况为天线单元指向同一位置时天线相位中心的变化，此时需要考虑环境温度引起的天线变形影响和馈源网络的相位由于温变特性导致的变化量。

结构变形引起的误差可以通过力学分析进行计算。根据相关理论，圆口径天线的相位中心在天线口面的中心，为了简化计算，天线结构变形后的相位中心定义为拟合抛物面的中心。

在天线结构设计与工程实施过程中，对相位中心稳定性的评估与控制主要通过以下方法实现。

（1）结构自身重力和温度、风等环境载荷产生结构形变，引起反射面精度与位姿、馈源位姿的变化对相位中心稳定度产生影响，可通过仿真分析获得变形量，通过实际测试对比修正，提高仿真结果准确度，进而计算出相位中心的变化。由温度变化引起馈源网络、滤波器、馈线等相位的变化同样可以通过仿真与测试获得。

（2）主反射面顶点相对方位轴和俯仰轴的距离应保持稳定，通过测量可获得其误差精确值，用于相位中心稳定性的评估。

（3）参考点是天线站址地心坐标系的原点，定义为方位轴与俯仰轴的公垂线在方位轴上的垂足，天线安装测量过程中，应严格控制并测量参考点位置误差。

2.3.2 误差来源与控制方法

天线结构设计的主要目标是在满足结构自身安全的前提下实现更高的精度和更好的经济性。精度主要是指反射面的面形精度以及反射面与馈源、反射面之间的相对位置精度。

天线反射面的精度是以反射面上测量点的法向误差均方根值来表述的。影响反射面精度的误差有两部分，一部分是天线制造及安装过程中产生的误差，另一部分是天线在使用过程中受到各种载荷作用引起的结构变形误差。总误差可用其方根计算

$$\sigma = \sqrt{\sigma_1^2 + \sigma_2^2 + \cdots + \sigma_n^2 + 2\sum_{1 \leq i < j \leq n}^{n} \rho_{ij} \sigma_i \sigma_j} \qquad (2-6)$$

式中，σ_i 表示误差的均方根值；ρ_{ij} 表示相关系数。

面形误差主要来自以下三方面：

（1）反射面单元的制造误差 σ_1，误差大小主要取决于反射面单元的尺寸及加工成型工艺，数值包含了面板单元的检测误差。

（2）检测状态下反射面误差 σ_2，取决于反射面的安装调整精度和测量精度。

（3）结构在载荷作用下引起的变形误差 σ_3，是指天线在不同工况下各种载荷引起的结构变形相对检测状态下的变化量。

天线结构设计时，要根据反射面精度的要求，对加工和安装误差加以估算和分配，结构变形误差一般通过结构仿真给出。表 2-7 为上海 65m 天线的反射面误差分配表，根据公式（2-6）计算出各种工况下反射面的精度。

表 2-7 上海 65m 天线反射面误差分配表

结构单元	误差源		均方根值/mm	
			无促动器	有促动器
主反射面	面板	加工制造	0.100	0.100
		变形	0.055	0.055
		合计	0.114	0.114
	背架变形	重力	0.65	0.150
		风（10m/s）	0.110	0.110
		温度变化（5℃/h）	0.160	0.160
		合计	0.678	0.271
	安装调整		0.6	0.150
	合计		0.913	0.309
副反射面	面板	加工制造	0.050	0.050
		变形	0.020	0.020
		合计	0.054	0.054

续表

结构单元	误差源		均方根值/mm	
			无促动器	有促动器
副反射面	背架变形	重力	0.010	0.010
		风（10m/s）	0.021	0.021
		温度变化（5℃/h）	0.015	0.015
		合计	0.028	0.028
	安装调整		0.080	0.080
	合计		0.100	0.100
总表面精度			0.918	0.325

对于大尺寸天线，结构变形误差 σ_3 在总误差中的占比较高，也是天线结构设计重点关注的内容。变形误差计算有以下两个关键过程。

（1）最佳吻合面拟合

反射面表面误差对电性能的影响主要是改变了电磁波的传输路径长度，在天线的口面产生了相位误差，相位误差取决于传输路径长度的相对误差。反射面的变形可以分解为两部分，一部分可以看作是反射面整体的刚体平移或转动，另一部分是引起反射面形状变化的变形。前一项数值虽然较大，但是对曲面几何形状没有影响。因此，在计算反射面变形误差时，可以将理论曲面进行相应的平移或转动形成新的曲面，将实际的变形曲面与新曲面进行拟合，条件是误差的均方根值最小，将该新曲面定义为最佳吻合面。如果允许新的曲面参数有一些微小变化，会进一步减小误差值。因此，变形后的反射面的拟合过程有参数固定拟合（固定拟合）和参数可变拟合（自由拟合）两种方法。对于馈源和副反射面的位置可以实时调整的天线，一般可以采用参数可变拟合，否则就要采用固定拟合方法。

通过最佳吻合面拟合可获得用于天线电性能计算的几何参数，计算电性能时，还要考虑馈源偏焦误差的影响，计算时要以新曲面的焦点坐标为基准。

（2）相对测量状态的结构变形计算

对于大型天线，结构自重引起的变形误差相对较大，并且该误差随天线俯仰角度的变化比较明显。为兼顾平衡整个俯仰工作范围的精度，通常会选择某个中间角度对反射面进行精度测量与调整，这个角度定义为最佳调整角。

由于在最佳调整角位置对天线进行测量调整时已计入重力影响，因此在计算其他工况下的结构变形误差时，首先应将同一节点位移与最佳调整角下的位移进行矢量相减，将结果作为该工况下的节点变形误差计算反射面精度。

将各工况下结构变形后的节点坐标数据按照最佳吻合面拟合算法计算，可得到反射面的结构变形误差 σ_3，再根据式（2-6）可计算出反射面精度。

在实际工程中，有两个阶段要用到以上方法。一是天线的设计阶段，需要对反射面精度进行估算，通过结构仿真可以获得各种工况下天线的变形数据，据此计算反射面精度并确定最佳调整角度。二是在天线的安装调试阶段，需对反射面精度进行调整，各点调整量的数据也是按照最佳吻合面拟合方法对测量数据进行处理获得的。

最佳吻合曲面相对理论曲面发生了刚体运动，因此会造成天线电轴的变化，从而影响到指向精度。由于副反射面和馈源的调整是以主反射面为基准，因此可根据主反射面的最佳吻合面相对理论面的偏转角度来计算电轴的变化量,该数据在计算变形误差 σ_3 时可同时给出。一般重力变形引起的电轴变化可通过控制软件加以修正。

2.4 结构保型设计

2.4.1 保型设计原理

直到 20 世纪 60 年代中期,天线的结构设计仍然基于提供足够刚度的原则,在各种姿态及环境影响下,克服重力及风的影响,保持反射面形状。随着天线尺寸的增大,同时要求天线具有更高的表面精度,在经济和技术上都不切合实际。1967 年,Von Hoerner 提出了保型设计的概念,即允许结构在不同俯仰角度下受到重力影响发生较大的变形,但变形应当按照一定的方式产生,即反射面仍然保持为一个抛物面。通过研究发现反射面的变形主要受天线背架的变形以及天线与座架的连接点的影响,天线的支撑应该采用光滑分层的结构形式,能够有力地提高天线的精度。因此,大型天线结构形式研究的重点是天线反射体背架与天线座架的连接方式。连接点的选取应避开变形位移差距悬殊的点,可以使反射面的变形更协调,易于实现保型设计的目标。已有的大型天线设计通过不同的方式体现了这样的设计思想。

2.4.2 设计应用实例

通过对早期的三台大型射电望远镜结构的对比分析,可以看出大型反射面天线的结构形式主要有边缘支撑、中心支撑和等柔性支撑三种形式,如图 2-79 所示。洛弗尔望远镜的天线背架结构由外环支撑,主焦接收机由中心立柱支撑;帕克斯望远镜的天线背架结构由中心体支撑,主焦接收机由连接在背架上的三脚架支撑;埃菲尔斯伯格望远镜的背架结构支撑在中心和边缘之间,且增加了中间俯仰支架结构,它不仅承载背架结构,还承载支撑接收机的四脚架结构。

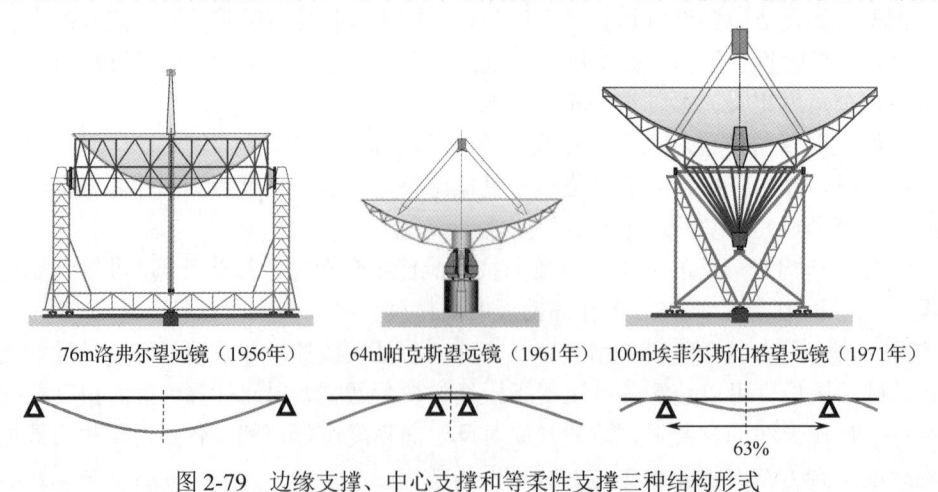

图 2-79 边缘支撑、中心支撑和等柔性支撑三种结构形式

Von Hoerner 提出的等柔性支撑结构的设计宗旨是,采用分层的光滑支撑,消除各硬点连接,避免结构刚度的不连续性。因此,大型天线结构形式研究的重点是天线反射体背架与天线

座架的连接方式。连接点的选取应避开位移差距悬殊的点（硬点），可以使反射面的变形更协调，易于实现保型设计的目标。

对于中小型天线，一般通过天线反射体背架结构的中心体与座架结构连接，中心体刚度较大，连接区域的尺寸较小，相对变形量不大。对于大型天线，连接区域的尺寸较大，不同位置的相对变形量较大，需要选择合适的连接方式。

传统的大型天线连接区域基本是集中在俯仰轴承座和俯仰驱动齿轮等刚度较大的结构上。图 2-80 右图水平方框和竖直方框分别代表了俯仰轴座和俯仰齿轮两端，左图为天线朝天状态下结构变形情况，显然，俯仰齿轮位置的连接点 C、D 相对俯仰轴承座处的 A、B 点的变形量要大很多，这种变形量传递到反射面上，造成反射面的变形呈马鞍形状，相对于抛物面有较大变化，面形精度下降明显。

对于双支臂座架结构，连接部位一般选择水平方框和四个圆形区域，四个圆形区域代表双支臂的两端。这种连接同样存在上述问题，只是程度较弱。

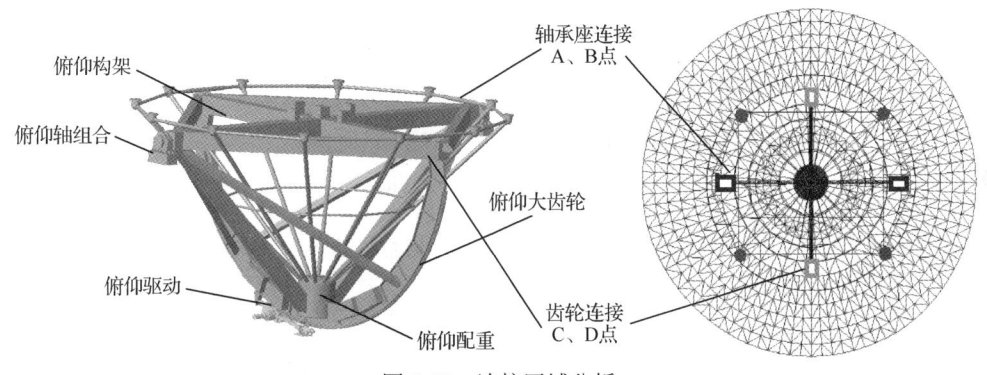

图 2-80 连接区域分析

德国埃菲尔斯伯格（Effelsberg）100m 望远镜天线结构设计源自保型设计理念，采用十字框架与俯仰齿轮形成锥形俯仰结构，为反射体提供支撑的伞形结构经过锥形俯仰框架的两个端点与方位座架连接，保证变形协调，在全俯仰角下实现了很好的反射面精度，成为大型望远镜结构设计的经典之作。Effelsberg 天线结构如图 2-81 所示。

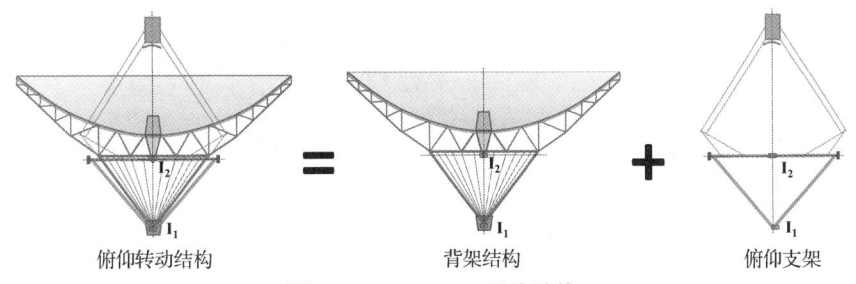

图 2-81 Effelsberg 天线结构

位于墨西哥的 LMT 50m 天线采用了双俯仰齿轮结构，将连接点设置在齿轮端部，同样避开了俯仰轴座的硬点，实现了等柔度效果。LMT 天线连接分析如图 2-82 所示。

GBT 100m 天线采用大型俯仰框架过渡结构，弱化了连接点变形不协调对反射体的影响，如图 2-83 所示。

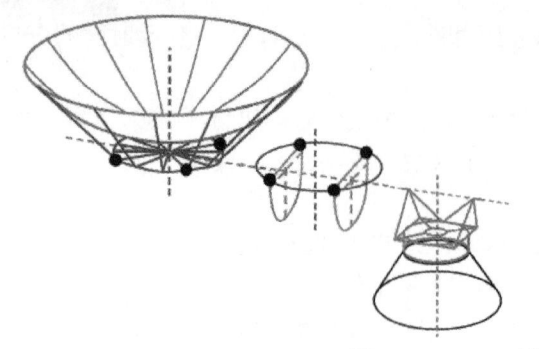

图 2-82　LMT 天线连接分析

图 2-83　GBT 天线结构

SRT 64m 天线结构设计经过了一次重要的修改，目标也是提升结构的等柔性，通过在俯仰轴附近设置特殊梁结构，将俯仰轴硬点作用消除，实现结构变形协调。SRT 天线俯仰轴连接结构改进如图 2-84 所示。

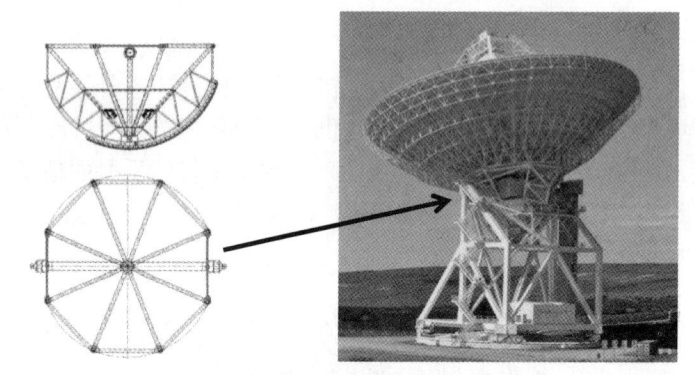

图 2-84　SRT 天线俯仰轴连接结构改进

表 2-8 给出了各天线反射面重力变形误差，可以看出埃菲尔斯伯格望远镜的重量和精度最优，说明其结构保型设计的效果显著。

表 2-8　典型望远镜重力变形误差

望远镜	Effelsberg	GBT	DSN	SRT 原设计	SRT 设计改进	LMT
天线口径/m	100	100	64	64	64	50
天线质量/t	3200	7800	—	2700	2700	—
重力变形误差/（mm，rms）	0.7	0.86	1.6	1.3	0.73	0.36

2.5 主动反射面

2.5.1 主动反射面补偿方法

结构在各种载荷作用下产生的变形是影响天线反射面精度的主要因素，对于大型天线，这种影响更加明显。保型设计可以改善结构变形情况，但对于更高的精度要求，还需借助主动反射面补偿方法，即通过机械与控制方法对反射面面形进行实时调整以弥补变形误差，提升反射面精度，相关的技术称为主动反射面技术。20 世纪 90 年代后，GBT、LMT 等望远镜天线开始采用主动反射面技术提升反射面精度，实现天线在高频段的工作目标。

主动反射面技术应用首先要获得误差修正数据，建立数据模型。目前常用的误差修正模型有两种，一种是以结构有限元仿真分析结果和有限工况下测量数据为基础建立的开环数据模型，其过程是在最佳调整角度下进行反射面精度的测量与调整，获得初始误差数据，在此基础上，根据仿真获得的结构变形量就可以得到其他工作角度下的误差数据。随着射电全息测量技术的发展，测量精度和效率不断提高，可以通过长期大量的测量获得天线在不同工况下的面形误差，据此可对初始数据模型进行修正完善。

另一种是以任意工况下实时测量数据构成实时误差修正模型，需要测量与天线观测同时进行，对测量系统要求较高。目前，绝大多数天线采用的是第一种数据模型。GBT 天线虽然设计并建立了实时激光测量系统，但由于设备复杂、对环境要求较高等原因，没有获得预期的应用效果。未来，实时测量修正系统仍是主动面技术的发展方向。

主动反射面技术不仅可以补偿变形误差，还可以借助微波光学设计实现对理论曲面的主动修正。德国 100m 天线建设于 1970 年，当时主动反射面技术还没有得到应用，后期为提高天线的工作频率，技术人员对该天线的副反射面进行了改造，采用了高精度促动器对其曲面进行主动修正，弥补主反射面的变形误差，将天线工作频率提升到 W 波段，是迄今为止较为成功的主动副反射面应用案例。

对于大型高精度双反射面天线，由于副反射面位置远离天线主结构，一般通过细长的支撑结构与天线背架结构连接，在不同工况下，结构变形会造成副反射面的空间位置和姿态发生较大改变，这就需要调整机构来修正其位姿的变化，同样要建立数据模型。通常主动反射面误差修正模型也要考虑副反射面姿态的影响，因此，副反射面的位姿调整也会纳入到主动反射面补偿工作中。

意大利撒丁岛 64m、上海天马 65m、美国 GBT 100m 射电望远镜天线均采用了主动反射面技术，通过调节主反射面面板单元，弥补变形误差。同时还采用了精密调整机构实现副反射面的位姿调整，调整机构通常为 6 杆并联机构（HEXAPOD），由 6 根相同的推力杆组成，结构简洁。

主动反射面系统是一套复杂的机电系统，由主控计算机、控制网络、控制总线、促动器（面板调节机构和微控制器）及供电单元组成。当天线位于不同的俯仰角时，主控计算机根据误差修正模型将各控制点的补偿量传送给对应位置的促动器，促动器通过直线运动对面板单元进行法向的高低调整，实现对反射面误差的补偿。

促动器是主动反射面系统的执行机构，决定了系统的补偿精度和可靠性，也是系统成本占比最大的部分。以上海 65m 天线为例，系统包含 1104 台促动器，对 1008 块面板单元进行调整。

庞大的数量对促动器的可靠性提出了严格要求，很多望远镜天线的主动反射面系统在最初的使用过程中因促动器故障产生了大量维修工作。

为简化系统布线、实现控制点的可扩展功能，主动反射面系统通常采用分布式总线通信方式实现与各个促动器的连接。如上海65m天线的主控计算机通过以太网连接到10个以太网转CAN总线模块，每个总线模块由两路CAN总线组成，每路CAN总线连接46台促动器，如图2-85所示。

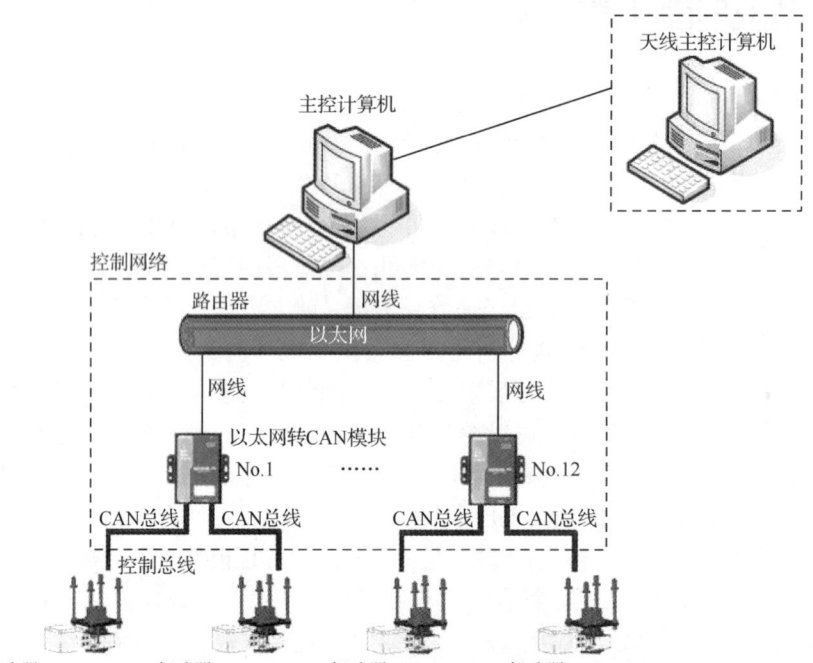

图 2-85 主动面系统组成框图

2.5.2 促动器设计

促动器是实现天线面板单元调整的机械执行元件，决定了反射面的可调节精度。根据驱动方式，促动器可分为电机驱动、液压驱动、压电材料和磁致伸缩等，不同类型的促动器设计差别较大，类型选择主要取决于定位精度、承受载荷、运动行程及工作环境等指标要求。

大型光学望远镜的拼接镜面对促动器精度的要求达到纳米量级，多采用微位移促动器，如美国Keck望远镜采用的是液压缩放式微位移促动器，利用直流伺服电机驱动精密滚珠丝杠，进一步驱动液压减速机构，其有效行程为1mm，定位精度为4.2nm，负载能力大于150kg。

相比光学望远镜，射电望远镜天线反射面的精度要求要低很多，但工作行程和负载相对变大，对电磁兼容性要求更高。例如，FAST射电望远镜使用的促动器因极高的电磁兼容性要求，技术路线从早期的电机驱动转换为后期的液压驱动。而对于大型亚毫米波、太赫兹频段天线，其促动器的精度要求也达到微米级。

FAST天线反射面以索网为主要支撑结构，在索网上铺设刚性背架支撑反射面板。主索节点设置单根下拉索，通过地锚固定的促动器拖动下拉索控制主索节点的位置。因天线的基准面为球面，工作面为抛物面，因此需要促动器具备很大的行程和负载能力，是较为特殊的一种促动器。一般天线的促动器安装在天线结构背架上，与天线一起运动，主要用于补偿反射面变形误差，行程较小，而对促动器的尺寸和重量都有严格的限制。

表 2-9 给出了上海 65m 天线促动器性能指标要求，后续以该促动器为例介绍相关设计内容。

表 2-9 上海 65m 天线促动器性能指标

促动器性能	指标要求	备注
质量	≤13kg	包含面板接口
高度尺寸	≤330mm	
定位精度	±15μm	
行程	≥30mm	
工作载荷	≥300kg	轴向
	≥200kg	径向
极限载荷	≥1000kg	轴向
	≥700kg	径向
速度	≥0.35mm/s	
寿命	≥20 年	
防护等级	IP65	

如图 2-86 所示，促动器结构部分包括箱体、蜗轮蜗杆副、滚珠丝杠副、法兰、调整螺杆、外罩等元件，电气部分包括电源模块、步进电机、限位开关、转接插座等元件。促动器总质量为 12.65kg，外形尺寸为 300mm×180mm×320mm。

2.5.2.1 电气设计

促动器采用一体化步进电机，如图 2-87 所示。电机内置微控制器、驱动器、编码器、数据寄存器等元器件，融电机和驱动技术于一体，节约了安装空间，简化了烦琐的布线。电机工作温度为-20℃～+60℃，额定电压为 12～70V DC，额定电流为 4.2A，具有如下特点：

- 微步计算，在低细分下运行平滑；
- 低速力矩平滑；
- 内置 CANopen 总线；
- 兼顾电磁兼容性能；
- 过压、欠压、过热、电机绕组短路（相间、相地）保护。

图 2-86 促动器　　图 2-87 步进电机

主控计算机通过 CAN 总线可以随时读取促动器当前的位置，具备断电记忆功能。在通电的情况下，电机可以实时地把位置存储到通用数据寄存器中。断电时，电机自动把位置保存到内部 E^2PROM 中，当重新通电时，电机又自动把数据从 E^2PROM 中读到通用数据寄存器中。

步进电机内置微控制器，用于对脉冲进行计数，并能检测步进电机是否失步，微控制器包括 CPU 单元、数据存储器（ROM，RAM）、I/O 等。微控制器具备与主控计算机进行通信的能力，从主控计算机接收指令，并将自身状态传送给主控计算机。基于 CANopen 协议，一体化步进电机微控制器能根据主控计算机指令自主控制促动器的运动，主控计算机可以通过访问 CANopen 设备的对象字典来实现对步进电机的各项控制功能。

主动面系统的控制采用分布式总线通信方式，每台促动器均有其相应的分配地址。可以通过步进电机内置微控制器上的拨码开关进行地址的设定和更改，便于维护和更换。

驱动器与步进电机为一体，其作用是将控制信号按顺序分配给步进电机内部线圈的每相，按拍节控制每相的导通或关闭，以及导通电流的方向，从而使步进电机线圈的磁场按照顺序进行变化，带动步进电机转子旋转。

电机内置 1000PPR 编码器，通过编码器检测电机的旋转角度。通过编码器和驱动器内部集成，使驱动器具有失步检测、堵转保护功能。

促动器的行程限位保护分为三级，分别为软件限位、电限位和机械限位。设置促动器行程的中间位置为 0，当促动器运行到±15mm 时软件限位；在±16mm 处安装有感应式接近开关实现电限位；在±18mm 处有机械限位装置阻挡运动，步进电机由于过流而断电保护。

促动器的电气元件均安装在一个密闭的盒体内，盒体的防护等级可达 IP65（无粉尘进入、可防护任何方向的低压喷水）。在盒体的侧壁上安装 2 只防水插座，1 只用于给促动器提供交流 220V 电源，另 1 只用于促动器和主控计算机之间的交互通信。

2.5.2.2 结构设计

考虑到促动器的自锁和高精度直线运动要求，采用了蜗轮蜗杆加滚珠丝杠的驱动设计。蜗轮蜗杆传动具备自锁能力，传动比大，工作平稳。滚珠丝杠中的钢球在丝杠轴与螺母间滚动，传动效率高；螺母和螺杆经预紧，轴向间隙能降为零以下，因预压而获得高刚性，同时获得很高的定位精度；由于钢球做滚动运动，启动扭矩极小，不会产生爬行现象，可实现精密微行程运动。

蜗轮蜗杆副经过精密研磨，箱体上的安装孔经过精密加工，保证了蜗轮蜗杆副的传动齿隙小于 20 弧分，对定位精度的影响小于 0.005mm，同时降低了促动器的运动噪声。滚珠丝杠公称直径为 25mm，导程为 5mm，螺母有效接触长度为 50mm，额定动负荷可达 1130kg。选用 3 级精度研磨级丝杠，长度变动误差小于 0.008mm，螺母预紧安装；选用 P5 级单列角接触轴承，成对装配并预紧。这些措施保证促动器的单向精度和反向间隙小于 0.015mm。反向间隙可视为系统误差，也可以通过软件加以修正。

结构部分的各元件均安装在促动器的箱体上。步进电机通过弹性联轴节与蜗杆相连，蜗轮与滚珠丝杠固定，四根调整螺杆通过促动器的法兰与滚珠丝杠副的螺母固定在一起。在调整螺杆的安装法兰上，装有迷宫式骨架油封，油封内部填充润滑油，用于滑动套与固定导杆之间的润滑与密封，另外还有防尘罩对固定导杆进行机械密封。

步进电机驱动蜗杆、蜗轮使得丝杠旋转。丝杠的旋转使得滚珠丝杠副的螺母沿着促动器的轴向平移，带动促动器法兰上的四根支撑螺杆沿轴向运动，实现天线面板的位置调整。

在促动器的箱体上开有注油孔与排油孔，便于对蜗轮蜗杆副进行润滑。在滚珠丝杠副的螺母侧面也有注油孔，可使用油枪对滚珠丝杠副进行润滑。促动器的各传动元件采取装配时一次性润滑，寿命期内可免维护。传动机构的润滑选用通用锂基润滑脂（GB 7324—2010），具有良好的抗水性、机械安定性、防腐蚀性和氧化安定性，适用温度为-20～+120℃。

2.5.2.3 促动器布置和连接

天线面板为四边形，在面板四个角处设置一个促动器，促动器上的四根调整螺杆分别与交汇点的四块面板连接，相邻面板的交汇点相互关联并同步进行调整，如图 2-88 所示。促动器实验图如图 2-89 所示。天线反射面由 1008 块面板组成，共计安装了 1104 个促动器。

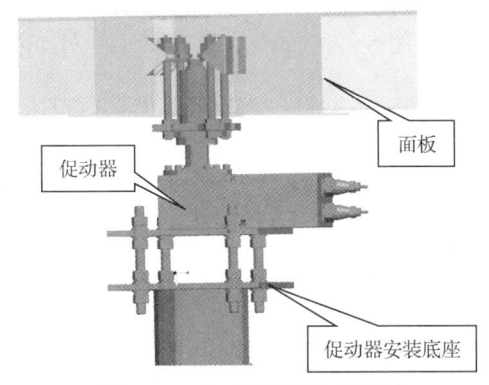

图 2-88　促动器的连接示意图　　　图 2-89　促动器实验图

促动器安装时，应保证运动轴线与反射面上交汇点法线的同轴度，因此促动器安装底座采用双层板可调结构，在双层板上采用相互垂直的长连接孔实现位移微调，采用螺栓顶拉实现角度微调。

2.6 天线结构涂层与防护

2.6.1 天线结构防护特点

天线一般在室外环境条件下工作，为保证设备使用寿命和可靠性，设计时需要考虑结构的三防（防霉菌、防潮湿、防盐雾）性能。防护的主要措施包括：针对天线系统不同结构的特点进行合理的结构设计和材料选择；分析加工装配与调试过程对表面涂层可能产生的影响，优化工序与工艺；根据材料和环境特性选用合适的表面防护处理工艺和涂层材料；对表面处理和涂覆过程进行严格的质量控制。

1. 结构设计与材料选用

天线结构设计应按照密封与开放的原则进行。对于管材和腔体结构，如果不采用整体浸涂工艺实现内外表面的同时防护，就要考虑密封设计。对于非密封结构，尤其是天线背架结构的杆件节点、座架结构的构件连接部位，要增强结构开放度，便于喷涂施工，避免涂覆死角、结构凹凸不平等缺陷；对于可能造成积水的局部结构，要考虑增加排水孔。对于大型腔体结构，可以采用局部密封和整体开放相结合的设计。

天线结构中常用到的腔体结构包括反射体背架结构的中心体、座架结构的方位与俯仰箱体。腔体结构焊接应尽量采用连续封闭焊，腔体内部空间设计要考虑喷砂、喷漆时的操作便利性。多数腔体结构会与其他结构或器件产生连接，对于精度要求很高的结构，为避免连接面或定位连接孔的涂层厚度对安装精度的影响，可采用涂油等措施替代涂漆。

用于天线结构的材料种类非常多，常用的有钢、铝、铜等金属材料和玻璃钢、碳纤维等非金属材料，还有一些特殊天线构件采用了钛合金、陶瓷、碳化硅等材料。在常用的金属材料中，由于材料成分的差异，抗腐蚀性能差别较大。结构设计中对于具体材料牌号的选择要综合考虑结构刚度、环境适应性、加工工艺和成本等各种因素，还要考虑不同金属材料接触可能造成的电偶腐蚀，对于电位差较大的异种材料零件的接触，可以采用零件表面涂层或者零件之间加隔离垫片、过渡材料的措施，降低二者的电位差。

对含电气元件的设备单元需采用封闭式设计，一般进行加罩密封处理，电缆进出口用热缩管加热溶胶封闭。

2. 装配与安装调试过程防护

复杂天线系统通常要经过工厂装配与调试过程，有些结构装配后再进行表面防护存在困难，因此要根据结构的特点与安装要求确定表面防护工艺路线。一些零部件在装配前已经完成表面防护处理，在装配与调试过程中要加强对防护层的保护。为便于运输，有些大型结构件在工厂试装配后还需拆分，这些构件的表面防护还要考虑涂层对装配精度的影响，对于具有较高精度要求的定位与连接部位需做特殊处理。试装使用过的紧固件，总装时一般不能再使用。

天线伺服结构中机箱、机柜的装配一般是先进行机械装配，再进行电子器件装配。机箱、机柜的表面防护包括电镀和涂覆，这两个过程应当在机械装配完成后、电装之前完成，以避免电装后结构的某些边角部分难以喷涂。对于印制板等电装器件的非导电表面需涂漆后再装配，对于需要导电的部位进行遮蔽保护。

3. 表面处理和涂覆过程质量控制

天线结构在表面涂覆前，要进行基底处理以提高涂层的附着力。喷砂或喷丸是钢结构件较为常用的前处理工艺，二者都是采用压缩空气为动力形成高速喷射束将喷料喷射到工件表面，以改善工件表面清洁度和粗糙度。钢材表面锈蚀和除锈等级标准按照 GB/T 8923—2011 执行，基底处理后，应在规定的时间内完成防护层的涂覆。

结构涂覆要严格执行涂料要求的喷涂环境，包括湿度、温度、洁净度以及每道涂层喷涂的时间间隔等要求。

2.6.2 天线结构防护涂层材料

结构表面防护是指通过不同的工艺方法在结构表面形成防护层以保护结构本体材料，满足加工、运输、使用和存储环境条件下的三防性能要求。根据生产工艺，防护层可以分为金属覆盖层、化学转换保护膜、有机覆盖层三种。

金属覆盖层，也称为金属镀层，是利用耐腐蚀性较强的金属或非金属对结构进行覆盖形成的金属防护层。

化学转换保护膜，又称为金属转化保护膜，是利用金属表层原子与介质中离子相互反应，在金属表面生成的附着性良好的氧化膜或金属盐膜。

有机覆盖层，也称为有机涂层，是由有机膜物质构成的覆盖层，包括涂料、塑料、橡胶及沥青等材料。其中涂料也称为油漆，是常用的天线结构防护涂层材料。

根据需要，结构表面防护可以选用上述三种防护层的一种，也可以是在金属覆盖层或化学转化膜层的基础上再进行有机层覆盖。有机覆盖层中的油漆涂料通常还包括底层、中间层和面层。

涂层系统按其作用可分为三类：

（1）装饰性涂层系统，以装饰作用为主，同时对产品起防护作用的涂层系统。

（2）防护性涂层系统，以防护或伪装作用为主，同时对产品起装饰作用的涂层系统。

（3）特种涂层系统，可满足某种特殊性能要求的涂层系统。

正确合理地选择涂层系统应考虑基体材料类别、使用条件、使用要求、涂层系统性能、施工环境、环保要求和经济性等影响因素。表 2-10 给出了某 15m 反射面天线主要部件的表面处理工艺与涂层体系。

表 2-10 某 15m 天线主要部件表面处理及其涂层体系

序 号	天线部件	表面处理	涂层体系
1	铝合金主面面板	硫酸阳极氧化	封孔漆（复合材料构件）：H01-101H 20～30μm
	副反射面、副反射面背架、扩展面等复合材料构件	表面修磨	底漆：H06-1012H 40～50μm 面漆：三角#7 37～50μm
2	铝合金座架遮阳罩、走线槽	硫酸阳极氧化	底漆：HEMPADUR 15553 50μm 中漆：45880 60μm 面漆：55213 50μm
	副反射面背架钢接头	热喷锌 50μm	
3	钢结构天线座、配重、背架	喷砂	底漆：HEMPADUR ZINC 17360 50μm 中漆：45880 60μm 面漆：55213 50μm
4	螺栓球、六角套、螺栓、螺母	渗锌（45～55μm）	封闭漆：HEMPADUR 05990 30μm 面漆：55213 50μm
5	箱体内壁		涂磷化底漆（X06-1）和涂 881 铁红耐油防腐底漆

对于高精度反射面天线，温度变化引起的结构变形对天线性能影响较大，在油漆涂料的选择时一般会选取红外反射率高的涂料，可以有效降低热辐射引起的天线结构温度变化，减小结构热变形。高反射涂料的主要指标是太阳反射率≥81%，较为常用的国外品牌油漆有美国三角牌 7 号系列和佐敦的 Hardtop XP 系列，国内具备同等反射率的油漆有山东应强新材料公司的YQ-F014、青岛海洋化工研究院的 WN-T54-02 和 HJ507G、北方院的 BFJ-1630。

2.7 天线结构发展与新技术

深空探测与天文观测都需要更加灵敏、分辨率更高的天线，增大天线口径可以同时提高接收面积和分辨率。建造更大口径的单天线和使用更多的中小口径天线组阵是两个发展方向。

对于大口径单天线，其优点是后端处理简单、方便容纳多套馈源和收发设备，缺点是结构设计复杂，接收面积受限，其技术难点在结构变形控制、高面形精度和指向精度实现。中小口径阵列天线的优点是天线制造难度小、接收面积不受限，缺点是数据量大，信号处理复杂，馈源和收发设备数量受到天线尺寸空间限制，其技术难点在于相位中心稳定性以及信号合成。

单口径天线的灵敏度和分辨率是有限的，而组阵天线的灵敏度决定于天线的数量，分辨率取决于其基线的长度，因此数量更多、基线更长的天线阵列将承担更多的科学探索任务。未来天线组阵的模式将更加多样化，可以是中等口径天线组阵，也可以是大口径天线组阵，天线可能从地面发展到空间，在数量和基线长度上产生飞跃。

更高的工作频段也是天线的一个发展方向。对深空探测而言，工作频段的扩展意味着探测距离的增加，对射电天文而言将催生新的发现。高频段带来高精度需求，包括反射面精度、轴系精度、跟踪精度、指向精度等，此外，超宽带和多频段技术也是大天线技术的发展方向之一。扩大观测视场，提高巡天速度是射电望远镜天线的重要需求，相控阵馈源技术的应用将赋予天线更强的观测能力，是未来发展的重点。

对于同等口径的反射面天线，工作频段越高，结构精度要求就越高，设计与制造难度就越大，因此天线结构的技术发展与这些要求密切相关，主要有以下几个方面。

1. 多专业融合的机电综合设计

反射面天线是典型的复杂机电系统，其电磁性能、结构机械性能、控制系统性能等相互影响、相互制约，追求电磁性能指标的极致、保证系统的可靠性和运行稳定性，需要通过机电综合设计实现多目标的最优。天线结构的发展趋势是从传统的单一专业方向设计向多专业融合设计发展。

传统的天线设计更多表现为机电分离的特点，电气研究主要基于微波电磁场理论完成天线微波光学设计，机械结构研究基本上是在满足结构安全的基础上，以结构刚度与精度为目标开展的独立研究，控制系统设计将天线作为参数相对固定的对象加以控制，侧重于伺服环路设计与执行元件的参数优选。这种分离的设计方式引起对系统内部指标的要求趋于严格，性能分析方法趋于简单化。

机电综合设计的方向呈现多样化，在结构与电磁性能的综合方面，在建立了电性能与结构参数的函数关系基础上，可开展以电性能为约束条件的结构参数优化。在天线机械性能与跟踪指向性能的综合方面，将结构参数与控制系统模型紧密关联，构建更为精准的仿真模型，实现对天线性能的更精准预测与控制。

2. 高精度轻量化天线结构保型设计技术

天线结构设计对性能和成本有重要影响。合理的结构能大幅提高天线的性能，保型设计的思想源于大型反射面天线的需求，随着反射面天线技术的发展，保型设计概念逐步扩大了技术内容，主要包括两个方面：一是与微波光学结合的适应范围更广的最优拟合方法，如赋形反射面天线最佳吻合反射面的计算方法等；二是广义的结构保型设计，主要涉及主动反射面技术、结构之间等柔性连接设计、热控技术等方面。

3. 天线机电耦合理论应用技术

天线的机械性能与电性能相互影响，相互制约，需要借助机电场耦合分析方法开展研究。

通过研究天线结构加工、装配以及环境载荷作用下结构变形引起的反射面、馈源位置和指向等误差，结合面电流法和口径场法等天线电磁场计算方法，计算远区电场分布等天线的电性能指标，建立反射面天线结构位移场与电磁场的耦合理论计算模型，实现结构场与电磁场参数的一体化计算。

4．高动态指向精度控制技术

数字化、高精度伺服控制技术是大口径天线的关键技术，包括多电机驱动齿隙技术、高精度码盘安装技术、全数字化复合控制器技术等。随着控制精度要求的提高，阵风扰动等随机误差已成为影响高控制精度的主要因素。基于经典控制理论的传统控制方法，受天线结构柔性和谐振影响，性能已很难再提高。需要用基于现代控制理论的状态反馈方法来设计 LQG 控制器，构造高频谐振估计器，有效抑制天线的高频谐振。

5．精确的主动控制模型构建方法

一些高精度大型天线采用了主动反射面技术，天线要克服环境引起的扰动，需要精确的主动控制模型来完成。天线观测仰角变化、太阳照射的热流密度变化、脉动风的随机影响，都会导致结构变形的不确定。此外，促动器复位精度和行程精准性、主副反射面面板安装位置误差、重力最佳预调角的面板安装等都是主动控制模型需要考虑的因素。同时，天线结构有限元模型与工程实际结构中存在非常多的细节差别和连接方式变化，造成计算模型给出的结果与实际测试数据有一定的偏差，对主动控制模型的精确度造成影响。因此，构建精确的主动控制模型对于天线实现高精度指标尤为重要。

6．高精度结构件设计、制造与安装测量技术

微波器件是天线的核心，毫米波微波器件对尺寸精度的要求很高，除了对加工设备有特殊要求之外，还需要对加工过程中的夹具、刀具及加工参数等进行研究。复杂微波器件通常不能在机床上一次加工完成，需要分拆加工再进行装配，形成的内腔结构误差难以检测。相控阵馈源和超宽带馈源成为新的研究热点，由此带来更多新的馈源结构设计与加工相关技术的挑战。

反射面天线的面形精度、位置关系以及轴系精度是影响天线性能的重要因素。工作在亚毫米波段以上的天线，面形精度要求是微米级，对结构件的制造和安装测量技术提出了更高要求。一些高频段大型天线还会采用主动反射面技术，为减少促动器的数量，降低主动面控制的复杂度，要求面板单元的尺寸和刚度尽量大。不断发展的新需求要求天线结构设计师要从构件设计、材料选取、制造工艺、测量方法等方面开展综合研究。

7．天线故障诊断和健康监测技术

数字孪生驱动的故障诊断和健康监测系统，可综合全要素准确地做出系统状态及故障评判，对保障天线系统长时间可靠运行具有重要意义，在大天线中逐步得到更多的应用。相关的研究内容包括大型复杂结构的传感器信号采集与处理技术，确保信息获取的准确、完备、高效；基于实时监测数据构建多领域的高保真数字孪生模型，获取不可测信息的仿真计算数据；综合传感器采集数据与孪生模型仿真数据，实现运行状态的实时监测、故障预警、性能评估、寿命预测等；开发天线监测系统管理平台，搭建具备任务制定、数据分析、模型及数据管理、可视化、实时映射等的多功能综合性人机交互系统。

第 3 章 天线座结构

天线座是天线的支撑和定向装置,通过天线控制系统,使天线能够按照预定的轨迹或跟踪目标运动,准确地指向目标,并测出目标的方向。

天线座分类形式多种多样,按转动轴的数量可分为单轴、双轴、多轴天线座;按安装使用环境可分为地面天线座、车载天线座、舰载天线座、机载天线座;按驱动形式可分为转动驱动和直线驱动天线座;按座架的结构形式可分为方位-俯仰型(AE)天线座、XY 型天线座、多轴式天线座、并联机构天线座等。

天线座通常由支撑转动装置、动力驱动装置、轴位检测装置、滑环或电缆卷绕装置、安全保护装置、其他辅助装置等组成。

3.1 天线座结构类型

工程中常以结构形式对天线座进行分类,根据不同需求选择合适的座架形式,表 3-1 给出了不同类型座架形式的性能特点及应用范围。

表 3-1 不同类型天线座性能特点及应用范围

座架形式		性 能 特 点	应 用 范 围
AE 型	桁架式	支撑结构由空间桁架组成,转速较低,转动范围小,结构简单,成本低,天顶跟踪有盲区	中小型卫星通信天线,适宜地面安装
	转台式	方位轴采用回转支撑结构,结构紧凑,刚度好,转动范围大,可实现高转速,天顶跟踪有盲区	应用范围广,包括大中小型卫星通信、深空探测天线,适宜地面及移动载体安装
	轮轨式	方位转动部分由一组滚轮和滚道组成,可不受回转支撑尺度的限制,实现大尺度、重载荷、高精度的回转运动,方位转动速度较慢,天顶跟踪有盲区	大型、超大型反射面或相控阵天线,适宜地面安装
XY 型		X 轴平行于水平面,Y 轴与 X 轴垂直,两轴距离大,结构较松散,各转轴配平困难,可实现天顶过顶跟踪,跟踪盲区在水平 X 轴两端	需要过顶跟踪的中低频、中小型天线,如低轨卫星跟踪天线
多轴式	AEC	在 AE 座架基础上增加一根与 E 轴正交的交叉轴(C 轴),AE 轴和 EC 轴交替跟踪,C 轴只需较小的转动范围就能实现过顶跟踪,整体结构紧凑,支撑刚度好	需要过顶跟踪的中小型天线,多用于船载跟踪天线
	AET	在 AE 座架下方增加一个与大地水平面有一定夹角的倾斜方位轴,降低过顶跟踪时对方位转速的要求	需要过顶跟踪的中小型天线,多用于地面和车载跟踪天线

座架形式	技术特点	应用范围
并联机构式	可同时实现天线的多自由度运动,但天线的转动中心不固定	用于需要过顶跟踪的中小型天线及天线副反射面调整装置

下面几节内容对上述座架形式进行简要介绍。

3.1.1 AE 型天线座

AE 型座架即方位俯仰型座架是最常用的座架形式。方位回转支撑部分的回转轴为方位轴,方位轴与大地水平面垂直;俯仰回转支撑部分的回转轴为俯仰轴,俯仰轴与方位轴垂直,通过两轴的转动,实现天线工作范围内的扫描运动,AE 型座架原理如图 3-1 所示。AE 型座架结构紧凑,是最常用的座架形式。

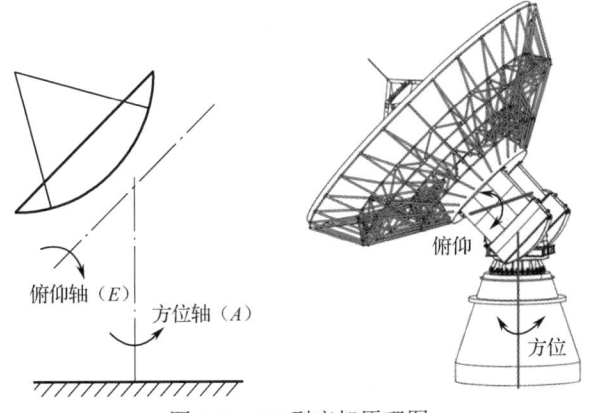

图 3-1 AE 型座架原理图

AE 型天线座架对经过站点无顶区域的目标进行跟踪时,由于方位轴转速的限制,会产生天顶跟踪盲区。当距离天线为 R 的目标以速度 v 从天空经过时,天线的方位跟踪角速度为 ω,如图 3-2 所示,可以得到 ω 与 v 的关系如下:

$$\omega = v/R\cos E \tag{3-1}$$

式中 E 为天线的俯仰角。当 E 接近 90°时,$R\cos E$ 趋近于零,ω 则趋近于无穷大,显然是无法实现的。因此,当俯仰角超过一定角度时,AE 型天线就会丢失目标,这个天顶角区域也称为盲区。

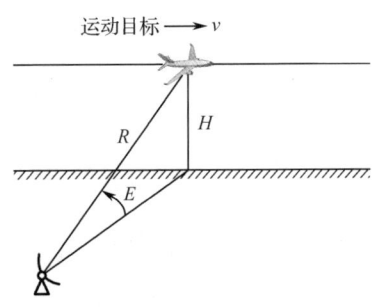

图 3-2 AE 型座架跟踪示意图

AE 型座架有立轴式、转台式和轮轨式等几种基本形式。

3.1.1.1 立轴式座架

立轴式天线座将垂直于大地的立轴作为方位轴，在上下两端各布置一个轴承支座。支座间距一般较大，以提高抗倾覆能力和轴系精度。工程中较为常用的立轴式天线座是一种方位和俯仰运动均采用丝杠驱动的座架，座架结构采用了大截面杆件组装而成，因此被称为桁架式天线座。这种座架的优点是制造成本低，缺点是转速低，多用于地球同步轨道卫星通信地面站天线，如图 3-3 所示。

桁架式座架通过方位、俯仰支撑结构和驱动机构支撑并带动天线反射体转动。驱动机构一般为丝杠螺母传动，驱动的直线运动转换为天线的旋转运动，因此转动速度较慢，即使使用滚珠丝杠，转速一般也低于 $1°/s$。天线方位转动范围一般为 $-90°\sim 90°$，由于方位驱动位于立轴的一侧，受到丝杆长度以及驱动力与立轴夹角的限制，单侧驱动转动范围通常为 $0\sim 90°$，如果要实现 $±90°$ 转动范围，则需要手动更换方位驱动到立轴的另外一侧。

桁架式座架由桁架式主体支撑结构、方位和俯仰两个轴系结构、驱动装置、同步装置、限位装置，以及平台爬梯辅助结构组成，如图 3-4 所示。

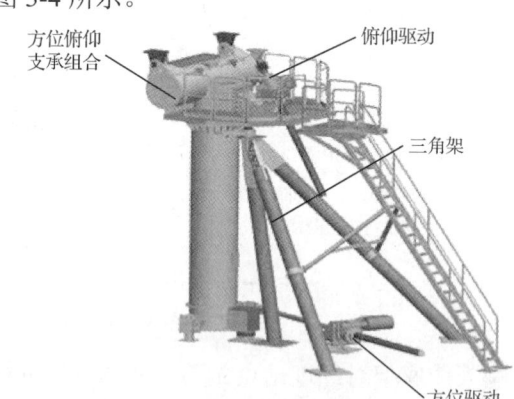

图 3-3　桁架式天线座　　　　图 3-4　桁架式天线座结构

主体支撑结构（图 3-4 中方位俯仰支承组合）是由圆筒构成的 T 形组合结构，竖向圆筒上下端分别设置了轴承座，下轴承座用螺栓固定在基础上，上轴承座由汇交于一点的三根斜支柱支撑，支柱下端用螺栓固定在基础上，上、下端轴承中心连线铅垂，形成方位轴。通常下轴承座内安装推力向心球面滚子轴承，上轴承座内安装关节滑动轴承。

T 形组合结构上部的横向圆筒两端支臂上设置了俯仰轴承座，形成与方位轴正交的俯仰轴。

方位、俯仰驱动机构均为丝杠式，包括电机、行星减速器、蜗轮蜗杆减速器、丝杠螺母等。对于大中型天线，方位驱动机构一般为下置式，靠近地面便于安装维护，俯仰驱动机构一般为后置式。

方位和俯仰同步装置均为直连式，轴角码盘通过波纹管联轴器与转轴连接，将轴的转角转换成电信号输出，用于反映天线的位置信息。

为了天线能够安全运行，在天线方位和俯仰的轴头上安装安全限位保护装置。

3.1.1.2 转台式座架

转台式天线座架是一种常见的 AE 型座架，其特点是方位轴采用了单个大型滚动轴承或静压轴承，轴向尺寸小，降低了转动部分的重心，增强了天线座的稳定性。方位和俯仰驱动采用齿轮驱动方式，承载能力大，刚度好，精度高。通常将方位大齿轮与轴承做成一体，齿轮可选择在轴承的外侧或内侧，在轴承中间可以留有较大的空间安装其他部件，使结构布置更加紧凑、合理。

转台式座架由方位机构和俯仰机构组成。方位机构由底座和方位转盘组成，其回转支撑一般采用承载能力强的转盘轴承。俯仰机构的结构形式主要有两种：一种是叉臂式结构，叉臂布置在高频箱体左右两侧，通过俯仰轴连接，底面与方位转盘连接，叉臂通过轴与中间部位的高频箱连接。高频箱的上端面与天线反射体连接，下部安装有配重。另一种为支臂式结构，其中间部分为俯仰箱体，箱体底面与方位转盘连接，两侧通过轴承与支臂连接。支臂上端与天线反射体连接，下端安装配重。两种类型转台如图 3-5、图 3-6 所示。

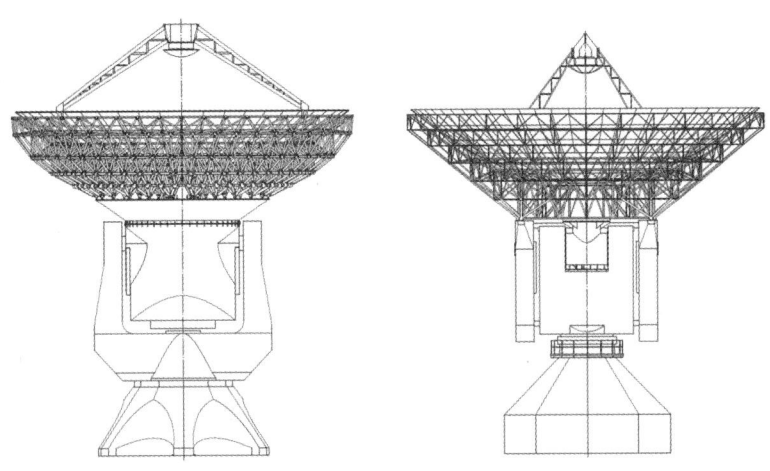

图 3-5 叉臂式座架（左）和支臂式座架（右）原理图

图 3-6 叉臂式座架（左）和支臂式座架（右）实物图

两种座架比较：叉臂式座架结构紧凑、转动惯量小，高频箱与天线反射体连接点可均匀布置；高频箱内部空间大，可容纳更多设备随俯仰机构一起运动。支臂式座架俯仰箱内部设备不随俯仰运动；由于俯仰支臂长度可以加长，配重相对较小。

下面以某 15m 天线为例介绍叉臂式座架结构，如图 3-7 所示。

天线座架由方位机构、俯仰机构、平台和爬梯等组成如图 3-8 所示。方位与俯仰均采用双电机消隙驱动方式；方位与俯仰轴角装置采用同轴安装，实现高精度轴角测量；在两轴运动的极限位置设有电限位与机械缓冲限位。

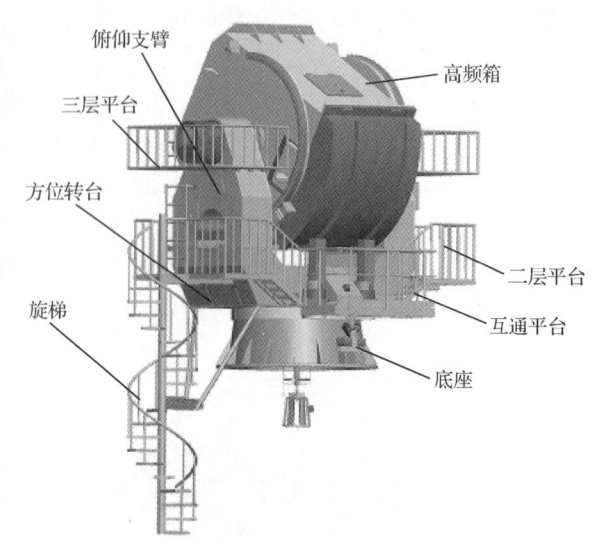

图 3-7 某 15m 天线总体结构图

图 3-8 天线座外形图

方位机构采用转盘式结构，由方位底座、方位齿轮/轴承、方位转台、方位驱动装置（2 套）、轴角与电限位装置、避雷滑环、电缆缠绕装置等部分组成。方位底座为钢板焊接腔式结构件，腔内设置电缆通道。

俯仰机构采用叉臂结构形式，由高频箱与配重、左右俯仰轴、左右叉臂、俯仰齿轮、俯仰驱动装置（2 套）、俯仰轴角与电限位及机械限位装置等组成。

高频箱上端面与天线中心体连接，中心体与箱体可形成连续的内部空间，可容纳馈源网络、发射与接收设备等，根据需要，可对内部空间进行装修和温度控制；下端面安装配重；两个侧壁面上有局部加强结构，用于安装俯仰齿轮。俯仰轴穿过侧壁面，将高频箱与方位转台上的左右支臂连接。

方位俯仰驱动采用双电机消隙驱动方式，驱动由电机、行星减速器和末级齿轮副等组成。行星减速器具有噪声小、传动效率高、精度高、结构紧凑等优点。

3.1.1.3 轮轨式座架

转台式天线座受限于方位轴承的尺寸，难以支撑超大型天线。轮轨式座架的特点是方位运动采用滚轮和轨道的方式，轨道尺寸不受加工限制，为结构设计提供了宽松的条件，因此，多用于大型、超大型天线中。通过精密加工与调整，轨道可以达到较高的水平度与平面度，从而减小方位轴误差，实现更高的指向精度。轨道直径一般为天线口径的 1/2～2/3。

根据方位结构相对俯仰轴平面是否对称，轮轨式座架可分为对称式、非对称式。对称式结构最常见，其方位构架沿俯仰轴方向视图呈 A 字形，当天线接近大地水平指向时，可能发生反射体与方位结构的干涉，因此出现了非对称结构，一般用于有超低仰角工作要求的天线。根据天线的荷载确定滚轮的数量，通常将滚轮分为四组或六组，六组滚轮设计一般用于侧向有较大载荷或配置较重设备场合。图 3-9、图 3-10 和图 3-11 显示了不同形式的轮轨式天线。

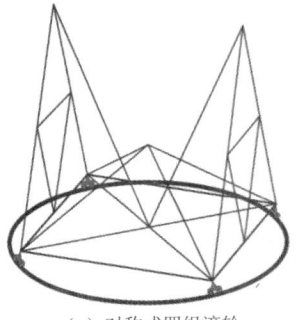

（a）对称式四组滚轮 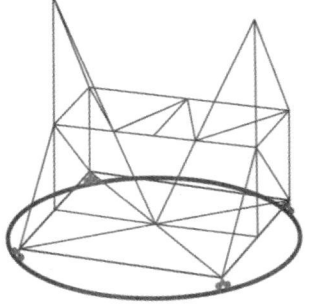　　　　　（b）非对称式四组滚轮 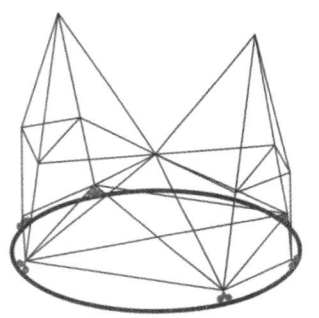　　　　　（c）对称式六组滚轮

图 3-9　不同形式的轮轨式座架

图 3-10　密云 50m 天线（对称四组滚轮结构） 　　　图 3-11　上海天马 65m 天线（对称式六组滚轮结构）

轮轨式天线座架主要由方位机构、俯仰机构、轨道组合及平台、爬梯等组成，如图 3-12 所示。

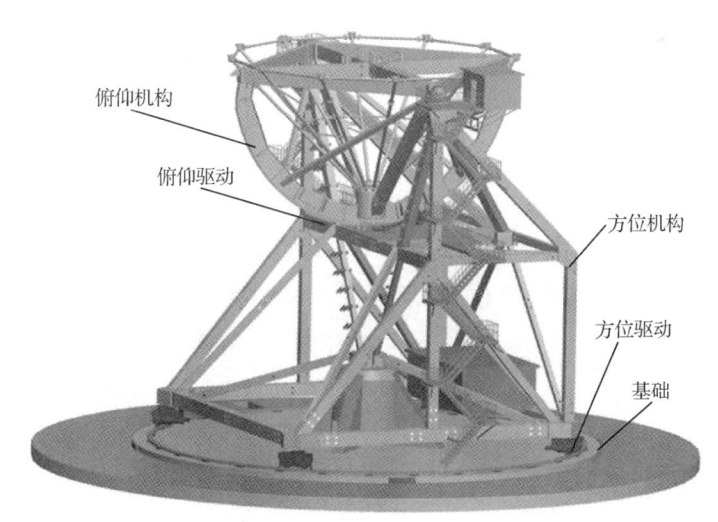

图 3-12　轮轨式天线座架外形示意图

方位机构包含方位构架、中心枢轴、方位驱动装置、方位轴角机构、方位绕线装置及平台、走梯等部分。

方位构架一般采用空间桁架结构，由底架、两侧主支撑架和中层框架等组成。

中心枢轴是天线方位的旋转轴，由底座、转盘、枢轴轴承、方位轴角装置、电缆绕线装置等组成。底座、转盘采用钢板焊接成腔式结构,具有较高的刚度;底座固定在圆台形塔基的顶端,转盘与方位构架的底架连接。中心枢轴的作用是为整个座架定心,它承受较大的径向负载;枢轴轴承为圆柱滚子轴承,允许轴向位移。方位轴角装置、动力电缆拖链装置和信号电缆缠绕装置安装在中心枢轴上。中心枢轴结构如图 3-13 所示。

方位驱动由若干滚轮驱动机构组成。根据负荷大小,每组滚轮机构可设置 2 个、4 个或 8 个滚轮;根据驱动力矩要求确定主动轮数量,并配置相应的电机和减速器。各组滚轮驱动机构安装在方位构架底框架的相应位置,在电机驱动下驱动天线实现方位转动。

主动滚轮组合是带有电机驱动的滚轮机构,由滚轮、滚轮轴组合、滚轮支架、平衡座、行星减速器、电机及其他部件等组成,主动滚轮驱动机构外形图如图 3-14 所示。为了使每个滚轮的受力均匀,每组滚轮设有滚轮平衡座,滚轮通过平衡座与方位构架的底框架相连。滚轮是天线重要的支撑和转动部件,受力较大,一般采用 42CrMo 锻造合金钢制造。滚轮支架上装有轨道清扫和避雷接地装置。

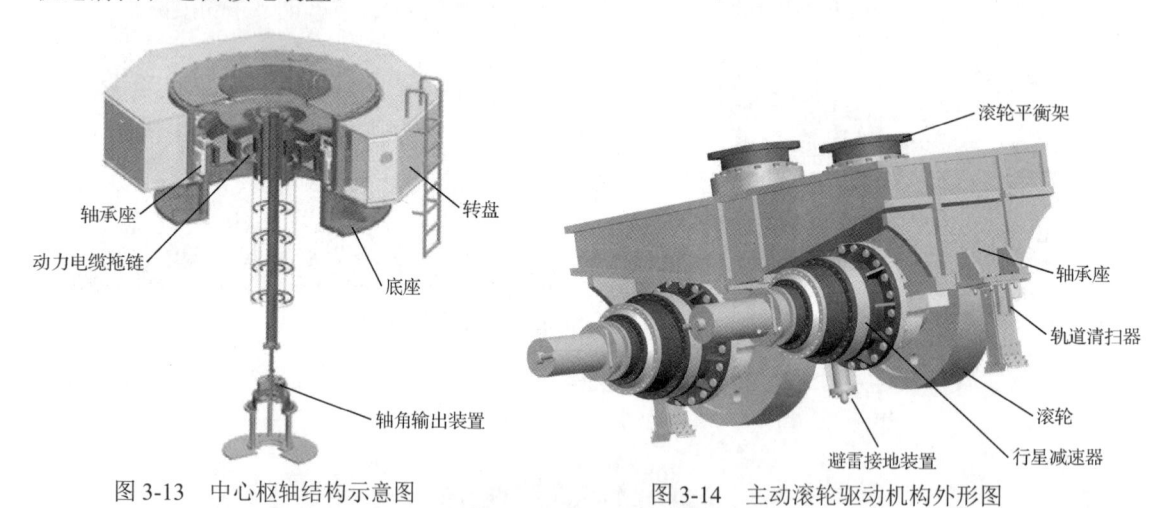

图 3-13 中心枢轴结构示意图

图 3-14 主动滚轮驱动机构外形图

轨道是天线方位旋转的基础,早期的天线轨道采用了工字型截面,后期大型天线一般将轨道截面设计为矩形,采用锻造合金钢加工成型。整体圆形轨道由若干段轨道组成,用地脚螺栓紧固在基础上,各段轨道接头处设有调节板调节接缝高度差。根据载荷与精度要求,可将各段轨道在对接位置焊接。分段的轨道加工成品如图 3-15 所示。

图 3-15 分段的轨道加工成品图

3.1.2 XY 型天线座

XY 型天线座有相互垂直的两个旋转轴,均呈水平布置,如图 3-16 所示。Y 轴在 X 轴上方与天线连接,并随 X 轴一起转动,X 轴与 Y 轴只需转动±90°就能覆盖整个空域,XY 型座架的原理图如图 3-16 所示。

XY 型天线座相当于将 AE 型天线座的 A 轴水平布置。AE 型天线座存在天顶区域的盲区,因此 XY 型也有盲区,在 X 轴的两端,处于地平线上,如图 3-17 所示。X 轴与 Y 轴各自转动±90°,基本可覆盖整个空域。

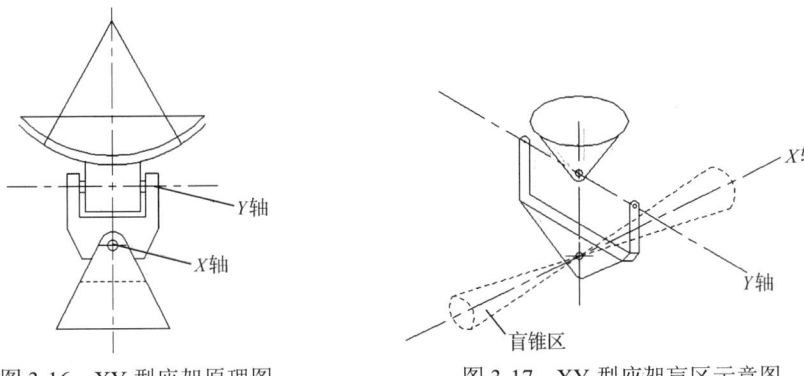

图 3-16　XY 型座架原理图　　　图 3-17　XY 型座架盲区示意图

由于 X 轴和 Y 轴之间的距离较大,两轴均需配重,因此天线座体积、重量和转动惯量较大,而且重心会跟随角度发生变化,配重很难调整。相比于 AE 型天线座,结构的谐振频率较低,从而使得跟踪系统调试困难,一般用于中小型天线。其优点是可实现过顶跟踪,同时两轴的转动范围都较小,不需要复杂的绕线机构。

对于一些精度要求不高的小型天线,从方便结构布置和降低成本方面考虑,往往不进行配重平衡处理。图 3-18 为某 4.2m XY 型天线,X 轴和 Y 轴都没有采取配平措施。

该天线座 X 轴装置和 Y 轴装置结构相同,主要包括齿轮、支臂、行星减速器、蜗轮蜗杆减速器、伺服电机、电限位装置等部件,如图 3-19 所示。

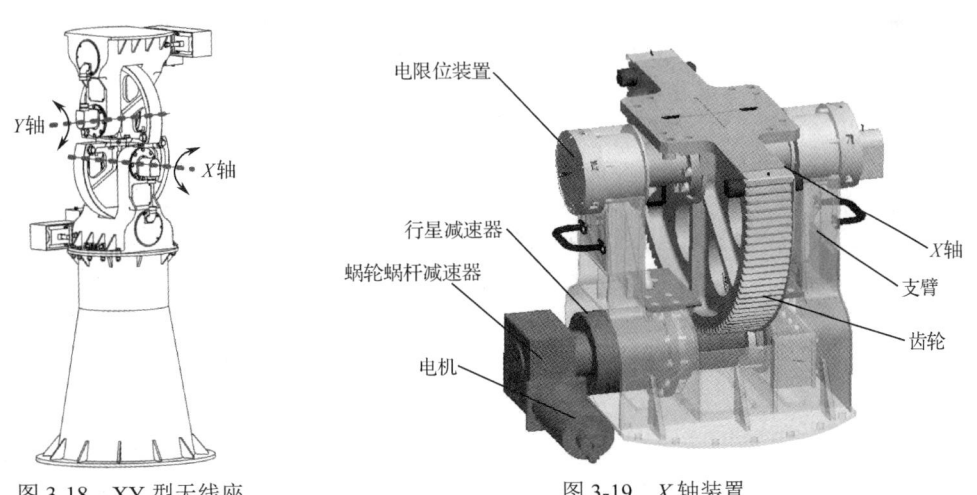

图 3-18　XY 型天线座　　　图 3-19　X 轴装置

X 轴装置的主体结构为双支臂钢板焊接结构,一体加工,可保证两个支臂上 X 轴的同轴度及其与下底面的平行度要求,支臂下底面与天线底座连接。

伺服电机、减速机安装在支臂的下端,齿轮安装在轴上,驱动系统及两侧支臂保持固定不动,行星减速器的输出齿轮带动大齿轮转动,进而带动 Y 轴装置与天线旋转。

Y 轴装置与 X 轴装置相同，通过齿轮连接。天线座组装时，首先调整两轴轴线垂直相交，再通过销钉定位并紧固。X 轴、Y 轴均没有配重，天线工作在偏心状态。

采用行星减速器加蜗轮减速器作为传动机构，利用蜗轮减速机的自锁功能保证天线安全工作。两轴均设有电限位装置，保证天线在工作范围安全运行。

3.1.3 多轴天线座

多轴天线座相对 AE 型、XY 型等两轴天线座增加一个或两个转轴，多用于舰船平台跟踪天线及有过顶跟踪需求的天线。常用的多轴天线座有 AEC 型和 AET 型。

AEC 型座架是在 AE 座架下面增加了一个垂直于俯仰轴的交叉轴，如图 3-20 所示，各轴命名为方位轴（A 轴）、俯仰轴（E 轴）和交叉俯仰轴（C 轴）。当目标处于低仰角时，用方位轴和俯仰轴跟踪目标；而当目标仰角高到方位轴速度接近设计极限时，方位轴保持定速驱动，俯仰轴和交叉俯仰轴进行跟踪，这样交叉俯仰轴的运动范围可小些，座架结构不致过大。当目标通过天顶后，仰角降至足够低时再自动切换成方位轴和俯仰轴跟踪目标。

AEC 型座架上安装惯导等位姿反馈模块，可实时反馈船体的横摇纵摇信息，通过伺服控制系统驱动各轴对船体的摇摆进行补偿。AEC 型座架的突出优点是利用交叉俯仰轴的低速跟踪代替方位轴的高速跟踪，可以提高系统的跟踪精度。这种座架多用于小型船载跟踪天线系统中，地面固定站上很少用。对大型（10m 以上）天线，由于天线反射体惯量很大，C 轴的平衡较困难，转动范围也受到限制，应用较少。

AET 型座架就是在 AE 座架下方再增加一个与大地有一定夹角的倾斜方位轴，倾斜方法包括可预置方向的固定角度倾斜和固定方向的可调角度倾斜两种。

固定角度倾斜基座的转盘上顶面设计成斜面，如图 3-21 所示。斜面的倾角取决于"盲锥区"的大小。基座倾斜盘的斜倾方向可以转动±180º，使基座倾斜盘的朝向可以是正东，也可以是正西。AET 型座架跟踪控制系统设计成一个独立的三轴控制系统，包括方位轴、俯仰轴和第三轴（倾斜轴）。倾斜轴的工作方式是依据目标的轨道预报数据，判断目标的飞行方向，对转角进行预置，以调整天线的倾斜方向，避开目标过顶跟踪盲区。

图 3-20　某船载卫星通信天线 7.3m AEC 型座架实物照片　　图 3-21　7.3m 可预置方位轴倾斜方向的天线实物

可调角度倾斜轴座架是在跟踪架与基座之间安装的一个倾斜机构,如图 3-22 所示。在目标通过天顶时,该机构可使天线座架的方位轴倾斜一定角度避开盲区,当目标通过天顶盲区进入可跟踪区域时,再使方位轴复位,恢复正常跟踪。倾斜后天线座架坐标与地理坐标不再一致,需要进行坐标转换。

方位轴倾斜方法实质上是增加航路捷径,但由于是整个跟踪架倾斜,目标仰角在地理坐标系中高仰角时,在座架坐标系中方位角速度、角加速度却比较小,跟踪系统的动态滞后误差大大降低,因而能显著提高系统的高仰角跟踪精度。

采用可调倾斜轴方法须对目标飞行轨迹进行预测,并根据预测数据来决定是否需要倾斜及何时开始倾斜。倾斜范围的大小不仅与天线方位转速和卫星高度有关,而且与倾斜轴的位置密切相关。正确地选择倾斜轴的位置,就能以最小的倾斜范围实现过顶跟踪。

图 3-22 车载 7.3m AET 座架实物照片

3.1.4 并联机构天线座

并联机构(Parallel Mechanism,PM)定义为运动平台和固定平台通过至少两个独立的运动链相连接,机构具有两个或两个以上自由度,且以并联方式驱动的一种闭环机构。其驱动装置靠近机架,动态性能好;无累计误差,精度高;构型多样化,对称并联机构具有良好的各向同性,易于模块化。Stewart 机构是一种通过六个独立运动链连接的上下平台且具有六个自由度的典型并联机构,广泛应用于模拟器、机床加工、机器人等领域。

并联机构同样可以用于天线座,如图 3-23 所示,主要由运动平台、固定平台以及分支杆组成,运动平台与天线反射体连接,通过分支杆的长度变化控制天线运动。

相比于传统的 AE 型天线座,并联机构天线座的特点如下:

- 机械零部件主要由滚珠丝杠、虎克铰、球铰、伺服电机等通用件组成,构件种类少,结构简单;
- 结构刚度大,承载能力强,静态误差小,刚度重量比大;
- 各可伸缩杆杆长均能单独对运动平台的位置和姿态起作用,没有几何误差影响累积和放大,运动精度高;
- 天线连续转动时不需要汇流环和关节,不存在天顶跟踪盲区;
- 结构简单但控制复杂,控制方式为半闭环方式,需要运用坐标变换将方位俯仰角度转化为分支杆的伸缩长度。

Stewart 型并联机构结构如图 3-24 所示,根据天线尺寸、载荷、运动范围与精度等指标要求,设计过程先确定构型参数,主要有 R、r、H、θ_1 和 ϕ_1 和 θ_2、ϕ_2。其中 R 为固定平台上各铰点所在圆周半径,r 为运动平台上各铰点所在圆周半径,H 为动定平台铰点中心间距离,θ_1、ϕ_1 为固定平台相邻两铰点间夹角,θ_2、ϕ_2 为运动平台相邻两铰点间夹角。

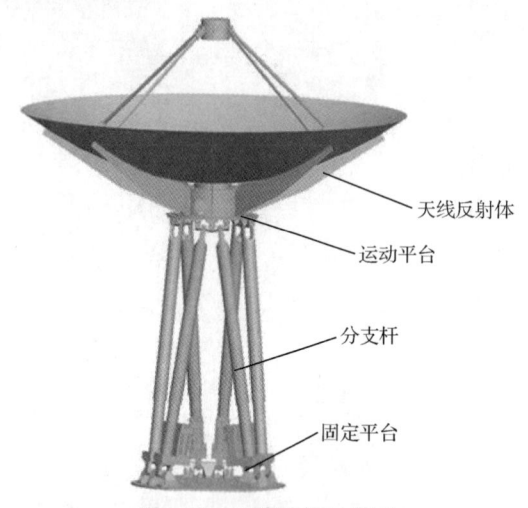

图 3-23　天线结构示意图

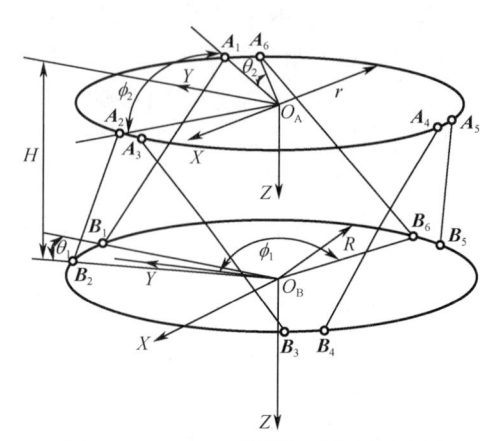

图 3-24　Stewart 并联机构结构示意图

由于参数较多，需要根据不同的应用场合制定合适的构型优化原则，应用于天线座的设计优化原则如下：

- 满足天线工作范围要求，一般方位、俯仰范围分别为 0~360°和 0~90°；
- 在机构工作空间内，虎克铰、球铰运动范围越小越好；
- 分支杆所需行程在安装范围内；
- 在全工作空间内，分支杆的受力越小越好。

工作空间分析是构型设计的重点内容，如图 3-25 所示，O_A 为运动平台中心，O_B 为固定平台中心，天线转动中心可以任意指定，即天线可以绕 O_A 转动，也可以绕 O_AO_B 之间的任意点 O 转动。

运动平台绕 O 转动角度 θ_1 可以看作先从位置 1 平移到位置 2，再绕 OA 转动 θ_1，也就是说动平台绕 O 转动 θ_1 时，与直接绕 O_A 转动 θ_1 指向一致，只是动平台中心点 O_A 发生了变化。

天线座的运动主要为两个方向的转动，而 Stewart 型并联机构本身有 6 个自由度，若直接实现俯仰 90°转动，会发生杆件和运动平台的干涉，因此需要规划俯仰转动的轨迹，利用除方位、俯仰外的剩余自由度的联合运动可以增大俯仰的运动范围。

运动平台在转动时，分支杆与运动平台之间的夹角越大越好，若某个分支杆与运动平台平面共面，则会发生奇异，如图 3-26 所示。

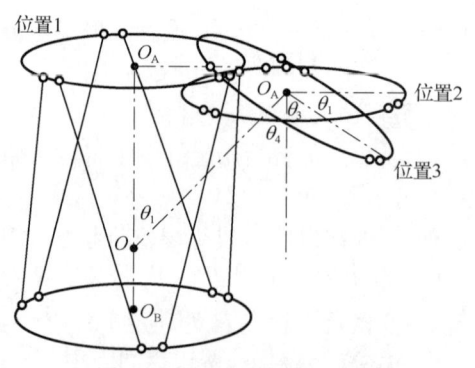

图 3-25　运动平台转动示意图

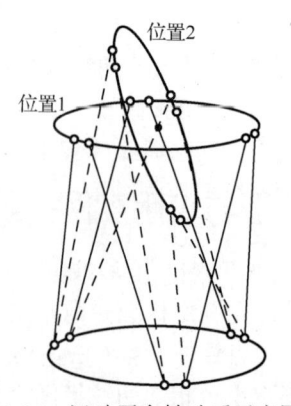

图 3-26　运动平台转动后示意图

因此，当运动平台转动的同时，沿与俯仰轴垂直的轴运动，如图 3-27、图 3-28 所示。可以看出，当转动角度不变时，分支杆与运动平台之间夹角明显变大，但是此时所需要的分支杆行程会增大。

图 3-27　运动平台移动+转动后示意图

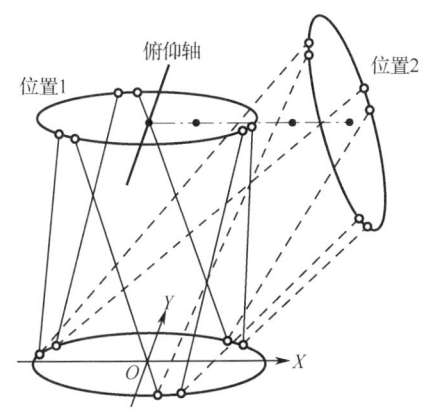

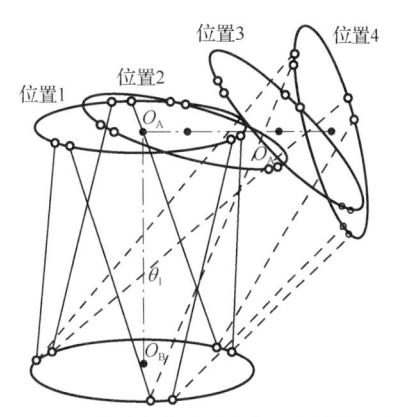

图 3-28　运动平台移动+转动运动过程示意图

图 3-29 给出了某 5.4m 并联机构天线的外形。天线质量约为 800kg，并联机构质量为 1780kg，其中 6 根带有驱动的分支杆总重 1200kg，固定平台与运动平台总重 580kg。天线整体高度约为 5995mm，运动包络为直径 8200mm 的球，最大转动速度为 5°/s。

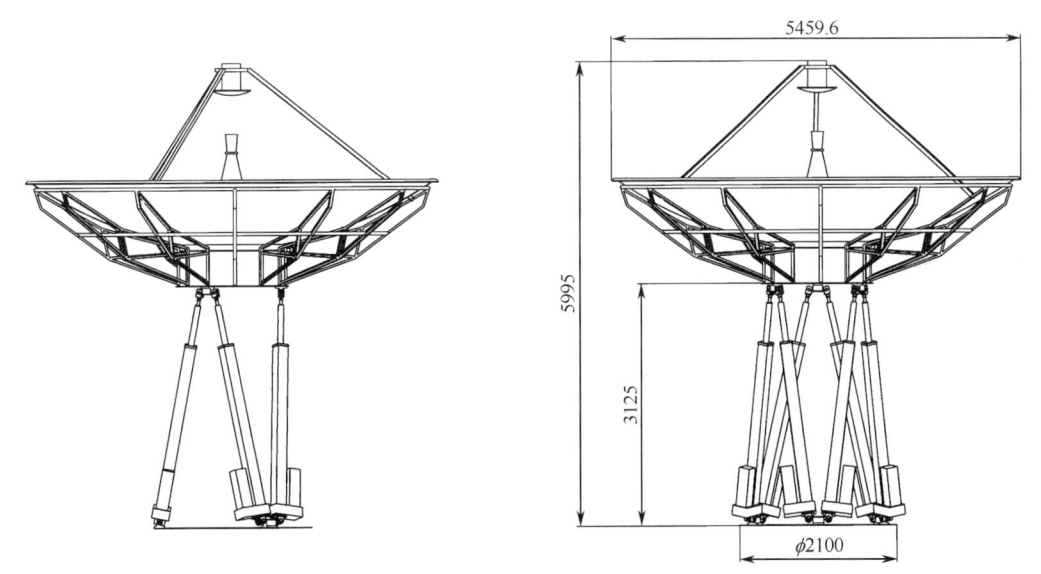

图 3-29　5.4m 并联机构天线外形尺寸图（单位：mm）

3.1.5　选型与应用实例

天线座的类型多种多样，选型时要根据天线尺寸大小、安装平台、运动范围、速度与精度等各种要求综合考虑。应用最为广泛的是 AE 型座架，有过顶跟踪要求的中小型天线大多选择 XY 型座架，地面过顶跟踪中大型天线多选带倾斜轴的三轴天线，船载天线多选择 AEC 型座架，以实现船舶摇摆状态下跟踪性能，并联机构座架多用于不要求天线有固定转动中心的地面中小型天线。下面以某船载平台天线为例，对座架选型及设计做具体说明。

天线口径 3.5m，工况要求为：船横摇最大±8°，周期 10s，纵摇±3°，周期 5s； 12 级风时能正常工作；全海域可工作。

天线座的主要机械结构技术指标如下。

（1）天线运动范围：
- 方位：顺限≥+330°，逆限≤-330°；
- 俯仰：下限≤-10°，上限≥+120°；
- 交叉：左限≥+13°，右限≤-13°。

（2）天线罩直径 5900mm。

（3）天线系统重量≤4800kg（含天线罩）。

根据上述工况及机械解结构指标进行需求分析，设备要求全海域可工作，当其移动到星下点附近时，俯仰角较高，因此天线座架需要具备过顶跟踪的能力。要求 12 级风时能正常工作，如果不增加天线罩，很难满足要求；船体的横纵摇会影响天线的指向跟踪，需要采集船体的摇摆数据，在伺服跟踪算法里进行补偿。

满足过顶跟踪的天线座架形式主要有 XY 型、AEC 型和 AET 型。XY 型座架形式结构较松散，如果每个轴都配平，整体重量较重。如果不配平，则天线偏心载荷过大，很难实现高动态跟踪。AET 型座架形式整体高度较高，导致天线罩尺度较大。AEC 型座架结构紧凑，C 轴小范围运动就能满足跟踪要求，天线罩尺度小，因此船载平台优选 AEC 型座架形式。

天线座通过一个过渡段与船体连接，过渡段是天线座和天线罩的安装基础，在其与天线座连接面上装有惯导，用于采集船体的摇摆数据。天线系统结构外形如图 3-30 所示。

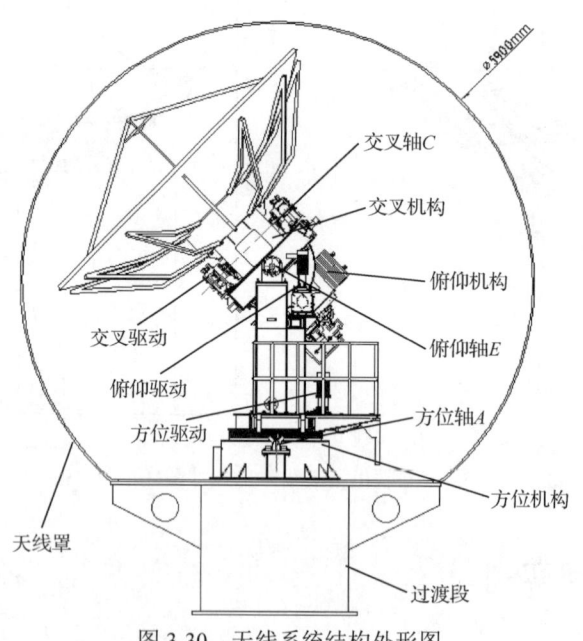

图 3-30 天线系统结构外形图

天线座分为方位机构、俯仰机构和交叉机构三部分。

方位机构采用转盘式结构，承载能力大，轴向尺寸小，结构更加紧凑，有利于安装其他的部件和走线。方位机构由底座、方位轴承、方位齿轮、方位转盘、方位驱动、限位、缓冲及工作平台等部分组成。方位底座采用钢板焊接成腔式结构；方位齿轮采用外齿式直齿圆柱齿轮，与方位轴承的外环做成一体；方位轴承之上是转盘，方位驱动装置固定在转盘上，随转盘一起转动。

俯仰机构包括支臂、轴承座、俯仰扇形齿轮、俯仰驱动，以及限位、缓冲装置等。支臂采用钢板焊接为箱式结构，为俯仰轴承座与减速箱提供支撑。俯仰轴的一端安装轴角元件，另一端安装限位开关，电缆从俯仰轴的两端穿入。

交叉机构主要由框架、交叉轴、高频箱、配重、交叉驱动装置等部分组成。框架为钢板焊接成的矩形结构，四边框分别与俯仰轴、交叉轴连接，电缆从俯仰轴穿入后由框架内通过，进入高频箱，在框架的适当地方开有安装孔，供装配时使用。

3.2 天线座结构设计

3.2.1 载荷计算

载荷计算是天线座结构设计的一项重要工作，是传动装置设计的依据。作用在天线上的载荷主要包括风载荷、惯性载荷和摩擦载荷。

1. 风载荷

当风吹向某一物体时，它的迎风面和背风面会产生压力差 $\triangle P$，压力差为压差系数 $C_\triangle$ 与动压头 q 的乘积，动压头定义为

$$q = \frac{\rho V^2}{2} \tag{3-2}$$

式中，ρ 为空气密度，单位为 kg/m^3；V 为风速，单位为 m/s。

一般抛物面天线风载荷的估算可按二维体轴坐标系计算，抛物面天线受力如图 3-31 所示。

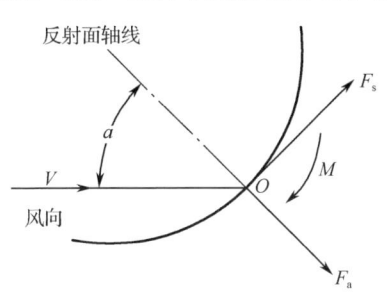

图 3-31 抛物面天线受力示意图

风载荷有 3 个分量：

天线的轴向风力： $F_a = 9.8 C_A q A$ (3-3)

天线的横向风力： $F_s = 9.8 C_S q A$ (3-4)

天线的风力矩： $M_风 = 9.8 C_M q A D$ (3-5)

式中，

A——天线反射体的口径面积，单位为 m^2；

D——天线口面直径，单位为 m；

F_a、F_s——轴向风力、横向风力，单位为 N；

M——风力矩，单位为 N·m；

C_A、C_S、C_M——分别为轴向力系数、横向力系数、风力矩系数，由风洞实验测得。

个别风洞实验显示，最大轴向力系数发生在风向角为 0°及 60°时，$C_A \approx 1.6$；最大横向力系数发生在风向角为 60°时，$C_S \approx -1.4$；最大风力矩系数发生在风向角为 120°时，$C_M \approx 0.14$。

理论上，由于圆抛物面的旋转对称性，无论方位回转还是俯仰回转，风载荷系数变化规律都相同。事实上，圆抛物面天线所受风载荷会受到天线座架及其附属结构的干扰，风载荷系数会有所不同，使用二维平面上的公式初步计算时可暂不考虑。

天线的旋转轴一般不在反射体的顶点，为了求出回转轴的载荷，可以按力坐标系移动，将作用在反射体顶点的力和力矩转移到回转轴上。下面介绍简单的二维平面的力坐标系移动，三维的力坐标系移动可类推。

设回转轴 O_r 与反射体顶点 O 的距离为 L，风向角为 α，天线所受的风力和风力矩如图 3-32 所示。

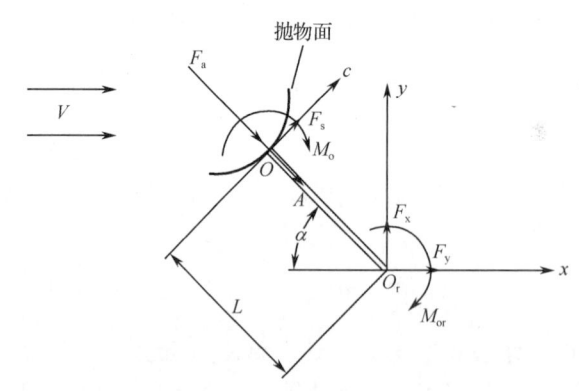

图 3-32 天线所受的风力和风力矩

则旋转轴所受的力和力矩为

$$F_X = F_a \cos\alpha + F_s \sin\alpha \tag{3-6}$$

$$F_Y = -F_a \sin\alpha + F_s \cos\alpha \tag{3-7}$$

$$M_{or} = M_o + LF_s \tag{3-8}$$

2．惯性载荷

惯性载荷是由于物体具有加速度才产生的，如物体绕回转轴转动，角加速度为 ε_m，则惯性力矩计算公式为

$$M_G = J_Z \varepsilon_m \tag{3-9}$$

式中，J_Z 为被控对象的转动惯量，单位为 $kg \cdot m^2$；ε_m 为被控对象的转动角加速度，单位为 rad/s^2。

转动惯量是表征刚体转动惯性大小的物理量，它与刚体的质量、质量相对于转轴的分布有关。刚体的转动惯量是由质量、质量分布、转轴位置 3 个因素决定的。

转动惯量的定义为

$$J = \sum_{i=1}^{n} m_i r_i^2 \tag{3-10}$$

式中，m_i 为刚体的某个质点的质量，单位为 kg；r_i 为表示该质点到转轴的垂直距离，单位为 m。

3．摩擦载荷

摩擦载荷是在两个物体的接触面之间存在的一种阻止其相对运动的力或力矩，只有当两个物体有相对运动或相对运动趋势时才产生。

摩擦分为静摩擦和动摩擦。当物体处于静止状态但有滑动趋势时的摩擦力为静摩擦力，静摩擦力由零逐步增加，当物体由静止即将转入滑动且尚未滑动时，静摩擦力达到最大。随即物体开始滑动，静摩擦转入动摩擦，动摩擦载荷比静摩擦小，因此天线启动后，摩擦阻力会减小。摩擦在随动系统中是一个重要的非线性因素，会影响系统的静态误差，并引起低速抖动。

在天线载荷计算中，摩擦载荷一般以末级转动的摩擦力矩为主，核算电机功率时用传动效率替代其他转动环节的摩擦带来的影响。但在计算启动力矩时，各转动环节的摩擦力矩都应考虑，尤其是在低温工况下的，更应引起足够重视。下面介绍滚动轴承摩擦力的计算。

对于一般中小型轴承，摩擦载荷主要来自轴承上的摩擦力矩 M_C（N·m），力矩由两部分组成，一部分为粘滞项 M_0（N·mm），一部分为载荷项 M_1（N·mm），即

$$M_C = \frac{M_0 + M_1}{1000} \tag{3-11}$$

粘滞项的计算公式为

当 $vn \geq 2000$ 时

$$M_0 = 10^{-7} f_0 (vn)^{\frac{2}{3}} D_m^3 \tag{3-12}$$

当 $vn \leq 2000$ 时

$$M_0 = 160 \times 10^{-7} f_0 D_m^3 \tag{3-13}$$

载荷项的计算公式为

$$M_1 = f_1 F_1 D_m \tag{3-14}$$

式中，

M_0——黏滞项，单位为 N·mm；

M_1——载荷项，单位为 N·mm；

D_m——轴承平均直径，$D_m = 0.5(d+D)$，d、D 分别为轴承的内径和外径，单位为 mm；

f_0——与轴承类型和润滑方式有关的系数；

f_1——与轴承类型和载荷有关的系数；

F_1——计算轴承摩擦力矩时的轴承载荷，单位为 N；

n——轴承转速，单位为 rpm；

v——在轴承工作温度下润滑剂的运动黏度（对润滑脂取其基油的黏度），单位为 mm^2/s。

对于中大型转盘轴承（外径大于 440mm），摩擦力矩估算公式为

$$M_C = fPd_m/2 \tag{3-15}$$

式中，
　　f——当量摩擦系数，与轴承的类型有关，可咨询轴承生产厂家；
　　d_m——滚道直径，单位为 m；
　　P——滚动体和滚道之间法向接触载荷绝对值之和，单位为 N。

3.2.2 驱动系统

3.2.2.1 驱动系统设计流程

　　天线载荷计算完成后，首先根据使用要求，初步选择合适的电机，再根据转速、加速度等要求确定传动比，之后再重新校核电机的相关参数，最终选定电机；选定电机后，要根据工况要求，选择合适的传动链。

3.2.2.2 电机选择

　　各分项载荷计算完成后，按照天线的工况要求，计算总载荷。总载荷计算常用"峰值综合"和"均方综合"两种方法。"峰值综合"是将各种载荷的峰值代数相加，对应最严重的工况，出现的概率极小，如按这种载荷选择电机和传动链，会造成设备性能冗余过大。工程中经常采用"均方综合"计算总载荷。

$$M_{总} = \sqrt{M_{风}^2 + M_G^2 + M_C^2} \tag{3-16}$$

初选电机功率时，取 1.5～2 倍的安全系数，电机功率 P 计算公式如下：

$$P = (1.5 \sim 2)\Omega M_{总} / \eta \tag{3-17}$$

其中，Ω——天线转速，单位 rad/s；
　　　η——传动链效率。

　　在选定电机功率后，根据项目需求，选取适合的电机类型。主要考虑以下几方面因素：
- 天线系统供电是直流系统还是交流系统；
- 电机功率、转矩、转速要求；
- 天线系统的动态性能、低速平稳性要求；
- 电机体积、重量的限制和成本要求；
- 环境及可靠性等要求。

　　常用的电机有直流电机和交流电机。交流电机可分为同步电机和异步电机两类，同步电机的旋转速度与交流电源的频率有严格的对应关系，在运行中转速保持恒定不变；异步电机的转速随着负载的变化稍有变化。按所需电源的相数的不同，交流电机又分为单相和三相两类，三相异步电机因其具有结构简单、价格低、可靠性高等优点得到广泛应用，单项异步电机主要应用于一些功率需求较小的场合。

　　在交流伺服系统中，电机的类型有永磁同步交流伺服电机和感应异步交流电机，其中永磁同步电机具有十分优良的低速性能，调速范围宽、动态特性和效率都很高，已成为伺服系统的主流之选。

直流伺服电机的功率范围比较宽，小到几瓦，大到几千瓦，可作为各种功率随动系统的驱动元件，尤其适合于中功率和大功率的系统。直流伺服电机与交流电机比较，其优点如下：
- 在输入功率相同的条件下，体积比交流电机小，效率高；
- 控制特性好，调速范围宽，低速性能好。

3.2.2.3 速比的选择

一般高速伺服电机作为执行元件时，需要机械减速装置降低电机的转速，同时提高输出扭矩，才能使电机和被控对象相匹配，这就涉及总传动比的选择问题。

选取电机后，首先初步确定减速装置的速比，通常采用以下关系式初步确定：

$$i = \frac{a\pi n_e}{30\Omega_{max}} \tag{3-18}$$

式中，

n_e ——电机的额定转速，单位为 rpm；

Ω_{max} ——被控对象的最大转动角速度，单位为 rad/s；

a ——系数，在 $0.8<a<1.3$ 范围内取值，通常取 $a=1$。当 $a<1$，负载达到最大转速 Ω_{max} 时，电机未达到额定转速 n_e；当 $a=1$，负载达到最大转速 Ω_{max} 时，电机等于额定转矩 n_e；当 $a>1$，负载达到最大转速 Ω_{max} 时，电机超过额定转速 n_e。

针对不同工况可以确定不同的最佳传动比，比如对长期连续在变动载荷下工作的驱动系统，可按"折算负载均方根力矩最小"的最佳总传动比来选取；对短期工作而峰值要求又较严的驱动系统，可按"折算负载峰值力矩最小"的最佳总传动比来选取；对加速性能要求较高的驱动系统，可按"输出角速度最大"的最佳总传动比来选取。

对于动态性能要求较高的系统，要提高系统的快速响应性，首先要提高机械传动部件的谐振频率，即提高机械传动部件的刚性并减小机械传动部件的惯量；其次通过增大阻尼压低谐振峰值也能为提高快速响应性创造条件。

伺服系统设计应考虑惯量匹配的问题。对于一个特定的电机，如果采用减速机构，使归算到电机轴上的负载惯量与电机的惯量相匹配（负载惯量等于电机惯量，即惯量比为 1），在忽略减速机构所增加的惯量和效率损失的情况下，系统就能实现最佳的功率传输，并能得到最大的负载加速度，这就是惯量匹配的含义。

在实际应用中，考虑到减速机构本身的惯量、效率、输入轴及电机的最高速度限制、机械空间限制、成本等原因，绝大部分装备制造业中应用的伺服驱动系统减速机构的选择都不是按照最佳减速比来确定的，即负载惯量与电机惯量一般是不匹配的。因此工程应用中要研究的不是实现负载惯量匹配，而是实现负载惯量与电机惯量的比率在合理的范围，确保系统的快速响应同时系统能稳定运行。

上述不同的传动比选择都是针对某一方面的要求来说才是最佳，总传动比的最后确定还要综合考虑其他因素。比如，电机在克服峰值力矩时，其输出转矩不超过允许的过载转矩，这时电机转矩特性曲线和负载峰值力矩曲线要相交，否则要重选速比。

3.2.2.4 电机校核

电机和减速装置的参数确定后，还需要进行多方面的核算，看执行电机和减速装置组合能否满足系统的动、静态要求。通常需要验算以下性能。

1. 电机的发热与温升

电机发热主要因为铜耗 $I_a^2 R_a$（其中 I_a 为绕组电流，R_a 为铜的电阻）。电机的输出转矩和电流成正比（或近似成正比），负载力矩变动时会引起绕组电流 I_a 变化，因此常采用等效电流 I_e 的方法来计算电机的发热量（当恒定电流 I_e 在时间 T 内产生的热量与实际变动电流 I_a 在同一时间内产生的热量相等时，则该恒定电流 I_e 称为变动电流 I_a 的等效电流）。与等效电流对应的是电机等效转矩 M_e 是一恒定值，等于折算到电机轴上的负载均方根力矩 M_Σ^m，因此变动载荷下负载的均方根力矩 M_Σ^m 是与伺服电机处于连续工作时的发热条件相对应的。

电机的发热和温升校核常采用下式进行验算，如电机额定功率不满足需要重选电机。

$$M_e \geq M_\Sigma^m = \sqrt{\left(\frac{M_C}{i\eta}\right)^2 + \left[\left(J_d + J_p + \frac{J_Z}{i^2\eta}\right)i\varepsilon_m\right]^2} \tag{3-19}$$

式中，
J_d ——电机转子的转动惯量，单位为 kg·m²；
J_Z ——被控对象的转动惯量，单位为 kg·m²；
J_p ——减速装置折算到电机轴上的转动惯量，单位为 kg·m²；
ε_m ——电机转子的角加速度，单位 rad/s²。

2. 电机的短时过载能力

伺服跟踪系统所能达到的极限角速度 Ω_k、极限角加速度 ε_k 越大，越有利于实现大失调角快速协调，这取决于电机的短时过载能力 λM_e，λ 为过载系数，数据由电机制造厂商提供。电机短时过载能力采用下式进行验算：

$$\lambda M_e \geq \frac{M_C + M_风}{i\eta} + \left(J_d + J_p + \frac{J_Z}{i^2\eta}\right)i\varepsilon_k \tag{3-20}$$

其中，ε_k 为系统所需最大调转角加速度。

折算到电机轴上的负载峰值力矩，不应当超过电机短时过载力矩，否则需重选电机。

3. 电机能否满足系统的通频带要求

电机是否满足系统的通频带要求，采用下式进行检验：

$$\sqrt{\frac{\lambda M_e - \frac{M_C}{i\eta}}{e_m i\left(J_d + J_p + \frac{J_Z}{i^2\eta}\right)}} \geq 1.4\omega_e \tag{3-21}$$

式中，e_m 为系统最大跟踪误差，单位为 rad；ω_e 为系统开环幅频特性的穿越频率，单位为 Hz。

3.2.2.5 传动形式的选择

选择传动形式的主要考虑因素包括承载扭矩、传动效率、是否自锁、外形尺寸、重量和工艺性。对于天线驱动系统，在选择传动形式时，还需要考虑运动精度、转动惯量、平稳性等因素。

齿轮传动是应用最多的传动形式，其精度好、效率高。行星减速机是典型的齿轮传动机构，也是应用最普遍的减速器，它具有体积小、重量轻、承载能力高、使用寿命长、运转平稳等特点。此外，摆线针轮减速器、谐波减速器等在小型天线上也应用较广。

蜗轮蜗杆传动在天线传动中应用也较普遍，主要优点包括单级传动比大、结构紧凑、工作平稳、无噪声等。蜗轮蜗杆传动一般是不可逆的，若负载惯量较大，反向时会承受很大的冲击载荷，蜗轮容易损坏，所以一般高动态的天线不建议采用蜗轮传动。蜗轮蜗杆传动速比较大时，具有自锁性，对一些要求稳定锁定在某一位置的天线来说，蜗轮蜗杆传动是一个很好的选择，可省去电机抱闸，提高系统的可靠性。

丝杠螺母副可实现旋转运动和直线运动之间的转换，多用于重载设备。按丝杠螺母的摩擦类型进行划分，分为滚动丝杠螺母副和滑动丝杠螺母副。滚动丝杠螺母副由嵌在螺母内的滚珠在丝杠螺纹内循环滚动，将电机的转动转换成直线运动，效率较高，具有传动精度高、寿命长的优点，缺点是承载径向载荷能力和抗冲击振动性能较差。

滑动丝杠螺母副常见螺纹形式包括梯形、锯齿形及矩形。梯形螺纹广泛应用于各个行业中，锯齿形螺纹主要用于单向受力，矩形螺纹传动效率较其他两种形式高，但加工较困难，且强度较低。螺纹丝杠副传动效率普遍比滚珠丝杠副低，但承载能力大，多用于重载条件下工作。其另外一个特点是具有自锁性，在有些场合具有优势，如车载天线俯仰驱动机构，天线由收藏状态转变为工作状态时，升起过程中不希望丝杠受压时反转，滑动丝杠可将负载保持在原位，不需额外的制动装置，结构简单、可靠性高，因此天线俯仰机构中经常使用滑动丝杠。

对于齿轮传动，选择减速器时，除关注速比、承载能力、效率等指标外，还应重点关注间隙、扭转刚度、转动惯量等指标，重点校核末级齿轮的弯曲强度和接触疲劳强度。

对于蜗轮蜗杆传动，主要校核蜗轮齿面的接触疲劳强度和蜗轮齿根的弯曲疲劳强度以及自锁性。

对于滑动丝杠螺母传动，主要对螺纹面耐磨性、螺杆的强度以及丝杠的自锁性进行校核计算。

3.2.3 轴角单元

轴角单元是天线座转动轴的位置监测装置，一般包括角度传感器、传感器支架和传递装置。根据角度传感器的安装方式可分为套轴式安装、同轴式安装和引出式安装。

套轴式安装是将角度传感器直接与转动轴连接，如图3-33所示。安装要点是保证传感器定子与转子本身形状无变形，相互之间位置准确，安装精度应满足轴角器件的使用说明书要求。如某角度传感器要求安装面轴向位置误差不大于0.1mm，径向同轴度误差不大于0.03mm，安装基准的公差不大于IT6级。

同轴式安装方法有两种，一种是紧靠被测轴的方式，另一种是增加长传导轴的方式。

当被测轴转动轴心无偏摆且便于靠近安装时，采取紧靠被测轴的安装方式。安装时应将角度传感器旋转轴与被测轴的同轴度调整到要求的范围以内。同轴式轴位传感器与所在轴之间加装波纹管联轴节。对精度要求高的系统，可采用高精度膜片联轴节。当被测轴转动轴心偏摆较大和不便于靠近安装时，可采取长传导轴的安装方式，长传导轴与所测轴的连接采用柔性连接，长传导轴的另一端必须有轴承支撑，然后再按靠近被测轴的安装方式进行安装，如图3-34所示。

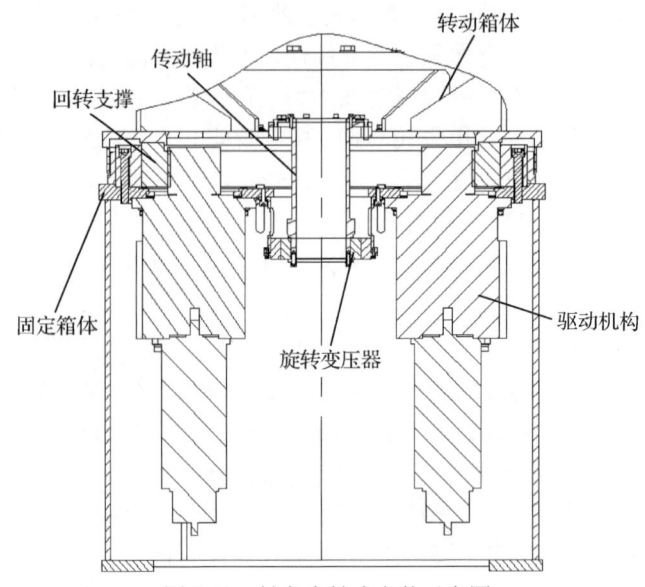

图3-33 轴角套轴式安装示意图

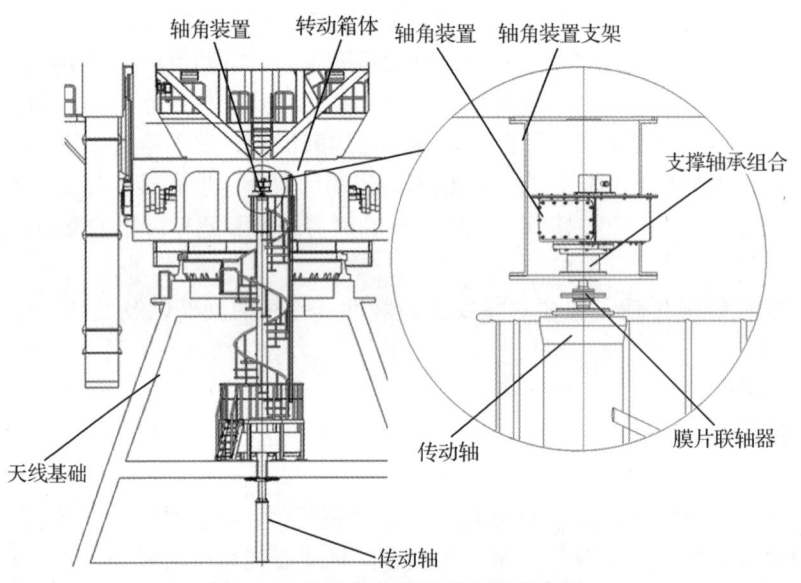

图3-34 轴角长传导轴式安装示意图

引出式安装是指将所测轴的轴位引导到与之平行的另外轴上进行检测的一种角度传感器安装方式，角度传感器与所测轴之间可有多级传动，各级传动应采用无回差传动，如图3-35所示。

简单安装的角度传感器支架通常采用精密加工的方法制造，设计时应预留一定的调整空间，必要时，需要设计精确调整用辅助工装。

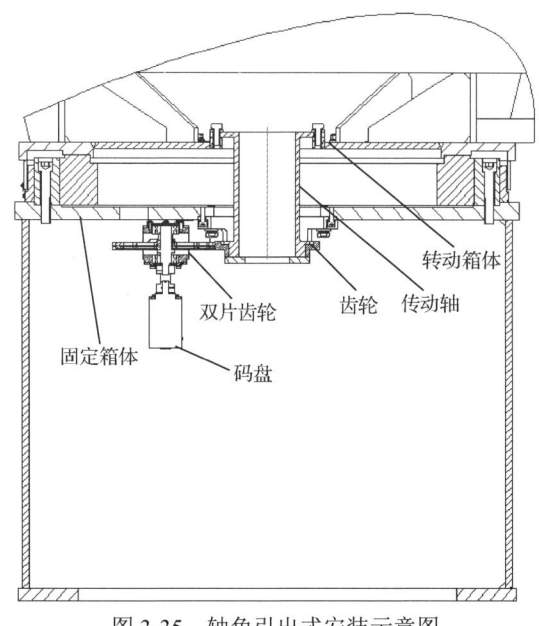

图 3-35 轴角引出式安装示意图

3.2.4 电缆卷绕机构

天线座转动部位上有各种驱动元件、测量元件和控制元件，而电源和控制机柜是固定不动的，因此需要旋转连接装置，在相对转动的部件之间传输信号或功率。

连续旋转的设备需要使用滑环装置，根据频率和结构特点可分为低频滑环、中频滑环和高频的旋转关节。国内外一些专业公司生产制造各种类型的滑环，成熟度较高，已趋近于货架产品。本节主要介绍在有限转动范围内使用的非标准电缆卷绕装置。

电缆卷绕装置用于有限范围转动机构中，以避免电缆磨损、擦伤和扯断，还可以满足不同类型电缆折弯半径的要求。常用的电缆缠绕装置结构如图 3-36 所示。

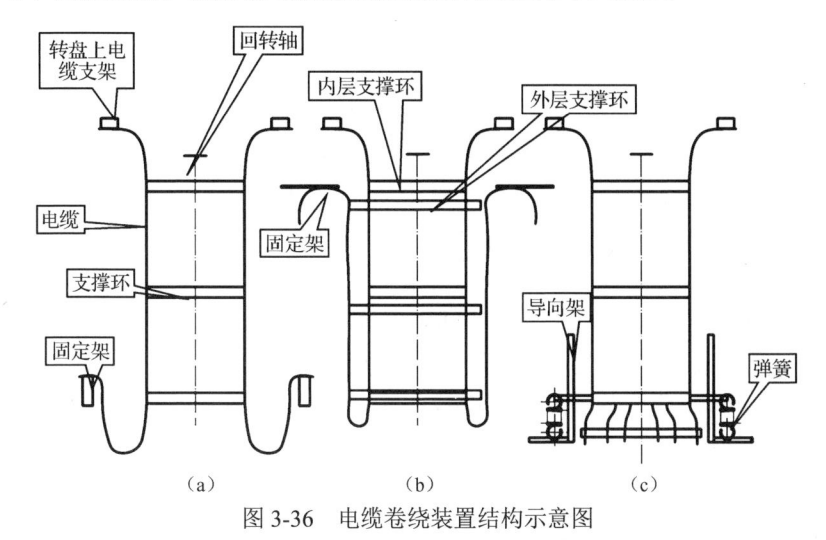

图 3-36 电缆卷绕装置结构示意图

第一种方式是下端出线形式，这种方式适用于方位转动范围不大于±180°的天线座。

第二种方式为上出线形式，电缆支撑环为大、小两种，可用于方位转动范围不大于±720°的天线座。

第三种方式为导向式，适用于要求出线点集中的天线座，这种形式的绕线机构有利于天线座内的整洁。增加弹簧后还可用于旋转轴摆动的天线。

图 3-37 为上出线形式电缆卷绕装置的实物图。

3.2.5 安全保护装置

图 3-37 电缆卷绕装置图

为防止天线超出预设的运动范围，保证安全运行，天线系统一般设置软件限位、预限位（一级电限位）、终限位（二级电限位）和机械限位等，限位范围逐级增大，其中前两种限位可以反方向恢复，机械限位需人工检查确保无故障后才能恢复。图 3-38 为天线限位关系示意图。

（1）软件限位是软件设定的天线转动边界条件，当轴角接近限位轴角时，控制天线减速，等于限位轴角时，切断驱动器使能。

（2）预限位（一级电限位）为硬件限位，采用接近开关作为敏感元件。开关动作时，切断驱动器的输出，天线停止运动，施加反向指令可退出限位状态，天线能返回到正常工作位置。

（3）终限位（二级电限位）也是硬件限位，也是采用接近开关作为敏感元件。它是电气限位保护的最后屏障，终限位开关动作时，伺服设备已处于故障状态，控保电路会强制切断驱动器动力电源，电机制动器制动。必须待设备维护人员检修排除故障后方可恢复操作。

（4）机械限位是天线运动到极限位置时的最后保护，通常在限位处设置缓冲器吸收天线运转的动能保证安全。

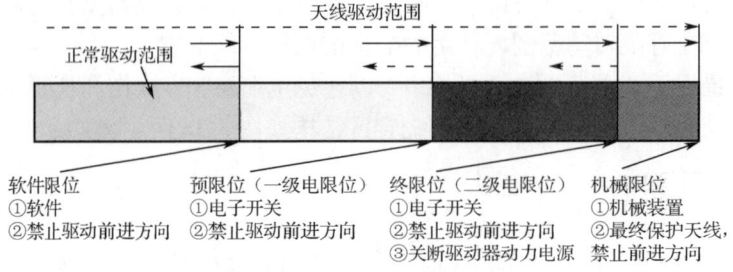

图 3-38 天线限位关系示意图

机械限位装置设计时需要考虑转动轴上负载的惯量、最高转速和最大驱动力，保证足够的缓冲空间，能够吸收所有动能。缓冲器可以是液压缓冲器、橡胶缓冲器、弹簧缓冲器，大型天线一般采用液压缓冲器，中小型天线通常采用橡胶缓冲器或弹簧缓冲器。橡胶缓冲器要有防晒罩，以防止材料老化，橡胶材料一般采用硫化橡胶或聚氨酯橡胶，邵氏硬度为 50~65。

电限位机构的设计与天线的转动范围有关，转动范围小于±150°时，可用简单的支架与感应块设计。转动范围接近±180°时，可选用十字限位装置，如图 3-39 所示。对于转

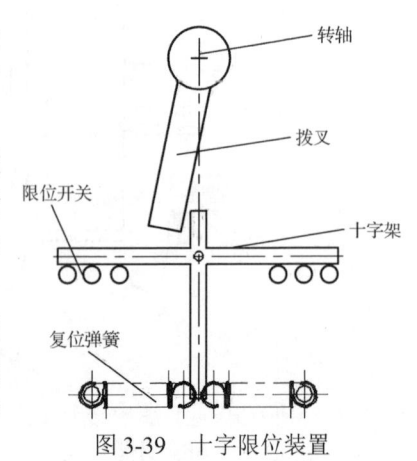

图 3-39 十字限位装置

动范围在±180°～±360°之间时，需用齿轮减速限位装置。

3.2.6 典型装置应用

3.2.6.1 间隙调整装置

齿轮机构是应用最多的传动机构，齿轮副啮合受到齿轮的公法线长度偏差、齿圈径向跳动、齿轮副中心距偏差、轴承游隙、轴的径向跳动等因素影响，啮合间隙难以满足设计要求，从而影响到伺服系统的精度和稳定性。工程中通常采用间隙调整装置实现高精度的啮合性能，装置类型主要有以下几种。

1．中心距可调消隙机构

采用中心距可调消隙机构是一种常用的消隙方法，在装配时根据齿轮副啮合情况调整中心距，以达到减小齿隙的目的。机构采用偏心的过渡件（法兰盘），如图 3-40 所示。法兰与基座的连接孔为长圆孔，通过旋转法兰盘，实现中心距调整。对于受冲击振动较大的天线，调整好齿隙后，需在偏心法兰上配做销孔，保证连接的可靠性。

2．双片齿轮机构

双片齿轮机构多用于轴角数据传递。将双片齿轮错开一定齿数再进行啮合，利用弹簧的拉力，实现零回差数据传递，如图 3-41 所示。

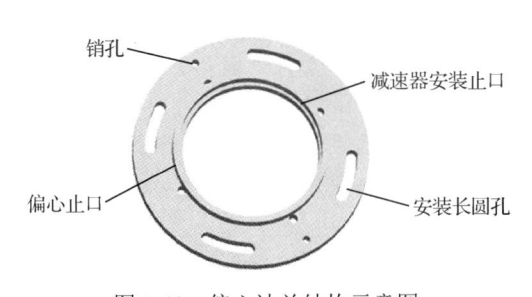

图 3-40 偏心法兰结构示意图　　图 3-41 双片齿轮机构

3．扭杆弹簧机构

在驱动装置中，可采用扭力杆辅助消隙结构（也称为扭杆弹簧机构）来减小或消除传动回差，如图 3-42 所示。加装扭杆弹簧需要在轴向有较大的空间位置。

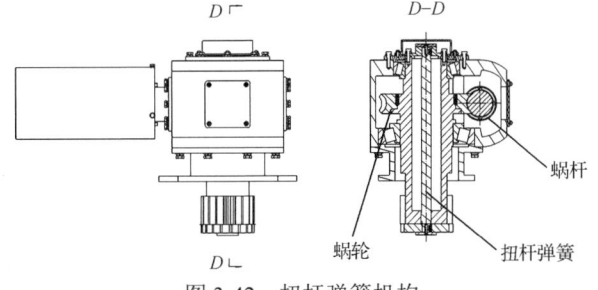

图 3-42 扭杆弹簧机构

扭杆弹簧的工作原理：末级小齿轮采用双片齿轮，一个小齿轮与中空主轴连接，另一个小齿轮与扭杆弹簧连接，调整好末级齿轮副的中心距后，在扭杆弹簧上加载10%～20%的力矩，在负载力矩不超过加载力矩时，可以起到消除回差的作用。

3.2.6.2 升降机构

对于空间尺寸有要求的天线系统，其天线座大多采用垂直升降机构或者翻倒升降机构，使天线座在工作时升起，不工作时下降到规定的空间内。采用升降机构具有掩蔽性、机动性两方面的优势。

1. 垂直升降机构

垂直升降机构多用于小型、轻载天线设备，是车载天线上常用的机构之一。其作用是将天线转台以上的结构部分举升到一定的高度并可靠工作。通常将天线座升到工作高度后，固定在车厢顶部，下降后也紧固在车厢上，因此升降机构只在升降过程中承载。

升降机构的传动方式主要有液压多级缸传动、钢丝绳传动、丝杠丝母机械传动等，丝杠丝母机械传动在车载天线升降机构中应用较多。

图 3-43 为某平板天线升降机构示意图，图 3-44 为某抛物面天线升降机构示意图。天线安装在载重平台上，在载重平台的四角固定了四套丝杠丝母装置，使丝杠丝母在电机的驱动下实现同步升降运动。天线座上升到工作位置后，利用锁定机构，可将天馈系统锁定在指定位置。

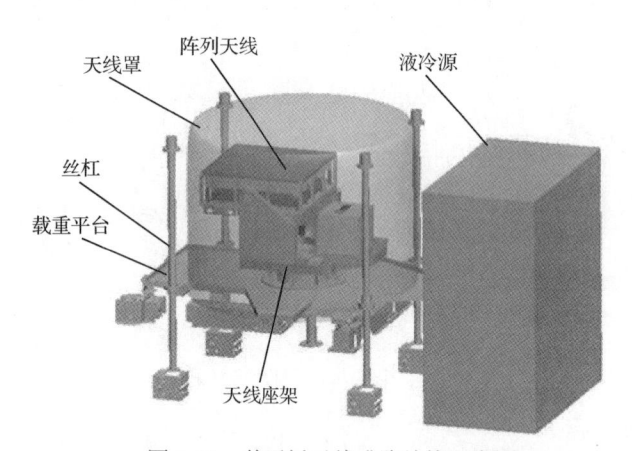

图 3-43 某平板天线升降结构示意图 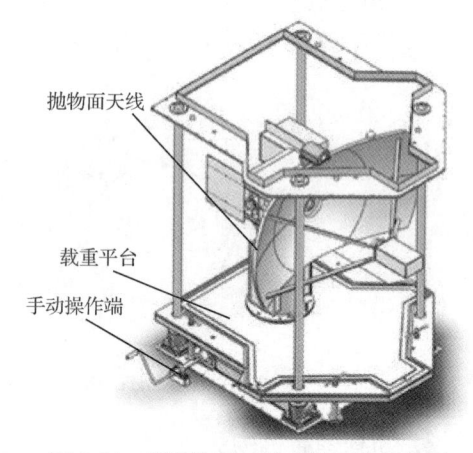　　图 3-44 某抛物面天线升降结构示意图

2. 翻倒升降机构

翻倒式升降机构多用于大型、重载天线设备，在车载天线、雷达上应用广泛，可实现天线系统的翻转和举升，图 3-45 所示为某翻转升降机构工程示意图，图 3-46 所示为某 7.3m 天线翻倒升降方案示意图。通过转轴布置及节点选择，可同时实现起竖和举升两个动作，采用 4 连杆机构中的摆杆运动原理，将驱动机构的直线运动转化为旋转运动。

为规避丝杠传动效率低的缺点，可采用液压直线缸系统驱动，这种驱动方式在大型车载雷达、导弹发射领域应用较多，具有承载能力强、升降速度快、位置精确度高、空间占比小等特点。为增加翻转升降机构的稳定性，可增加辅助的支撑杆，如图 3-47 所示。

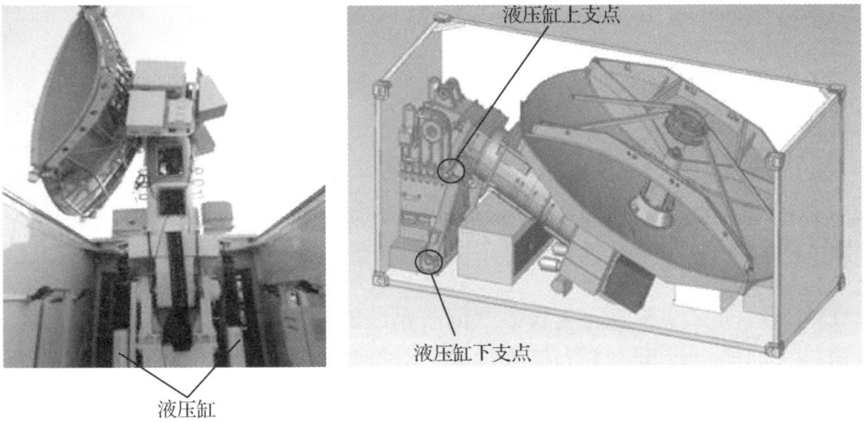

液压缸上支点

液压缸

(a) 举升状态　　　　　　　　　　　(b) 收藏状态

液压缸下支点

图 3-45　翻转升降机构工程示意图

翻倒轴　　驱动丝杠

(a) 举升状态　　　　　　　　　　　(b) 收藏状态

图 3-46　天线翻倒升降方案示意图

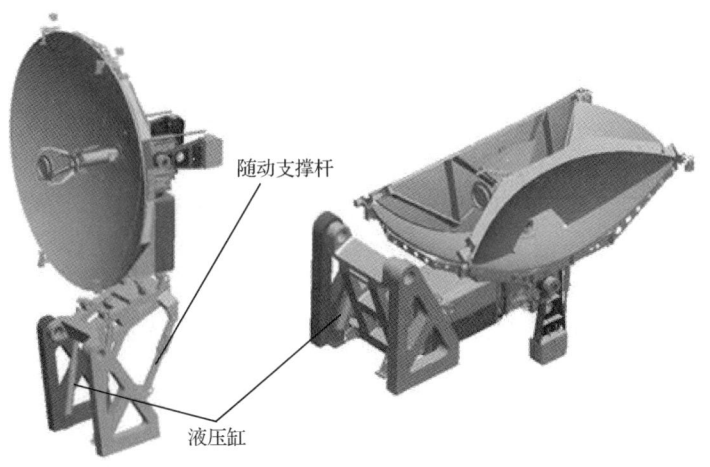

随动支撑杆

液压缸

(a) 举升状态　　　　　　　　　　　(b) 收藏状态

图 3-47　液压翻转机构工程案例

3.3 轴系误差

3.3.1 轴系误差对指向精度的影响

天线座作为天线的支撑与定向装置，在伺服系统的控制下，带动天线跟踪目标，输入指令方向与天线电轴之间的空间角定义为指向误差。指向精度是人工控制或程序控制工作状态的性能指标，它反映了天线电轴到指令方向的准确度。影响指向精度的误差源可分为：伺服误差、结构误差、机械误差和调整误差四类。各类误差源的误差分量包括：

（1）伺服误差：包括速度滞后、加速度滞后、阵风影响、角度传感器误差、伺服噪声等。

（2）机械误差：包括摩擦、齿隙、角度传感器的安装误差，方位轴、俯仰轴的晃动等，其中一些误差项需要根据其对伺服系统的影响来计算，因此往往包含在伺服误差中。

（3）结构误差：包括自重、冰雪、风载荷、温度载荷及加速度引起的结构变形。

（4）调整误差：是由于设备的制造和安装调整不准确而造成的误差，主要体现在轴系误差中。对于 AE 型天线座，包括方位轴垂直度误差、定北误差、方位和俯仰轴不正交误差、电轴和俯仰轴的不正交误差等。

轴系误差是造成指向误差的重要因素，下面以方位-俯仰型天线座为例分析轴系误差对指向精度的影响。

方位误差（记为 σ_A）——方位轴转角与目标真实位置的方位角之间的偏差。

俯仰误差（记为 σ_E）——俯仰轴转角与目标真实位置的俯仰角之间的偏差。

因此，指向精度（记为 Δ）可以用方位误差和俯仰误差表示为

$$\Delta = \sqrt{\sigma_A^2 + \sigma_E^2} \tag{3-22}$$

即是天线电轴与目标（指令）位置的空间角之间的误差。

天线对于目标位置一般采用球坐标系，如图 3-48 所示。天线位置为 O 点，即坐标原点，目标位置 S 通过以下 3 个坐标表示：

斜距 L——目标到天线位置的直线距离 OS。

方位角 θ_A——目标与天线位置的连线在地面的投影与选定基准方向的夹角。

俯仰角 θ_E——目标与天线位置的连线与其在地面的投影的夹角。

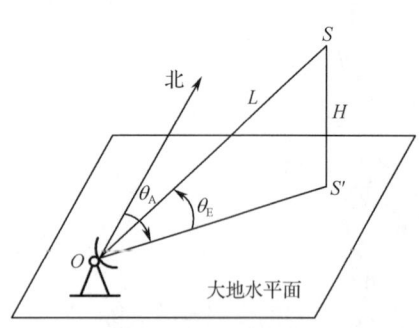

图 3-48 天线与目标相对位置关系示意图

此种目标定位方法需要保证天线座方位轴铅垂，俯仰轴与方位轴、电轴垂直，才能保证所测数据能够正确表示目标位置。上述轴系出现误差将会对天线的指向精度产生影响，从而产生误差。

1. 俯仰轴与方位轴不垂直引起的测角误差

假定轴系只存在俯仰轴与方位轴的垂直误差，误差量记为 β。如图 3-49 所示，设方位轴与 Z 轴重合，俯仰 0° 时，电轴与 X 轴重合，俯仰轴的理想位置应该与 Y 轴重合，俯仰轴转动的同

时保证电轴在 XOZ 铅垂面内转动；而当俯仰轴出现不垂直误差 β 的情况下，将导致俯仰轴转动时，电轴转动平面与 XOZ 平面出现夹角。其中，用 A、E 分别表示目标真实方位角和仰角，用 A' 和 E' 分别表示方位轴转角和俯仰轴转角。

（1）方位角误差 ΔA_1

方位角的误差 ΔA_1 可由球面直角三角形公式直接得到

$$\sin \Delta A_1 = \tan E \cot(90° - \beta) \quad (3\text{-}23)$$

即

$$\sin \Delta A_1 = \tan E \tan \beta \quad (3\text{-}24)$$

由于实际的 β 和 ΔA_1 很小，可以近似为

$$\Delta A_1 \approx \beta \tan E \quad (3\text{-}25)$$

（2）俯仰角误差 ΔE_1

俯仰角误差 ΔE_1 为俯仰轴转角 E' 和真实俯仰角 E 的差值，即

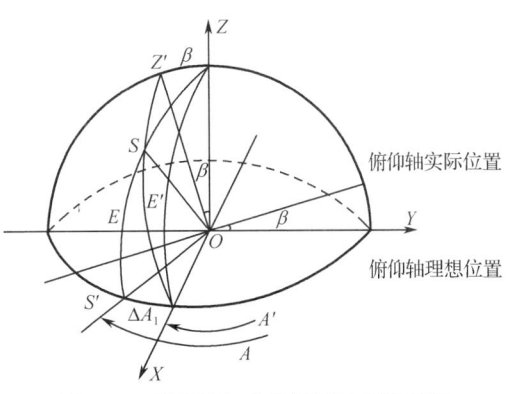

图 3-49 俯仰轴与方位轴不垂直误差图

$$\Delta E_1 = E - E' \quad (3\text{-}26)$$

由球面三角形 $Z'SZ$ 三边关系可知

$$\cos(90° - E) = \cos(90° - E')\cos\beta \quad (3\text{-}27)$$

$$\sin E = \sin E' \cos \beta \quad (3\text{-}28)$$

$$\sin E - \sin E' = \sin E'(\cos \beta - 1) \quad (3\text{-}29)$$

经过三角函数变换，得

$$2\cos\frac{E+E'}{2}\sin\frac{E-E'}{2} = -2\sin E' \sin^2\frac{\beta}{2} \quad (3\text{-}30)$$

由于 $E - E'$ 的值很小，$\frac{E+E'}{2} \approx E$，可得

$$(E - E')\cos E = -\frac{\beta^2}{2}\sin E' \approx -\frac{\beta^2}{2}\sin E \quad (3\text{-}31)$$

$$E - E' = -\frac{\beta^2}{2}\tan E \quad (3\text{-}32)$$

$$\Delta E_1 \approx -\frac{\beta^2}{2}\tan E \quad (3\text{-}33)$$

由于这是二阶微量，可忽略不计。

2. 方位轴不铅垂引起的测角误差

假定只存在方位轴不铅垂的误差 α，则使俯仰轴的转动平面与理论平面也会存在夹角 α，如图 3-50 所示。

令 X 轴与两平面的交线重合，以 Y 轴作为方位角的起始位置。

（1）俯仰角误差 ΔE_2

由球面三角形 XSS' 可知

$$\sin(90° - A) = \tan \Delta E_2 \cot \alpha \quad (3\text{-}34)$$

$$\tan \Delta E_2 = \tan \alpha \cos A \quad (3\text{-}35)$$

由于 α 很小，因此
$$\Delta E_2 \approx \alpha \cos A \quad (3-36)$$

（2）方位角误差 ΔA_2

因为俯仰轴与电轴垂直，俯仰轴对水平面的倾角 β 的变化规律与俯仰角误差 ΔE_2 的变化规律在相位上差 90°，因此
$$\beta \approx \alpha \sin A \quad (3-37)$$

将此式代入俯仰轴和方位轴不垂直的误差值表达式（3-25），得到
$$\Delta A_2 \approx \alpha \tan E \sin A \quad (3-38)$$

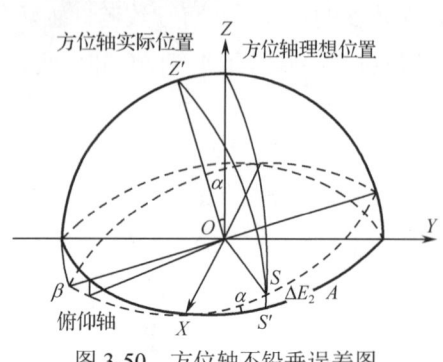

图 3-50　方位轴不铅垂误差图

3. 电轴与俯仰轴不垂直导致的误差

假定轴系只存在电轴与俯仰轴不垂直误差，通常把通过天线中心、与俯仰轴垂直的几何轴线称为机械轴，因此电轴与俯仰轴不垂直即电轴与机械轴不重合。

用 γ 表示电轴与俯仰轴的夹角，当俯仰转动时，γ 值保持不变，但是 γ 角在水平面上的投影，即方位角误差 ΔA_3，是随俯仰角 E 变化的。

（1）方位角误差 ΔA_3

如图 3-51 所示，通过分析几何关系，得到球面直角三角形 ZMS 中
$$\sin \gamma = \sin(90° - E) \sin \Delta A_3 \quad (3-39)$$
因 γ 和 ΔA_3 很小，$\sin \gamma \approx \gamma$，$\sin \Delta A_3 \approx \Delta A_3$
$$\Delta A_3 \approx \frac{\gamma}{\cos E} = \gamma \sec E \quad (3-40)$$

（2）俯仰角误差 ΔE_3

通过球面直角三角形 ZMS 的三边分析，得到
$$\cos(90° - E) = \cos(90° - E') \cos \gamma \quad (3-41)$$
此式与俯仰、方位不垂直度 β 引起的 E、E' 关系式相似，通过三角变换可得
$$\Delta E_3 \approx -\frac{\gamma^2}{2} \tan E \quad (3-42)$$

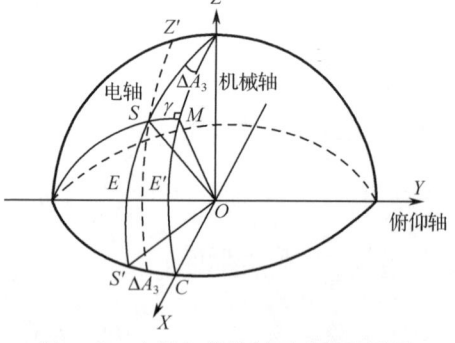

图 3-51　电轴与俯仰轴不垂直误差图

由此可知，该误差量为二阶微量，可忽略不计。

综上分析，可以看出轴系误差对指向精度的影响。

需要说明的是，影响指向精度的因素还有很多，轴系误差只是影响指向精度的部分因素，并且可以通过一定的标校测量手段进行补偿修正。不过，标校测量往往比较复杂，并不是所有天线都具备测量条件，因此对轴系误差的控制是非常有必要的。

3.3.2　轴系误差控制方法

轴系误差的控制通常贯穿在产品的设计、加工制造、安装调整各个环节中。下面以 AE 型天线座架为例对轴系误差的控制方法做简要介绍。

在结构设计方面，首先应该关注技术指标分解。合理而经济的指标，可以使得天线座的加

工制造、上站安装调整等各环节，变得更加容易实现，且最终的结果能够满足使用要求。然后在选择天线座架结构形式时，其次应选择适宜的方位机构、俯仰机构形式，如天线方位轴与俯仰轴的垂直度控制，带俯仰箱的结构（见图 3-52）要比不带俯仰箱的结构（见图 3-53）能够实现更高的技术指标，主要是这种结构中，俯仰箱通常使用数控机床加工三个轴承接口，易于保证精度。此外，还应该关注天线座的刚度设计、回转轴承的选择以及高精度电子水平仪的安装使用等因素。

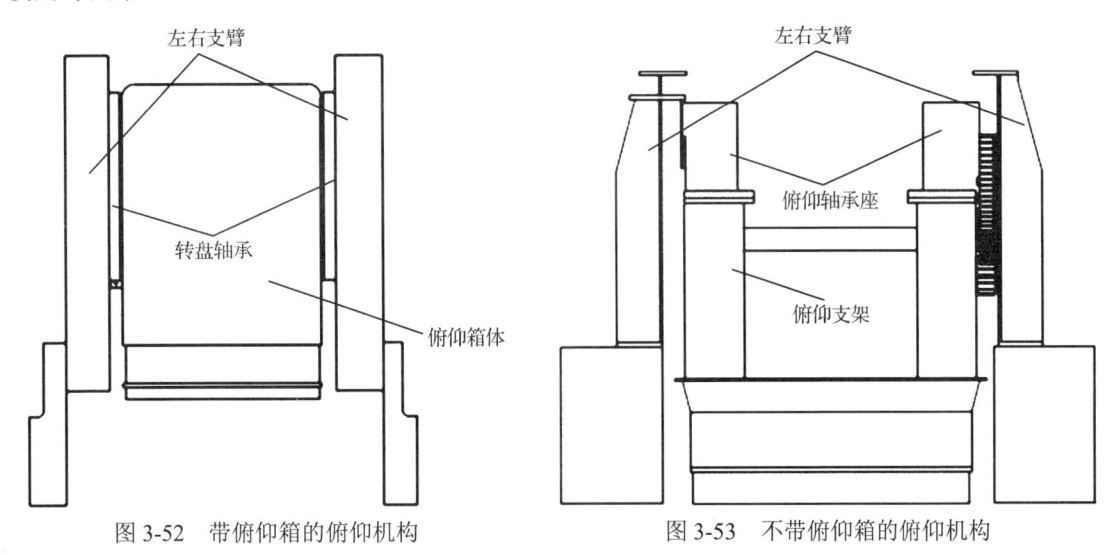

图 3-52　带俯仰箱的俯仰机构　　　　　图 3-53　不带俯仰箱的俯仰机构

在加工制造方面，需对涉及轴系的各项指标进行系统分析，尽可能将更多的指标项通过加工或者工厂内安装调整实现，减少上站安装阶段的调整工作。要严格控制零部件尺寸公差，综合评估公差对成本与后期装配调试的影响。针对构件特点选择加工设备，车削更能够保证圆柱度，铣削更容易实现较大尺度零部件的加工。此外，要结合结构特点和安装工艺，统筹考虑零部件的加工工艺。例如，对于不带俯仰箱的俯仰机构，左右轴承座为分体结构，为满足其轴承孔的形位公差要求，加工时可将两个轴承座并排放置，一次镗削成型。由于运输条件限制，工厂内已完成装配的大尺寸结构需要拆解，为保证外场再装精度和工作效率，要采取相应的定位措施，如在结构的连接处配做销孔等。

安装调试过程中，电子经纬仪、电子水平仪、激光跟踪仪等精密测量仪器不可或缺，要根据结构特点合理地选用测量仪器及测量方法，并制定相应的操作规程规范。一些传统的测量方法仍然简洁高效，如外场安装调试时，方位轴铅垂度的测量调整通常采用合像水平仪完成，其测量精度可以达到 2″，具体操作参见 8.3 节。

3.4　天线座安装与调试

在天线座安装与调试过程中，需要对传动链回差、轴角精度和轴系精度等各个方面进行有效的控制。根据性能指标和安装接口要求，选择合适的测量仪器设备以及配套的计算用工具软件，设计简洁有效的工装工具，制作完善的安装、测量工艺方案指导安装与调试。

传动链回差对天线的指向精度和系统的谐振频率都会产生影响。天线座装配时对齿隙的控制是控制传动链回差的重要环节。齿轮加工精度、轴承和传动装置精度、安装孔相对位置公差等误差项都会影响齿隙大小。装配时需通过调整措施控制齿隙，常用的方法是在减速机安装止口处增加偏心套结构，通过转动减速机安装方位角来调整驱动轴与天线座回转轴的中心距，实现齿隙调整。根据结构件的加工和装配精度确定偏心套的偏心量，一般设定为 0.5mm，可以实现±0.5mm 中心距的调整。齿隙的测量方法主要有百分表测量和压铅丝两种方法，可根据结构与精度要求选择。

轴角精度是指轴角传感器采集的角度值与天线实际转动的角度值之间的吻合程度。当轴角传感器的回转轴与天线转轴之间有径向偏差，或者两者平行度变差时，传感器采集到的数据与天线转轴的真实位置有较大偏差，进而影响到天线的指向精度。此外，因为轴角传感器内部结构比较精密，这种偏差引起的载荷可能导致其结构受损，降低使用寿命。轴角精度的测量通常使用跟踪仪、全站仪等设备，借助周边设置的靶标进行标校测量。

天线座安装前，需要制定安装及测量调整方案，以准确地给出天线座各个轴之间的空间位置关系，以及与大地坐标系的关系，并使之满足设计指标要求。

以某 AET 三轴天线座为例介绍天线座安装与调试过程，图 3-54 给出了天线座三个轴的位置关系以及三处轴承的安装位置。

天线座的安装通常自下而上进行。首先安装 T 轴机构，其结构主要分为三部分，分别是 T 轴底座、T 轴轴承和 T 轴转盘，如图 3-55 所示。

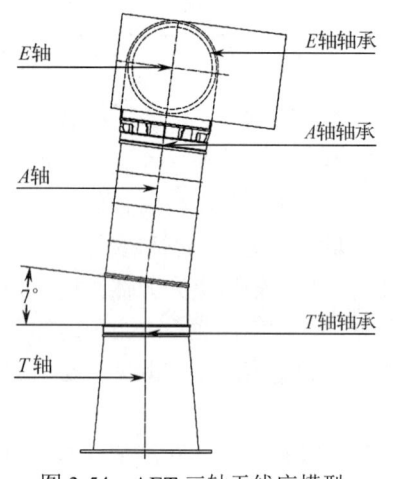

图 3-54　AET 三轴天线座模型

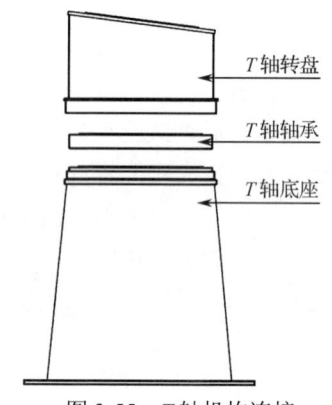

图 3-55　T 轴机构连接

转盘轴承安装时要注意连接螺栓的紧固顺序，将全部连接螺栓穿入，暂不紧固。按图 3-56 对螺栓进行编号，紧固顺序要求对称进行，通常按 4 组一轮次进行紧固。

驱动机构的安装调试重点是齿轮拟合，包括对齿隙、齿向、齿轮接触斑点等指标的检测与调整。

齿隙的测量通常采用塞尺法、压铅丝法和打表法等几种方法，主要对压铅丝法进行介绍。

使用直径为齿隙 1.25～1.5 倍的软铅丝或保险丝，用油脂将其粘在齿面上，或者用手控制其在齿面上，转动齿轮，经挤压后的铅丝或保险丝变为扁平状，其厚度即为实际的法向间隙，如图 3-57 所示。其厚度通常使用游标卡尺或者千分尺测量。在一些精密的测量中，一般会使用较长的铅丝，经多齿啮合后，测量相邻的两处扁平状铅丝的厚度，将两者相加作为齿隙值。

在压铅丝时，如果在齿宽方向放置两根相同的铅丝，转动齿轮后，测量两处扁平铅丝的厚度，可以得到齿轮齿向误差。接触斑点的测量通常使用涂色法，一般使用红丹粉（配少许机油调成膏状）涂在齿面，转动齿轮进行啮合后，观察与其拟合齿轮齿面红色区域的面积。通过接触斑点的位置，还可以判断主从齿轮中心距的大小，以及两轴平行程度。

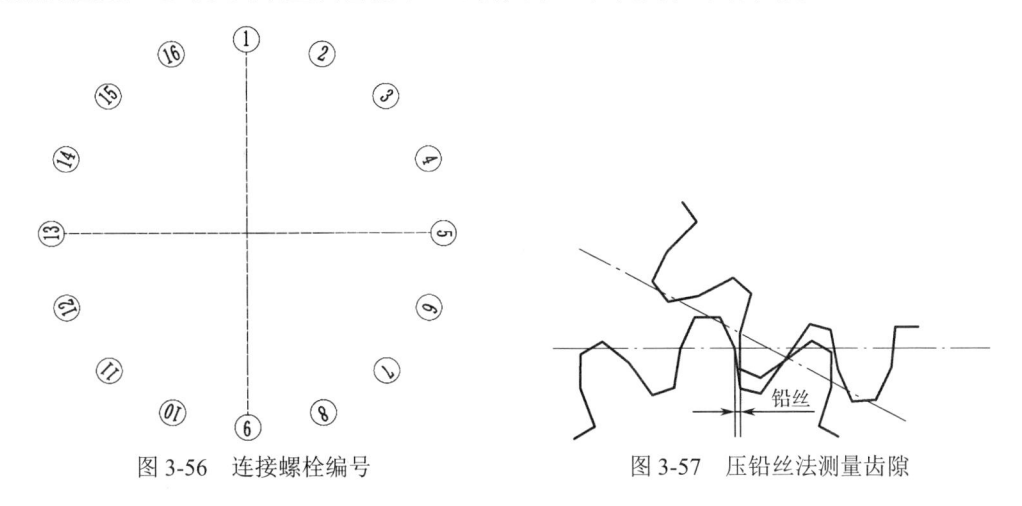

图 3-56　连接螺栓编号

图 3-57　压铅丝法测量齿隙

天线座装配与调试中另外两个重要环节分别是轴角精度测量与轴系位置关系测量，相应的测量方法参见 8.3 节。

3.5　结构柔性与控制方法

3.5.1　柔性体补偿

天线结构是一个弹性体，在受到外部载荷时，会产生结构形变。结构的形变会引起面型精度和轴系精度的变化，进而影响天线效率和指向精度。对于低频段中小型天线，由于波束宽度较大，结构形变对性能影响相对较小；对大型高频段天线，结构形变会造成天线性能明显下降。口径 50m 的天线在 300GHz 频率工作时，指向精度要求优于 1 角秒，仿真分析在风速 10m/s 条件下，风载荷结构变形引起的最大指向误差约为 5 角秒，显然太大了。解决措施主要是采用主动补偿方法，可以通过安装在方位座架上俯仰轴承附近的倾斜仪来测量变形量，将倾斜仪的读数作为元模型的输入，对指向进行必要的校正。类似地，将整体结构的传感器数据导入有限元模型中，会得到天线的空间状态，经计算后也可以对指向进行校正。该方法通常被称为柔性体补偿（Flexible Body Compensation，FBC）。

3.5.2　风载荷的影响及控制方法

在风载荷作用下，图 3-58 给出了天线沿俯仰和垂直俯仰方向的主变形形态。当风从天线前面或后面吹来时，反射体将围绕俯仰轴产生摆动变形；当风从侧面吹来时，反射体将绕垂直俯仰轴方向产生转动变形。上述两种变形均分布在整个天线结构上，因此，可以通过安装在方位座架上俯仰轴承附近的倾斜仪来测量。

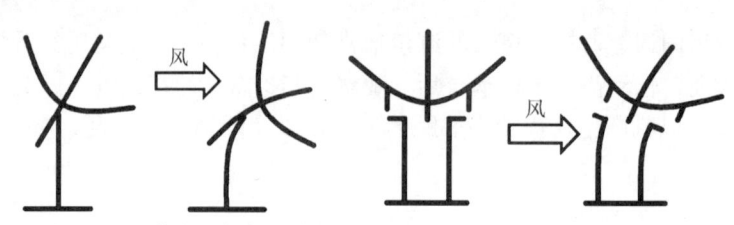

图 3-58 风载荷引起的沿俯仰和垂直俯仰方向的天线主变形示意图

将倾斜仪的读数作为指向模型的输入,可以对指向进行必要的校正,这种方法在许多射电望远镜上得到了应用。

风载荷除了对轴系精度的影响外,对天线的伺服控制精度的影响同样不可忽略。

大型反射面天线采用闭环控制系统实现指向控制,即根据指向要求分别控制其方位、俯仰转轴旋转到指定位置,转角位置由高精度编码器检测数据作为控制反馈信号。目前国内大口径天线普遍采用基于 PID 控制器的位置环、速度环和电流环三环控制方式,天线伺服控制环路框图如图 3-59 所示。

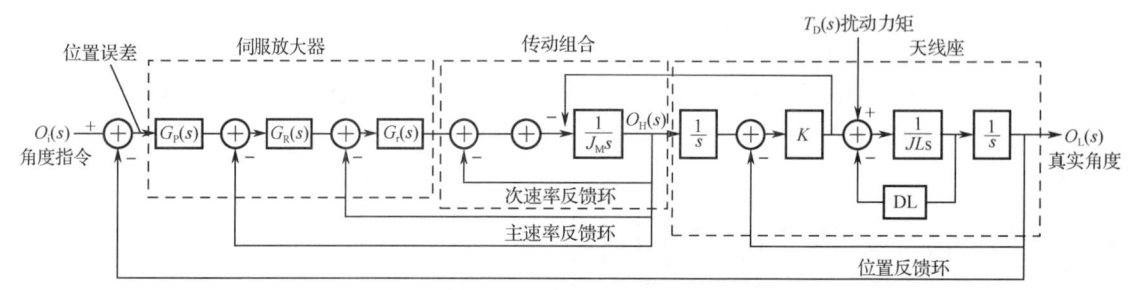

图 3-59 天线伺服控制环路框图

随着天线口径的增大,天线柔性程度也随之增大,天线结构固有频率降低,整体结构受风扰影响更为显著,为了达到抗风扰的目的,提高 PI 增益是常见的一种解决途径。随着增益的提高,天线动态性能上升时间减小、调节时间缩短、超调量增大、闭环伺服带宽增大,同时增益的提高可以减小风扰对天线指向的影响,但过高的增益又会引入振荡。单纯依靠提高 PID 控制的增益来减小风扰对指向的影响,会导致系统的稳定裕度减小,容易引起振荡,同时无法抑制高频谐振,难以满足大型天线的高指向精度要求。

基于现代控制理论的状态反馈方法来设计 LQG 控制器,构造高频谐振估计器,有效抑制了天线的高频谐振。该控制器输出主要由 PI 控制器对位置的控制输出、谐振状态估计器对谐振抑制的控制输出两部分组成。美国深空网 70m 以及 34m 大口径天线通过控制器设计优化,伺服控制系统获得的带宽达 2Hz。在 10m/s 风力下,天线伺服误差仅为 0.1 弧度每秒(rad/s),获得满意的指向精度和抗扰动能力。

3.5.3 温度载荷的影响及控制方法

温度载荷是影响天线指标的重要因素。对于一根 5m 长的钢支撑结构件,若整体温升或温降 1℃,会导致约 50μm 的变形。可见热对结构变形的影响是非常显著的,热不平衡会导致反射面精度和指向精度的恶化,天线工作频段越高,这种影响越显著。

影响天线热平衡的外部干扰因素主要来自辐射。天线被太阳辐射加热,其表面会向天空和周围环境进行红外辐射而冷却。天线结构不同部分的热变化时间常数是一个重要的参数，结构构件的隔热和适当的表面处理可以减小结构的温度幅度变化。

首先，天线会受到环境温度日常变化的影响；其次，自太阳的直接辐射、天空/大气的辐射和天线不同部分向周围环境的辐射都会造成天线结构的温度变化进而产生热变形。与周围环境的对流热交换很大程度上取决于风速。天线运动会改变其相对于天空和环境的姿态，外部影响因素和结构的热学参数之间需要经历复杂的相互作用来达到热平衡。为了满足天线要求的结构热均匀性和稳定性，必须采取特殊措施，如隔热、强制冷却/加热和特殊涂料等。

温度传感器数据可作为温度场数据施加到有限元模型中，用于精度的预测，其他没有传感器数据的节点的温度通过临近节点数据插值取得。意大利64m望远镜天线为监测天线的温度，在结构不同位置布置了156个温度传感器，温度测量的准确度为0.05℃。

传感器数据还可作为主动温度控制系统的输入。按照某30m天线的指标，反射体背架和俯仰支架之间的温差必须小于1℃。要改善背架结构的热性能，一种显而易见的方法是增加隔热外包层，降低结构外表面的热流通量。但实际上，这种改善是有限度的，厚度5cm聚氨酯泡沫隔热材料要达到所需的4%的衰减率，仅依靠改善隔热性能无法满足要求。因此，MRT望远镜的背架结构配备了主动温度控制系统。背架结构内部的空气循环系统由五个大型风扇和一套径向分布的带孔管道组成，能够产生约2m/s的循环风，可以根据需要加热或冷却空气，使背架结构与俯仰支架的温差保持在约1℃范围内。

副反射面支架的温度变化对天线指向精度的影响更为显著，国外某天线的副反射面支架除了涂一层隔热层，沿副反射面支架长度方向还布置了螺旋管道，内有温度可控的乙二醇循环。

为了提高天线反射面对太阳热辐射的反射，其表面被涂成白色；同样，背架结构的隔热外包层外表面也涂成了白色。天线面板和背架结构之间可采取覆盖铝蒙皮隔热措施。

除此之外，选择低热膨胀系数的材料是减少热变形的重要措施之一。碳纤维材料的热膨胀系数只有普通钢材的十分之一，随着碳纤维成本的降低，越来越多的碳纤维结构件应用于高精度天线产品上。此外，殷瓦钢的热膨胀系数与碳纤维材料一致，因此常见两种材料组合使用来应对热效应问题。

第4章 天线系统结构仿真分析

通常情况下，天线作为室外工作设备，在服役过程中要承受多种载荷，如重力、温度变化、风以及雨雪等。同时，天线应满足电性能的各项指标并且还要具有足够的强度，以保证其安全性。此外，对于一些载体上使用的天线，会希望重量要足够轻，这又会导致重量与强度或刚度发生矛盾。因此，在天线的论证、设计过程中要进行充分的结构仿真分析。

在工程应用领域，仿真技术按照实现方式和手段的不同可分为物理仿真、半实物仿真和数字仿真。物理仿真是系统模型全部采用物理效应模型进行系统仿真试验的方法，这种方法要求物理效应模型与系统原型有相似的物理属性。半实物仿真是在进行系统仿真试验时，将一部分实物接入仿真试验回路，用计算机和物理效应设备实现系统模型的方法。数字仿真即计算机仿真，是利用系统数学模型在计算机上进行仿真试验的方法。其中，计算机仿真在节约经费开支、缩短研发周期以及提高产品质量等方面发挥着重要的作用，本章所述内容均是基于计算机仿真的。

天线系统结构仿真分析一般采用有限元分析法，其在实际工程的应用中越来越成熟，分析结果对物理实现的趋近度也越来越高，对工程实践已经具备了足够的指导作用。有限元法是在差分法和变分法的基础上发展起来的一种数值方法，其基本思想是离散和分片差值。通过离散处理将原来连续体具有无限自由度的连续变量微分方程和边界条件转变为只包含有限个节点变量的代数方程组，再进行计算机求解。有限元法不仅能够分析形状复杂的结构，还可以处理复杂的边界条件和不同类型的材料。有限元法最初是为解决固体力学问题出现的，随着研究深入和计算机技术的发展，有限元法已应用于工程中的各个领域，包括热分析、流体分析、电磁场分析等。

4.1 仿真分析的基本内容

天线系统结构仿真是以天线所受载荷为输入、以天线的响应为结果的过程。在这个过程中，涉及一门最古老和最基础的自然学科——力学。力学原是物理学的一个分支学科，当物理学摆脱了力学的自然观而获得进一步发展时，力学则在人类生产和工程技术的推动下按自身逻辑进一步演化和发展，并从物理学中独立出来。

由于天线系统在运行过程中会受到不同载荷类型的影响，使得在仿真分析中涉及不同的力学分支，因此，有必要对力学的分类进行了解。力学的分类标准有很多方法，如按研究对象分类，可分为流体力学和固体力学等；按研究方法分类，可分为实验力学、理论力学和计算力学等；按年代分类，可分为经典力学和近代力学等；按研究的目的和用途分类，可分为天体力学、岩石力学、材料力学和土力学等；按研究的内容范围分类，可分为静力学、动力学、弹道力学和陀螺力学等。目前在类目的划分次序上，采用先根据研究对象、研究内容和研究目的分类，然后再根据研究问题、研究手段、研究方法分类。我国的图书文献中力学分类方法如图4-1所示，将力学分为了8个不同学科，每个学科又可以再进行细分。天线系统结构仿真分析中主要涉及的学科是固体力学。固体力学是研究可变形固体在外界因素（如载荷、温度、湿度等）作用和影响下，其内部质点的位移、运动、应力、应变和破坏等规律的学科。固体力学又可以细分为材料力学、结构力学和弹性力学等。

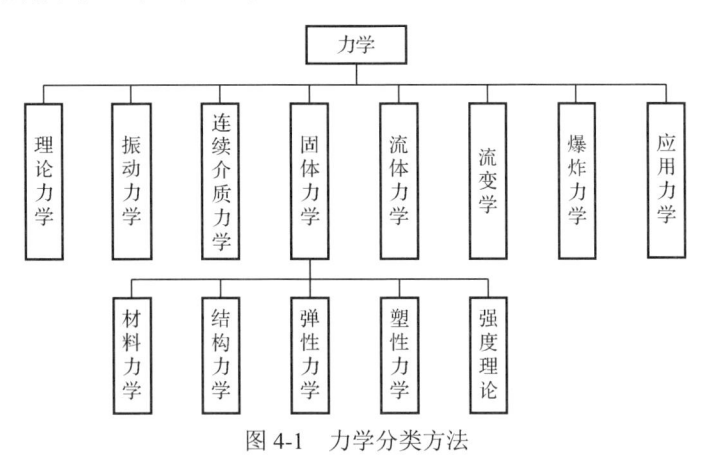

图 4-1 力学分类方法

工程中的天线系统结构仿真分析主要涉及结构力学、弹性力学、强度理论以及一些交叉学科。

（1）结构静力分析

结构静力分析用来求解稳态外载荷引起的系统或局部的位移、应变、应力和力。结构静力分析很适合求解惯性和阻尼对结构的影响并不显著的问题。在通用的有限元程序中，结构静力分析不仅可以进行线性分析，而且也可以进行非线性分析。

（2）结构动力学分析

结构动力学分析用来求解随时间变化的载荷对结构或部件的影响。与结构静力分析不同，结构动力学分析要考虑随时间变化的力载荷以及它对阻尼和惯性的影响。在通用的有限元程序中可进行结构动力学分析类型包括瞬态动力学分析、模态分析、谐波响应分析及随机振动响应分析等。

（3）结构非线性分析

结构非线性分析会导致结构整体或局部的响应随外载荷不成比例地变化。非线性问题主要涉及静态非线性问题和瞬态非线性问题，包括材料非线性、几何非线性和单元非线性问题三种。

（4）热力学分析

热力学分析主要包括传导、对流和辐射。热传递的三种类型主要涉及稳态和瞬态、线性和非线性分析。热力学分析还包括热与天线结构之间的"热—结构"耦合作用。

（5）多物理耦合场分析

随着通用有限元程序的多样化以及高性能计算机的发展，天线系统结构仿真采用多物理耦合场分析已成为一种发展趋势。多物理耦合场主要包括"流—固"耦合、"热—固"耦合、"结构—电磁"耦合以及"流—固—电磁"耦合等。

4.1.1 静力分析

静力分析是天线系统结构仿真中使用最为频繁的算法,主要用来求解结构在静力载荷作用下的响应,并得出所需的节点位移、节点力、约束反力、单元内力、单元应力和应变能等。

在大多数情况下,静力分析不考虑惯性和阻尼的影响,适合于求解惯性和阻尼的时间相关作用对结构响应的影响并不显著的问题。但对于那些固定不变的惯性载荷如重力和离心力,以及那些可以近似为静力作用的随时间变化的载荷,如等价静力风载荷和地震载荷等,也可以作为静力来进行分析。

在静力分析中,由于只是分析计算那些不包括惯性和阻尼效应的载荷作用下的部件或整体结构的位移、应变、应力和力,因此一般都假定载荷和响应保持不变,或者载荷和响应随时间的变化非常缓慢。通常,天线结构静力分析中所施加的载荷包括稳态的惯性力(重力和离心力)、静压风载荷、温度载荷和雪载荷等。

进行结构静力分析,就是根据已知量求出未知量,在这个过程中必须建立已知量与未知量之间的关系,以及各个未知量之间的关系,从而导出一套求解的方程。其中,平衡微分方程、几何方程和物理方程是力学分析中最基本的理论,也是工程中最需要了解的知识。

1. 平衡微分方程

平衡微分方程,无论是结构的整体或局部、静力或动力载荷的作用、分析的精确解或近似解都必须满足,这是对结构进行力学分析的最基本条件。平衡微分方程基于静力学原理,当物体在外力作用下处于平衡状态时,将其分割成若干个微六面体后,每一个单元体仍然是平衡的;反之,分割后每一个六面体的平衡也保证了整个物体的平衡。如图4-2所示,微六面体中每一面上的应力可分解为一个正应力和两个剪应力,分别与3个坐标轴平行。正应力用σ表示,其下标表示作用面和作用方向,如σ_x表示作用在垂直于x轴的面上且力的方向也是沿着x轴的应力。剪应力用τ表示,并增加两个下标,前一个下标表示作用面所垂直的坐标轴,后一个下标表示作用方向所指的坐标轴,如τ_{xy}表示作用在垂直于x轴的面上且沿y轴方向的剪应力。

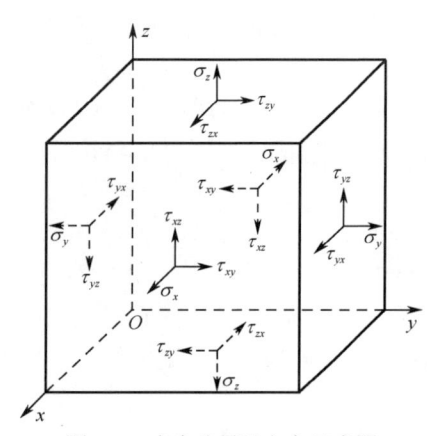

图4-2 应力分量及方向示意图

在结构的弹性范围内,各应力分量是位置坐标x、y和z的函数,因此,作用在两两相对面上的应力分量不完全相等,而具有微小的差量,略去二阶及更高阶的微量,经简化后为

$$\begin{cases} \dfrac{\partial \sigma_x}{\partial x} + \dfrac{\partial \tau_{yx}}{\partial y} + \dfrac{\partial \tau_{zx}}{\partial z} + F_x = 0 \\ \dfrac{\partial \sigma_y}{\partial y} + \dfrac{\partial \tau_{zy}}{\partial z} + \dfrac{\partial \tau_{xy}}{\partial x} + F_y = 0 \\ \dfrac{\partial \sigma_z}{\partial z} + \dfrac{\partial \tau_{xz}}{\partial x} + \dfrac{\partial \tau_{yz}}{\partial y} + F_z = 0 \end{cases} \quad (4\text{-}1)$$

式中,F_x、F_y和F_z分别表示微单元体所受外力在各个方向上的分量。

再根据切应力互等定理，即

$$\begin{cases} \tau_{zy} = \tau_{yz} \\ \tau_{xz} = \tau_{zx} \\ \tau_{xy} = \tau_{yx} \end{cases} \quad (4\text{-}2)$$

则式（4-1）中的未知量由 9 个变为 6 个，而平衡微分方程仅有 3 个，因此解是不确定的，还需增加新的协调条件。

2．几何方程

物体在外力作用下其内部各部分之间要产生相对运动，物体的这种运动形态称为变形。仍然假想把物体分割成无数个微六面体，所建坐标系也如图 4-2 所示，则微六面体的变形可归结为棱边的伸长（或缩短）与棱边夹角的变化。这两种变形分别用正应变和剪应变来表示。正应变记为 ε_x、ε_y 和 ε_z，其下标表示变形方向；剪应变记为 γ_{yz}、γ_{xz} 和 γ_{xy}，其下标表示变形所在的平面。略去二阶以上无穷小量，位移与应变之间的关系为

$$\begin{cases} \varepsilon_x = \dfrac{\partial u}{\partial x}, & \gamma_{yz} = \dfrac{\partial w}{\partial y} + \dfrac{\partial v}{\partial z} \\ \varepsilon_y = \dfrac{\partial v}{\partial y}, & \gamma_{xz} = \dfrac{\partial u}{\partial z} + \dfrac{\partial w}{\partial x} \\ \varepsilon_z = \dfrac{\partial w}{\partial z}, & \gamma_{xy} = \dfrac{\partial v}{\partial x} + \dfrac{\partial u}{\partial y} \end{cases} \quad (4\text{-}3)$$

式中，u、v 和 w 分别表示微单元体在 x、y 和 z 方向上的位移分量。

式（4-3）被称为几何方程，它给出了 6 个应变分量与 3 个位移分量之间的关系。如果已知位移分量，则可以通过该式求偏导数得到应变分量；但反过来，如给出 6 个应变分量，而式（4-3）中包含 6 个方程却只有 3 个未知函数，此时方程的个数超过了未知函数的个数，方程组可能是矛盾的。要使方程组不发生矛盾，则 6 个应变分量必须满足一定的条件。通过对式（4-3）中的方程取二阶偏导数然后再进行相加等处理，可消去位移分量，得到 6 个关系式：

$$\begin{cases} \dfrac{\partial^2 \varepsilon_z}{\partial y^2} + \dfrac{\partial^2 \varepsilon_y}{\partial z^2} = \dfrac{\partial \gamma_{yz}}{\partial y \partial z} \\ \dfrac{\partial^2 \varepsilon_x}{\partial z^2} + \dfrac{\partial^2 \varepsilon_z}{\partial x^2} = \dfrac{\partial \gamma_{xz}}{\partial x \partial z} \\ \dfrac{\partial^2 \varepsilon_y}{\partial x^2} + \dfrac{\partial^2 \varepsilon_x}{\partial y^2} = \dfrac{\partial \gamma_{xy}}{\partial x \partial y} \\ \dfrac{\partial}{\partial x}\left(-\dfrac{\partial \gamma_{yz}}{\partial x} + \dfrac{\partial \gamma_{xz}}{\partial y} + \dfrac{\partial \gamma_{xy}}{\partial z}\right) = 2\dfrac{\partial^2 \varepsilon_x}{\partial y \partial z} \\ \dfrac{\partial}{\partial y}\left(\dfrac{\partial \gamma_{yz}}{\partial x} - \dfrac{\partial \gamma_{xz}}{\partial y} + \dfrac{\partial \gamma_{xy}}{\partial z}\right) = 2\dfrac{\partial^2 \varepsilon_y}{\partial x \partial z} \\ \dfrac{\partial}{\partial z}\left(\dfrac{\partial \gamma_{yz}}{\partial x} + \dfrac{\partial \gamma_{xz}}{\partial y} - \dfrac{\partial \gamma_{xy}}{\partial z}\right) = 2\dfrac{\partial^2 \varepsilon_z}{\partial x \partial y} \end{cases} \quad (4\text{-}4)$$

式（4-4）称为应变协调方程。它表示，要使以位移分量为未知数的 6 个几何方程不矛盾，则 6 个应变分量必须满足应变协调方程。这个方程的几何意义是，当组成物体的微六面体发生

变形时，6个应变分量应满足一定的关系。否则，在微六面体之间就会产生缝隙，不能形成连续体。因此，应变分量满足应变协调方程是保证物体连续的一个必要条件。

3．物理方程

物理方程是联系力和变形间的一组关系式，又称为本构方程。前面的平衡微分方程和几何方程还不足以解决变形固体的平衡问题，因为这些方程中没有考虑应力和应变的内在联系。实际上它们是相辅相成的，有应力，就有应变，有应变，就有应力，两者之间有着完全确定的关系，这种关系反映了材料固有的特性。广义胡克定律则给出了弹性体的物理关系及应力-应变关系

$$\sigma C = \varepsilon \tag{4-5}$$

式中，σ 为应力矩阵；C 为弹性常数矩阵；ε 为应变矩阵。

在复杂受力情况下，式（4-5）中的弹性常数矩阵 C 为 6×6 的方阵，共有 36 个参数。如果弹性物体内每一点都存在 3 个互相垂直的弹性对称平面，则称为正交各向异性体，这时有 3 个正交的弹性主轴，此时独立的弹性常数有 9 个。式（4-5）可以简化为

$$\begin{cases} \sigma_x = C_{11}\varepsilon_x + C_{12}\varepsilon_y + C_{13}\varepsilon_z \\ \sigma_y = C_{12}\varepsilon_x + C_{22}\varepsilon_y + C_{23}\varepsilon_z \\ \sigma_z = C_{13}\varepsilon_x + C_{23}\varepsilon_y + C_{33}\varepsilon_z \\ \tau_{xy} = C_{44}\gamma_{xy} \\ \tau_{xz} = C_{55}\gamma_{xz} \\ \tau_{yz} = C_{66}\gamma_{yz} \end{cases} \tag{4-6}$$

式（4-6）表明，当坐标轴方向与弹性主轴方向一致时，正应力只与正应变有关，切应力只与对应的切应变有关，或者说，拉压与剪切之间，以及不同平面内的切应力与切应变之间不存在耦合作用。工程中的各种增强纤维复合材料和木材等属于这种弹性体。

在天线系统结构中所涉及的大部分材料，如钢材、铸铁及混凝土等，均为各向同性材料，就是沿材料的各个方向看，弹性性质是完全相同的，此时，应力-应变关系通常用弹性模量（又称杨氏模量）E 和泊松比 μ 来表达

$$\begin{cases} \varepsilon_x = \frac{1}{E}[\sigma_x - \mu(\sigma_y + \sigma_z)] \\ \varepsilon_y = \frac{1}{E}[\sigma_y - \mu(\sigma_x + \sigma_z)] \\ \varepsilon_z = \frac{1}{E}[\sigma_z - \mu(\sigma_x + \sigma_y)] \\ \gamma_{yz} = \frac{2(1+\mu)}{E}\tau_{yz} \\ \gamma_{xz} = \frac{2(1+\mu)}{E}\tau_{xz} \\ \gamma_{xy} = \frac{2(1+\mu)}{E}\tau_{xy} \end{cases} \tag{4-7}$$

式中，弹性模量 E 和泊松比 μ 与剪切弹性模量 G 之间有如下的关系

$$G = \frac{E}{2(1+\mu)} \tag{4-8}$$

其中的泊松比 μ 满足

$$0 \leqslant \mu \leqslant 0.5 \quad (4-9)$$

当 $\mu=0.5$ 时，材料称为不可压缩材料。由式（4-8）可以看出，对于各向同性材料，弹性模量 E 和泊松比 μ 以及剪切弹性模量 G 三者之间应满足一定的关系，因此，我们在进行力学分析时，只需输入两个参数即可。

由前面的介绍可以看出，弹性力学的基本方程非常复杂，长期以来只能求解一些简单的、严格理想化的情况，对于许多工程问题，求解其控制微分方程就会变得非常困难。而有限单元法是基于离散化的数值计算方法，可以求解十分复杂的工程问题。目前通用的有限元软件已非常成熟，作为有限元法的使用者，完全不再需要自己推导公式，也无须自编程序，只需掌握有关软件的使用方法，就可以完成有限元法的计算任务。这并不意味着可以不用去学习有关力学的基础知识，只有较好地掌握这些力学的原理、特点和方法，才有可能正确地建立工程实际问题的计算模型，合理地给出材料特性及边界条件，才有可能把正确的分析结果用于工程设计或研究工作中。

天线系统的结构仿真中所涉及的静力分析主要包括自重载荷、极限风载荷、温度载荷、匀速旋转运动、轮轨接触分析以及冰雪载荷等。

图 4-3 是某 15m 双偏置天线的静力学分析。该天线的主、副反射面均采用了整体式结构，蒙皮材料为两维正交各向异性的碳纤维，三明治夹芯材料为三维正交各向异性的泡沫材料。涉及的静力学分析包括天线在不同仰角下的重力载荷和温度载荷，图 4-3（a）为天线的自重变形，图 4-3（b）为天线在温度梯度作用下的变形。

（a）天线的自重变形　　　　（b）天线在温度梯度作用下的变形

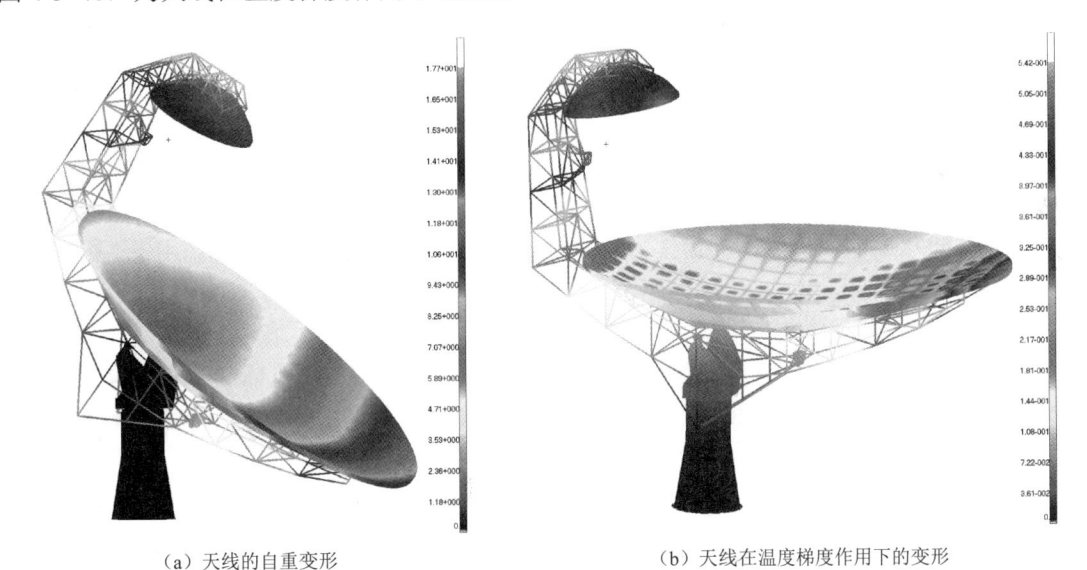

图 4-3　天线静力学分析

4.1.2　动力学分析

由于天线系统的运行环境复杂多样，如车载天线、机载天线、船载天线及高速转动天线等，天线会受到动载荷作用。此外，工作于露天环境下的天线，风力也是必须要考虑的一种主要载荷，特别是对于一些大口径、谐振频率较低的天线，应进行动力学分析。

天线系统的动力学分析是研究在动力载荷作用下天线系统的位移、应力及控制等性能的响应。动力载荷或动载荷是指载荷的大小、方向或作用位置随时间而变化的载荷。如果载荷随时间变化得很慢，载荷对结构产生的影响与静载荷相比相差甚微，这种载荷作用下的力学分析可以简化为静力学问题。如果载荷不仅随时间变化，而且变得较快，载荷对结构产生的影响与静载荷相比相差甚大，这种载荷作用下的结构力学问题就属于动力学分析范围。

动载荷按其是否具有随机性，可分为确定性和非确定性两类。确定性动载荷是指当时间给定后，其量值是唯一确定的。例如：星载天线在进入轨道后由于太阳能帆板展开而受到的冲击载荷；抛物面天线在紧急状态下的刹车急停载荷。非确定性载荷的量值随时间的变化规律不是唯一确定的，而是一个随机过程，也称为随机载荷。天线系统的随机载荷主要包括风载荷、运输振动载荷和地震载荷等。

在动力学分析中，单自由度体系的振动是最为简单的动力学问题，因为从中得到的有关振动理论的一些最基本的概念和分析问题的方法也适用于更为复杂的振动问题。另外，在工程实际中，有许多动力学问题，可简化归结为单自由度的问题去分析解决，或近似地用这些理论去解决。

1. 单自由度动力学分析

经典的单自由度体系如图 4-4 所示，是由质量、弹簧和阻尼器组成的系统。当认为弹簧和阻尼器是无质量的，质量体是刚性的，且所有运动仅在 x 轴方向，则可得到一个单自由度体系。

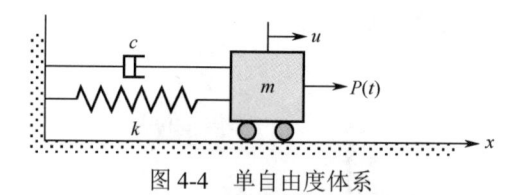

图 4-4 单自由度体系

在图 4-4 中，刚度为 k 的线性弹簧施加的弹性力为 ku，线性阻尼为 c 的阻尼器引起的阻尼力为 $c\dot{u}$，质量为 m 的惯性元件的惯性力为 $m\ddot{u}$，在随时间 t 变化的外力 $P(t)$ 作用下，根据牛顿第二定律可以得到

$$m\ddot{u} + c\dot{u} + ku = P(t) \tag{4-10}$$

为了简化问题，更清晰地得到动力学基本参数，当图 4-4 中的质量体离开平衡位置时，再无任何外部动力激励，且取阻尼器的阻尼系数为 0，此时，单自由度体系就简化为无阻尼系统的单自由度自由振动，式（4-10）简化为

$$m\ddot{u} + ku = 0 \tag{4-11}$$

当体系在静平衡位置受到扰动，在零时刻质量体的位移和速度定义为

$$u = u(0)，\quad \dot{u} = \dot{u}(0) \tag{4-12}$$

在以上初始条件下，式（4-11）的解为

$$u(t) = u(0)\cos\omega_n t + \frac{\dot{u}(0)}{\omega_n}\sin\omega_n t \tag{4-13}$$

式中，

$$\omega_n = \sqrt{\frac{k}{m}} \tag{4-14}$$

将式（4-13）的曲线绘于图 4-5 中，从图中可以看出，质量体在其平衡位置附近经历周期

运动。无阻尼系统完成自由振动的一个循环所需要的时间称为体系的固有振动周期，用 T_n 表示，它与固有振动圆频率 ω_n 之间的关系为

$$T_n = \frac{2\pi}{\omega_n} \tag{4-15}$$

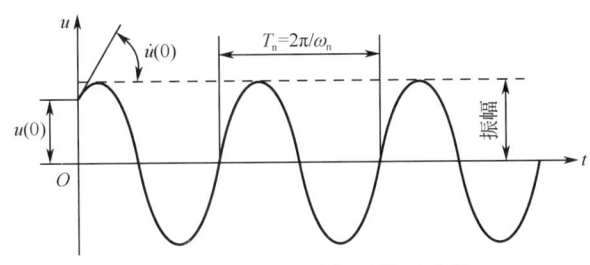

图 4-5　无阻尼自由振动位移曲线

系统在 1s 内完成循环的次数称为固有振动频率，用 f_n 表示，显然，f_n 与 ω_n 之间的关系为

$$f_n = \frac{\omega_n}{2\pi} \tag{4-16}$$

固有振动特性 ω_n、T_n 和 f_n 仅依赖于结构的质量和刚度，修饰词"固有"用来定义 ω_n、T_n 和 f_n 是为了强调这样的事实，即它们都是体系在无任何外部激励作自由振动时所固有的特性，与初始位移和速度无关。

当外部激励频率为 ω 时，依据其值与固有频率 ω_n 之间的关系，有以下三种运行形式：

（1）如果频率比 $\omega/\omega_n \ll 1$，意味着力是缓慢变化的，基本上与阻尼无关，此时动力反应的幅值基本上与静力变形相同，系统的刚度起控制作用。例如，风载荷是一种动载荷，其主频率远小于 1Hz，对于固有频率远大于 1Hz 的天线，当进行风载强度分析时，可等效为静力学分析。

（2）如果频率比 $\omega/\omega_n \gg 1$，意味着力是迅速变化的，运动基本不受阻尼影响，动力反应由系统的质量控制。例如，在振动试验中的小型天线，当振动台频率达几千赫兹时，天线趋于静止状态。

（3）如果频率比 $\omega/\omega_n \approx 1$，意味着激励频率接近于系统的固有频率，对于无阻尼系统，幅值会被逐渐放大，直至系统失效。实际结构中，阻尼总是存在的，在此情况下，系统的阻尼起控制作用。例如，在车载或机载天线中，通常会在底部增加隔振系统，避免共振现象发生。

2．多自由度动力学分析

前面简单讨论了单自由度体系的动力学问题，可以了解若干基本概念，但严格来说，工程中的单自由度体系实际上是不存在的，它只是实际结构的一种简化。为了提高分析结果的精确度，需要将实际结构简化为多自由度体系来进行计算。

为了理解多自由度动力学方程中矩阵元素的物理意义及其所代表的结构特性，以无阻尼两自由度体系为例来说明问题。如图 4-6 所示，质量体 m_1 与 m_2 用刚度分别为 k_1、k_2 及 k_3 的 3 个弹簧连接于壁面，两个质量体在光滑平面上只做水平方向的运动，并分别受到激励 $P_1(t)$ 及 $P_2(t)$ 的作用。

若图 4-6 中的两质量体的位移分别以 u_1 和 u_2 表示，则该体系运动微分方程的矩阵形式为

$$\begin{bmatrix} m_1 & 0 \\ 0 & m_2 \end{bmatrix} \begin{bmatrix} \ddot{u}_1 \\ \ddot{u}_2 \end{bmatrix} + \begin{bmatrix} k_1+k_2 & -k_2 \\ -k_2 & k_2+k_3 \end{bmatrix} \begin{bmatrix} u_1 \\ u_2 \end{bmatrix} = \begin{bmatrix} P_1(t) \\ P_2(t) \end{bmatrix} \tag{4-17}$$

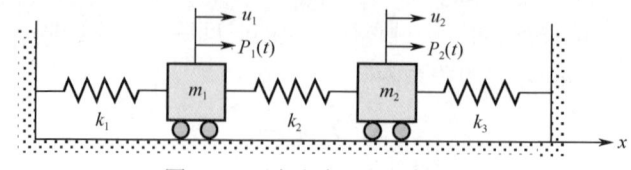

图 4-6 两自由度平动弹簧体系

再如图 4-7 所示，均质刚性杆 AB 的质量为 m，转动惯量为 J_C，在两端分别用刚度为 k_1 和 k_2 的弹簧连接于地面，杆件长度为 l。

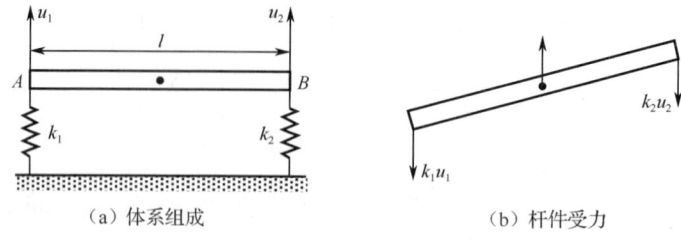

（a）体系组成　　　　　（b）杆件受力

图 4-7 两自由度杆件体系

若杆件两端的竖向位移分别以 u_1 和 u_2 表示，则质心处的加速度为 $\dfrac{\ddot{u}_1+\ddot{u}_2}{2}$，根据牛顿第二定律，在竖直方向有

$$m\left(\frac{\ddot{u}_1+\ddot{u}_2}{2}\right)=-k_1u_1-k_2u_2 \tag{4-18}$$

杆件的转动加速度为 $\dfrac{\ddot{u}_1-\ddot{u}_2}{l}$，对质心应用动力矩定理，有

$$J_C\left(\frac{\ddot{u}_1-\ddot{u}_2}{l}\right)=\frac{k_2u_2l}{2}-\frac{k_1u_1l}{2} \tag{4-19}$$

将式（4-18）和式（4-19）合并为矩阵形式

$$\begin{bmatrix} \dfrac{m}{2} & \dfrac{m}{2} \\ \dfrac{J_C}{l} & -\dfrac{J_C}{l} \end{bmatrix}\begin{bmatrix} \ddot{u}_1 \\ \ddot{u}_2 \end{bmatrix}+\begin{bmatrix} k_1 & k_2 \\ -\dfrac{k_1l}{2} & \dfrac{k_2l}{2} \end{bmatrix}\begin{bmatrix} u_1 \\ u_2 \end{bmatrix}=\begin{bmatrix} 0 \\ 0 \end{bmatrix} \tag{4-20}$$

以上的两个示例虽然同为两自由度体系，但式（4-17）和式（4-20）还有所区别。式（4-17）中的质量矩阵是对角阵，说明图 4-6 所示的体系中没有惯性耦合，而式（4-20）中的质量矩阵不是对角的；式（4-17）和式（4-20）中的刚度矩阵均为非对角阵，矩阵中出现的耦合项称为弹性耦合。

一般情况下，对于一个具有 n 个自由度的系统，质量矩阵 $\boldsymbol{M}$、刚度矩阵 $\boldsymbol{K}$ 和阻尼矩阵 $\boldsymbol{C}$ 都是 n 阶方阵，位移向量 $\boldsymbol{u}$、速度向量 $\dot{\boldsymbol{u}}$ 和加速度向量 $\ddot{\boldsymbol{u}}$ 均是 n 维列向量，即 n 个自由度系统的动力学微分方程为

$$\begin{bmatrix} m_{11} & m_{12} & \cdots & m_{1n} \\ m_{21} & m_{22} & \cdots & m_{2n} \\ \vdots & \vdots & & \vdots \\ m_{n1} & m_{n2} & \cdots & m_{nn} \end{bmatrix}\begin{bmatrix} \ddot{u}_1 \\ \ddot{u}_2 \\ \vdots \\ \ddot{u}_n \end{bmatrix}+\begin{bmatrix} c_{11} & c_{12} & \cdots & c_{1n} \\ c_{21} & c_{22} & \cdots & c_{2n} \\ \vdots & \vdots & & \vdots \\ c_{n1} & c_{n2} & \cdots & c_{nn} \end{bmatrix}\begin{bmatrix} \dot{u}_1 \\ \dot{u}_2 \\ \vdots \\ \dot{u}_n \end{bmatrix}+$$

$$\begin{bmatrix} k_{11} & k_{12} & \cdots & k_{1n} \\ k_{21} & k_{22} & \cdots & k_{2n} \\ \vdots & \vdots & & \vdots \\ k_{n1} & k_{n2} & \cdots & k_{nn} \end{bmatrix} \begin{bmatrix} u_1 \\ u_2 \\ \vdots \\ u_n \end{bmatrix} = \begin{bmatrix} P_1(t) \\ P_2(t) \\ \vdots \\ P_n(t) \end{bmatrix} \quad (4\text{-}21)$$

式（4-21）中的质量矩阵元素 m_{ij}、阻尼矩阵元素 c_{ij} 和刚度矩阵元素 k_{ij} 都有明确的物理意义。刚度矩阵 K 中的元素 k_{ij} 的物理意义是指由于自由度 j 产生单位位移时自由度 i 所需要施加的力；质量矩阵 M 中的元素 m_{ij} 的物理意义是指由于自由度 j 产生单位加速度时自由度 i 所需要施加的外力；同理，阻尼矩阵 C 中的元素 c_{ij} 的物理意义是指由于自由度 j 产生单位速度时自由度 i 所需要施加的外力。根据上述的物理意义，可以直接写出质量矩阵 M、刚度矩阵 K 和阻尼矩阵 C，建立系统的动力学微分方程。

3．模态分析

由前面的介绍可知，一个 n 自由度无阻尼系统自由振动的动力学方程为

$$M\ddot{u} + Ku = 0 \quad (4\text{-}22)$$

其中，M 为质量矩阵，K 为刚度矩阵，u 表示位移。式（4-22）代表 n 个齐次微分方程，这些方程通过质量矩阵、刚度矩阵或者两者耦联在一起，设方程的解为

$$u(t) = q_n(t)\boldsymbol{\Phi}_n \quad (4\text{-}23)$$

式中，挠曲形状 $\boldsymbol{\Phi}_n$ 不随时间变化。位移 $q_n(t)$ 随时间的变化用简谐函数来描述

$$q_n(t) = A_n \cos \omega_n t + B_n \sin \omega_n t \quad (4\text{-}24)$$

式中，A_n 和 B_n 是积分常数，可以根据产生运动的初始条件确定。将式（4-23）和式（4-24）联合起来有

$$u(t) = \boldsymbol{\Phi}_n (A_n \cos \omega_n t + B_n \sin \omega_n t) \quad (4\text{-}25)$$

式中，ω_n 和 $\boldsymbol{\Phi}_n$ 是未知数。

将式（4-25）代入式（4-22），得到

$$[-\omega_n^2 M\boldsymbol{\Phi}_n + K\boldsymbol{\Phi}_n]q_n(t) = 0 \quad (4\text{-}26)$$

式（4-26）中，若 $q_n(t) = 0$，意味着系统处于静止状态，没有实际意义，因此，固有频率 ω_n 和向量 $\boldsymbol{\Phi}_n$ 必须满足下式

$$K\boldsymbol{\Phi}_n = \omega_n^2 M\boldsymbol{\Phi}_n \quad (4\text{-}27)$$

式（4-27）称为矩阵特征值问题，其振动解必须使 $\boldsymbol{\Phi}_n$ 的系数行列式等于零，即

$$\det[K - \omega_n^2 M] = 0 \quad (4\text{-}28)$$

式（4-28）称为特征值方程，求解后可得 n 个大于零的正实根 ω_1^2，ω_2^2，$\cdots$，ω_n^2，称其为特征值。将特征值分别开方后可得到 n 个正根 ω_n，称为系统的固有圆频率。对于 n 自由度体系就具有 n 个固有圆频率 ω_n，同时存在与 ω_n 相对应的向量 $\boldsymbol{\Phi}_n$，该向量称为振动模态，也称为特征向量或振型。

反射面天线系统结构通常包括反射体、座架、驱动装置和负载等，是一个复杂的弹性系统，具有一定的固有频率。当外界扰动的频率接近或等于系统固有频率时，系统将发生谐振，使系统不能正常工作。此外，随着卫星通信、测控及射电天文技术的发展，对天线的动态性能要求也越来越高，为了保证高精度和快速性的跟踪，就必须提高伺服系统的带宽。这样就很容易激起结构的谐振，造成系统不稳定。为了保证伺服系统的稳定性，并有足够的裕度，通常要求天

线系统结构固有频率高于伺服带宽的 3~5 倍。因此，天线结构动力学分析的主要任务就是得到系统的固有频率。

一般而言，反射面天线的固有频率与口径密切相关，天线口径越大，固有频率越低。最低阶固有频率（也称为基频）通常用来衡量天线结构的刚度，但目前尚无天线口径与其基频的科学解析关系。通过对大量天线的数据统计，并对结果进行最佳拟合后，得到了天线口径与基频的经验公式

$$f = 20d^{-0.7} \tag{4-29}$$

式中，f 为天线基频，单位为 Hz；d 为天线口径，单位为 m。该式可以用来衡量天线结构的刚度：当被评估天线的基频大于式（4-29）的取值时，表明结构刚度优于平均水平；反之，则低于平均水平。图 4-8 给出了在对数坐标系下的反射面天线口径与基频关系拟合线。

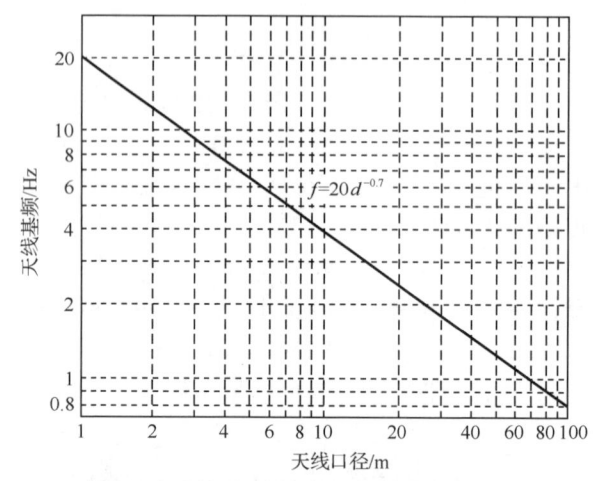

图 4-8 反射面天线口径与基频关系拟合线

下面以某 50m 天线为例来简要介绍模态分析。50m 天线采用了轮轨式座架，分析中的天线仰角为 45°，模型中包含了负载及主要设备质量，参与计算的总质量约为 600t，边界条件为滚轮和中心枢轴位置，相关自由度的释放和约束与实际结构一致。截取了前四阶频率结果，如图 4-9 所示。

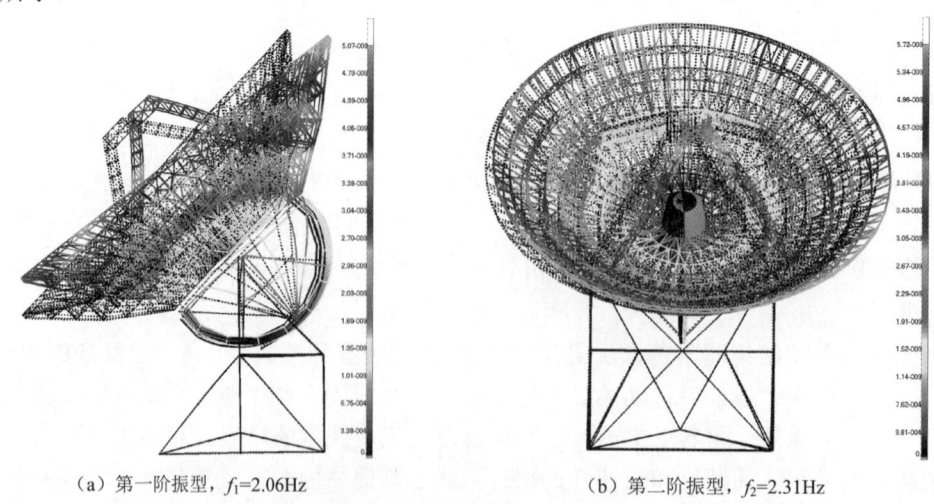

（a）第一阶振型，f_1=2.06Hz　　　　（b）第二阶振型，f_2=2.31Hz

图 4-9　50m 天线模态分析

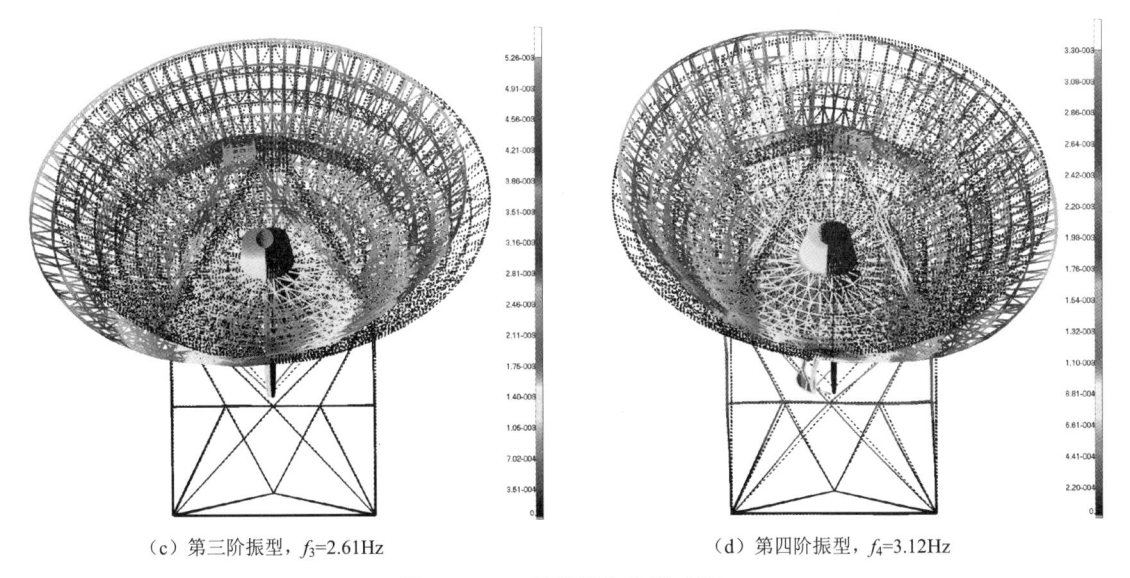

（c）第三阶振型，f_3=2.61Hz　　　　　　　（d）第四阶振型，f_4=3.12Hz

图 4-9　50m 天线模态分析（续）

由图 4-9 可以看出，第一阶频率为 f_1=2.06Hz，振型为天线反射体绕俯仰轴的转动；第二阶频率为 f_2=2.31Hz，振型为天线绕光轴的扭转；第三阶频率为 f_3=2.61Hz，振型为天线沿俯仰平面法向的摆动；第四阶频率为 f_4=3.12Hz，振型为天线绕俯仰轴正交方向的扭摆。图 4-9 中，各阶振型饱满，参与质量比例高，无局部振型，表明结构设计无刚度突变情况，质量分布合理。将天线的前十阶频率绘制成曲线，如图 4-10 所示。

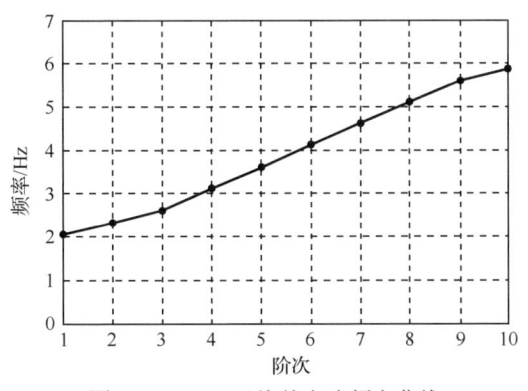

图 4-10　50m 天线前十阶频率曲线

由图 4-10 同样可以看出，前十阶频率曲线连续光滑，无跳变，也表明了天线整体构型的合理性与承力构件尺寸选择的正确性。

4.1.3　机电联合仿真分析

一般情况下，天线系统由电磁分系统、机械结构分系统和伺服控制分系统组成。3 个分系统既有独立性又有耦合性，本节所介绍的机电联合仿真分析是指机械结构与伺服控制的综合。对于小型天线，伺服系统的负载惯量较小，只要正确设计，结构谐振频率能够做得比较高，不会成为限制伺服带宽的主要因素，在进行系统分析时，可以不考虑结构谐振的影响。但当天线口径增大时，伺服系统的负载转动惯量也随之增大，由于在大惯量伺服系统中，从执行元件到负载之间的传动链不可避免地存在一定的柔性，便构成了一个结构谐振系统。这个结构谐振系统的谐振频率随着天线尺寸的增大而降低，会限制伺服系统动态性能。因此，对于中、大型反射面天线来说，伺服系统的最大特点莫过于对结构谐振的考虑。

天线伺服系统基本组成包括伺服机械结构和伺服控制器两大部分。伺服机械结构主要包括方位俯仰结构、传动装置、缓冲器等；伺服控制器主要包括执行元件、功率放大元件、检测及校正元件等。一般情况下，反射面天线的伺服系统由3个环路组成，从内到外依次是电流环、速度环和位置环，天线伺服系统的组成框图如图4-11所示。

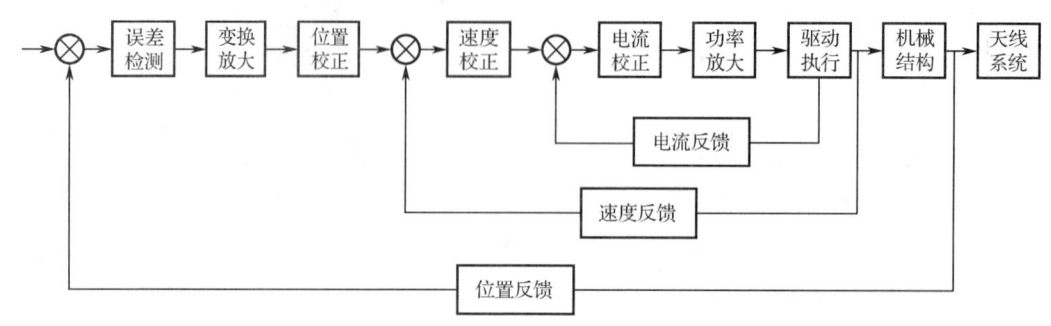

图4-11 天线伺服系统组成框图

通常，天线的结构分析会建立有限元模型，为什么还要进行机电联合仿真分析呢？主要有以下原因：①建立机电仿真模型可用传统动力学和控制理论进行分析；②设计一套反射面天线的控制系统，涉及的主导模态频率不超过3~4个，使用降阶的机电模型模拟最低频率的几个模态是适当的，也是足够的；③机电联合仿真模型和频率是全局特性，而有限元模型中的应力和形变是局部特性。这意味着，结构上局部变化对全局特性影响不大，只会使频率特性微小改变，所以控制系统设计和结构优化设计可独立、并行地进行；④机电联合模型中的齿隙等非线性位移、指令、传感器量化、时间延迟、摩擦等都很容易实现，而采用有限元方法来模拟这些会非常复杂。

1. 双惯量系统

天线系统的运动是通过电机、联轴器、减速器和末级齿轮等一系列装置，将动力传递给天线系统。传动装置通常是由多个轴系组成的，为了突出重点、便于分析，通常将伺服系统简化为由电机、传动装置和负载组成的双惯量模型。在该模型基础上分析伺服系统的机械谐振产生的原因以及惯量比对振动特性的影响。在简化后的双惯量模型中，电机通过一根弹性轴连接负载，如图4-12所示。

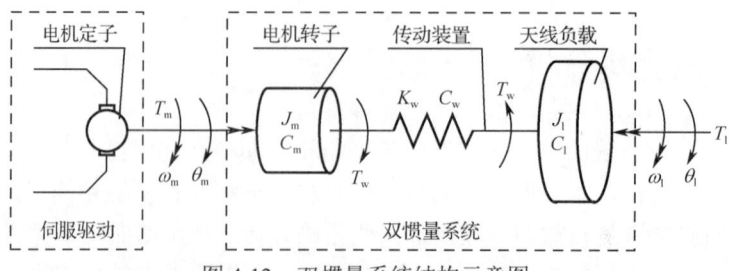

图4-12 双惯量系统结构示意图

在图 4-12 中，电机运行时，所输出的电磁转矩作用于电机轴上，使其产生旋转运动；在负载侧，传动装置转矩与负载转矩共同作用于等效惯量体上，执行转动。由于传动装置上弹性形变的存在，导致电机侧的转速以及转角和负载侧的转速及转角都存在一定的差值，从而影响伺服控制系统的性能。根据以上分析，可以建立由"电机转子—传动装置—天线负载"组成的双惯量模型的数学关系式

$$\begin{cases} J_m \ddot{\theta}_m = T_m - T_w - C_m \dot{\theta}_m \\ J_l \ddot{\theta}_l = T_w - T_l - C_l \dot{\theta}_l \\ T_w = K(\theta_m - \theta_l) + C_w(\dot{\theta}_m - \dot{\theta}_l) \\ \omega_m = \dot{\theta}_m \\ \omega_l = \dot{\theta}_l \end{cases} \quad (4\text{-}30)$$

式中，J_m、J_l 分别为电机转动惯量和负载转动惯量（kg·m²）；K 为传动装置等效弹性系数（N·m/rad）；C_m、C_w、C_l 分别为电机、传动系统和负载的阻尼系数（N·s/m）；T_m、T_w、T_l 分别为电机、传动装置和负载的转矩（N·m）；ω_m、ω_l 分别为电机和负载的转速（rad/s）；θ_m、θ_l 分别为电机和负载的转角；$\dot{\theta}_m$、$\ddot{\theta}_m$、$\dot{\theta}_l$、$\ddot{\theta}_l$ 分别为电机和负载的角速度、角加速度。

式（4-30）中，考虑到实际系统中阻尼系数影响很小，忽略影响并进行简化，然后再进行拉普拉斯变换，得到

$$\begin{cases} J_m \theta_m s^2 = T_m - T_w \\ J_l \theta_l s^2 = T_w - T_l \\ T_w = K(\theta_m - \theta_l) \\ \omega_m = \theta_m s \\ \omega_l = \theta_l s \end{cases} \quad (4\text{-}31)$$

式（4-31）中的 s 是复参变量，实部表示衰减因子，虚部表示相位偏离。

将式（4-31）进行推导，可得到电机转速和转矩之间的传递函数

$$G_m(s) = \frac{\omega_m}{T_m} = \frac{J_l s^2 + K}{J_m J_l s^3 + (J_m + J_l) K s} \quad (4\text{-}32)$$

对式（4-32）进行整理，可得

$$G_m(s) = \frac{\omega_m}{T_m} = \frac{1}{(J_m + J_l)s} \cdot \frac{J_l s^2 + K}{\frac{J_m J_l}{J_m + J_l} s^2 + K} \quad (4\text{-}33)$$

令式（4-33）中分母为零，此时传递函数的增益最大，可以得到系统的自然谐振频率为

$$\omega_n = \sqrt{\frac{K(J_m + J_l)}{J_m J_l}} \quad (4\text{-}34)$$

令式（4-33）中分子为零，此时传递函数的增益最小，可以得到系统的反谐振频率为

$$\omega_a = \sqrt{\frac{K}{J_l}} \quad (4\text{-}35)$$

根据式（4-31）可得双惯量系统的负载转矩和电机转速之间的幅频特性曲线，如图 4-13 所示，图中横坐标为电机输入频率，纵坐标为负载响应幅度。从图中可以看出，在谐振点处出现尖峰，即系统的频率响应幅值会突增；在反谐振点曲线出现低谷，即系统的频响幅值会减小。由于系统谐振点与反谐振点的存在，系统在特定频率下的响应会比较强烈，激起驱动部分与从

动部分大量的能量交换，引起共振。系统在该频率点处工作会出现振动、噪声大等现象，也叫作机械谐振现象。

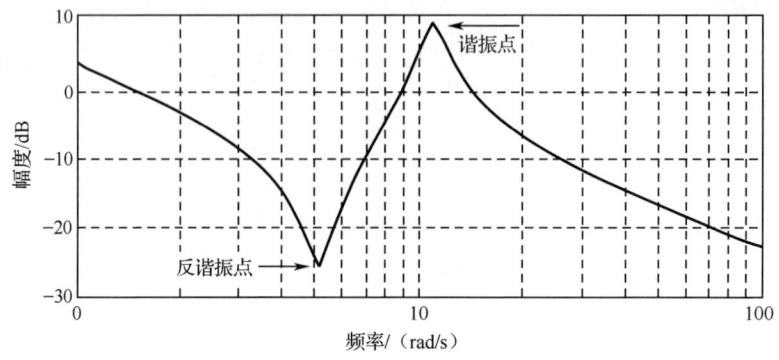

图 4-13 双惯量系统的幅频特性曲线

图 4-14 是一台方位-俯仰型反射面天线结构组成的示意图，假设其方位采用了双电机驱动，俯仰采用了单电机驱动。为了尽可能准确地反映真实机械结构，在简化模型时，应考虑影响系统性能的主体结构部件的刚度，如图 4-14 中的塔基、底座等主支撑结构。

一般情况下，机电联合仿真模型是根据轴系来建立的，有多少个轴系就建立多少个机电模型，而且模型之间是相互独立的，例如图 4-14 中的天线有方位和俯仰两个轴系，就应建立两个模型。这种模型在伺服系统和驱动的初步设计中是非常有用的。图 4-15 是图 4-14 中天线的机电简化模型，图 4-15（a）为方位部分模型，可简化为四支路系统，图中 J_1 为俯仰机构的转动惯量，K_1 为方位转台的刚度，J_2 为方位齿轮转动惯量，K_2 和 K_3 分别为方位双驱动系统刚度，J_3 和 J_4 分别为方位电机转动惯量，K_4 为底座和塔基刚度；图 4-15（b）为俯仰部分模型，可简化为三支路系统，图中 J_1 为反射体转动惯量，K_1 为俯仰机构刚度，J_2 为俯仰齿轮转动惯量，K_2 为俯仰驱动系统刚度，J_3 为俯仰电机转动惯量，K_3 为方位转台和底座刚度，J_4 为方位转台和底座刚度转动惯量，K_4 为塔基刚度。

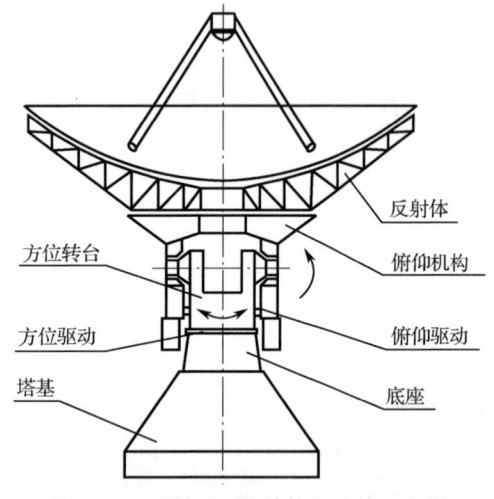

图 4-14 反射面天线结构组成的示意图

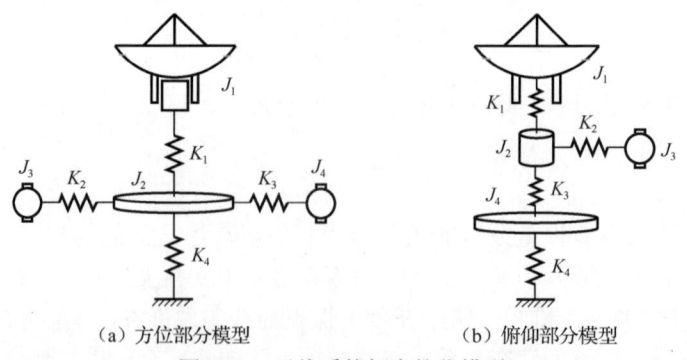

（a）方位部分模型　　（b）俯仰部分模型

图 4-15 天线系统机电简化模型

2. 伺服带宽与谐振频率

伺服系统的带宽，是指在频域中，闭环响应幅值降低到 0dB 以下 3dB 所对应的频率，如图 4-16 所示。带宽较宽时，表明系统能通过频率较高的输入信号；带宽较窄时，说明系统只能通过频率较低的输入信号。对于天线而言，为了使系统能够准确地跟踪任意输入信号，需要有较大的带宽，伺服系统的带宽越宽，天线的跟踪速度就越快，跟踪得也越准确。

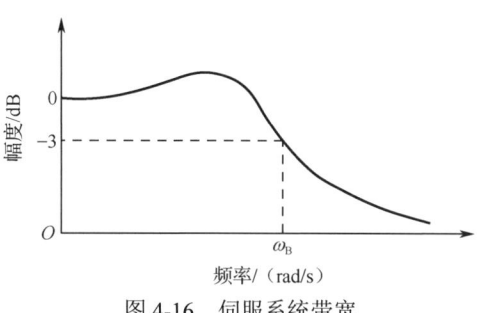

图 4-16 伺服系统带宽

天线结构系统并非纯刚体，而是柔性的，同时，在动力传递过程中，基座、电机、减速机和负载都会产生弹性变形，具有一定的谐振频率。在谐振频率处工作时，响应幅值将出现一个较高的谐振峰值，会引起不稳定的振荡环节；同时，在谐振点相位输出特性也将迅速下降 π/2，造成相位延迟，在时间上产生滞后。因此，伺服系统的带宽主要受谐振频率的限制。

为了保证天线系统的伺服动态性能，一般要求相位裕度大于 π/4，幅值裕度大于 6dB。根据这两个条件，同时假设机械系统的阻尼比为 0.1，可得伺服系统的带宽与结构自然谐振频率（或称自由转子谐振频率）之间的关系为

$$\omega_B \leq 0.2\omega_n \quad 或 \quad \omega_n \geq 5\omega_B \tag{4-36}$$

式中，ω_B 为伺服系统带宽，ω_n 为自由转子谐振频率。当将系统阻尼比提高到 0.2 时

$$\omega_n \geq 2.5\omega_B \tag{4-37}$$

上式表明，在实际天线结构系统中，如果能够提高结构阻尼比，则可以适当降低谐振频率的要求，工程中通常要求结构的谐振频率高于伺服带宽的 3～5 倍。

前面介绍了天线谐振频率与伺服带宽的关系，下面将简要说明结构参数是如何影响谐振频率的。谐振频率主要与刚性系数以及电机和负载的转动惯量有关，定义惯量比 R 为负载的转动惯量与电机的转动惯量之比，由式（4-34）可得

$$\omega_n = \sqrt{\frac{K}{J_1}(1+R)} \tag{4-38}$$

由式（4-34）和式（4-38）可以看出，谐振频率受惯量比和刚性系数影响，反谐振频率与刚性系数和负载转动惯量有关，而与 J_m 无关。刚性系数与传动轴的形状以及材料的弹性模量有关系，属于系统的固有属性。

为了说明影响谐振的因素，以双惯量系统为例，分别对比了在刚性系数不变的情况下，不同惯量比的幅频特性曲线；在电机惯量和负载惯量不变的情况下，不同刚性系数的幅频特性曲线；以及在负载惯量和刚性系数不变情况下，不同电机惯量的幅频特性曲线。

如图 4-17 所示，在刚性系数相同的情况下，惯量比越大，谐振频率越低；当电机的转动惯量确定之后，负载转动惯量越大，谐振频率越低，谐振点与反谐振点之间的距离也越远。

在天线系统中，当转动结构的转动惯量 J_1 增大时，将会使系统跟踪误差、稳定裕度减小，过渡过程超调量加大、过渡过程时间增加，因此不利于系统性能的提高。但 J_1 增大后，还有有利的一面，在低速运行时，改善了因非线性摩擦引起的低速爬行现象，提高了低速运行的平稳性。因此在机电综合设计时，希望降低 J_1，但不是越小越好。在 J_1 和 J_m 之间存在着惯量匹配

问题，如下式

$$R = \frac{J_1}{J_m i^2} \quad (4\text{-}39)$$

式中，i 为传动系统的总传动比。一般情况下，在采用高速电机时，取 $R \approx 1$，当 R 超过 5 时，系统性能将会受到较严重影响。

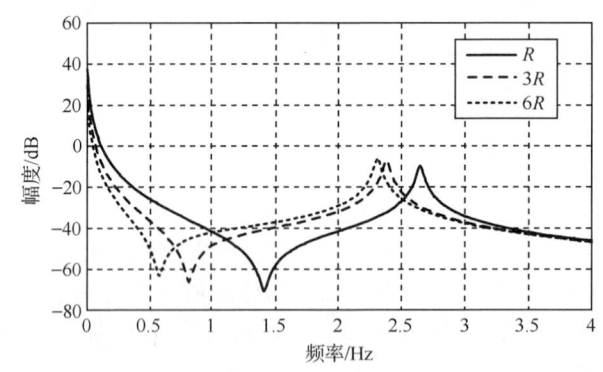

图 4-17　不同惯量比下的系统幅频特性曲线

在图 4-18 中，保持电机和负载的惯量不变，刚性系数越大，即传动系统的刚性越强，会使谐振频率越高。提高传动系统的刚性，可以避开系统的伺服带宽，避免谐振的产生。在天线结构设计中，应选择弹性模量高的材料；不宜采用机械离合器之类的部件，当采用平键连接时，应使平键有足够大的工作表面；在结构运行条件下，增大减速机末级轴直径等方式，以提高传动系统刚度。

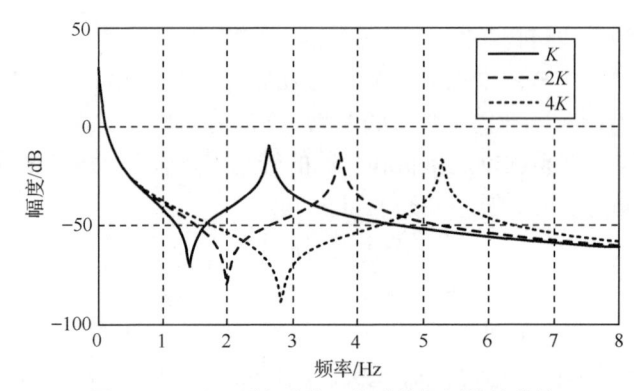

图 4-18　不同刚性系数下的系统幅频特性曲线

在图 4-19 中，保持负载惯量和刚性系数不变，电机惯量越大，自然谐振频率越低，且与反谐振点越近，而反谐振点保持不变。对于小型天线系统，可采用小惯量电机，其低速性能好，转矩波动小，电磁时间常数小，反应迅速。

3. 参数等效

前面所给出的分析计算均是基于单轴系统，实际的天线驱动系统通常采用多级传动装置，为了便于分析问题，将多轴系统等效为简单的单轴系统；同时，将复杂的结构加以简化，如将传动轴视为无质量弹簧、忽略齿轮的弹性、将齿轮视为集中转动惯量等。在简化过程中，结构系统中各轴系上的惯量、刚度和力矩等参数都要采用等效量来替代，等效原则是前后能量关系保持不变。此外，简化中忽略了系统的阻尼，把传动系统看成是无阻尼系统。这样，伺服系统就成为线性系统，一些工程实例表明，不计阻尼得到的谐振频率与实际值比较接近。

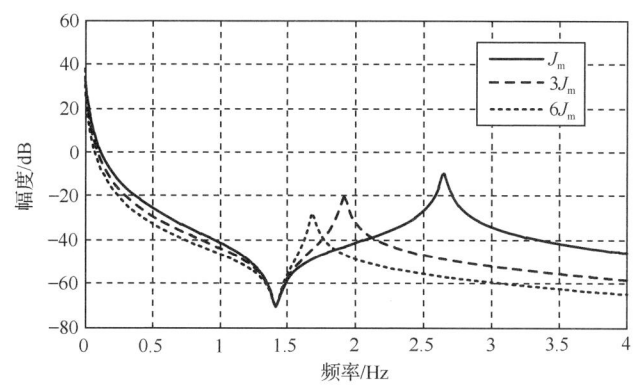

图 4-19 不同电机转动惯量的系统幅频特性曲线

图 4-20（a）给出了三轴系的天线驱动系统，采用两级减速装置，减速比分别为 i_1、i_2，各轴的转角分别为 θ_1、θ_2、θ_3，转动角速度分别为 ω_1、ω_2、ω_3，电机转子的惯量为 J_m，各齿轮的惯量分别为 J_1、J_2、J_3、J_4，天线负载的惯量为 J_l，各轴的扭转刚度分别为 K_1、K_2、K_3，可将此多轴系统的各参数转化到电机轴上，简化为单轴系统，如图 4-20（b）所示。

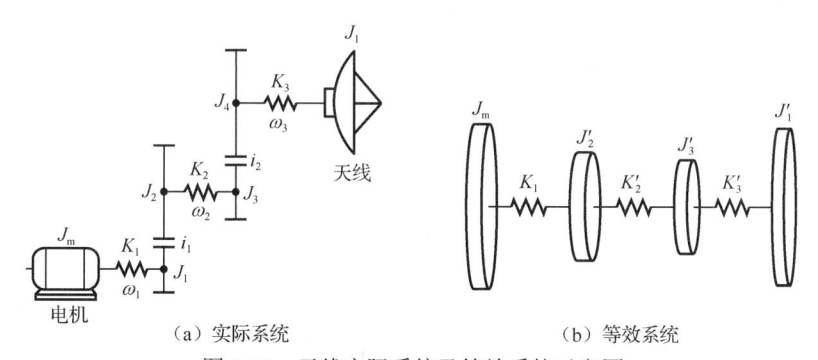

图 4-20 天线实际系统及等效系统示意图

（1）惯量等效

惯量等效是基于动能守恒原理得到的，每个转动质量的动能必须保持与等效后的动能相等。图 4-20（a）中天线的转动动能为

$$\frac{1}{2}J_l\omega_3^2 = \frac{1}{2}J_l\left(\frac{\omega_1}{i_1i_2}\right)^2 = \frac{1}{2}\frac{J_l}{(i_1i_2)^2}\omega_1^2 \tag{4-40}$$

令

$$J_l' = \frac{J_l}{(i_1i_2)^2} \tag{4-41}$$

式（4-40）表明，当天线以角速度 ω_1 转动时，惯量应除以两级减速比的平方。由此可见，一般天线系统的惯量虽然比较大，当采用较大的减速比时，折算到电机轴上的等效惯量通常比电机的惯量要小。式（4-41）中的 J_l' 表示折算到电机轴上的等效惯量。

（2）刚度等效

刚度等效是基于弹性体变性能相等的原则来确定的，每根轴的弹性势能必须保持与等效后的势能相等。图 4-20（a）中的中间轴的弹性势能为

$$\frac{1}{2}K_2\theta_2^2 = \frac{1}{2}K_2\left(\frac{\theta_1}{i_1}\right)^2 = \frac{1}{2}\left(\frac{K_2}{i_1^2}\right)\theta_1^2 \qquad (4\text{-}42)$$

令
$$K_2' = \frac{K_2}{i_1^2} \qquad (4\text{-}43)$$

式（4-42）表明，当中间轴转动 θ_1 时，刚度应除以减速比的平方。通常减速机低速轴上的等效刚度较小，对系统的固有频率影响较大。因此，为了提高天线传动系统的刚度，关键是要提高输出轴的刚度，而靠近输入端的传动轴刚度影响较小。式（4-43）中的 K_2' 表示折算到电机轴上的等效刚度。

（3）力矩等效

力矩等效是基于牛顿定律或动能守恒来确定的，图 4-21 是一对齿轮副传动示意图，主动轮和从动轮的直径分别为 D_1、D_2，减速比为 i，施加在主动轮上的力矩为 M_1。

图 4-21 中，作用在主动轮轮齿上的力为
$$F_1 = \frac{M_1}{\frac{D_1}{2}} \qquad (4\text{-}44)$$

作用在从动轮轮齿上的力 F_2 与 F_1 相等，从动轮上的转矩 M_2 为
$$M_2 = F_2\frac{D_2}{2} = F_1\frac{D_2}{2} \qquad (4\text{-}45)$$

由式（4-44）和式（4-45）可得
$$M_2 = M_1\frac{D_2}{D_1} = iM_1 \qquad (4\text{-}46)$$

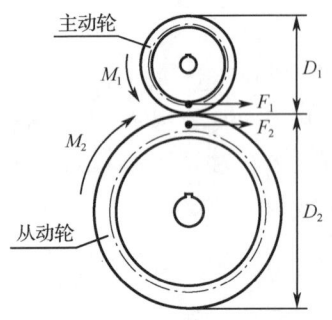

图 4-21 齿轮传动示意图

从式（4-46）可知，经过齿轮传动装置后，转矩会被放大 i 倍。

基于上述参数等效方法，图 4-20（b）与图 4-20（a）中的参数关系如下

$$\begin{cases} J_2' = J_1 + \dfrac{J_2}{i_1^2} \\ J_3' = \dfrac{J_3}{i_1^2} + \dfrac{J_4}{(i_1i_2)^2} \\ J_l' = \dfrac{J_l}{(i_1i_2)^2} \\ K_2' = \dfrac{K_2}{i_1^2} \\ K_3' = \dfrac{K_3}{(i_1i_2)^2} \end{cases} \qquad (4\text{-}47)$$

4.2 仿真模型建立方法

天线系统结构的仿真分析主要采用有限元方法，其基本思想是将求解区域离散为一组有限个且按一定方式相互连接在一起的单元组合体。仿真模型的建立就是将实际问题或设计方案抽象成能为数值计算提供所有输入的有限元模型，该模型定量地反映了所分析对象的几何、材料、

载荷、约束等各方面的特性。建模的主要任务是结构的离散化，但围绕离散化还要完成与之相关的工作，如结构形式处理、建立几何模型、单元类型选择、单元特性定义、单元质量检查以及边界条件的定义等。天线结构仿真分析流程及工作内容如图4-22所示。

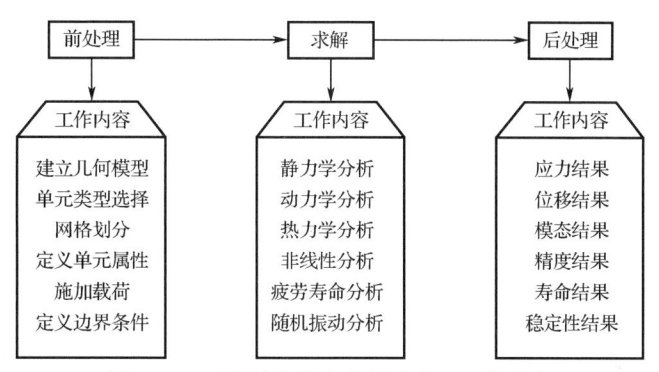

图4-22　天线结构仿真分析流程及工作内容

天线结构的仿真建模尤其是复杂的系统级模型所得到的模型往往不具有唯一性。即使对于同一系统的同一问题，由于建模人员的背景和偏好不同，可能会建成迥然不同的仿真模型。不同人员对问题描述的逻辑思维、繁简程度以及模型结构等都可能存在差异，但它们的运行结果却又可能比较接近或均能满足仿真目标的基本要求。也就是说，存在仿真模型的风格问题。因此，仿真建模在一定程度上是一种"建模艺术"，并不单纯是仿真技术。由于建模人员的"艺术风格"不同，可以允许建立具有特殊风格的仿真模型。但仿真模型必须要经受住理论和实践的检验，以保证建模的科学性。

有限元法已被广泛应用于各类工程领域中，如建筑、航空航天、土木和化工等众多行业，基础理论比较完善，技术也相对成熟。但天线结构的仿真模型又与上述领域有所不同，主要包括以下几个方面。

1）工作姿态需要不断变化

与一般钢结构和建筑类结构不同，反射面天线在工作中都要不断变换姿态，以对准或跟踪目标，所承受的重力、风载荷以及温度载荷相对于结构体会产生交替变化。因此，建立天线结构仿真模型时，应涵盖典型工作姿态，最基本的姿态应包括最低仰角、中间仰角和最高仰角。

2）需要保持面型及指向精度

反射面天线在运行中要满足面型和指向精度要求，使得天线有足够高的效率和"盲指向"精度。天线系统的仿真模型中，应包含可以得到这些信息的单元或节点。此外，在面型和指向精度算法中，也有一套完整的专业理论体系，这也与传统结构仿真是不同的。

3）与电磁和伺服的耦合特性

如前所述，天线系统由电磁、机械结构和伺服分系统组成，结构变形会直接影响电磁性能，结构的动力特性又与伺服控制精度密切相关。所以，对于工作于高频段的大中型天线，仿真模型中不仅要包含反映电磁要求的节点和单元，而且还要包含体现动力学特性的伺服传动系统。

4）模型的复杂性

天线仿真模型中通常涉及多种不同材料，如面板采用铝合金或复合材料、背架采用钢材或碳纤维、基座采用铸钢等；模型中也包含多种转动部件，如齿轮、轴承、关节及电机等；模型中还要依据不同部件之间的连接关系，采用合适的自由度约束与释放。因此，建立一个良好的天线仿真模型是一个较复杂的问题。

图4-23给出了两种反射面天线仿真分析的有限元模型，两种天线的座架体制均为方位-俯仰型，图4-23（a）为转台式天线，图4-23（b）为轮轨式天线。

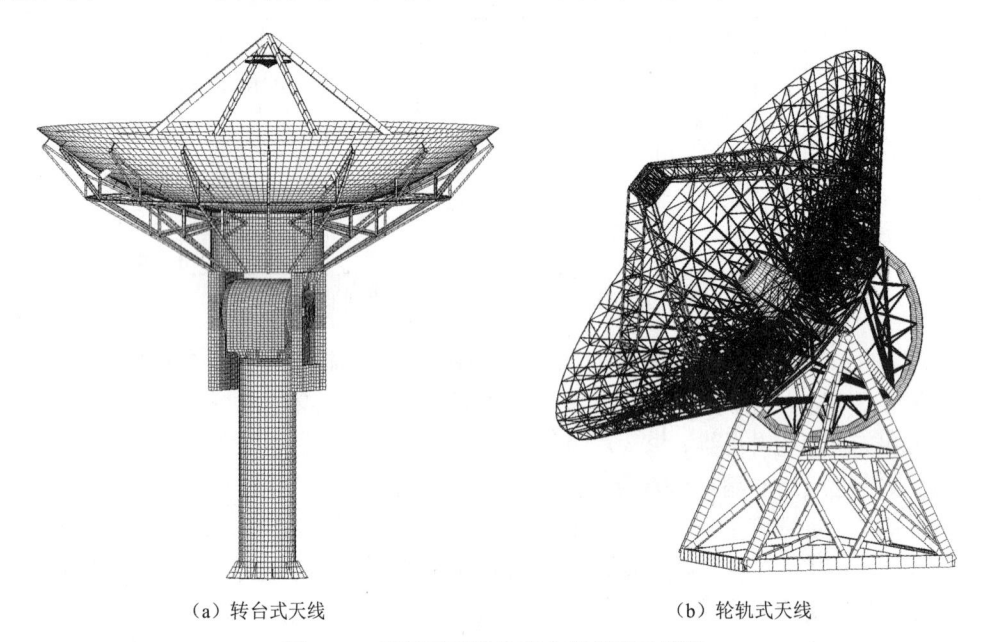

（a）转台式天线　　　　　　　　　（b）轮轨式天线

图4-23　反射面天线仿真分析有限元模型

4.2.1　载荷计算与工况

由于天线系统的结构形式不同以及所处的工作环境复杂多变，因此，其所承受的载荷也有所不同。有关载荷计算在建筑、桥梁等专业已制定了相应的标准或规范，而天线结构在这方面还没有明确规定，需要根据工程情况来进行分析。归纳起来，天线所受的载荷主要有以下几种类型：天线系统重力载荷、风载荷、温度载荷、转动惯性载荷、冰雪载荷以及其他载荷等。

4.2.1.1　重力载荷

重力属于惯性载荷，又称为体积力，对于大中型天线而言，自重往往成为最主要的载荷。当天线姿态变化时，自重的数值虽然保持不变，但其相对于结构的作用方向会随仰角的变化而发生变化。当前，对于重力变形进行被动补偿的最有效方法是对天线反射面进行预调和最佳吻合。不管是预调还是最佳吻合，最重要的前提是准确确定天线系统的重力变形数值。同时，重力载荷分析也是衡量天线保型能力的必要过程，因此，大中型天线的重力载荷分析在设计论证阶段具有极其重要的地位。

大型反射面天线不是用增加结构刚度来控制自重变形，而是设计成柔性结构，允许天线随仰角转动而产生变形，但要求变形后的反射面还是一个较为准确的抛物面，只是不再是原始的抛物面，其顶点、焦点和轴线都发生了变化，这就是通常所说的"保型变形"。要实现保型设计的前提是进行精确的变形计算。

对于经常工作于某一仰角范围的天线,可选择该仰角为最佳预调角,如大型射电望远镜天线和卫星地面站天线就属于这一类。预调的目的是减小整个仰角范围内的自重相对变形,这样也就提高了工作范围内的表面精度。此时,在预调角度下的精度最优,远离预调角下的精度会逐渐降低。

如图 4-24 所示,当天线处于任意仰角 α 时,每个节点上的载荷由两个分量组成:一个分量与口面垂直,为 $G\sin\alpha$;另一个分量与口面平行,为 $G\cos\alpha$。前者为对称载荷,后者为反对称载荷,所以任意仰角时的内力与位移可由这两种情况叠加而成。

在图 4-24 中,δ_H 为指平状态天线自重引起的位移,δ_Z 为仰天状态天线自重引起的位移。由于天线结构为线性弹性系统,任意仰角 α 的自重变形为

$$\delta_\alpha = \delta_H \cos\alpha + \delta_Z \sin\alpha \tag{4-48}$$

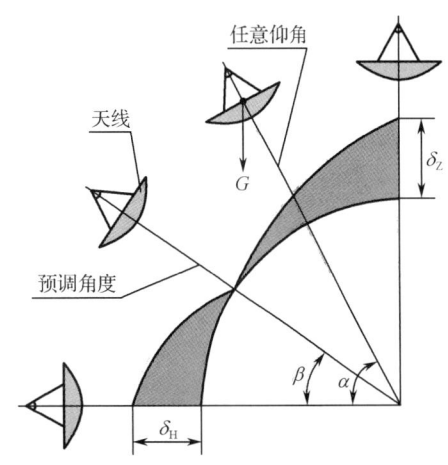

图 4-24 预调角及自重载荷示意图

当预调角为 β 时,仰角 α 的自重变形为

$$\delta_\alpha = \delta_H(\cos\alpha - \cos\beta) + \delta_Z(\sin\alpha - \sin\beta) \tag{4-49}$$

由式(4-49)可以看出,经过预调后,自重变形数值能够得到有效降低。

图 4-25 是某 30m 天线的三维结构模型和有限元模型,该天线俯仰工作范围是 0°～90°,以 10°为间隔选取了几种典型工作仰角,分别计算了不同仰角下的自重变形。

(a) 结构模型　　　　　　　　　　(b) 有限元模型

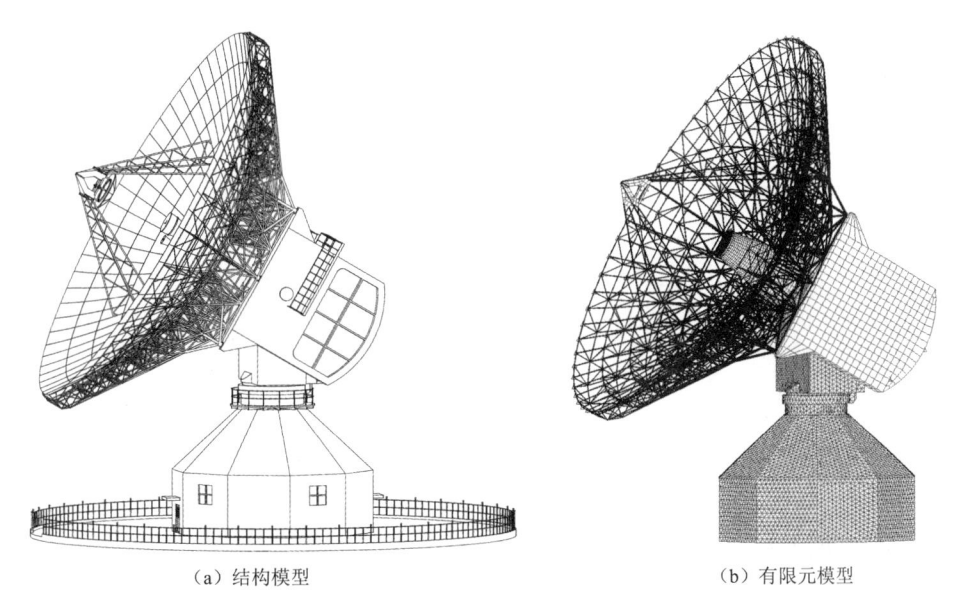

图 4-25　30m 天线三维结构模型及有限元模型示意图

图 4-26 给出了预调后的天线表面精度曲线及 30°仰角下的误差分布云图。一般情况下,大中型反射面天线经过预调处理后,表面精度可以提高 30%～40%,具体数值与口径和最佳吻合数据处理有关。

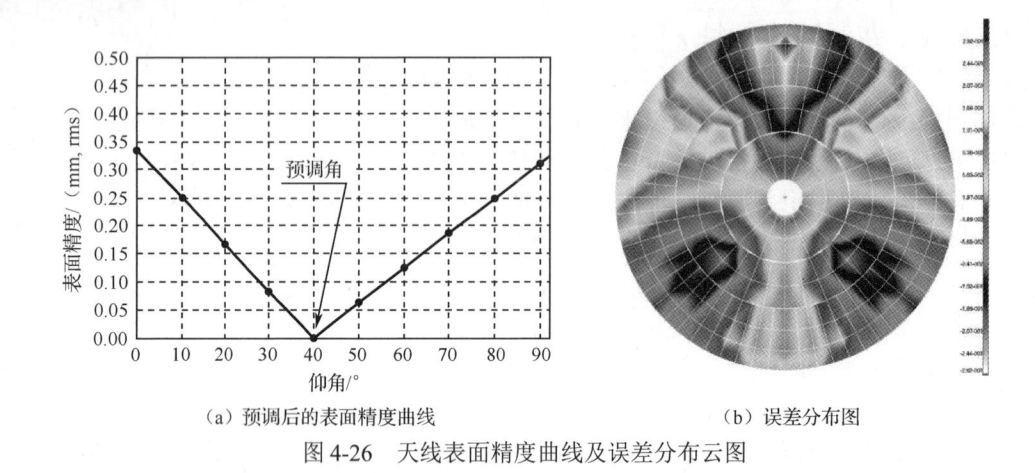

(a) 预调后的表面精度曲线　　(b) 误差分布图

图 4-26　天线表面精度曲线及误差分布云图

4.2.1.2　风载荷

由于风速随时间做无规则的变化，因此风载荷是一种动载荷。对于刚度较好、质量较大的结构，风对结构不会引起大的振动，可以认为风对结构是一种静力作用。因此，一般情况下风载荷可按静力进行分析。影响天线结构风载荷的因素较多，计算方法也多种多样，但它们将直接关系到载荷的取值和结构安全，因此需要综合考虑以保证天线性能和安全。

反射面天线所受风力与天线姿态密切相关，首先引入风向角概念，风向角是指抛物面轴线与来风方向的夹角，如图 4-27 所示。对于任意仰角 E 和方位角 A，风向角 ϕ 为

$$\phi = \arccos(\cos A \cos E) \tag{4-50}$$

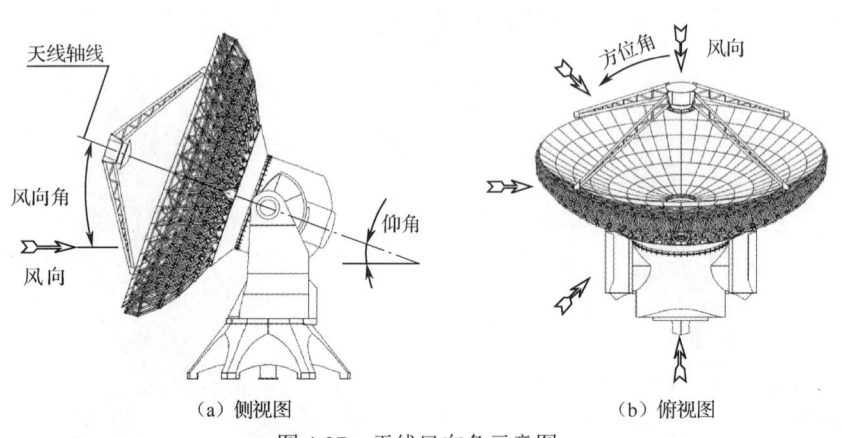

(a) 侧视图　　(b) 俯视图

图 4-27　天线风向角示意图

对于图 4-27（a）中的风向角与天线仰角相等，而图 4-27（b）中的风向角需采用式（4-50）进行计算。

由于天线形式属于竖向悬臂型结构，在风力作用下，往往第一阶振型起主要作用，风载荷的计算采用平均风压乘以风振系数，该方法综合考虑了结构在风载荷作用下的动力响应，其中包括风速随时间、空间的变异性和结构的阻尼特性等因素。垂直于天线表面的风载荷数值可按下式确定

$$w_k = \beta_z \mu_s \mu_z w_0 \tag{4-51}$$

式中，w_k 为风载荷标准值（kN/m^2）；β_z 为高度 z 处的风振系数；μ_s 为天线阻力系数；μ_z 为风

压高度变化系数；w_0 为基本风压（kN/m^2）。

下面对主要参数的选取和计算分别进行说明。

1. 风振系数

风振系数定义为结构上的动力风载荷与静力风载荷的比值。风压随风速、风向的紊乱变化而不停地改变。通常把风作用的平均值看成稳定风压或平均风压，实际上，风压是在平均风压上下波动的。平均风压使结构产生一定的侧移，而波动风压使结构在该侧移附近左右振动。对于大中型天线系统，波动风压会产生动力效应，在设计中应予以考虑。目前，采用加大风载荷的办法来考虑这个动力效应，即在风压数值上乘以风振系数。

对于高度大于30m且高宽比大于1.5，以及谐振频率小于4Hz的反射面天线，应考虑风压脉动对结构产生的风振影响。由于天线外形呈不规则形状以及质量沿高度方向分布也不均匀，目前尚无天线系统的风振系数计算方法。工程中常采用经验数值，一般取值为1.2～1.6，具体数值与天线口径、高度和一阶谐振频率有关。精确的风振系数可通过风洞试验获得。

2. 阻力系数

阻力系数也被称为体型系数，是指风作用在物体表面一定面积范围内所引起的平均压力（或吸力）与来流风的速度压的比值，它主要与物体的体型和尺度有关。由于阻力系数涉及的是关于固体与流体相互作用的流体力学问题，对于不规则形状的固体，问题尤为复杂，无法给出理论上的结果，一般应由试验确定。不同文献所给出的抛物面天线的阻力系数也不尽相同，这里以卡塞格伦天线为例，对风洞试验数据进行了拟合，以曲线形式给出，如图4-28所示。

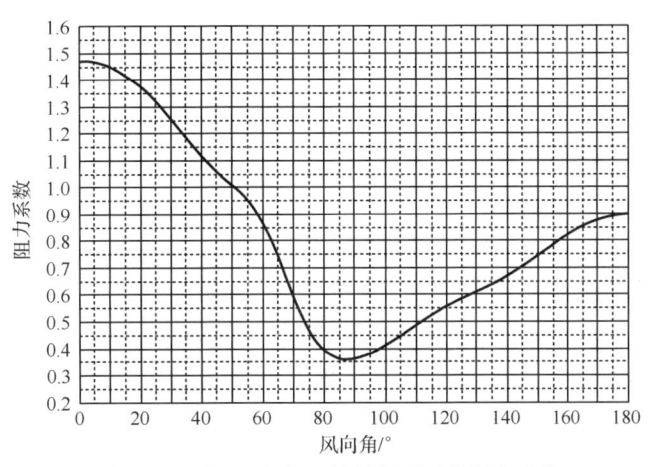

图4-28 不同风向角下的抛物面天线阻力系数

图4-28中的风洞试验天线焦径比为0.3，反射面采用实面板，天线背架为桁架结构，副反射面支撑为四脚架形式，座架采用转台式。

由于阻力系数仅是反映风载荷作用的总体效果，并没有反映天线表面各区域的作用力，而实际上风载荷作用在天线上的压力不是均匀分布的，因此上述的阻力系数是一种近似处理方法。对于精密天线来说，要计算风载荷作用下的应力和变形，可靠的方法是通过实验获得压力分布数据。美国喷气推进实验室（JPL）对焦径比为0.33的0.5m直径的实板抛物面进行了风洞试验，得到不同风向角下的风压分布，如图4-29所示。

(a) 0°风向角

(b) 60°风向角

(c) 90°风向角

(d) 180°风向角

图 4-29 不同风向角下的抛物面天线风压分布

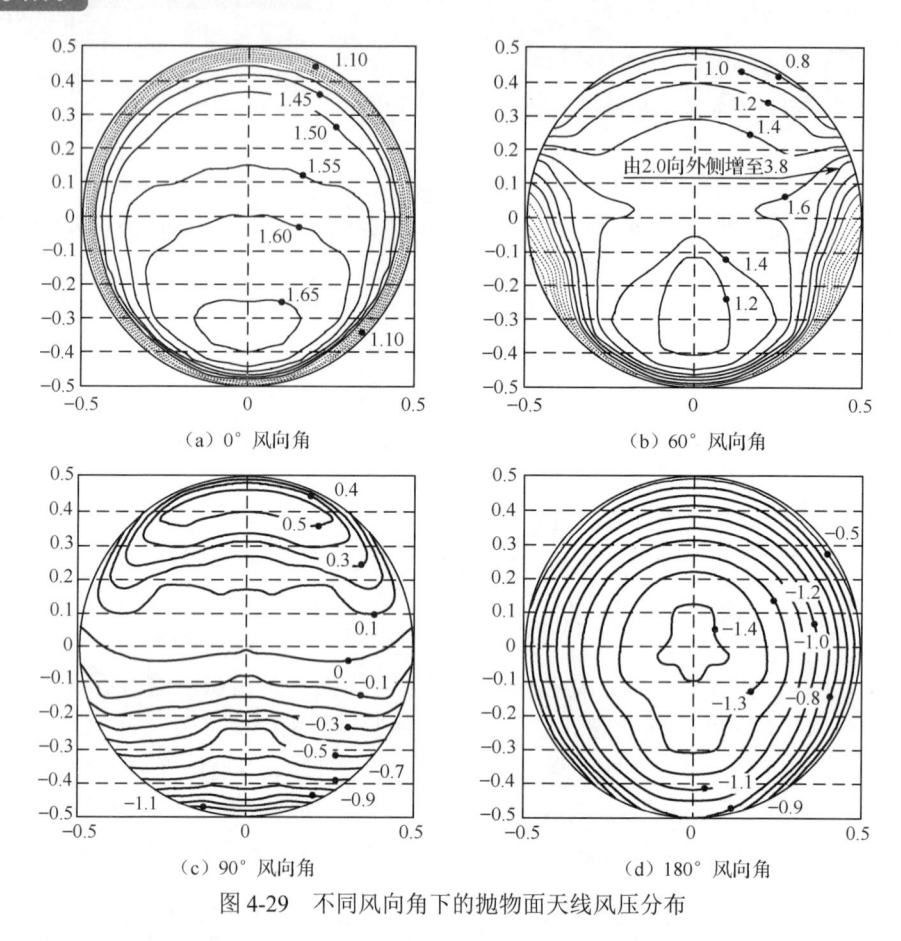

图 4-29 中的曲线为阻力系数的等值线分布，正值表示压力，负值表示吸力。

3. 风压高度变化系数

风压高度变化系数是反映风压随不同场地、地貌和高度变化规律的系数。在大气边界层内，风速随离地面高度增加而增大。当气压场随高度不变时，风速随高度增大的规律主要取决于地面粗糙度和温度垂直梯度。

风速剖面主要与地面粗糙度和风气候有关。天线结构要承受多种风气候条件下风载荷的作用，从工程应用的角度出发，采用统一的风速剖面表达式是可行和合适的。在结构所关注的近地面范围，风速剖面基本符合指数律，具体表达式如下

$$v_z = v_{10} \left(\frac{z}{10} \right)^\alpha \tag{4-52}$$

式中，v_z 是距离地面高度为 z 处的风速；v_{10} 是距离地面 10m 高度处的风速；z 是计算位置距离地面的高度；α 是与地面粗糙度有关的参数。

《建筑结构荷载规范》中将地面粗糙度分为以下四类：A 类是近海海面和海岛、海岸、湖岸及沙漠地区；B 类指田野、乡村、丛林、丘陵以及房屋比较稀疏的乡镇；C 类指有密集建筑群的城市市区；D 类指有密集建筑群且房屋较高的城市市区。由于天线一般建在野外，应取 B 类地貌，可得出风压高度变化系数如下

$$v_z = 1.000\left(\frac{z}{10}\right)^{0.30} \tag{4-53}$$

基于上式，可得到风压高度变化系数，如图 4-30 所示。

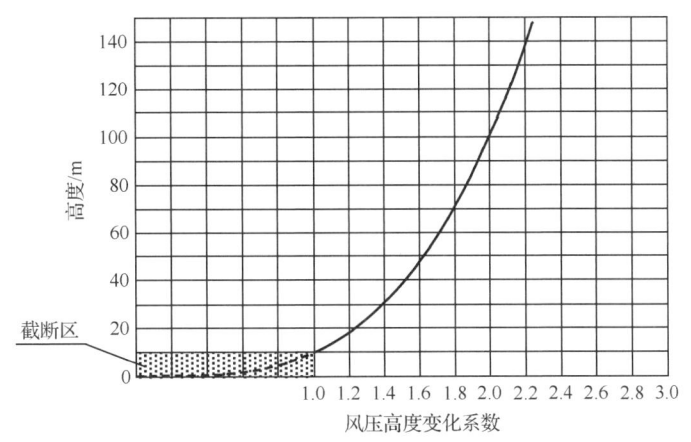

图 4-30　风压高度变化系数曲线

图 4-30 中，当高度小于 10m 时，规定为截断高度，也就是说，高度变化系数取值不小于 1.0。

4．基本风压

天线结构所采用的基本风压与建筑类有所不同，建筑类的基本风压采用统计方法确定，如重现期为 25 年或 50 年。天线的基本风压与所指定的风速相关，该处的风速是指离地 10m 高处的平均风速，基本风压 w_0 可按下式计算

$$w_0 = \frac{1}{2}\rho v_0^2 \tag{4-54}$$

式中，v_0 为指定风速（m/s）；ρ 为空气密度，当 ρ 取值为 1.25kg/m^3 时，可得

$$w_0 = v_0^2/1600 \text{ kN/m}^2 \tag{4-55}$$

前面介绍了风载荷的计算方法及各项系数的取值，下面以百米级天线为例，对不同系数的意义做简要说明。图 4-31 分别给出了天线的有限元模型和部分计算结果。

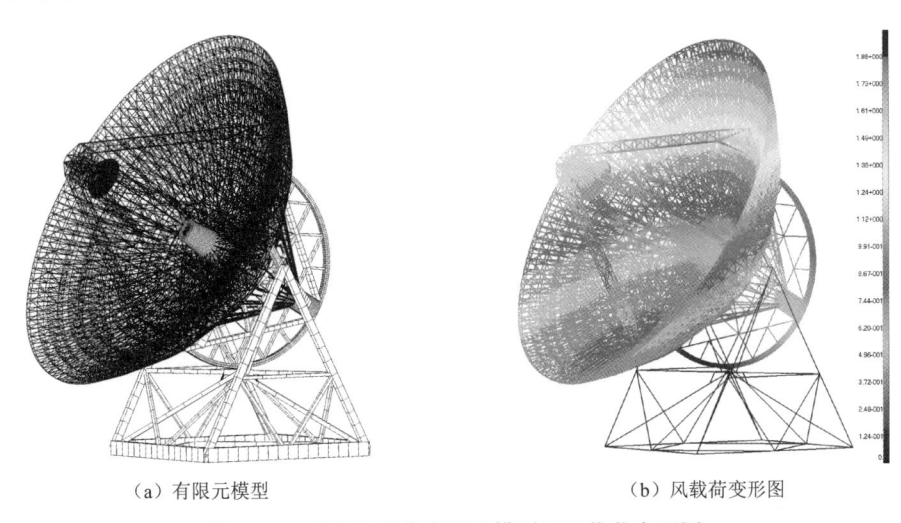

（a）有限元模型　　　　　　（b）风载荷变形图

图 4-31　百米级天线有限元模型及风载荷变形图

分别计算不同风速下，天线在不同仰角、不同来风方向的表面精度，图 4-32 是 5m/s 风速作用下的表面精度曲线。根据计算结果可以得出以下结论：①在同一风速作用下，对应同一天线姿态时，正向风力对天线表面精度影响最大，其次是后向风力，影响最小的是侧面来风；②在不同风速作用下，对应同一天线姿态时，结构变形和表面精度与风速的平方成正比；③对应同一风向下的不同风速时，精度曲线形状几乎是一样的，这是由流体的相似原理决定的；④正向和后向风力时阻力系数起控制作用，侧向风力时风压高度变化系数起主导作用。

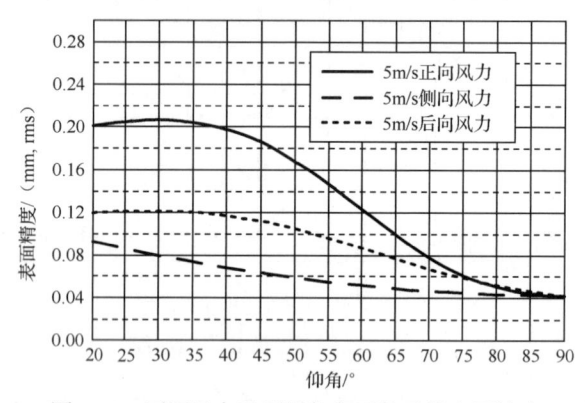

图 4-32 不同风向及不同仰角下的天线表面精度

4.2.1.3 温度载荷

一般情况下，温度变化对天线结构的影响主要是温度变形，而温度应力量值较小。温度变形分两种情况考虑：①温度均匀变化引起的变形，例如制造、组装和检验时的温度与工作环境温度之差而引起的变形，这时反射面各点的温度都是相同的。②由于温度不均匀引起的变形，即温差变形，例如由于太阳照射，天线的向阳面与背阴面有温差而引起的变形。

通常，难以准确地给出作用在天线上的温度数值，这是因为影响温度场分布的因素非常多：如天线口径、海拔高度、地理位置、太阳位置、表面处理、材料特性、大气湍流、空气流速、天线姿态和周围环境等。

天线温度载荷的施加，困难在于温度分布的确定。曾对某 30m 天线进行了温度测量，天线背架在夏天晴朗无风的中午，最大温差在垂直方向为 7~8℃，水平方向为 6℃；而晴朗有 3~4 级风时，最大温差仅为 3℃。上海天文台对 25m 天线进行了温度测量，测量条件为白天晴朗微风的夏季，天线在垂直方向上的温度梯度为 8℃。位于西班牙的海拔 2900m 的韦莱塔峰（Pico Veleta）上的 30m 射电望远镜可工作于毫米波段，其反射面上的温度测量结果如图 4-33 所示。此外，南非也对一台双偏置 13.5m 天线在不同太阳照射角度下进行了温度测量。

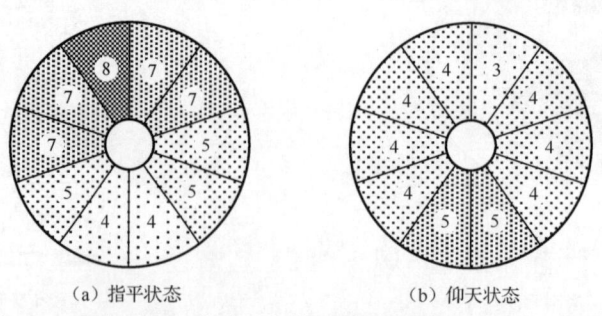

（a）指平状态　　　　　　　　（b）仰天状态

图 4-33 西班牙 30m 射电望远镜反射面温度分布（单位：℃）

由上述不同天线的实测结果可以看出,不同天线在不同条件下所得到的温度分布是不相同的。一般认为,反射面天线上的温度分布基本上是线性的,目前工程中仿真分析使用的温度梯度分布主要有三种方式,如图 4-34 所示。图 4-34(a)为三段式温度分布假设,认为温度分布在天线口面两侧为均匀分布,中间呈线性分布;图 4-34(b)为阶梯式温度分布假设,认为向阳面和背阴面为均匀分布,两处分界面存在温度跳变;图 4-34(c)为线性温度分布假设,认为温度沿某一方向呈线性分布,该方法是目前国际上最通用的温度载荷施加方式。

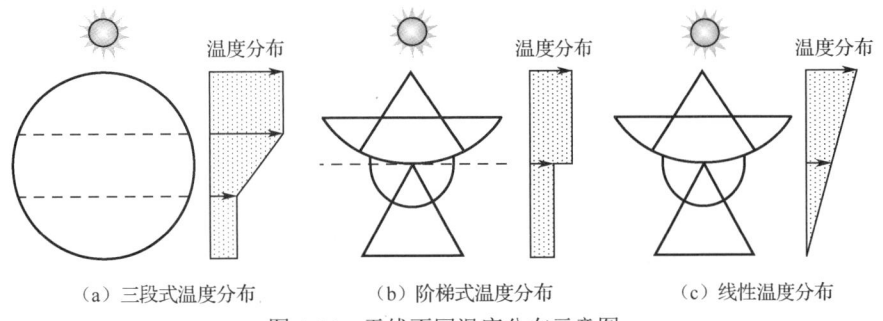

(a)三段式温度分布　　(b)阶梯式温度分布　　(c)线性温度分布

图 4-34　天线不同温度分布示意图

下面以双偏置 15m 天线为例,说明温度梯度载荷的施加方式。如图 4-35 所示,分别给定了 3 个相互正交方向上的温度梯度,即垂直方向、水平方向和前后方向,具体数值应依据天线工作模式确定,如高精度模式、正常模式和降精度模式等。本算例中 3 个方向上的梯度值依次为 5℃、3℃和 2℃。

(a)15m天线结构　　(b)垂直方向温度梯度分布

(c)水平方向温度梯度分布　　(d)前后方向温度梯度分布

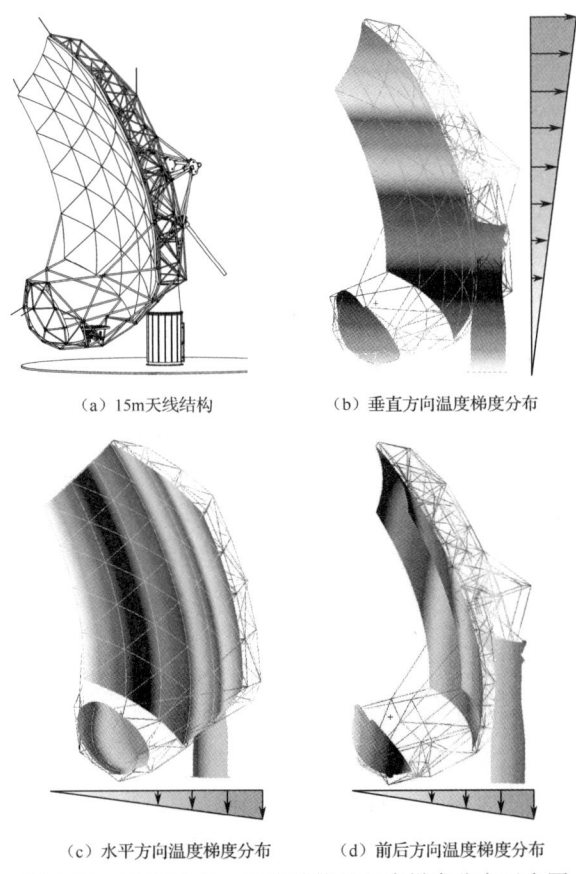

图 4-35　双偏置 15m 天线结构及温度梯度分布示意图

在分析中，分别对三种工况进行了独立计算，典型仰角包括15°、30°、45°、60°、75°和90°，衡量结果为天线表面精度。根据误差合成理论，当误差的出现是相互独立和随机的时，总误差为各项独立误差所对应的方差之和。双偏置15m天线的温度梯度计算结果如图4-36所示。

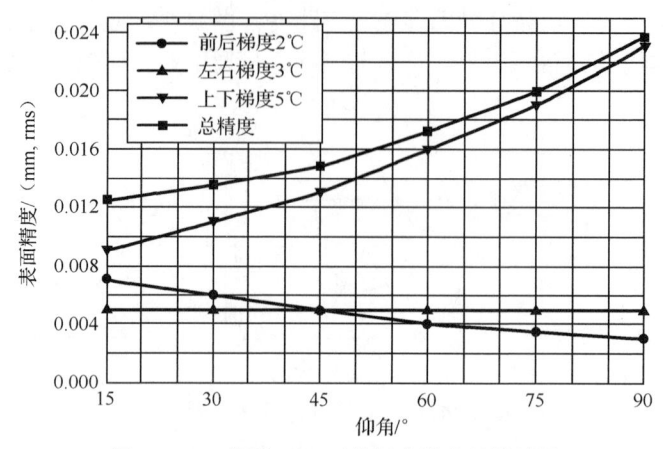

图4-36 双偏置15m天线温度梯度计算结果

以上简要讨论了有温度梯度的计算方法，下面再介绍均匀温度载荷作用。一般认为，均匀温度作用对大型或超大型天线影响显著，设计时应给予考虑。均匀温度作用以天线的初始温度（合拢温度）为基准，包括均匀温升和温降两种工况。均匀温升作用的标准值按下式计算

$$\Delta T_h = T_{a,max} - T_{0,min} \tag{4-56}$$

式中，ΔT_h为均匀温升作用标准值（℃）；$T_{a,max}$为天线结构最高平均温度（℃）；$T_{0,min}$为天线结构最低初始平均温度（℃）。

均匀温降作用的标准值按下式计算

$$\Delta T_l = T_{a,min} - T_{0,max} \tag{4-57}$$

式中，ΔT_l为均匀温降作用标准值（℃）；$T_{a,min}$为天线结构最低平均温度（℃）；$T_{0,max}$为天线结构最高初始平均温度（℃）。

以上两式中的最高初始平均温度$T_{0,max}$和最低初始平均温度$T_{0,min}$应根据天线系统安装调整完毕或形成约束的时间确定，或根据施工时结构可能出现的温度按不利情况确定。

在对某超大口径天线进行温度载荷分析时发现，均匀温度载荷对天线表面精度的影响远大于温度梯度的影响，如当天线整体温升20℃时的表面精度降低0.182mm，而温度梯度为15℃时的表面精度仅降低0.095mm，这与传统观点"因反射体各点温度都是相同的，变形后的反射面仍为抛物面"不相符，因此，开展了较为深入的均匀温度载荷对天线精度影响的探讨。

为了验证均匀温度载荷作用，选取了较为理想的三种结构作为分析对象：天线反射体背架、背架上弦面和径向杆。反射体背架边界条件分为两种：约束背架底平面圆周方向和中心体圆周方向；背架上弦面和径向杆的边界条件为约束中心圆周方向。施加的均匀温度载荷为整体温升20℃和整体温降-40℃。三种结构形式及边界条件如图4-37所示。

(a) 天线背架，底平面边缘约束
(b) 天线背架，中心约束
(c) 仅上弦面，中心约束
(d) 仅径向杆，中心约束

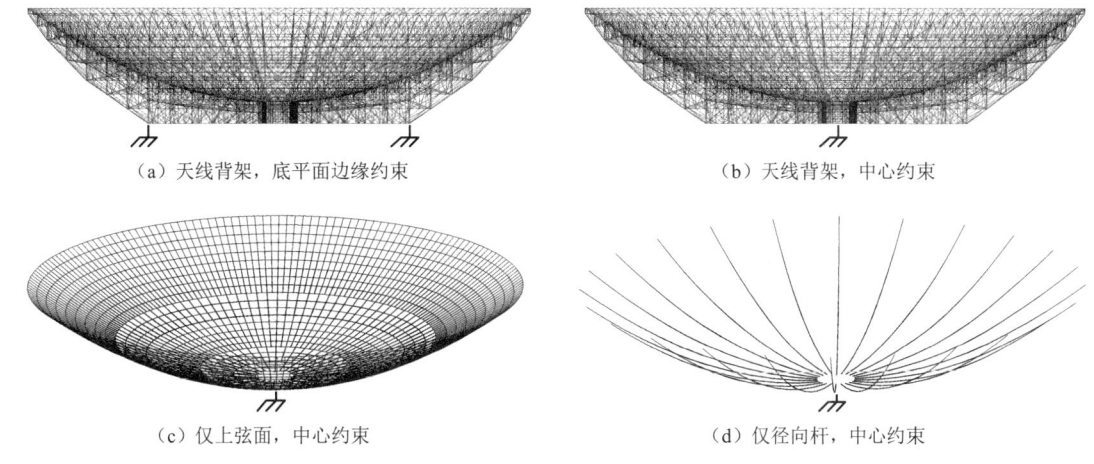

图 4-37　均匀温度作用的三种结构形式及边界条件

分别对上述对象进行了仿真分析，并根据计算结果得到了不同工况下的天线表面精度，如表 4-1 所示。

表 4-1　不同结构形式和边界条件下的表面精度

结构形式和边界条件	表面精度/mm	
	整体温升（20℃）	整体温降（-40℃）
天线背架，底平面边缘约束	1.4906	2.9812
天线背架，中心约束	0.1887	0.3774
上弦面，中心约束	0.9393	1.8785
径向杆，中心约束	0.0465	0.0931

由上述分析结果可以得出以下结论。

(1) 不同约束会对表面精度产生很大的影响。

在上述例子中，对于同一反射体背架，当施加的约束不同时，得到的结果几乎存在 8 倍关系。因此，当要讨论均匀温度作用时，应将边界约束作为前提条件。

(2) 中心约束对天线表面精度产生的影响较小。

当要降低均匀温度作用对天线精度的影响时，边界约束应尽量位于中心位置，使结构能够较自由地膨胀或收缩。

(3) 天线表面精度与均匀温度作用载荷值呈线性关系。

根据前面的分析结果可以看出，在结构形式和边界条件相同的条件下，天线表面精度与施加的温度载荷数值呈线性关系，即载荷增加 1 倍，精度降低一半。

(4) 环向结构会对天线表面精度产生影响。

在均匀温度作用下，环向结构会对天线变形产生约束作用，从而影响表面精度。

(5) 传统观点应增加严格的前提条件才能成立。

传统观点"变形后的反射面仍为抛物面，只是焦距改变了"，应增加严格的前提条件：第一，约束点位于中心位置；第二，反射体背架厚度应尽量小，以减小反射面轴向变形；第三，没有环向结构，以消除反射面圆周方向的变形。

基于上述分析，对于大型反射面天线而言，均匀温度作用对天线表面精度的影响占据主导作用，而温度梯度的影响则较小，温度梯度仅使天线的指向精度发生了变化。

4.2.1.4 转动惯性载荷

天线在转动过程中，由于加速度的存在，天线结构会受到动载荷的作用。当天线结构刚度较好时，引入惯性力的概念，可以作为静载荷来分析。天线的转动过程主要包括以下几种运动状态。

1. 加速度最大，速度为零

如图 4-38 所示，当天线初始启动时，加速度最大，速度为零，天线上任一点 P 的切向惯性力为

$$F = m_P \alpha r \tag{4-58}$$

式中，F 为切向惯性力；m_P 为 P 点质量；α 为转动角加速度；r 为 P 点到转轴距离。

该惯性力可分解为两个分量：水平分量 F_x 和垂直分量 F_y，具体表示为

$$F_x = F \sin\theta = m_P r \alpha \frac{y_P}{r} = m_P \alpha y_P \tag{4-59}$$

$$F_y = F \cos\theta = m_P r \alpha \frac{x_P}{r} = m_P \alpha x_P \tag{4-60}$$

在以上两式中，水平分量 F_x 使天线产生绕轴线的整体转动趋势，当质量均匀分布时，天线上同一周向的水平分量相等；垂直分量 F_y 沿天线圆周方向呈周期分布，近轴点为零，距转动轴线最远端达到最大值，主要对反射面产生椭圆变形效应。

图 4-39 给出了质量均匀分布的天线反射体加速转动时惯性力分量示意图。图 4-39（a）为侧向力分布示意图，从图中可以看出，同一圆周上的侧向力处处相等；图 4-39（b）为天线径向力分布示意图，从图中可以看出，同一圆周上的径向力左右反对称分布。

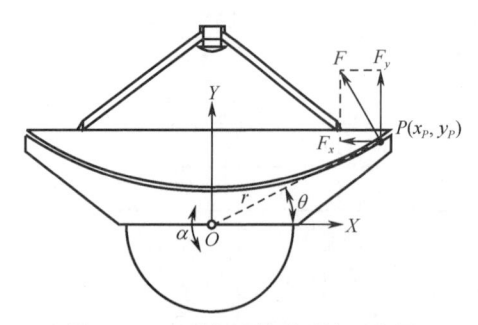

图 4-38 天线加速转动受力示意图

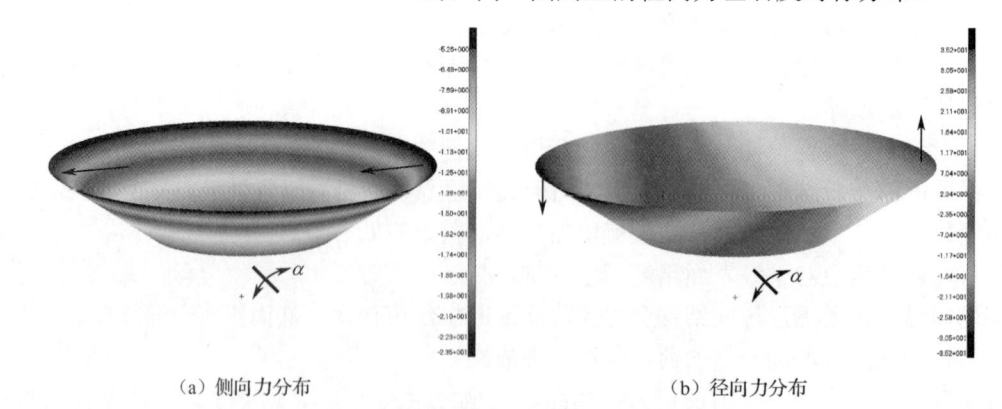

(a) 侧向力分布

(b) 径向力分布

图 4-39 天线加速转动时惯性力分量示意图

由前面的分析可知，切向惯性力的两个分量对天线产生不同的变形效应，致使天线产生"椭圆形"变形，如图 4-40 所示。

2. 速度最快，加速度为零

如图 4-41 所示，当天线停止加速做匀速转动时，天线上任一点 P 的离心力为

$$F = m_P \omega^2 r \qquad (4-61)$$

式中，F 为离心力；m_P 为 P 点质量；ω 为转动角速度；r 为 P 点到转轴距离。

该离心力可分解为两个分量：水平分量 F_x 和垂直分量 F_y，具体表示为

$$F_x = F\cos\theta = m_P r \omega^2 \frac{x_P}{r} = m_P \omega^2 x_P \qquad (4-62)$$

$$F_y = F\sin\theta = m_P r \omega^2 \frac{y_P}{r} = m_P \omega^2 y_P \qquad (4-63)$$

在式（4-62）和式（4-63）中，水平分量 F_x 沿天线圆周方向呈周期分布，近轴点为零，距转动轴线最远端达到最大值，主要对反射面产生椭圆变形效应；垂直分量 F_y 对反射面产生弯曲变形效应，当质量均匀分布时，天线上同一周向的垂直分量相等。

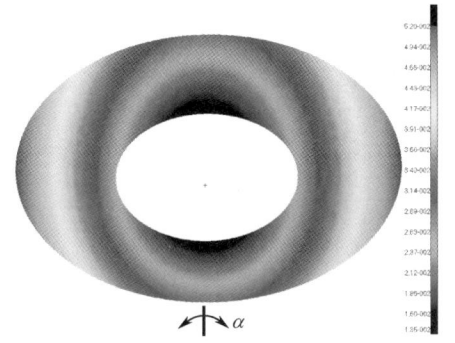

图 4-40 天线加速转动时的变形示意图

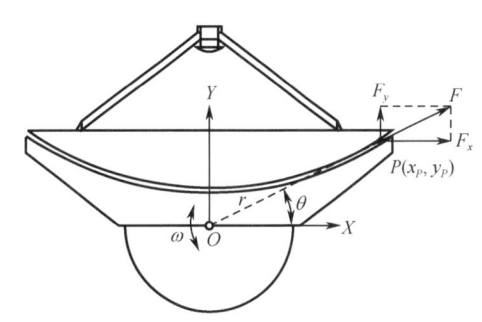

图 4-41 天线匀速转动受力示意图

图 4-42 给出了质量均匀分布的天线反射体匀速转动时离心力分量示意图。图 4-42（a）为侧向力分布示意图，从图中可以看出，同一圆周上的侧向力左右对称分布；图 4-42（b）为天线径向力分布示意图，从图中可以看出，同一圆周上的轴向力处处相等。

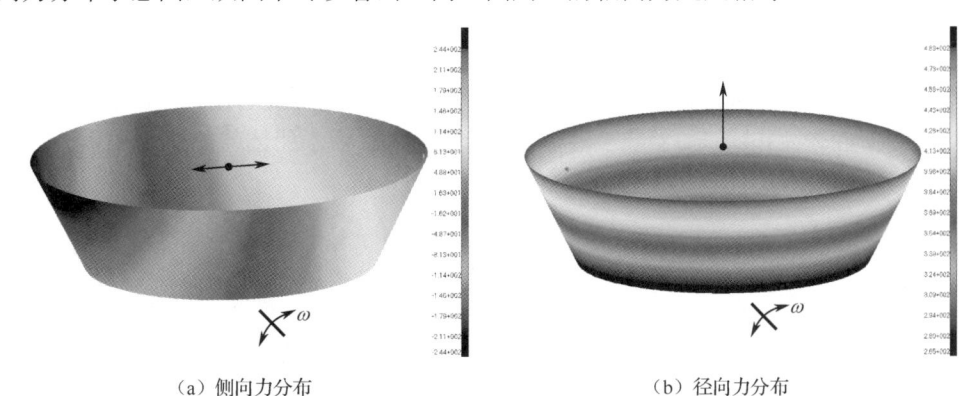

（a）侧向力分布

（b）径向力分布

图 4-42 天线匀速转动时离心力分量示意图

由前面的分析可知，离心力的两个分量可以对天线产生不同的变形效应，致使天线产生"马鞍形"变形，如图 4-43 所示。

天线所受的离心力与天线口径、转速和转动半径相关。对于大型反射面天线，一般情况下，侧向力的极值要大于轴向力的极值。

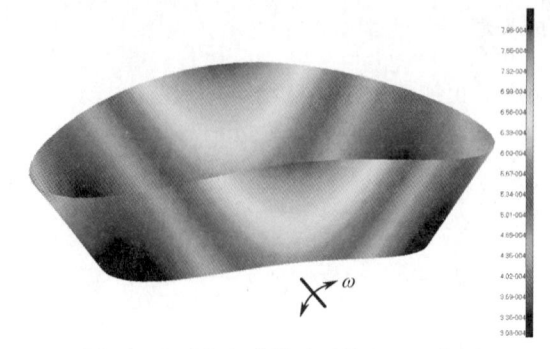

图 4-43 天线匀速转动时的变形示意图

3. 转速和加速同时存在

在天线到达匀速转动之前,处于转速和加速同时存在的状态,天线的变形也为两种状态的组合,此处不再进行理论性分析,图 4-44 给出了某天线转速与加速度随时间变化的曲线。

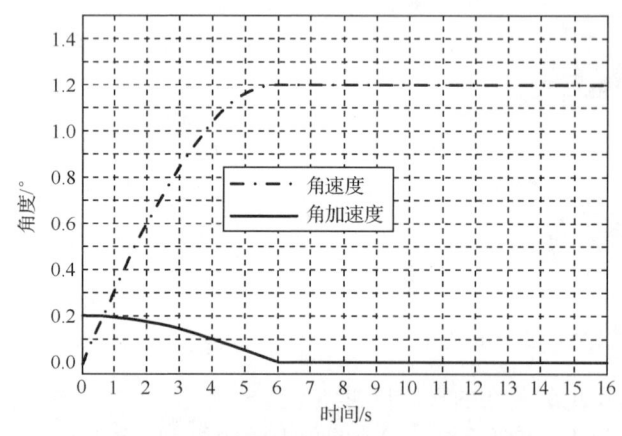

图 4-44 转速与加速度随时间变化的曲线

一般而言,转动惯性载荷对固定站天线影响较小,即使大口径天线,由于其转动速度和加速度不会太高,惯性载荷所导致的性能降低也非常有限。对于动态性能要求不高的中小口径天线,通常不考虑转动惯性载荷。对于移动载体上的天线,如机载或船载天线,由于载体的运动会使天线受到惯性载荷作用,如安装于船体桅杆上的天线,由于船体的摇摆,加速度可达 $1.5g$,此时应计算天线转动和船体摇摆的惯性叠加效应。

4.2.1.5 冰雪载荷

在空气湿度较大的地区,当初冬或冬末的气温急剧下降、有雾或下小雨时,露天结构的表面会出现积冰现象,此外,在一些地区还会出现冻雨,当天线表面被冰层覆盖时,称为"裹冰"。由于结构裹冰位置、厚度及裹冰层的密度等参数由当地的气象条件直接决定,所以在裹冰载荷的计算中一般假设整个天线结构外露表面均匀裹冰。裹冰厚度一般由站址气象记录确定,冰的密度按照规定取值 900kg/m^3。

雪载荷的作用与天线姿态有关,当天线仰天时,所受的载荷最大,天线所受基本雪压按下式计算

$$s = h\rho g \tag{4-64}$$

式中，s 为基本雪压（N/m²）；h 为积雪覆盖厚度（m）；ρ 为积雪密度（kg/m³）；g 为重力加速度（9.8m/s²）。

由于雪密度随积雪深度、积雪时间和当地的地理气候条件等因素的变化有较大幅度的变异，对于无雪压记录的天线站址，可按地区的平均雪密度计算雪压。例如，东北及新疆北部地区的平均密度取 150kg/m³；华北及西北地区取 130kg/m³，其中青海取 120kg/m³；淮河、秦岭以南地区一般取 150kg/m³，其中江西、浙江取 200kg/m³。

4.2.1.6 其他载荷

天线系统所受的其他载荷主要有架设载荷、地震载荷。

架设载荷是指天线在架设过程中所受到的载荷作用，对天线结构来说可分为重复架设过程中产生的载荷与一次性现场安装过程中产生的载荷两类。重复架设过程中产生的载荷是指机动式天线在架设过程中产生的载荷，此类载荷一般要求在机构运动时对结构刚强度进行验算。如车载天线处于仰天姿态时，俯仰驱动杆的轴向力水平分量通常非常大，需要对天线结构进行校核。一次性现场安装过程中产生的载荷主要指吊装拼装过程中产生的载荷，对此类载荷进行计算时，要求各组装部分具备合理的尺寸及刚强度，并需在合适的位置设立吊装点，以便完成天线的安装架设。图 4-45 是 65m 天线的架设载荷计算，通过计算校核了吊装点的强度以及天线的安全性。

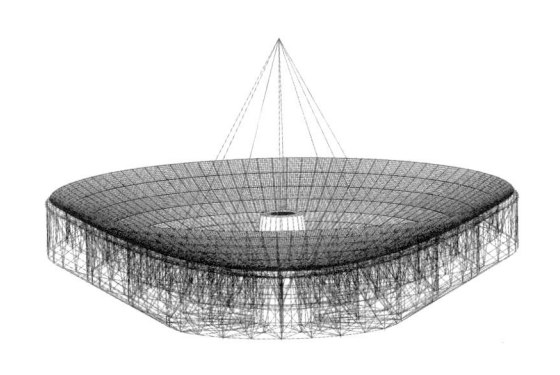

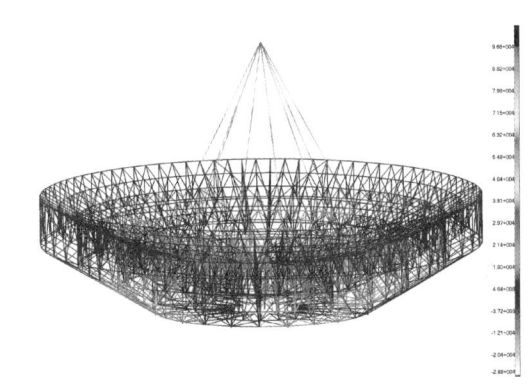

(a) 有限元模型　　　　　　　(b) 应力结果

图 4-45　65m 天线架设载荷计算

对于大中型天线来说，还需要考虑地震对天线结构的影响，应进行地震安全性分析。对于不同使用性质的建筑物，地震破坏造成的后果的严重性是不一样的。建筑物的抗震设防应依据其重要性和破坏性后果而采用不同的设防标准，我国规范将建筑物的抗震设防分为四个类别。

甲类建筑：涉及国家公共安全的重大建筑工程和地震时可能发生严重次生灾害的建筑。如可能产生大爆炸、核泄漏、放射性污染、剧毒气体扩散的建筑。

乙类建筑：地震时使用功能不能中断或需要尽快恢复的生命线相关建筑。如城市生命线工程（供水、供电、交通、医疗、通信等系统）的核心建筑。

丙类建筑：除甲、乙、丁类以外的一般建筑。如一般的工业与民用建筑、公共建筑等。

丁类建筑：抗震次要建筑。如一般的仓库、人员较少的辅助建筑物等。

大中型天线系统通常作为重要的通信设施，应属于核心建筑，甚至有些天线还属于重要的军事装备。因此，天线应参照甲类或乙类建筑的设防标准来进行安全性分析。对于甲类建筑，地震载荷作用计算应高于本地区抗震设防烈度的要求，其值应按批准的地震安全性评价结果确定；对于乙类建筑，地震载荷作用计算应符合本地区抗震设防烈度的要求（6度时可不进行计算）。抗震设防烈度与设计基本地震加速度之间的对应关系如表4-2所示。设计基本地震加速度为0.15g（g为重力加速度）和0.30g地区内的建筑，应分别按抗震设防烈度7度和8度的要求进行抗震分析。

表4-2 抗震设防烈度和设计基本地震加速度值的对应关系

抗震设防烈度	6度	7度	8度	9度
设计基本地震加速度值	0.05g	0.10(0.15)g	0.20(0.30)g	0.40g

为了实现"小震不坏，中震可修，大震不倒"的三水准设防目标，天线结构的地震安全性分析宜采用两阶段方法来完成抗震设防要求。

第一阶段分析：按照多遇地震作用效应和其他载荷效应的组合验算结构构件的承载能力和结构的弹性变形。在多遇地震作用下，结构应能处于正常使用状态。

第二阶段分析：在罕遇地震作用下验算结构的弹塑性变形。在罕遇地震作用下，结构将进入弹塑性状态，产生较大的非弹性变形。若结构强度储备不足，势必会由于薄弱部位弹塑性变形过大而发生倒塌；因此，为满足"大震不倒"的要求，应控制结构的弹塑性变形在允许的范围。

在不同阶段分析地震作用所采用的加速度最大值如表4-3所示。表中给出了不同设防烈度下的多遇地震和罕遇地震的加速度最大值。

表4-3 不同设防烈度下的加速度最大值

地震烈度	6度	7度	8度	9度
多遇地震/（cm/s²）	18	35	70	140
罕遇地震/（cm/s²）	—	220	400	620

由于天线结构形状不规则，质量和刚度沿高度方向分布不均匀，不易进行模型简化，在地震安全性分析时，宜借助于有限元模型采用时程分析法。同时，时程分析法比振型分解法和反应谱法更适合于弹塑性和非弹性问题。选取地震波是地震时程分析的重要内容，选取地震波的目的是找出适合所建工程场地、抗震设防烈度的地震波，使结构的地震反应分析具有较强的针对性。

当选取实际地震记录作为输入时，要注意选取工程场地特征周期与所选地震记录接近的地震波，并根据抗震设防烈度的需要调整地震加速度幅值。如有条件，可以根据工程场地的实际情况，进行场地抗震安全性评估，给出符合场地特性的人工地震波。图4-46给出了两条实际地震波加速度，图4-46（a）为中硬土场地类型，图4-46（b）为中软土场地类型。

当天线结构高度超过40m时，需要3个方向输入地震波，3个方向上加速度最大值输入比例（水平方向1：水平方向2：竖向）通常按1:0.85:0.65调整。

某40m天线要求抗震设防烈度为8度，建设场地为硬土场地类型，结构基频为2.1Hz，多遇地震下阻尼比为0.04。采用时程法分析了天线在多遇地震下的安全性。地震波为3个方向输入，3个方向加速度峰值比为1:0.85:0.65，峰值为70cm/s²，计算结果如图4-47所示。在45°仰角，地震动作用下的最大应力为171MPa，应力状态为压应力；在80°仰角，地震动作用下的最大应力为173MPa，应力状态为拉应力。两种姿态下的最大应力均小于材料的屈服应力，说明变形处于弹性范围，因此，天线在多遇地震下是安全的。

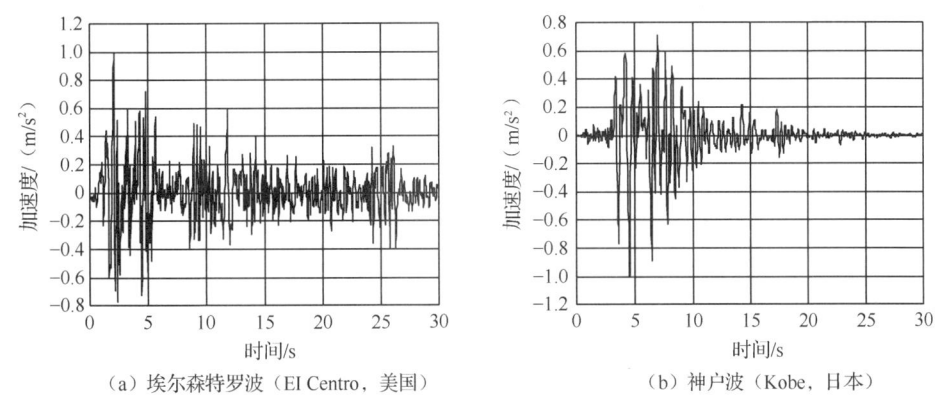

(a) 埃尔森特罗波（El Centro，美国）　　(b) 神户波（Kobe，日本）

图 4-46　实际地震波加速度

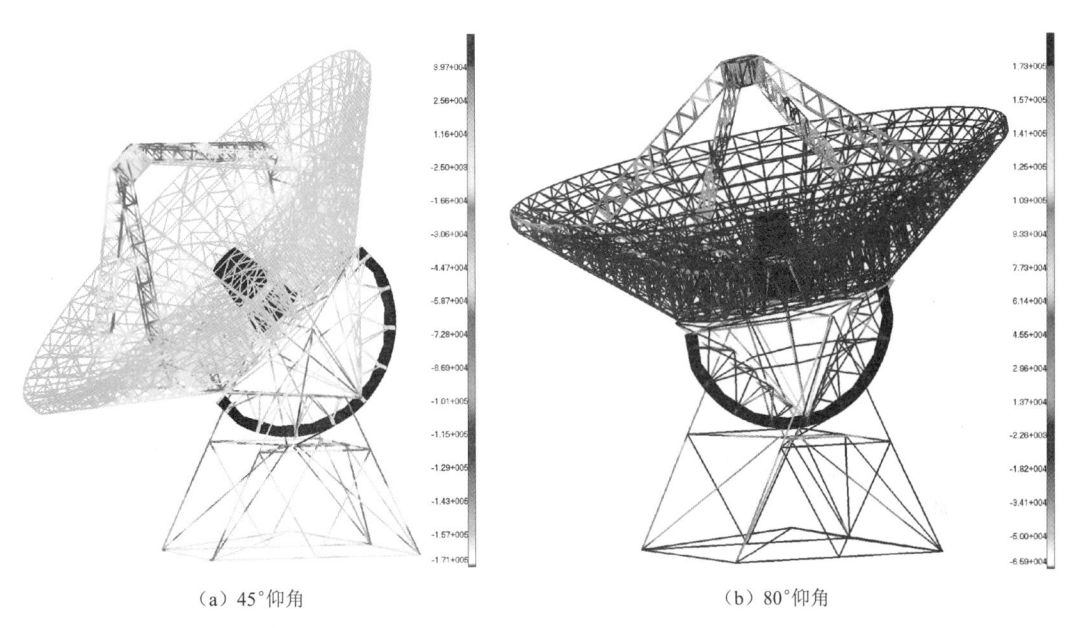

(a) 45°仰角　　(b) 80°仰角

图 4-47　多遇地震下天线的最大应力

对于小型地基类天线，当天线刚度较好、谐振频率较高时（应大于 5Hz），可采用简化的静力学分析，即将地震作用等效为水平方向的静载荷，进行安全性分析。

4.2.1.7　载荷工况

前面给出了天线在不同环境条件下的载荷计算方法，每种载荷的施加都是独立的，真实环境中的天线要承受多种载荷，必须考虑各种可能的载荷组合。在设计阶段应制定合理的载荷工况，以保证天线在运行过程中既能满足技术指标又具有足够的安全性。

不同使用条件下的天线的载荷工况有所不同，通常情况下，天线应根据工作条件和生存条件制定载荷工况，主要包括以下几种类别。

1. 精度分析

精度分析是对反射面天线性能的最基本评估，也是衡量天线的保型能力和抵抗外力的能力。精度分析应涵盖以下三种工况。
- 高精度工况：自重+微风或无风+均匀温度；
- 正常工况：自重+和风或清风+均匀温度+温度梯度；
- 降精度工况：自重+强风或疾风+均匀温度+温度梯度。

对于射电天文中的天线，高精度工况是指夜晚无风，环境温度变化较缓慢；正常工况是指白天有风环境，还包含均匀温度以及日照引起的温度梯度；降精度工况是指白天有风且风力较强，同时包含均匀温度和温度梯度。上述三种工况中的风载荷对于不同站址的天线取值一般是不同的，应根据当地气象条件的统计数据确定，例如上海 65m 天线三种工况所对应的风速分别为 4m/s、10m/s 和 20m/s，而平方千米阵列（SKA）天线所对应的风速分别为 5m/s、7m/s 和 10m/s。

以上三种工况分析时，应包含天线的典型工作仰角，如最低仰角、预调角和最高仰角。

2. 模态分析

模态分析是衡量天线刚度和伺服带宽的关键过程，应采用锁定转子方法进行计算。天线仰角应包含高、中、低不同姿态，每种仰角下的分析结果应至少给出第一阶谐振频率和振型图。SKA 天线分析了七种不同仰角下的谐振频率，每个仰角下给出了前六阶谐振频率。

3. 强度分析

强度分析是评估天线在极端环境下的安全性，结构要承受重力、温度及风力等共同作用下的载荷组合。通常应包含以下几种工况。
- 最低仰角工况 1：自重+方位风向角 0°+可驱动风速+均匀温度+冰雪载荷；
- 最低仰角工况 2：自重+方位风向角 90°+可驱动风速+均匀温度+冰雪载荷；
- 最低仰角工况 3：自重+方位风向角 180°+可驱动风速+均匀温度+冰雪载荷；
- 收藏姿态工况 1：自重+方位风向角 0°+极限风速+均匀温度+冰雪载荷；
- 收藏姿态工况 2：自重+方位风向角 45°+极限风速+均匀温度+冰雪载荷；
- 收藏姿态工况 3：自重+方位风向角 90°+极限风速+均匀温度+冰雪载荷。

4. 地震安全性分析

地震安全性分析是校核天线所在地区遭受地震影响时，能否满足三水准设防目标。根据天线的不同仰角和不同地震设防烈度，主要包括以下工况。
- 多遇地震工况 1：自重+低仰角+多遇地震烈度+0.3×可驱动风速+0.3×极限均匀温度；
- 多遇地震工况 2：自重+中间仰角+多遇地震烈度+0.3×可驱动风速+0.3×极限均匀温度；
- 多遇地震工况 3：自重+高仰角+多遇地震烈度+0.3×极限风速+0.3×极限均匀温度；
- 罕遇地震工况 1：自重+中间仰角+罕遇地震烈度（1∶0.85∶0.65）；
- 罕遇地震工况 2：自重+中间仰角+罕遇地震烈度（0.85∶1∶0.65）。

4.2.2 边界条件设置

边界条件反映了分析对象与外界之间的相互作用，是实际工况条件在有限元模型上的表现形式。广义上的边界条件包括位移约束条件、热边界条件和载荷条件等。由于载荷条件种类繁多，正如上节所介绍的内容，施加过程较复杂，有的观点已将其独立出来。对于天线系统结构仿真而言，此处的边界条件主要是指位移约束条件。在天线的分析过程中，施加正确的边界条件是获得正确分析结果和较高分析精度的重要条件。天线系统的边界条件设置主要包括以下几个方面。

4.2.2.1 外部边界条件

外部边界条件是指天线系统在边界上所受到的外加约束，为了得到结构的变形位移，必须对模型施加足够的位移约束，以排除各种可能的刚体运动。地基类天线的边界条件就是基础对天线的位移约束；各类移动载体上的天线的边界条件就是安装平台对天线的位移约束。

对于平面结构的刚体运动表现为沿平面坐标系两个轴向的平动和绕原点的转动，因此位移约束必须足以消除这三个运动。图 4-48 给出了平面结构的不同约束，图中箭头表示被约束节点的位移分量。图 4-48（a）中，对 A 点施加两个方向的固定约束消除了平动，再在 B 点增加一个水平或垂直约束，便可消除转动，因此该结构满足约束条件；图 4-48（b）中，在 A 点和 B 点分别施加垂直和水平后，结构仍可以转动（图中虚线所示），这时若在其他任意一点增加一个水平或垂直约束，则可以消除转动；图 4-48（c）中，约束了钢架底部一个节点的 3 个自由度，就消除了所有刚度运动；图 4-48（d）中，虽然在 3 个节点上施加了 3 个位移约束，但这些约束的方向相同，不能消除刚体运动。由此可见，为了消除平面结构的刚体运动，至少应在模型上施加 3 个约束，且被约束的 3 个位移不能沿同一方向。如果节点只有两个移动自由度，则必须至少约束两个节点。如果节点还具有转动自由度，则可以只在一个节点上施加所有 3 个约束。

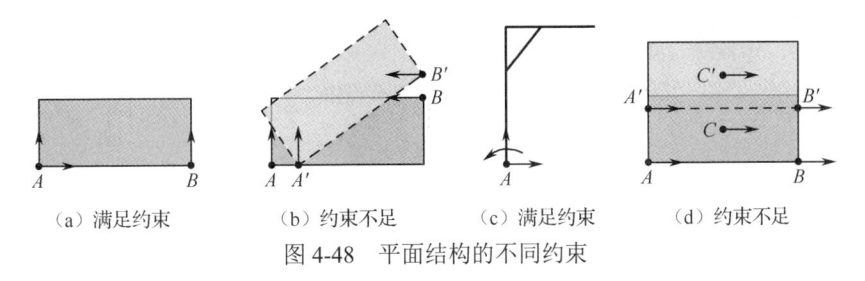

（a）满足约束　　（b）约束不足　　（c）满足约束　　（d）约束不足

图 4-48 平面结构的不同约束

工程中的平板天线和平面相控阵天线，在仿真分析中可依据上述约束条件进行边界条件的设置。

对于三维空间结构的刚体运动，表现为沿坐标系 3 个轴向的移动和绕 3 个坐标轴的转动，共 6 个运动。同样，为了消除空间结构的所有刚体运动，应在模型上施加至少 6 个位移约束。如果节点只有 3 个移动自由度，则约束必须施加在至少 3 个不共线的节点上，且约束的位移应具有沿 3 个坐标轴方向的位移。

下面以工程中的两种结构形式为例来说明边界条件的设置。第一种为立柱式，常作为中小型天线的支撑结构，立柱下端通过地脚螺丝与基础连接，如图 4-49（a）所示。图 4-49（a）中的箭头表示螺栓连接位置，在边界条件设置时，将该部位的 6 个自由度全部约束。

图 4-49（b）为弹性边界约束条件。当动力学分析时，若基础刚度对天线系统产生较为明显的影响，可将连接位置的基础刚度等效为弹簧单元，弹簧单元一端与立柱相连，另一端自由度全部约束。在有限元分析中，弹性约束也可以消除刚性运动。

（a）刚性边界　　　　　　　　　（b）弹性边界

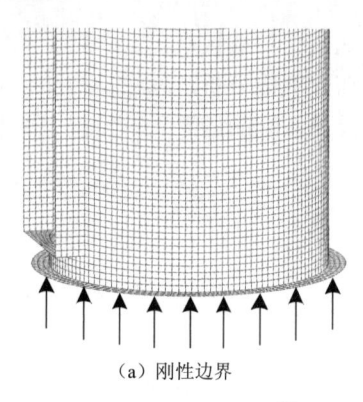

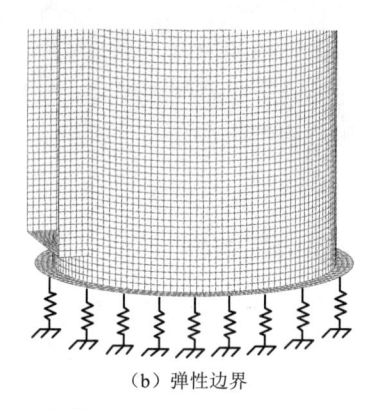

图 4-49　立柱式结构边界条件

另一种结构形式为轮轨式，常用于大型或超大型天线的支撑。轮轨式天线通过多组滚轮和中心枢轴与基础连接。滚轮除了自身能够转动之外，其与主体结构之间的连接还采用了铰接或柔性板，以保证轮轨之间的全接触，因此应释放 3 个方向上的转动自由度。中心枢轴起到轮轨天线的定心作用，能够承受径向力，而不承受轴向力，因此应释放轴向移动和转动自由度。

图 4-50 中的箭头表示释放的自由度，在图 4-50（a）中，中心枢轴位置释放了轴向移动自由度和转动自由度约束了两个水平移动自由度和两个转动自由度；在图 4-50（b）中，释放了 3 个转动自由度而约束了 3 个方向上的移动自由度。

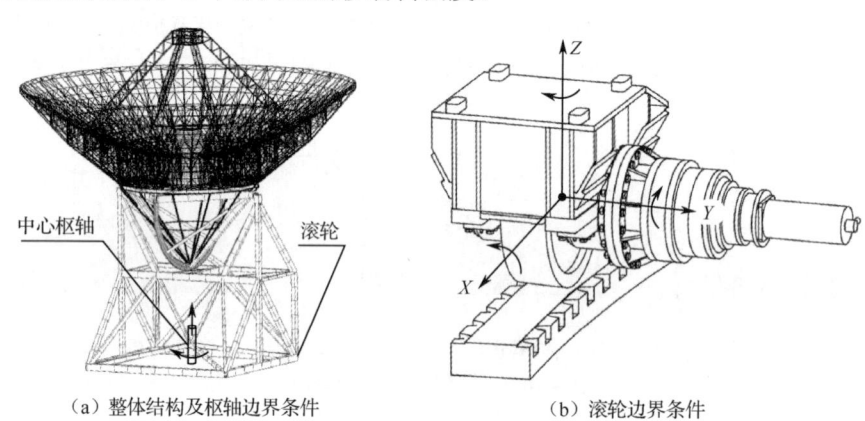

（a）整体结构及枢轴边界条件　　　　　（b）滚轮边界条件

图 4-50　轮轨式结构边界条件

4.2.2.2　内部边界条件

内部边界条件是为了实现系统内部某些部件的功能而采取的方法，如通过轴承、关节等连接的两个单元之间，不能够传递扭矩，单元之间可以相互转动，这就需要通过内部边界条件进行设置。此外，在结构中采用有预紧力的钢索时，也需要采用内部边界条件设定。

图 4-51（a）为一种天线俯仰结构，支撑框架与俯仰支耳和驱动杆之间以及驱动杆两端均通过轴承连接，以上位置的单元之间的连接均应释放内部转动自由度，自由度的方向要与轴承可转动方向保持一致，图中箭头表示释放自由度的方向；图 4-51（b）为一种悬挂式驱动装置，驱动装置通过两个正交的转轴与基座相连，可旋转部位的单元应释放相应的转动自由度，如图中箭头所示。

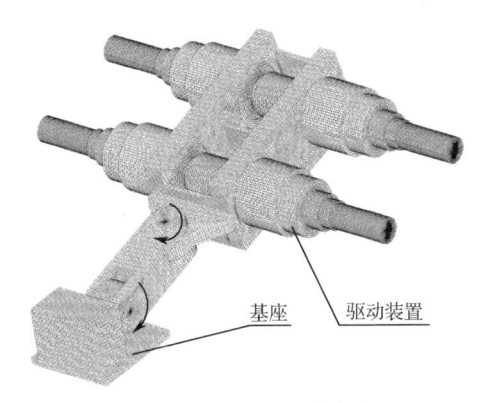

(a) 俯仰转动内部自由度　　　　　　(b) 悬挂式驱动内部自由度

图 4-51　内部转动边界条件

图 4-52 为一种大型天线的副反射面撑腿结构，为了提高支撑刚度，通常会在撑腿之间增加预应力拉索，在有限元模型中的相应位置应施加力载荷，力的作用方向要与拉索方向保持一致，如图中箭头所示。

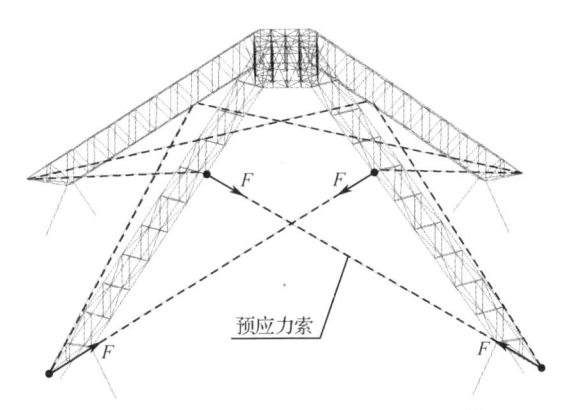

图 4-52　大型天线的副反射面撑腿结构

4.2.2.3　相关约束

相关约束是对节点相对位移关系的限制，它规定了节点位移之间的相对大小，而并未给出位移的绝对值。在有限元模型中，相关约束主要有两种形式：多点等式约束和耦合约束。

多点等式约束要求某些节点的位移分量之间满足给定的等式条件，等式的形式一般为线性代数方程。建立有限元模型时，多点等式约束常用于不同类型单元之间的连接，以保持单元之间的位移协调。

耦合约束是将一组节点与一个所谓独立节点在规定的自由度方向上耦合在一起，当独立节点沿该方向发生一定位移时，其余被耦合的节点也将沿同一方向发生同样大小的位移，即被约束的节点在耦合的自由度方向将具有相同的位移大小。

在天线系统仿真分析中，相关约束是一个非常有用的工具。如天线设计阶段，当连接两个零件之间的构造并不清楚时，而只明确了它们的相互位移关系，就可以采用多点等式约束。此外，相关耦合约束也方便载荷的施加，如图 4-53 所示，当对一个轴类零件端面施加弯矩载荷时，就可以建立一个耦合约束点 P，通过 P 点与轴端面建立耦合约束，实现弯矩的施加。要知道,若不采用耦合约束,对三维模型端面施加弯矩会有多么困难。

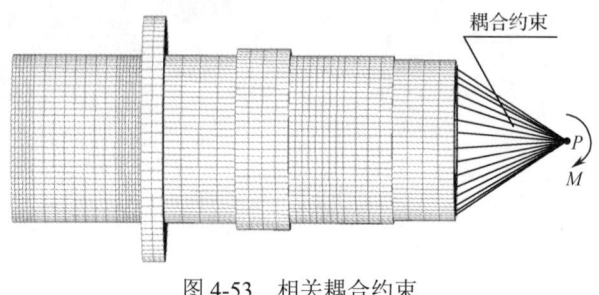

图 4-53　相关耦合约束

4.2.3　单元选择与网格划分

　　天线的仿真模型并不是完全照搬结构的实际形状,而是根据受力、变形和形状的特点对结构进行必要的简化、变换和处理,以建立降低规模的有限元模型,在这个过程中,涉及单元选择与网格划分。

　　有限元模型就是通过相互连接的单元来模拟结构,单元的选择应根据结构的类型、形状特征、应力和变形特点、精度要求和硬件条件等因素综合考虑。根据单元的维数特征,单元可分为一维单元、二维单元和三维单元。一维单元主要有杆单元和梁单元,杆单元与梁单元都是截面尺寸远小于长度尺寸的构件。对于杆单元是相互铰接的,单元之间只传递力而不能传递力矩,杆单元的变形只是伸长与缩短;对于梁单元是刚接的,单元之间既能传递力又能传递力矩,梁单元除了长度可变,还能够产生剪切、扭转和弯曲变形。二维单元的网格是一个平面或曲面,它没有厚度方向的尺寸,这类单元包括平面单元、板单元、壳单元等,单元之间在节点处铰接,即单元间只能传递平面内的力而不能传递力矩,二维单元的形状通常有三角形和四边形。三维单元具有空间 3 个方向的尺寸,单元之间在节点处为空间铰接,单元间只传递任意方向的力而不能传递力矩,单元形状有四面体、五面体和六面体。

　　网格划分是建立有限元模型的核心工作,模型的合理性在很大程度上由网格形式决定。网格划分在建模过程中是非常关键的一步,它需要考虑的问题较多,如网格数量、疏密、质量、布局、位移协调性等。网格数量直接影响了结果精度和计算规模,当网格数量增加时,结果精度和计算规模都将提高,因此应权衡两个因素。一般原则是:首先保证精度要求,当结构不太复杂时应尽可能选用较多数量的网格;当结构复杂时,为了不失精度而又减少网格,应采用其他措施来降低模型规模,如子结构法、分步计算法等。

　　网格疏密是指结构不同位置采用不同大小的网格。在实际的应力场中,很少有均匀分布的应力,或多或少存在应力集中现象。为了反映应力场的局部特性和准确计算最大应力值,应力集中区域应采用较密集的网格,而在其他非应力集中区域,由于应力变化梯度小,可采用较稀疏的网格。图 4-54 是一中心带圆孔的方形板的 1/4 模型,其网格划分反映了上述原则,即在孔附近存在应力集中,采用了较密的网格,而板四周应力梯度较小,网格较稀疏。图 4-54(a)网格疏密相差较少,模型共有 132 个单元;图 4-54(b)网格疏密相差较大,模型只有 72 个单元,但通过计算两者与理论值的最大应力误差仅为 3%。可见,采用疏密不同的网格划分,既可以保持相当的精度,又可以使网格数量减小。同时说明,计算精度并不是随着网格数量增加而绝对增加,网格数量应该增加到结构的关键位置,在次要位置增加网格是不经济的。此外,当网格数量过大时,数值计算的累积误差反而会降低计算精度。

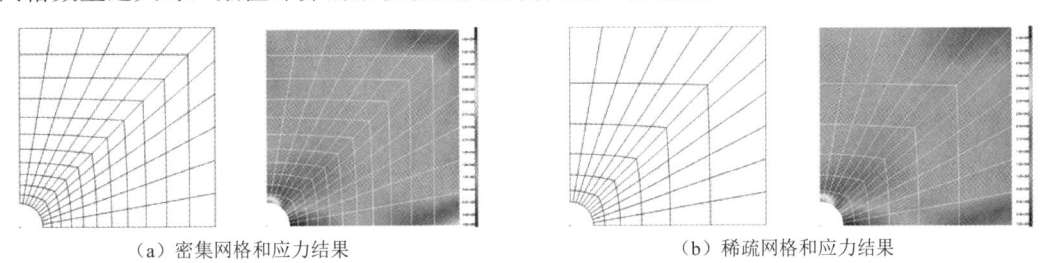

(a)密集网格和应力结果　　　　　(b)稀疏网格和应力结果

图 4-54　两种不同疏密网格及应力结果

前面介绍了有限元模型的单元类型和网格划分的基本原则,下面针对天线系统来进一步说明。

1. 天线系统的单元类型

天线系统结构一般采用转台式或轮轨式,二者的反射体形式基本相同,主要区别在座架上。图 4-55 给出了两种结构形式的有限元模型单元,从图中可以看出,转台式天线的基座和方位机构采用了板单元和壳单元,而轮轨式天线的方位机构则为梁单元,表 4-4 给出了天线各组件的常用单元类型。

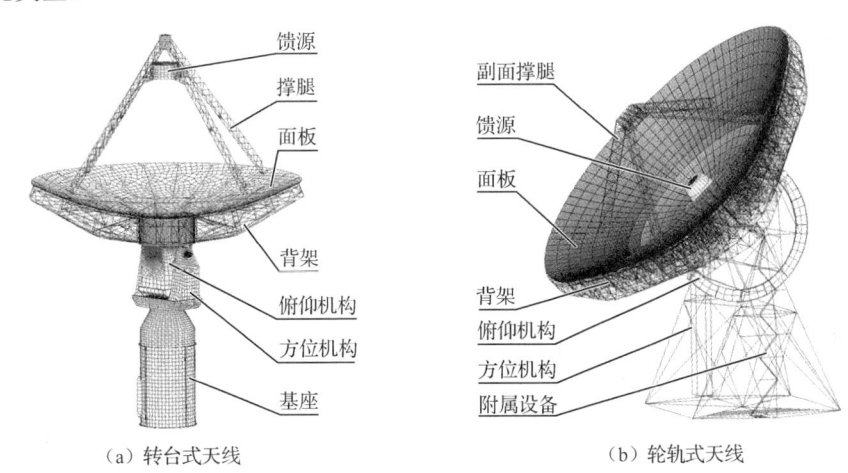

(a)转台式天线　　　　　(b)轮轨式天线

图 4-55　两种天线系统结构的有限元模型单元

表 4-4　天线各组件常用单元类型

名　称	结构分类	单元类型	常用材料
面板	加筋板	壳单元+梁单元	铝合金
	复合材料	层合板	碳纤维、三明治夹层结构
背架	腹板式	板单元	钢板、铝合金板
	桁架式	梁单元、杆单元	钢型材
撑腿	单杆式	梁单元	钢型材
	桁架式	梁单元	钢型材
俯仰机构	箱体式	板单元、壳单元	钢板
	桁架式	梁单元	自制型材

续表

名　　称	结 构 分 类	单 元 类 型	常 用 材 料
方位机构	叉（支）臂式	板单元、壳单元	钢板
	桁架式	梁单元	自制型材
平衡重	—	体单元、质量单元	钢板、铅块
附属设备	—	质量单元	走梯、机房等

2．天线系统网格划分原则

天线系统在划分网格时，除了遵循一般的有限元规则，还有一些特有的原则，主要包括以下几个方面。

（1）网格划分时，应根据部位的重要性以及应力、位移变化剧烈与否确定，重要部位以及应力剧烈部位，网格应较密，反之则疏。如天线的俯仰轴位置，支撑了整个天线的重量，划分时应细化该位置的网格并关注应力幅值。此外天线背架中的多杆件交汇点也是应力集中点，必要时应进行局部结构分析。

（2）若计算对象厚度有突变，或弹性有突变之处，除应将这种位置网格划分较密外，还应将突变线作为网格的分界线。

（3）在天线受集中载荷位置，也应当把这种部位的网格取得小一些，并在载荷作用之处布置节点，使突变得到一定程度的反映。如天线上配备的较重的设备位置，应该划分网格节点。

（4）静力分析时，如果仅仅是计算变形，则可以取较少的网格。如果需要计算应力或应变，若保持相同精度，则应取相对较多的网格。在进行模态分析时，如果仅仅计算少数低阶模态，可以选择较少的网格。如果需要计算高阶模态，由于高阶振型更复杂，所以应选择较多的网格。计算的模态阶次越高，要求模型越详细。此外，选择网格数量时还应考虑质量矩阵的形式。由于一致质量矩阵的计算精度高于集中质量矩阵，所以在采用一致质量矩阵计算时可以划分较少的网格，而采用集中质量矩阵时，则应选择相对较多的网格。

（5）天线面板的网格划分应根据工作频率和所在光路位置进行确定，这是为了提高电磁仿真时所用点云的精度。图4-56给出了两种网格密度的面板，图4-56（a）为副反射面的网格划分，由于其在电磁光路中起放大作用，因此应具有较高的网格密度；图4-56（b）主反射面面板的网格划分，与副反射面相比网格较稀疏。通常，天线工作频率越高，网格划分越密。如某15m天线的最高工作频率为20GHz，主面网格划分节点间距为100mm，副反射面间距为50mm。

(a) 副反射面网格划分

(b) 主反射面网格划分

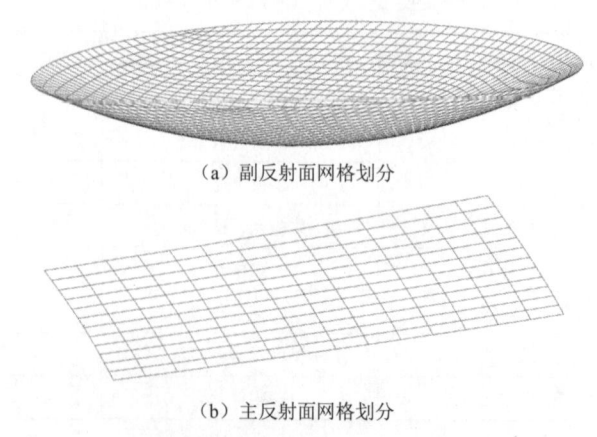

图4-56　不同网格密度的面板

4.2.4 模型精度与分级

前面几节介绍了天线仿真过程中的关键技术，再结合一些基本的有限元理论，就可以建立天线系统的仿真模型。但这并不等于完成了任务，而是需要对模型进行衡量，评估模型能够达到的精度并对模型进行分级。通常有两种方法对模型进行分级：按工程研制进展划分和按系统组成来划分。

按工程研制进展划分主要包括概念级、基础级、标准级和精细级 4 个层次，分别对应工程研制过程的概念设计、初步设计、详细设计和测试验证 4 个阶段。

（1）概念级模型

在工程项目的立项阶段需要建立概念级模型，该模型是对原始创意、设想、构思的评价。概念级模型仅包含主体结构，能够实现一些基本的功能，所得到的分析结果部分满足技术要求。由于具体构造在此阶段并不清晰，模型的精度只能达到约 60%。

（2）基础级模型

基础级模型是在概念模型上发展而来的，模型中增加了一些主要构件，同时对主体结构也进行了升级改进，能够实现全部功能，所得到的分析结果能够满足技术要求。此等级的模型由于细化程度不够，模型的精度只能达到约 70%。

（3）标准级模型

标准级模型是对基础模型的全面优化，模型中的构件经过了工程化设计，在各种工况下，通过了刚度分析和强度校核，所得到的分析结果均满足技术要求，可以进行样机研制。此等级的模型包含了全部信息，模型的精度优于 80%。

（4）精细级模型

精细级模型是通过对标准模型的修正得到的，修正的依据是实际测试数据，修正内容包括构造差异、分布质量以及耦合约束等。分析结果与实测结果误差应小于 10%。此等级的模型经过了试验验证具有很高的可信度，模型精度优于 90%。

SKA 工程的研发历经约十年时间，全部指标均得到了验证，模型精度达到了 90%，在项目研制过程中的四级模型如图 4-57 所示。

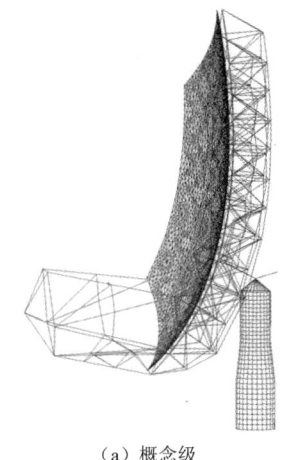

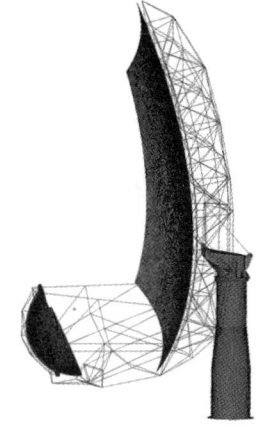

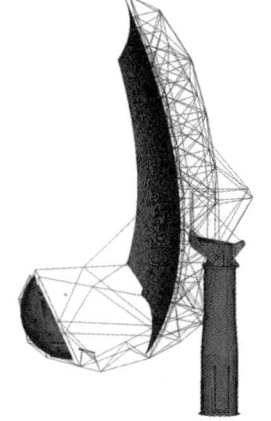

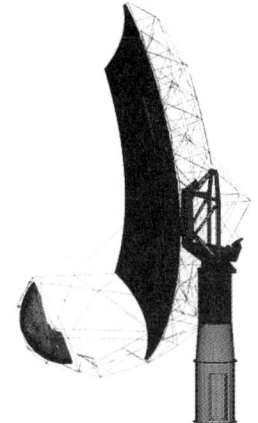

(a) 概念级　　(b) 基础级　　(c) 标准级　　(d) 精细级

图 4-57　SKA 天线不同等级模型

按系统组成划分主要包括部件级、整件级和系统级。

(1) 部件级模型

该级模型通常用于有独立指标要求的部件，如天线面板、并联调整机构等。部件级模型是为验证精度、刚度或强度而建立的，对于一些复合材料制品，有时也为了测定工艺参数或验证力学性能，如图4-58（a）所示。

(2) 整件级模型

整件级模型是建模过程中的一个环节，只是为了提高工作效率，便于多人并行建模，如天线系统中的整件级模型包括反射体、俯仰机构和座架等，如图4-58（b）所示。使用整件级模型分析结果来代替系统性能是不合理的，例如仅用反射体模型分析结果得出的天线精度，或用反射体与俯仰机构组合得到的结果，因为没有考虑到全部整件之间的位移关系耦合作用。

(3) 系统级模型

系统级模型包含了全部结构信息，具有完整的传力路径，能够真实反映各构件之间的相互耦合关系，是天线系统仿真中可信度最高的模型，如图4-58（c）所示。

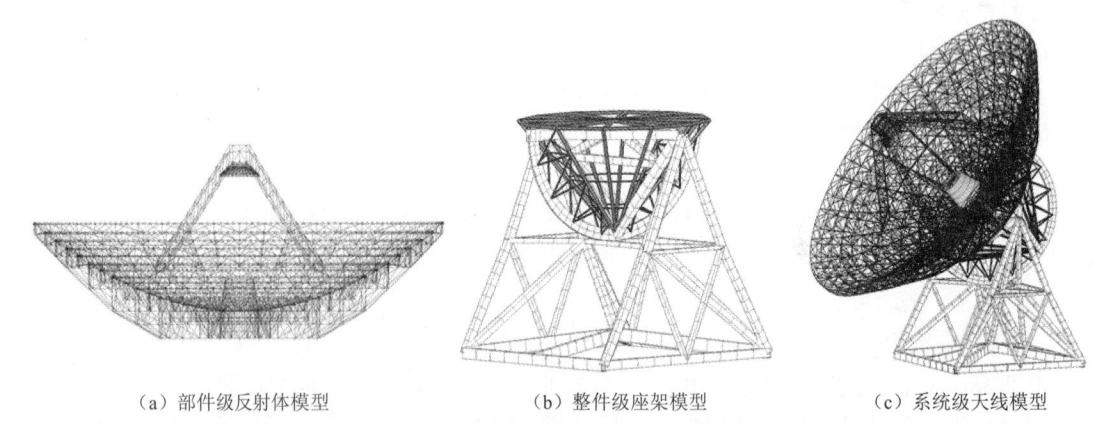

(a) 部件级反射体模型　　(b) 整件级座架模型　　(c) 系统级天线模型

图4-58　大口径天线不同等级模型

4.3　测试与模型修正

精确的有限元模型是天线系统性能评估的重要内容，尽管有限元方法得到了高度的发展，但有限元的分析结果常常与结构实测结果不一致。因此，必须对模型进行调整或修正，使修正后的仿真结果与实测值基本保持一致。

有限元模型修正根据修正对象的不同大体可以分为两类：一类是直接修改结构的总刚度矩阵、总质量矩阵或总阻尼矩阵；另一类是将结构设计变量，如结构的几何尺寸、材料性质、边界条件以及连接刚度等作为修正参数。由于矩阵修正法不考虑具体的物理结构，修正后的质量矩阵和刚度矩阵没有任何物理意义，不能和原始有限元参数的变化联系起来，不利于工程应用。参数修正法可以通过逐步修正模型中的物理参数来修正模型，使得修正后的模型可以在某种精度下再现试验结果，这种特性使得修正后的质量矩阵和刚度矩阵有其物理意义，节点的连通性也能保证，因此，工程中常用的模型修正为参数修正法。但参数修正法的缺点是可修正的参数众多，或者说模型修正存在非唯一解，而且需要利用大量的试验数据和多次的分析计算。

4.3.1 静态刚度测试与模型修正

下面以上海 65m 天线为例来说明静态刚度测试。由于天线体积庞大，通过施加载荷测量变形会变得非常困难，只能通过获得相对量来进行测量。此外，天线的表面精度是由大量的测试点获得的，样本空间足够大，因此采用表面精度衡量天线的变形具有很高的可信度。

65m 天线的预调角为 50°仰角，在该仰角下对反射面进行精确调整，当天线转动到其他仰角时，再进行表面精度的测量，所得到的结果就是该仰角与预调角之间的相对误差。该方法就相当于在重力作用下的静态刚度测试。

采用数字近景摄影测量，65m 天线在 10°仰角下的表面精度为 1mm，而有限元计算结果为 0.82mm，误差接近 20%。需要对模型进行修正，方法为参数法。经过尝试并结合现场测试环境条件，发现有限元模型中的温度载荷和风载荷与实际情况不符，改进后的计算结果为 0.93mm，与实测误差小于 10%，实现了预期要求。图 4-59 给出了理论与实测的误差分布图，从图中可以看出，两者误差趋势基本一致，正负值分布基本相同，验证了模型修正的有效性。

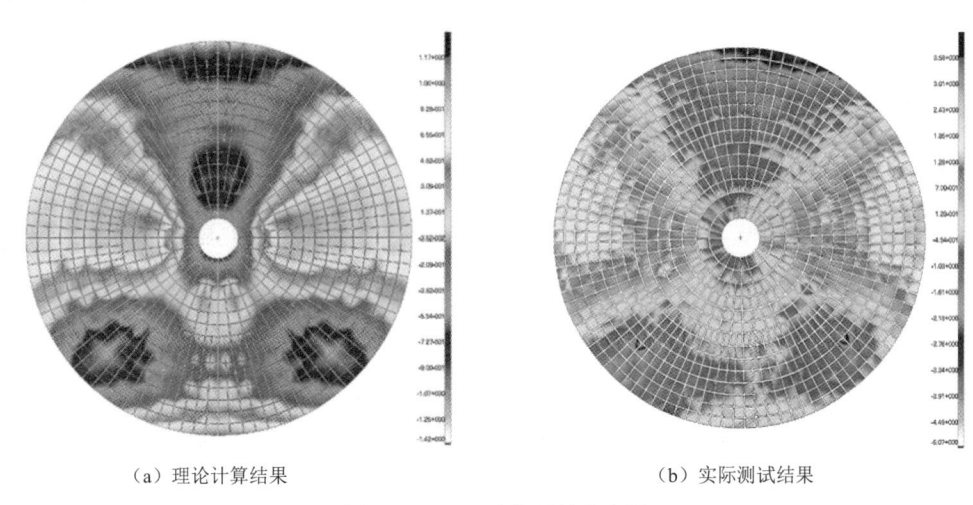

（a）理论计算结果　　　　　　　　（b）实际测试结果

图 4-59　65m 天线误差分布图

4.3.2 动态性能测试与模型修正

以 SKA 15m 样机天线为例来说明动态性能测试。由于谐振频率是衡量天线动态性能的核心指标，因此，测量选定为天线的一阶谐振频率。测试数据采样率为 100Hz，测试频点范围为 0.4～2.5Hz，力矩环为闭环，输入为正弦变化的力矩，输出为电机转速，天线仰角分别为 45°和 90°。测试结果如图 4-60 所示，由图可以看出，45°仰角下的谐振频率为 1.975Hz，90°仰角下的谐振频率为 2.05Hz。

天线仿真分析的一阶谐振频率结果为 2.31Hz，误差约为 15%，超出了预期要求。对有限元模型进行了参数修正，主要包括各转动轴承的细化建模、传动链惯量的等效以及齿轮拟合刚度的修正等。齿轮啮合刚度修正示意图如图 4-61 所示。模型经过多参数修正后的谐振频率结果为 2.18Hz，误差小于 10%，达到了修正要求。

(a) 45°仰角

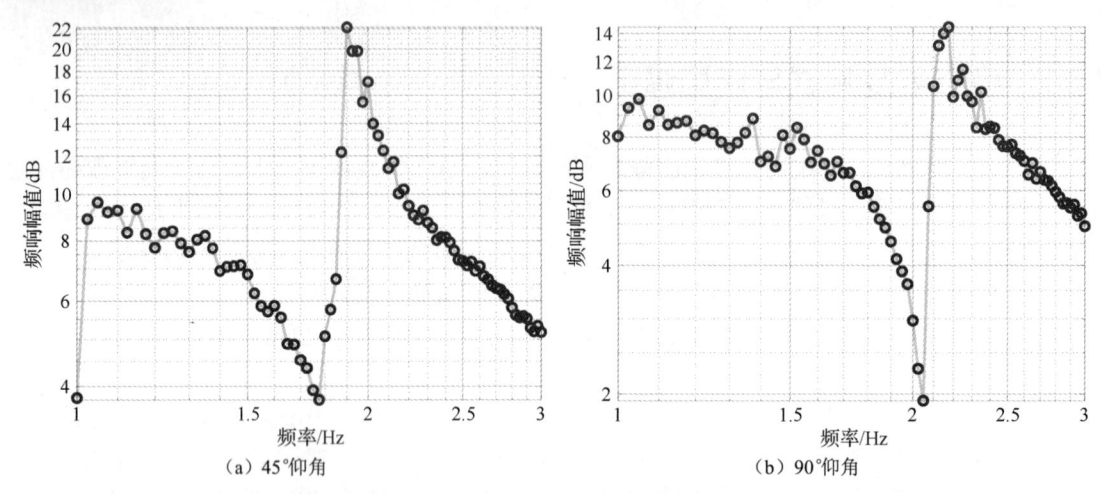

(b) 90°仰角

图 4-60　SKA 天线谐振频率测试结果

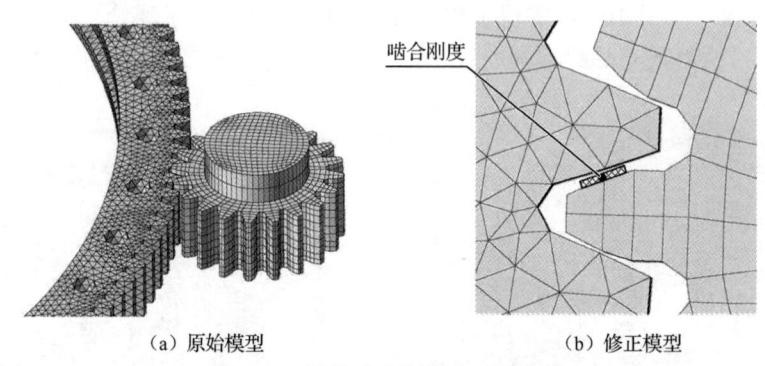

(a) 原始模型

(b) 修正模型

图 4-61　齿轮啮合刚度修正示意图

第 5 章
天线系统结构机电综合设计

5.1 概述

天线的发展趋势是大口径和高频段，同时对天线增益、波束宽度、天线效率等电性能指标提出了越来越高的要求。大口径反射面天线结构自重导致的结构变形较大；而高频段天线对反射面精度要求较高，环境载荷又将对其产生影响，导致反射面精度无法满足。因此，定量分析反射面天线结构误差因素与电性能的机电耦合关系有助于天线的电磁设计和结构设计。天线结构变形误差可分为结构随机误差和系统变形误差。随机误差主要有安装、制造误差，属于一种幅度小、变化快的误差；而系统误差来源于自重、温度、惯性、风、雪等载荷作用在天线结构上所引起的结构变形。对于电磁场边界条件，天线结构误差又可分为反射面（主反射面和副反射面）误差和馈源位置指向误差。针对天线设计人员对提高设计效率与减少产品次品率，以及实现创新方案设计的要求，亟须将机电耦合理论与技术软件固化，为此研制了通用的天线机电综合分析软件系统，实现了只要一次建模就可同时进行电磁性能分析和结构性能分析，大大加快了结构设计人员获得优化设计方案的速度，并避免了模型不一致带来的设计冲突。

5.2 天线结构误差因素与电性能的机电耦合模型

5.2.1 理想反射面天线远场计算

为分析抛物面天线的电磁特性，首先说明旋转抛物面的几何特性。如图 5-1 所示，曲线 MOK 代表一条抛物线，它是抛物面过轴 OF 的任意平面的截线，点 F 为其焦点，$M'O'K'$ 是准线，O 是抛物面顶点。抛物线的特性之一是：通过其上任意一点 M 作与焦点的连线 FM，同时作直线 MM'' 平行于 OO''，则通过 M 点所作的抛物线切线的垂线（抛物线在 M 点的法线）与 MF 的夹角等于它与 MM'' 的夹角。因此，抛物面为金属面时，从焦点 F 发出的任意方向入射的电磁波，经它反射后都将平行于 OF 轴。使馈源相位中心与焦点重合，从馈源发出的球面电磁波，经抛物面反射后便变为平面波，形成平行波束。抛物线的另一特性是：其上任意一点到焦点的距离与它到准线的距离相等。在抛物面口径上，任一直线 $M''O''K''$ 与 $M'O'K'$ 平行。从图 5-1 可得

$$FM + MM'' = f + z_{10} \tag{5-1}$$

所以，从焦点发射的各条电磁波经抛物面反射后到达抛物面口径面上的路程为一常数。等相位面为垂直于 OF 轴的平面，理想抛物面口径场为同相场，反射波为平行于 OF 轴的平面波。

在直角坐标系 (x_1, y_1, z_1) 中，抛物面方程为

$$x_1^2 + y_1^2 = 4fz_1 \tag{5-2}$$

在极坐标系 (r', ξ) 中，抛物面的方程为

$$r' = \frac{2f}{1+\cos\xi} = f\sec^2(\xi/2) \tag{5-3}$$

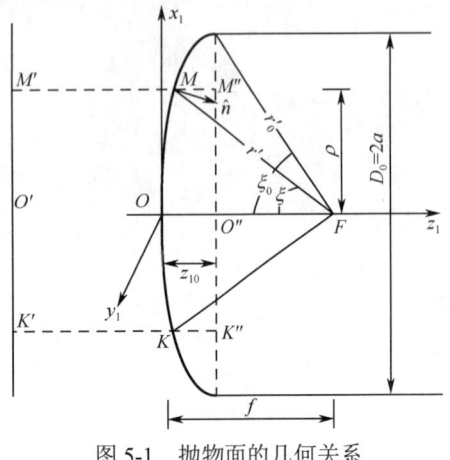

图 5-1 抛物面的几何关系

式中，r' 为从焦点 F 到抛物面上任意一点 M 的距离；ξ 为 r' 与抛物面轴线 OF 的夹角。

图 5-1 中，$D_0 = 2a$，为抛物面口径直径；ξ_0 为抛物面口径半张角。$r_0' = f\sec^2(\xi_0/2)$，为焦点到抛物面边缘的距离。

D_0 与 ξ_0 的关系为

$$\frac{D_0/2}{r_0'} = \sin\xi_0 \tag{5-4}$$

于是

$$\frac{D_0}{4f} = \tan\frac{\xi_0}{2} \tag{5-5}$$

最后得到

$$\cos\xi = \frac{p^2 - \rho^2}{p^2 + \rho^2} \tag{5-6}$$

$$\sin\xi = \frac{2p\rho}{p^2 + \rho^2} \tag{5-7}$$

$$r' = \frac{p^2 + \rho^2}{2p\rho} \tag{5-8}$$

式中，$p = 2f$，ρ 为 x_1Oy_1 平面内的极坐标半径，如图 5-1 所示。抛物面的形状可用焦距与口径直径比 f/D_0 或口径半张角 ξ_0 的大小表征。

对于图 5-2 所示的理想前馈式反射面天线，其中 xoy 为天线口径面，f 为焦距，反射面的直径为 $2a$，可得到由馈源发出的电磁波经反射面反射后到达口径面的电磁场矢量分布，进而由口径场的幅相分布，经傅里叶变换得到理想抛物面天线的远场辐射方向图计算公式

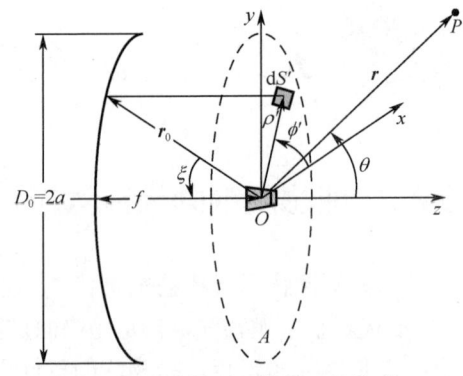

图 5-2 反射面天线的几何关系

$$E(\theta, \phi) = \iint_A E_0(\rho', \phi') \exp\{j[k\rho'\sin\theta\cos(\phi-\phi')]\rho'\}\mathrm{d}\rho'\mathrm{d}\phi' \tag{5-9}$$

$$E_0(\rho', \phi') = \frac{f_0(\xi, \phi')}{r_0} \tag{5-10}$$

式中，(θ,ϕ) 为远区观察方向，A 为反射面投影到 xOy 面上的口径面面积，$f_0(\xi,\phi')$ 为馈源初级方向图。对于工程中经常应用的双反射面天线，可由等效馈源法，将馈源和副反射面等效为一个在副反射面虚焦点上的馈源。

经分析可知，影响电性能的主要结构因素包括反射面误差、馈源位姿等，而外部载荷作用会引起主副反射面变形、馈源位置偏移和姿态偏转等结构位移场变化。由此，下面分别研究各种误差与口径面电磁场幅相分布之间的关系，旨在给出反射面天线存在各种误差情况下的位移场与电磁场的场耦合模型。

5.2.2 主反射面变形的影响

主反射面误差由两部分构成，即随机误差和系统误差。随机误差主要是在面板、背架及中心体的制造、装配等过程中产生的误差。随机误差有三种描述方法：第一，根据具体的加工工艺手段，从众多测量数据中统计出随机误差的均值与方差，假定一种合理的分布，然后可得出其具体的分布函数来。第二，基于均值与方差，由计算机随机产生反映在面板上的误差分布；第三，应用分形函数直接描述加工造成的幅度、频度和粗糙度，进而产生相应的分布函数。不论通过哪一种办法，都可将产生的分布函数（不妨记为 Δz_r）叠加到系统误差（不妨记为 Δz_s）所对应的反射面变形面上，作为统一误差参与到电性能的计算中去。

系统误差是天线在外部载荷作用下所引起的天线反射面变形，为确定性误差。系统误差可通过对天线结构进行有限元分析来获得。

由于反射面位于馈源的远区，因此由馈源发出经反射面到达口径面的电磁场矢量分布，在主反射面误差较小的情况下，主反射面误差对口径面电磁场幅度的影响可忽略不计，而认为只引起口径面相位误差。主反射面误差可采用轴向误差、径向误差或法向误差来表示，下面的讨论中采用轴向误差。当反射面上某处存在着轴向误差 Δz 时，依据图 5-3 中的反射面误差几何关系，则波程差为

$$\tilde{\Delta} = \Delta z(1+\cos\xi) = 2\Delta z\cos^2(\xi/2) \quad (5\text{-}11)$$

由此可得主反射面误差影响下的口径面相位误差为

$$\varphi = k\tilde{\Delta} = \frac{4\pi}{\lambda}\Delta z\cos^2(\xi/2) \quad (5\text{-}12)$$

式中，k 为传播常数，λ 为工作波长，Δz 为主反射面误差。主反射面误差包含随机误差和系统误差，即

$$\Delta z = \Delta z_r(\gamma) + \Delta z_s(\delta(\boldsymbol{\beta})) \quad (5\text{-}13)$$

式中，γ 为制造、装配等过程中所产生的随机误差，$\delta(\boldsymbol{\beta})$ 为天线结构位移，$\boldsymbol{\beta}$ 为天线结构设计变量，包括结构尺寸、形状、拓扑、类型等参数。

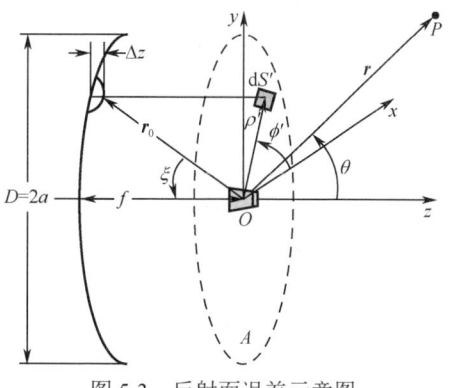

图 5-3 反射面误差示意图

于是，式（5-12）变为

$$\varphi = \frac{4\pi}{\lambda}(\Delta z_r(\gamma) + \Delta z_s(\delta(\boldsymbol{\beta})))\cos^2(\xi/2) = \varphi_r(\gamma) + \varphi_s(\delta(\boldsymbol{\beta})) \quad (5\text{-}14)$$

$$\varphi_r(\gamma) = \frac{4\pi}{\lambda}\Delta z_r(\gamma)\cos^2(\xi/2), \quad \varphi_s(\delta(\boldsymbol{\beta})) = \frac{4\pi}{\lambda}\Delta z_s(\delta(\boldsymbol{\beta}))\cos^2(\xi/2) \quad (5\text{-}15)$$

当有主反射面误差时，口径面不再是等相位面，天线在轴线方向上的辐射场将不再彼此同

相，导致合成场强减弱，因而天线增益会下降。根据能量守恒原理，包含在主瓣上的能量会减少，而其他方向的能量则相应地增加，因而副瓣电平就会升高。这里给出了随机误差和系统误差同时存在时，主反射面误差与口径面相位误差的函数关系。将此相位误差信息引入电磁场的分析模型中，便可得到主反射面误差对反射面天线电性能影响的数学模型，于是，式（5-9）变为

$$E(\theta,\phi) = \iint_A E_0(\rho',\phi') \cdot \exp\{j[k\rho'\sin\theta\cos(\phi-\phi')]\} \cdot \exp\{j[\varphi_s(\delta(\boldsymbol{\beta})) + \varphi_r(\gamma)]\rho'\} d\rho' d\phi' \quad (5\text{-}16)$$

5.2.3 馈源位置误差的影响

反射面天线在外部载荷的影响下，除主反射面变形外，还会引起馈源的位置偏移和姿态偏转。因此，馈源的位置和指向误差对天线电性能的影响也需考虑。

馈源位置误差，即馈源相位中心位置发生改变。在馈源相位中心位置误差较小的情况下，位置误差对口径面电磁场幅度的影响可忽略不计，而认为只引起口径面相位误差。设馈源位置误差为 $\vec{d}$，观察图 5-4，则有

$$\boldsymbol{r}_0' = \boldsymbol{r}_0 - \vec{d}(\delta(\boldsymbol{\beta})) \approx \boldsymbol{r}_0 - \hat{r}_0\vec{d}(\delta(\boldsymbol{\beta})) \quad (5\text{-}17)$$

式中，$\hat{r}_0$ 为 $\boldsymbol{r}_0$ 方向的单位矢量。

由此可得馈源位置误差影响下的口径面相位误差为

$$\varphi_f(\delta(\boldsymbol{\beta})) = k\hat{r}_0\vec{d}(\delta(\boldsymbol{\beta})) \quad (5\text{-}18)$$

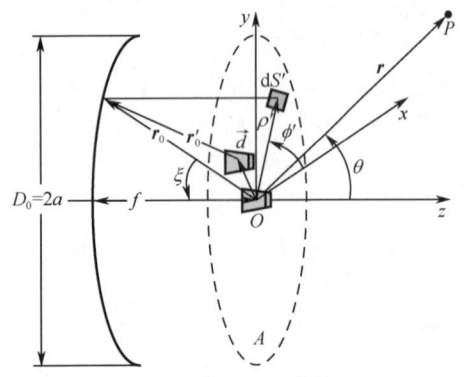

图 5-4 馈源的位置误差

对于馈源位置误差带来的口径面相位误差，当馈源存在沿轴线方向的误差（纵向偏移）时，引起的口径面相位误差是对称的，类似于出现平方相位偏差，则远场的最大辐射方向不变，增益降低，旁瓣电平升高，主瓣宽度增加。当馈源沿垂直于轴线方向移动（横向偏移）时，口径面相位误差接近于线性相位偏差，天线方向图主瓣最大辐射方向将偏离轴线一定角度，这时方向图变得不对称，靠近轴线一边的旁瓣电平将明显升高，而另一边旁瓣电平将减小，主瓣宽度变化不大，增益损失较小。将此相位误差信息引入电磁场的分析模型中，便得到馈源位置误差对反射面天线电性能影响的数学模型，从而式（5-9）变为

$$E(\theta,\phi) = \iint_A E_0(\rho',\phi')\exp\{j[k\rho'\sin\theta\cos(\phi-\phi')]\}\exp\{j[\varphi_f(\delta(\boldsymbol{\beta}))]\rho'\} d\rho' d\phi' \quad (5\text{-}19)$$

5.2.4 馈源指向误差的影响

馈源指向误差可理解为馈源的初级方向图发生偏移。当馈源与负 z 轴方向存在指向误差 $\Delta\xi$ 时，依据图 5-5 中的馈源指向误差几何关系，可知新的指向角度为

$$\xi' = \xi - \Delta\xi(\delta(\boldsymbol{\beta})) \quad (5\text{-}20)$$

受天线结构位移场的影响，馈源方向图 $f(\xi,\phi')$ 在 ϕ' 方向同样也将存在指向误差 $\Delta\phi'$，即

$$\tilde{\phi}' = \phi' - \Delta\phi'(\delta(\boldsymbol{\beta})) \quad (5\text{-}21)$$

替换馈源方向图 $f(\xi, \phi')$ 中的变量 ξ, ϕ' 为式（5-19）和式（5-21）中的 $\xi', \tilde{\phi}'$，便可得到受馈源指向误差影响下的馈源方向图为

$$f_0(\xi', \tilde{\phi}') = f_0(\xi - \Delta\xi(\delta(\boldsymbol{\beta})), \phi' - \Delta\phi'(\delta(\boldsymbol{\beta}))) \quad (5\text{-}22)$$

馈源角度误差将带来口径面的幅度误差，天线的最大辐射方向不会改变，反而旁瓣电平将升高。可以看出，馈源位置误差会带来口径面场分布的相位误差，而馈源角度误差将会引起口径面场分布的幅度误差。由于馈源的两种误差对电磁场的影响关系不同，可叠加起来得到馈源误差与电磁场的关系模型，即在馈源误差的影响下，口径面上的归一化场分布为

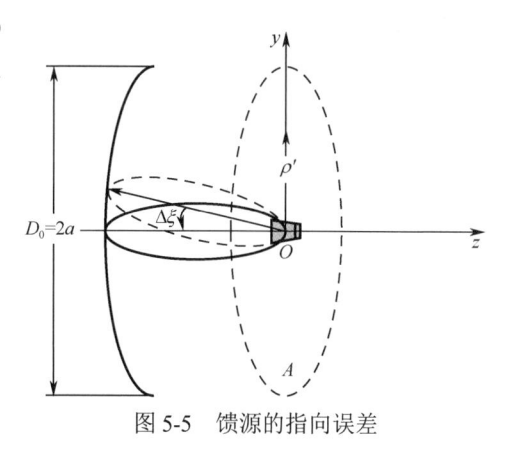

图 5-5 馈源的指向误差

$$E_0 = \frac{f_0(\xi - \Delta\xi(\delta(\boldsymbol{\beta})), \phi' - \Delta\phi'(\delta(\boldsymbol{\beta})))}{r_0} \exp\{j[\varphi_f(\delta(\boldsymbol{\beta}))]\} \quad (5\text{-}23)$$

将此馈源误差信息引入电磁场的分析模型中，便可得到馈源误差对反射面天线电性能影响的数学模型，即式（5-9）又可写为

$$E(\theta, \phi) = \iint_A \frac{f_0(\xi - \Delta\xi(\delta(\boldsymbol{\beta})), \phi' - \Delta\phi'(\delta(\boldsymbol{\beta})))}{r_0} \exp\{j[k\rho'\sin\theta\cos(\phi - \phi')]\}$$
$$\exp\{j[\varphi_f(\delta(\boldsymbol{\beta}))]\rho'\}d\rho'd\phi' \quad (5\text{-}24)$$

5.2.5 反射面天线机电耦合模型

在天线实际工程应用中，自重、风及温度等外部载荷将使主反射面发生变形 Δz_s、馈源位置偏移 $\vec{d}$ 和姿态偏转 $(\Delta\xi, \Delta\phi')$，这些最终将导致天线电性能的下降。为反映这些误差的影响，可建立如下主反射面误差（包括系统和随机误差）、馈源位置误差和指向误差对电磁场影响的机电两场耦合模型，其中系统误差来自结构的系统变形，同时考虑主反射面板的随机误差 Δz_r，从而可得到如下的反射面天线机电两场耦合模型

$$E(\theta, \phi) = \iint_A \frac{f_0(\xi - \Delta\xi(\delta(\boldsymbol{\beta})), \phi' - \Delta\phi'(\delta(\boldsymbol{\beta})))}{r_0} \exp\{j[k\rho'\sin\theta\cos(\phi - \phi')]\}$$
$$\exp\{j[\varphi_f(\delta(\boldsymbol{\beta})) + \varphi_s(\delta(\boldsymbol{\beta})) + \varphi_r(\gamma)]\rho'\}d\rho'd\phi' \quad (5\text{-}25)$$

式中，$f_0(\xi - \Delta\xi(\delta(\boldsymbol{\beta})), \phi' - \Delta\phi'(\delta(\boldsymbol{\beta})))$ 为反射面结构位移场引起的馈源指向误差对口径场幅度的影响项，$\varphi_f(\delta(\boldsymbol{\beta}))$ 为馈源位置误差对口径场相位的影响项，$\varphi_s(\delta(\boldsymbol{\beta}))$ 为主反射面表面变形对口径场相位的影响项，$\varphi_r(\gamma)$ 为主反射面面板随机误差对口径场相位的影响项。

该场耦合模型将结构位移场的参数（主反射面的结构变形、馈源位置的偏移量和馈源指向变化的角度）和面板加工误差引入天线远场方向图的计算公式中，而结构位移场又是结构参数（背架、馈源支撑结构的形状、尺寸、拓扑、类型等参数）的函数，从而将天线结构参数与电性能联系起来。

反射面天线场耦合模型的特点可归纳为：①系统误差通过结构有限元分析准确得到，而以往的研究中一般假设系统误差以某种形式存在；②随机误差由实际面板的测量数据统计得到误差的均值和方差，耦合分析中可按照均值和方差产生一组随机误差，叠加到系统误差上模拟天

线反射面，实现两种误差的综合；③该模型建立了天线结构参数与主要电性能之间的关系，为天线的机电耦合设计奠定了理论基础。

前面讨论的是前馈式单反射面天线的机电场耦合模型，对于同样有着广泛应用的卡塞格伦双反射面天线，其机电场耦合建模过程类似，主要的区别是要确定双反射面天线的等效相位中心。为此，在图 5-6 中，将馈源与副反射面视为等效到 O 点的辐射源。

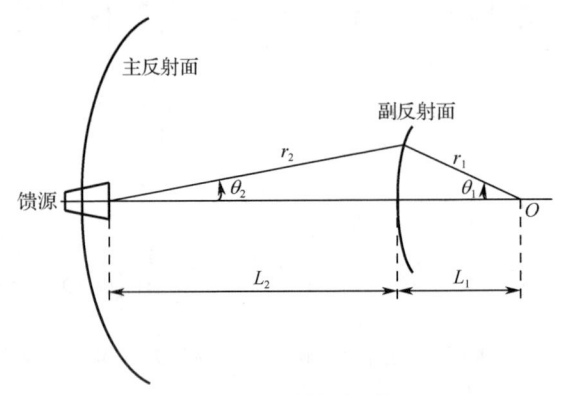

图 5-6 双反射面天线

假设馈源的辐射方向图为 $f(\theta_2)$，等效后的辐射方向图为 $f(\theta_1)$，由功率守恒条件可得

$$|f_E(\theta_1)| = \frac{L_2}{L_1}\sqrt{\frac{\sin\theta_2 d\theta_2}{\sin\theta_1 d\theta_1}}|f_E(\theta_2)|, \quad 0 \leq \theta_1 \leq \theta_m \tag{5-26}$$

$$|f_H(\theta_1)| = \frac{L_2}{L_1}\sqrt{\frac{\sin\theta_2 d\theta_2}{\sin\theta_1 d\theta_1}}|f_H(\theta_2)|, \quad 0 \leq \theta_1 \leq \theta_m \tag{5-27}$$

因为

$$\begin{cases} ds = r_1^2 \sin\theta_1 d\theta_1 d\varphi = r_2^2 \sin\theta_2 d\theta_2 d\varphi \\ r_1 \sin\theta_1 = r_2 \sin\theta_2 \end{cases} \tag{5-28}$$

故

$$|f_E(\theta_1)| = \frac{L_2 r_1(\theta_1)}{L_1 r_2(\theta_2)}|f_E(\theta_2)| \tag{5-29}$$

$$|f_H(\theta_1)| = \frac{L_2 r_1(\theta_1)}{L_1 r_2(\theta_2)}|f_H(\theta_2)| \tag{5-30}$$

当副反射面位于馈源的远场时，并设初级馈源的辐射场为球面波，则等效到 O 点的相位方向图为

$$\exp[-jkr_2(\theta_2) + jkr_1(\theta_1)] \tag{5-31}$$

上述等效方法对双曲副反射面或修正型副反射面的机电场耦合模型都是适用的。

5.2.6 机电场耦合模型求解

由于反射面天线的机电场耦合模型中的结构变形来自有限元分析，反射面板的随机误差来自数据统计。随机误差的引入一般是按照某种反射面板加工误差的均值和方差，实际应用时产生一组相同均值和方差的随机误差，叠加到天线结构变形中反射面板的系统误差上去，得到天线主反射面的误差数据。由于这些误差数据具有非轴对称性和空间离散的特点,无法直接引入理想反射面天线计算时使用的 Bessel 函数,以简化场耦合模型的双重积分表达式。因此,需将天线口径面划分为 N 个单元,用数值积分方法计算反射面天线的场耦合模型,其中每个单元的误差信息来自天线结构分析的变形信息(主反射面变形、馈源位置和指向误差)和反射面板的随机误差。

另外,在天线结构分析时,需将天线模型进行有限元网格划分,单元类型和网格形式由结构分析要求确定。反射面天线场耦合模型的数值积分,即电磁分析通常要求将天线口径面 N 个单元的网格尽量均匀化,且要求单元网格的边长为天线工作波长的三分之一左右。可见,这两套网格是独立的,不但网格形式不同,而且网格数量差异较大,造成结构和电磁网格严重不匹配。针对两套网格不匹配的问题,目前主要有两种处理方法:①以电磁分析网格为主,从结构网格直接拟合出反射面的新曲面,然后在新曲面上划分电磁网格,进行电磁分析。其优点是电磁分析的单元网格生成便利,有利于电磁计算,其缺点是拟合方法将引入新的拟合误差,导致结构误差与实际不符,使得电磁分析结果精度降低。②以结构分析网格为主,将结构网格直接进行处理,得到电磁分析软件(如 FEKO)能够识别的节点数据文件,将此数据文件导入电磁场分析软件中,进行电性能分析。其优点是结构分析得到的结构变形细节信息得以保留,有利于电磁分析的准确性。其缺点是结构网格往往不能满足电磁分析的要求,尤其高频段大口径天线,需要进一步处理结构网格,以保证计算精度。处理过程主要包括网格的细化、均匀化和三角化,过程复杂烦琐,而且细化网格时,将结构网格单元作为平面处理,忽视了实际结构变形引起的单元曲率变化,在高频计算时会引入较大误差。其中网格为三角形是 FEKO 软件电磁分析时所要求的网格形式。

这两种处理方法的共同缺点是不能引入天线反射面板的随机误差信息,导致与实际情况不符,天线工作在较高频率时将引入较大计算误差,其中应用 FEKO 软件的分析流程如图 5-7 所示。

针对场耦合模型求解中存在的问题,为避免烦琐的网格处理过程,加快计算速度,提高计算精度,这里给出如图 5-8 所示的求解流程,具体步骤如下:

(1) 根据天线结构的特点,建立天线结构的有限元模型,根据天线服役的工况,施加载荷,进行结构分析,得到天线结构的变形信息。

(2) 对天线反射面板进行面形精度测量,得到面板的均值和方差,获得面板的随机误差。

(3) 提取结构变形信息中主反射面的结构网格和馈源(副反射面)的位置和指向变化。

(4) 应用网格转换矩阵,通过结构网格得到电磁网格和内部计算点,其中内部计算点的位移通过有限元形函数插值计算,并叠加上相应的面板随机误差,得到内部计算点在天线口径面上的相位误差;根据馈源的位置和指向误差计算相应的天线口径面幅相误差。

(5) 根据结构有限元分析时的单元具体形式(主反射面网格可为三角形、四边形、六边形等),可选择相应的高斯积分公式。

(6) 按照天线主瓣波束宽度确定远场的离散精度,设置馈源的初级方向图函数或口径场分布函数。

(7) 利用场耦合模型,计算天线远场方向图,并提取主要电性能指标。

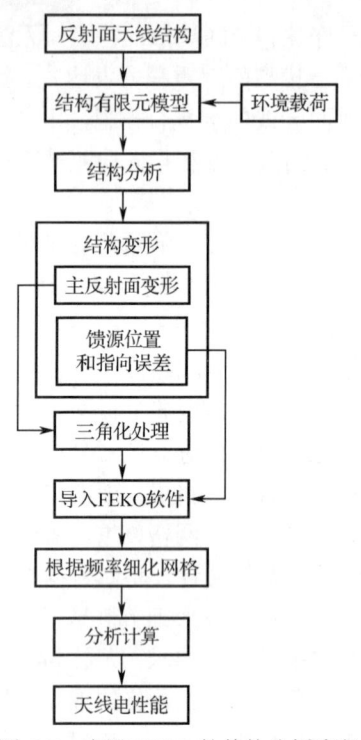

图 5-7 应用 FEKO 软件的分析流程 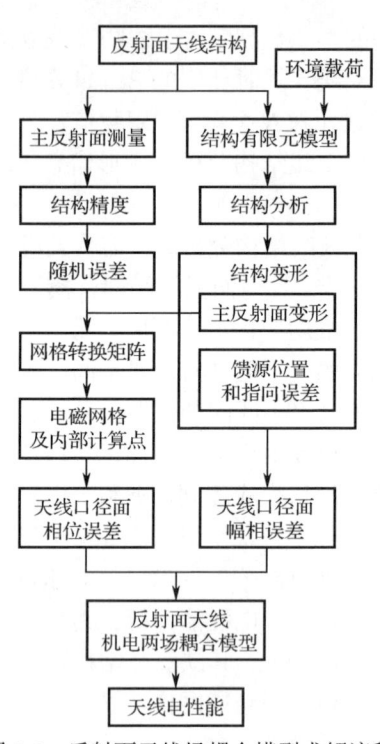　　图 5-8 反射面天线场耦合模型求解流程

5.2.7 数值算例对比与工程应用案例

1. 数值算例 FEKO 软件对比

为检验面天线机电耦合分析方法（包括网格转换矩阵、形函数差值、不同网格的积分公式）的正确性和效果，与天线领域常用的 FEKO 软件进行对比。

计算一个标准反射面天线，无馈源误差和反射面变形。反射面天线口径为 3m，工作频率为 2GHz，馈源照射函数为 $\cos^k\alpha$。结构分析的单元数是 5400，单元接近正三角形，边长约为 5cm，为波长的 1/3，满足 FEKO 软件计算的最低要求。

机电耦合方法和 FEKO 软件的输入是一致的，都是 5400 个单元的初始网格，用于模拟结构分析的网格。输出也是一致的，都是远场 100 个点的场值，并绘制场强方向图。FEKO 软件计算时用物理光学法（PO），馈源的照射函数不变。仍然以引入 Bessel 函数计算的结果作为参考的理论值。应用本章方法完成电性能计算，单元内选用 3×3 积分点计算的天线方向图如图 5-9 所示。由图 5-9 可见，利用本章的方法计算的方向图和理论的方向图几乎完全重合，证明了本方法是正确的。

应用 FEKO 软件计算，网格划分边长分别为波长的 1/3、1/5 和 1/10，网格数目分别为 5400、25 980 和 102 344，后两种情况需要使用 FEKO 软件细化网格。将此三种网格情况下 FEKO 计算的方向图与理论值对比，结果如图 5-10 所示。可见 1/3 波长网格划分的计算结果从第二个副瓣开始就有较大误差，而网格加密到波长的 1/5 和 1/10 时，计算精度明显提高，与理论值十分接近。对比图 5-9 和图 5-10，可见利用本章方法得到的结果与 FEKO 软件计算的结果也十分接近。但是达到相近的计算精度时，本章方法的计算时间和计算量都远小于 FEKO 软件。

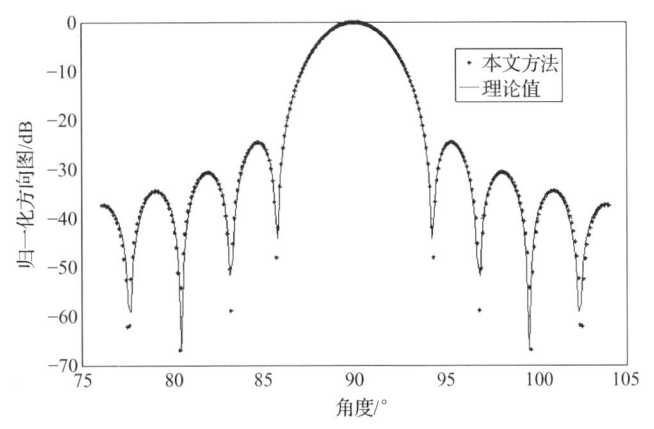

图 5-9　本章方法计算的天线方向图

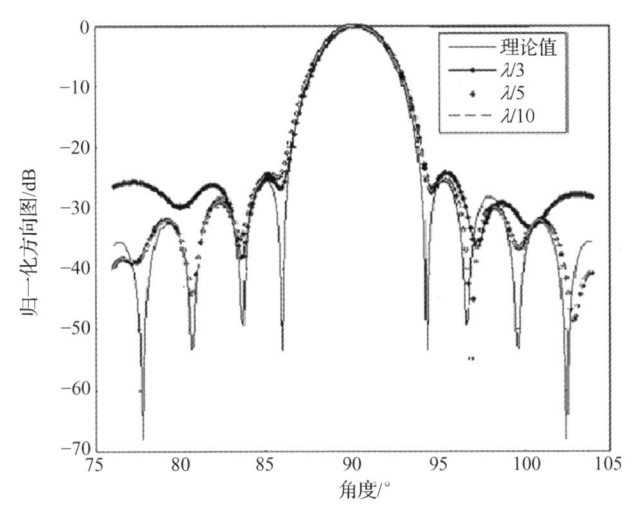

图 5-10　FEKO 软件不同网格计算天线方向图对比

2. 应用的工程案例

前面的算例都是理想情况，其变形也是假设的。下面以某 40m 口径地基抛物面天线为应用对象，检验本章方法的应用效果。天线实物如图 5-11 所示，结构有限元模型如图 5-12 所示。

图 5-11　某 40m 口径地基抛物面天线

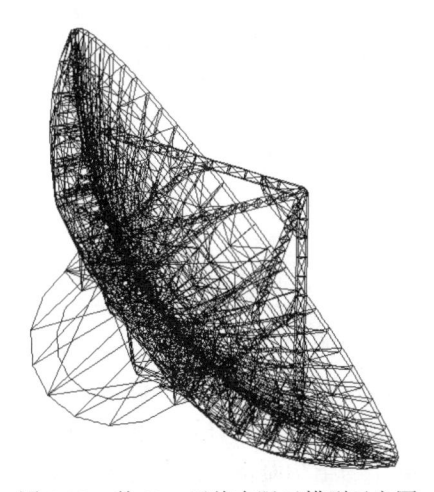

图 5-12　某 40m 天线有限元模型示意图

该天线为固定式,方位面可360°旋转,俯仰面用大齿轮驱动,工作角度20~70°。该天线要求6级风正常工作,8级风保持强度。它工作于S/X频段,设计时没有考虑温度的影响。

整个天线由四部分组成,包括可转动反射体、叉臂、水平转台和固定基座,反射体通过叉臂与水平转台连接,水平转台固定于地面的水泥基座上。反射体主要由主反射面、副反射面、副反射面支撑、背架、中心体、大齿轮等部件组成。主面口径40m,副反射面口径4.2m,焦径比0.33,天线主面由9圈464块铝合金面板组成,26m以内是实面板,以外是打孔面板。副反射面整体加工成型,通过螺栓固定在副反射面支架上。副反射面支架主要包括4根倾斜的支撑桁架,4根垂直于口径面和4根平行于口径面的桁架。背架主要包括16根辐射梁和6道平面桁架式环梁,每两根辐射梁之间还有3根较小的纵向梁。中心体是正八边形桁架结构,连接驱动大齿轮和背架。副反射面支撑直接连接到背架上,背架、副反射面支撑和中心体采用焊接局部用螺栓加固,背架与主面通过螺栓连接,螺栓可用于调整主面的安装精度。

反射体是影响天线电性能的关键,而叉臂、水平转台和固定基座的影响较小,故本节的分析以反射体为主要研究对象,未考虑天线的其他部分。

该天线实际工作时,需要研究天线的自重变形、风载荷和温度梯度导致的变形对天线电性能的影响,这里考虑天线仰天和指平两种状态时,加入自重变形、20m/s 风载荷(同时有自重)两种载荷,一共四种工况时的机电耦合分析。天线工作频率设为X波段12GHz,采用ANSYS软件分析四种工况下的天线结构变形,主面结构网格大约为15 000个。整个天线结构的有限元模型由65 475个节点和143 748个单元组成,包括16 917个梁单元和126 342个壳单元,其他为质量点单元,天线主面和大齿轮使用壳单元,背架、副反射面支撑和中心体桁架都使用梁单元。天线主面和背架的连接通过单元节点约束实现,副反射面和大齿轮配重没有实际建模,而是将其质量通过质量点加到相应的位置。分析时,将中心体桁架结构与叉臂和大齿轮连接的单元设置自由度约束。

进行结构分析以后,用本章所提的耦合模型求解方法分析天线主要电性能,未变形天线的效率取0.5,计算结果如表5-1所示。其中理想工况时天线不受到任何外部环境载荷影响。由表5-1可见,加入重力、风载荷以后,天线增益下降,副瓣升高,电性能变差,变差的程度随着外部载荷增加而增加。更为明显的是,天线在高频段时,同样的载荷导致的变形对电性能的影响更为突出。在12GHz时,相对于S波段,加入风载荷后,天线增益下降明显,主瓣增宽。这样的分析结果也是符合工程实际的。

表5-1 某40m抛物面天线不同工况电性能对比

工 况	增益损失/dB	左一副瓣/dB	右一副瓣/dB
理想工况	0	-24.6426	-24.6426
仰天自重	0.283	-20.0565	-20.0565
仰天 20m/s 风载荷	1.176	-12.4151	-13.4857
指平自重	1.986	-20.9684	-20.7792
指平 20m/s 风载荷	4.891	-11.867	-13.2403

用本章的方法,直接在结构网格的基础上分析电性能,即使在更高的频段也无须重新划分网格。单独进行一次电磁分析的时间大约数分钟,而用FEKO软件做同样的分析,必须细化网格,2GHz频率时的网格数量约为100万个,12GHz频率时的网格数量约为3600万个,相对于15 000个的结构网格,大大增加了计算量和计算时间,而且在不同频段的分析还需重新划分网

格。实际上对于口径为 40m、频率为 12GHz 的天线,由于计算机内存的限制,在普通个人计算机上用 FEKO 软件分析目前是有难度的。

工程应用案例表明,本章的方法是正确和有效的,完全可以用于大型反射面天线的机电耦合分析。

5.3 天线机电综合优化设计

5.3.1 保型设计要点分析

1. 保型设计思想

当天线口径较小或者面形精度要求较低时,可以设计天线使其绝对变形尽可能小,以满足天线的精度要求。但随着射电天文对更大口径和更高频段的需求,完全依赖刚性设计已经不能满足反射面的精度要求。在 1967 年的论文 *Design of Large Steerable Antenna* 中,Sebastian Von Horner 提出了奠基性的大天线结构保型设计思想,他给出了全可动天线在自重载荷、温度载荷下的精度极限随口径的变化公式。公式表明,对于刚性设计,其在重力载荷下存在精度的上限,无论天线结构再刚,其工作波长范围为 $\lambda \geq 7\text{cm} \cdot (D/100\text{m})^2$(又称重力极限)。为了跨越该极限,Von Horner 创造性地提出了保型设计的理念,该理念基于可通过改变副反射面或者馈源的位姿以及对天线进行重定向来抵消抛物面天线刚体平动、转动以及焦距变化对电性能的影响。因此,完全的刚性设计不是必需的,只需设计结构,使得任意俯仰角下变形面相对于吻合面偏差的均方根值满足要求即可,这极大地放松了结构的刚度要求。

为实现保型设计,优化技术手段必不可少。一般地,可以从尺寸优化、形状优化和拓扑优化三个层面对结构进行优化。目前对大型天线结构的优化主要集中在尺寸、形状优化,拓扑优化涉及较少。尺寸、形状优化固然重要,但是结构的初始拓扑形式决定了天线能否最终实现保型特性。天线结构的拓扑要保证表面节点到约束节点的传力路径保持一致,进而保证节点变形的一致性,换句话说,结构为等柔度设计。图 5-13 展示了一个二维等柔度设计的实例。对于二维问题,Von Horner 证明其存在着严格的等柔度解,但是对于大型射电望远镜来说,对所有的面板支撑点进行等柔度设计是不现实的。实际上,如果反射体支撑结构能为背架提供等柔度支撑,则已经可以得到较优的解。等柔度设计思想在 Effelsberg 100m、LMT 50m、SRT 64m、HUSIR 37m 等天线结构设计时均有体现。

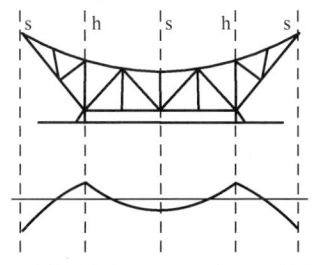

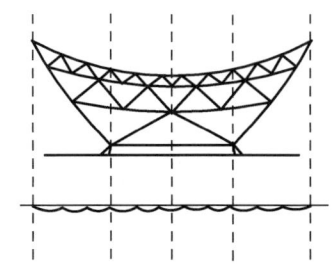

(a) 非等柔度设计(h:硬点,s:软点)　(b) 上层节点到约束位置传力路径一致,上层节点等柔度

图 5-13　上弦节点等柔度设计示意图

2. 自重下面形精度计算

作为天线结构最重要的设计指标，精度计算策略对天线结构保型设计至关重要。相较于刚性设计，保型设计实质上是对表面精度计算的一次改进。在结构优化时，对于刚性设计来说，面形精度是绝对位移的均方根值，而对于保型设计，面形精度是吻合后位移的均方根值。Roy Levy、叶尚辉、段宝岩等对标准抛物面天线最佳吻合进行过深入研究。

天线结构设计时，精度约束是指天线在最差工况下需要满足的精度要求。自重载荷下，天线的表面精度会随着俯仰角变化，因此需要找到整个俯仰角度下的最差面形精度，使该精度优于设计指标。Zarghamee 最早意识到任意角度下自重载荷可以由指平和仰天两种载荷线性叠加得到，最差工况为仰天或者指平，因此他在结构优化时仅约束仰天和指平两种工况下的面形精度。

此后，Roy Levy 指出，通过预调可以提高反射面天线在自重载荷下的精度。优化时，面形精度应该是预调后的面形精度，并且可以通过选择预调角使得仰天和指平工况下的面形精度保持一致，这时，多工况问题便转化为单工况问题，这是对面形精度计算的又一次更新。综上，结构设计时，自重载荷下的精度计算流程如图 5-14 所示。显然，最佳吻合和预调策略都在不同程度上放松了结构的设计要求。

实际上，Roy Levy 所提的预调策略是将天线在某一角度下将其面型调整到最优。而优化时结构设计人员更关心整个俯仰角度下的最差面形精度，如果预调策略能够最小化最差面形精度，则能够进一步放松结构的设计要求。

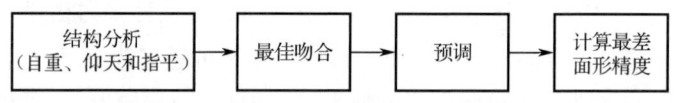

结构分析（自重、仰天和指平） → 最佳吻合 → 预调 → 计算最差面形精度

图 5-14 结构设计时，自重载荷下的精度计算流程图

3. 天线预调后面形精度计算

如图 5-15（a）所示，如果在仰天工况下，将天线的面形精度调整到最优，则在其他俯仰角度下的有效自重载荷即为偏离仰天载荷的矢量差值。可以看出，这样的调整使得仰天时自重载荷引起的变形最小，随着俯仰角度偏离仰天位置，则有效自重载荷增大，面形精度也变差。如果在某一中间角度对天线面形进行调整，如图 5-15（b）所示，则可以降低整个俯仰角度下的有效自重载荷。换言之，提高了整个俯仰角度下的面形精度。此时，预调角度下的面形精度最优，远离预调角度下的面形精度逐渐变差。

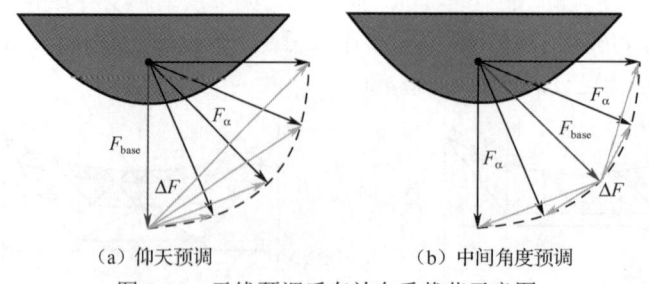

（a）仰天预调　　　（b）中间角度预调

图 5-15 天线预调后有效自重载荷示意图

作为一种有效的面形精度提升方法，预调可以显著降低反射面天线在自重载荷下的误差，因此天线在结构设计时，自重载荷下所约束的面形精度一般指预调后的面形精度。

调整面形的本质是为了改善口径面的光程差分布，使得各点处光程差尽可能一致。最佳吻合后的口径面光程差与反射面节点位移存在以下线性关系

$$\boldsymbol{\rho} = \boldsymbol{R}\boldsymbol{\delta} \tag{5-32}$$

其中，$\boldsymbol{\rho}$ 为口径面半光程差向量，$\boldsymbol{R}$ 为与反射面节点几何信息有关的矩阵，$\boldsymbol{\delta}$ 为反射面节点位移。

又已知任意俯仰角度 φ 下，自重载荷引起的位移量可表示为仰天和指平工况位移 δ_z、δ_h 的组合形式

$$\boldsymbol{\delta}(\varphi) = \boldsymbol{\delta}_h \cos\varphi + \boldsymbol{\delta}_z \sin\varphi \tag{5-33}$$

将式（5-33）代入式（5-32），可得

$$\boldsymbol{\rho}(\varphi) = \boldsymbol{R}(\boldsymbol{\delta}_h \cos\varphi + \boldsymbol{\delta}_z \sin\varphi) = \boldsymbol{\rho}_h \cos\varphi + \boldsymbol{\rho}_z \sin\varphi \tag{5-34}$$

其中，$\boldsymbol{\rho}_h$ 和 $\boldsymbol{\rho}_z$ 分别是仰天和指平工况下吻合后的半光程差向量。可以看出，任意角度下吻合后的光程差为仰天、指平工况下光程差的组合。由于面板调整量与光程差变化量之间有简单的函数关系。为方便起见，下文中的预调均指光程差的"调整"。定义调整量的广义表达式为

$$\Delta = -\beta_h \boldsymbol{\rho}_h - \beta_z \boldsymbol{\rho}_z \tag{5-35}$$

其中，β_h 和 β_z 为待求系数。因此，任意俯仰角度下的半光程差向量可表示为

$$\tilde{\boldsymbol{\rho}}(\varphi) = \boldsymbol{\rho}(\varphi) + \Delta = [\boldsymbol{\rho}_h \quad \boldsymbol{\rho}_z]\begin{bmatrix}\cos\varphi - \beta_h \\ \sin\varphi - \beta_z\end{bmatrix} \tag{5-36}$$

下面可以计算调整后的反射面形精度。一般来说，面形精度指的是加权后的半光程差均方根值。为了简化讨论，这里采用无加权的均方根值

$$\mathrm{rms}(\varphi) = \sqrt{\tilde{\boldsymbol{\rho}}^\mathrm{T}\tilde{\boldsymbol{\rho}}/N} = \sqrt{\xi_h^2 \mathrm{rms}_h^2 + \xi_z^2 \mathrm{rms}_z^2 + 2\xi_h\xi_z \mathrm{Cov}_{hz}} \tag{5-37}$$

其中，

$$\mathrm{rms}_h = \sqrt{\boldsymbol{\rho}_h^\mathrm{T}\boldsymbol{\rho}_h/N},$$
$$\mathrm{rms}_z = \sqrt{\boldsymbol{\rho}_z^\mathrm{T}\boldsymbol{\rho}_z/N},$$
$$\mathrm{Cov}_{hz} = \boldsymbol{\rho}_h^\mathrm{T}\boldsymbol{\rho}_z/N = \boldsymbol{\rho}_z^\mathrm{T}\boldsymbol{\rho}_h/N,$$
$$\xi_h = \cos\varphi - \beta_h, \quad \xi_z = \sin\varphi - \beta_z$$

rms_h、rms_z 分别为调整前指平工况和仰天工况下的面形精度，Cov_{hz} 为仰天和指平工况下半光程差向量的协方差。

5.3.2 机电综合优化设计模型

大口径天线不但要求其天线电性能满足指标要求，而且要求天线结构尽可能轻，但这要以牺牲天线结构刚度为代价。结构刚度降低势必导致在相同载荷下天线结构变形大，从而降低了天线的电性能。因此应从优化的角度，在满足电性能要求下，合理设计天线结构。基于天线机电场耦合模型，将电性能与结构设计参数综合考虑，从而使天线结构的机电综合优化设计与工程实现在理论上成为可能。

下面将运用面天线机电耦合理论，直接以天线电性能作为优化设计目标，实现对面天线结构的机电综合优化设计。这与 5.2 节分析风载荷下的天线机电性能一样，都是与天线机电性能综合分析系统（理论）紧密联系的。

对于天线结构，其设计变量包括的内容很多，如反映杆件粗细与板壳厚薄的截面尺寸变量、梁截面形状尺寸设计变量、背架结构下悬节点坐标变量、连续体形状表示的广义设计变量、节点关联关系的拓扑变量以及馈源相位中心位置变量，等等。其约束函数一般包括重量约束（当精度或电性能指标作为目标时）、精度约束（当重量作为目标时）、电性能指标约束、应力约束、固有频率约束、设计变量上下限约束等。其目标函数一般可包括结构重量、精度、电气性能指标、结构可靠度等。因此，结合天线工程案例要求，提出的面天线机电综合优化的数学模型如下：

$$\text{Find} \quad \boldsymbol{X} = (x_1, x_2, \cdots, x_n)^{\text{T}}$$

$$\text{Min} \quad T = -\sum_{k=1}^{c} [\alpha_k \cdot G_k(\boldsymbol{X})] \tag{5-38}$$

$$\text{s.t.} \quad W \leqslant \overline{W} \tag{5-39}$$

$$h_{ki} = \frac{\sigma_{ki}}{[\sigma_{ki}]} - 1 \leqslant 0 \quad (k = 1, 2, \cdots, c; \ i = 1, 2, \cdots, m) \tag{5-40}$$

$$x_{j\min} \leqslant x_j \leqslant x_{j\max} \quad (j = 1, 2, \cdots, n) \tag{5-41}$$

式中，n 为设计变量的个数；c 为工况数（每一种天线姿态对应于一种工况）；α_k 为工况权因子，其值取为天线结构在第 k 种工况下的工作时间与整个使用时间之比；G_k 为天线的增益；W 和 $\overline{W}$ 分别为结构重量与结构重量容许值；h_{ki} 为第 k 种工况下第 i 个应力对应的约束函数；σ_{ki} 和 $[\sigma_{ki}]$ 分别为第 k 种工况下第 i 个应力的实际值与允许值；m 为背架中的杆件总数（约束函数的个数）；$x_{j\max}$ 和 $x_{j\min}$ 分别为第 j 个设计变量的上下限。

由于天线背架结构中杆件很多，故而应力约束的个数较多。这样计算应力约束函数敏度的计算量就很大，且对优化过程可视化部分来说需要显示的应力约束函数的信息繁多，不能给出一个简单清晰的显示。因此，考虑采用 KS 函数将 m 个应力约束函数凝聚为一个约束函数。KS 函数如下所示：

$$\text{KS} = h_k = \frac{1}{\rho} \ln \left(\sum_{i=1}^{m} e^{\rho h_{ki}} \right) \tag{5-42}$$

式中，ρ 为容差参数，其取值推荐取一小的初值，在优化迭代的过程中不断地增大，直到取其允许最大值（可取为 100）。

因此上述优化数学模型可转化为如下新的形式：

$$\text{Find} \quad \boldsymbol{X} = (x_1, x_2, \cdots, x_n)^{\text{T}}$$

$$\text{Min} \quad T = -\sum_{k=1}^{c} [\alpha_k G_k(\boldsymbol{X})] \tag{5-43}$$

$$\text{s.t.} \quad W \leqslant \overline{W} \tag{5-44}$$

$$h_k = \frac{1}{\rho} \ln \left(\sum_{i=1}^{m} e^{\rho h_{ki}} \right) \leqslant 0 \quad (k = 1, 2, \cdots, c; \ i = 1, 2, \cdots, m) \tag{5-45}$$

$$x_{j\min} \leqslant x_j \leqslant x_{j\max} \quad (j = 1, 2, \cdots, n) \tag{5-46}$$

优化方法选用修正的 Zoutendijk 可行方向法，该方法能有效地求解线性或非线性约束函数优化问题，且可用于求解无约束函数优化问题。它可看作是无约束下降算法的自然推广，其典型策略是从可行点出发，经过每次迭代，找到一个搜索方向并沿着这个下降的可行方向进行一维搜索，求出使目标函数值下降的新的可行点。算法的关键步骤是选择搜索方向和确定沿着该方向移动的步长。

在天线结构机电综合优化设计过程中对多工况下的天线优化也进行了研究。针对天线这个特殊结构对象，这里的多工况主要包含仰天和指平两种工况。优化求解过程中分别对两种工况下的有限元模型进行分析，得到各自工况下的目标函数值和约束函数值，而整个多工况机电综合优化模型的目标函数值为两种工况下的加权求和值，约束个数为两种工况下各自约束数之和。这样的优化模型应比单工况下的更为合理、优越。

多工况机电综合优化模型的目标函数采用了多工况权因子方法，即

$$\text{OBJ} = \alpha \text{OBJ}_{\text{仰天}} + (1-\alpha)\text{OBJ}_{\text{指平}} \tag{5-47}$$

式中，α 为工况权因子。若 $\alpha=1$，则为仰天优化；若 $\alpha=0$，则为指平优化；而当 $0<\alpha<1$ 时，则为两工况优化。α 可由设计师根据天线工作要求与特点进行取值。

5.3.3 基于主动面调整的综合优化

随着天线口径的增大，工作频率的提高，对天线反射面精度要求也越来越高。提高天线的表面精度要全面考虑其影响因素，针对不同的变形采取不同的调整方法。从设计到制造，从装配到调整，在天线的整个生成过程中都要注意为提高天线的表面精度做工作。

天线反射面板调整技术是指利用特定的面板调整机构，改变天线面板的空间位置，使其上的每个靶标点最大限度地趋于理想反射面上的对应点，趋近程度越高，表明反射面精度越高。大型天线反射面一般由很多小块的面板拼装而成，每块面板上有 4~6 个安装点，用于支撑机构与反射体的刚性背架连接。支撑机构同时又是调整机构，可以使单块面板的位置改变。当单块面板具有很好的刚度和面精度时，就可通过调整全部单元面板安装点的位置来提高整个反射面的精度。

大型天线反射面板靠调整其边缘处的螺栓来改变位置。调整螺栓时，面板上其他表面节点的位置亦随之改变。有时相邻几块反射面板共享一个调整螺栓，所以调整此螺栓时，这几块面板的相对位置关系都要改变。这样原来已调整好的表面节点在调整其他点时可能又偏离了自己的最佳位置，前面的工作就白费了。实际上，在调整过程中，虽然面板之间可以认为物理上没有干涉，但所有面板的位置精度对口面场相位误差是有影响的，即它们在电性能上是耦合的。为此，根据调整过程中调整点和测量靶标点之间的位置关系，以表面精度为目标，可通过优化计算得出最佳调整量。

大型天线反射面一般由很多块面板组装而成，这些面板共同承担着接收并汇聚电波的任务。面板的拼装以中心辐射状的方式形成旋转抛物面，如图 5-16 所示为 1/4 个反射面。

对于构成抛物面的每块四角梯形面板，一般有 4 个调整机构，分别位于 4 个角上。面板的调整通过位于其角落的 4 个调整机构来加以实现，调整沿面板法向单独进行，而且调整量相对于面板的尺寸非常微小。下面取出一块面板进行分析。

图 5-17 所示为一块梯形四角面板的空间位置调整示意图。设 A、B、C、D 四点为调整点，选择 A、B、C 三点作为主要调整点，第四点 D 作调整后加固之用。沿 A 点法向调整时，相当于整块面板绕直线 BC 转动，且转动量非常微小。因为调整时忽略了面板变形，整个面板做刚体转动，所以面板上所有靶标点相对于直线 BC 都有一个相同的微小转动量。例如面板上任意点 $P(x,y,z)$ 在 A 点调整后到达 $P'(x,y,z)$ 位置。可以根据 A 点的调整量计算出靶标点新位置的坐标，从而计算出靶标点调整之后相对于设计抛物面的半波程差。这样的方法作用于

所有的靶标点，就可得到 A 点的一个调整量，使得面板上的所有靶标点的半波程差的均方根值最小，即得到一个最佳的调整量。将这一方法应用于所有面板，就能得到所有面板的最佳调整量。

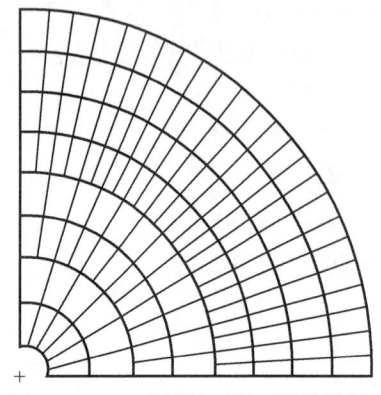

图 5-16　1/4 个反射面的面板构造图 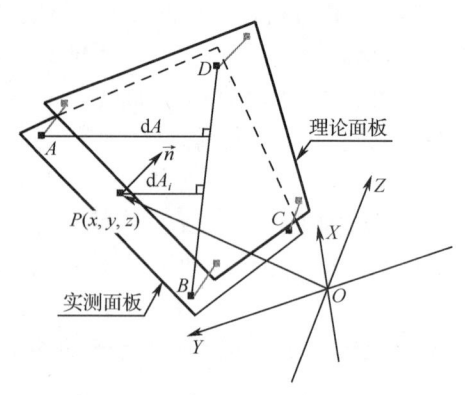　　图 5-17　天线面板几何位置示意图

对于主动反射面天线而言，面板 3 个调整点分别调整 a_A、a_B、a_C 后面板上靶标 $P_i(x,y,z)$ 所对应的新坐标 $P_i'(x,y,z)$，则

$$\overline{OP_i'} = \overline{OP_i} + \boldsymbol{S}_i^k \boldsymbol{a}^k \tag{5-48}$$

其中，$\overline{OP_i'}$、$\overline{OP_i} \in R^{3\times 1}$，分别为从坐标系原点 $O(0,0,0)$ 到面点 $P_i'(x,y,z)$、$P_i(x,y,z)$ 的位置矢量，$\boldsymbol{S}_i^k = \left[\mathrm{sign}_{A_i} \dfrac{d_{A_i}}{d_A} \boldsymbol{n}_A, \mathrm{sign}_{B_i} \dfrac{d_{B_i}}{d_B} \boldsymbol{n}_B, \mathrm{sign}_{C_i} \dfrac{d_{C_i}}{d_C} \boldsymbol{n}_C \right]$ 为调整量对 $P_i(x,y,z)$ 的作用系数；$\boldsymbol{a}^k = [a_A, a_B, a_C]^T$ 为第 k 块面板的调整向量。

若 $P_i(x,y,z)$ 为天线面板上的任意靶标点，则式（5-48）反映了调整点调整量与靶标点位置之间的关系。设调整前靶标点 $P_i(x,y,z)$ 相对于理论面的偏移向量 $\boldsymbol{u}_{\mathrm{ap}} = [u_{\mathrm{ap}}, v_{\mathrm{ap}}, w_{\mathrm{ap}}]$，则调整之后其偏离理论面的位移向量为

$$\boldsymbol{u}_{\mathrm{ap}}' = [u_{\mathrm{ap}}', v_{\mathrm{ap}}', w_{\mathrm{ap}}'] = [u_{\mathrm{ap}}, v_{\mathrm{ap}}, w_{\mathrm{ap}}] - \boldsymbol{S}_i^k \boldsymbol{a}^k \tag{5-49}$$

由式（5-49）可知，半波程差等于法向偏差的轴向分量，且 $\boldsymbol{u}_{\mathrm{bp}} = [u_{\mathrm{bp}}, v_{\mathrm{bp}}, w_{\mathrm{bp}}]$，因此调整之后反射面靶标点相对于最佳吻合面的半波程差为

$$\delta_p = n_z [(\boldsymbol{u}_{\mathrm{ap}}' - \boldsymbol{u}_{\mathrm{bp}}) \vec{n}] \tag{5-50}$$

式中，$\vec{n}$ 是 P 点的单位法向量，n_z 为单位法向量的 z 向分量。设天线反射面共由 N_p 块面板组成；第 K 块面板上有 N_K 个靶标点。则对于单块面板 N_K 个靶标有

$$\boldsymbol{\delta}^k = [\delta_1^k, \delta_2^k, \cdots, \delta_{N_k}^k]^T \tag{5-51}$$

$$\widetilde{\boldsymbol{S}}^k = [\hat{\boldsymbol{S}}_1^k, \hat{\boldsymbol{S}}_2^k, \cdots, \hat{\boldsymbol{S}}_{N_k}^k]^T \tag{5-52}$$

则

$$\boldsymbol{\delta}^k = \boldsymbol{\delta}_0^k + \widetilde{\boldsymbol{S}}^k \boldsymbol{a}^k \tag{5-53}$$

对于整个天线反射面的所有面板而言，反射面上所有靶标点相对于最佳吻合面的半波程差向量为

$$\boldsymbol{\delta} = [\boldsymbol{\delta}^1, \boldsymbol{\delta}^2, \cdots, \boldsymbol{\delta}^{N_P}]^T \tag{5-54}$$

所有反射面板的调整量为

$$a = [a^1, a^2, \cdots, a^{N_P}]^T \tag{5-55}$$

联系调整量与表面误差的转换矩阵为

$$Q = \begin{bmatrix} \tilde{S}^1 & 0 & \cdots & 0 \\ 0 & \tilde{S}^2 & \cdots & 0 \\ \vdots & \vdots & \vdots & \vdots \\ 0 & 0 & \cdots & \tilde{S}^{N_P} \end{bmatrix} \tag{5-56}$$

则

$$\delta = \delta_0 + Qa \tag{5-57}$$

每块反射面板具有独立的一组调整机构，可单独进行调整，各面板之间物理上无耦合，所以 Q 为分块对角矩阵。对于多块面板共用某个调整机构的情况，面板之间存在物理上的耦合，此时 Q 则不再是对角矩阵。

天线表面的反射能力并不处处相同，这取决于表面点在整个反射面的分布情况。一般来说，越是靠近反射面中心位置，反射效率越高，反射面边缘处的效率越低。所以，在利用表面采样点来计算反射面表面精度时，不能把所有不同位置的采样点等同对待，而应该考虑表面点所处的位置，引入相应的权重系数。这样才能真实充分地体现各表面点对整个反射面效率的贡献。

引入表面各节点的加权因子

$$\rho_i = \frac{(n_0 q_i s_i)}{\left(\sum_{j=1}^{n_0} q_j s_j\right)} \tag{5-58}$$

其中，s_i 为表面点 i 点影响的反射面积，q_i 为照度系数，表示为

$$q_i = 1 - C\frac{r_i^2}{R_0^2} \tag{5-59}$$

其中，r_i 为表面点 i 与焦轴的距离，R_0 为口面半径，n_0 为表面靶标点数，C 为由焦径比 f/R_0 决定的常数。

于是可得所有靶标点位移引起的对设计抛物面的加权半波程差均方根值

$$\sigma = \left(\frac{\sum_{i=1}^{n_0} \rho_i \delta_i^2}{n_0}\right)^{\frac{1}{2}} \tag{5-60}$$

这就是直接影响天线电性能的反射面精度指标。

主焦天线需要调整的部分主要是馈源和主反射面，其中馈源的调整就是把它调整到最佳吻合抛物面的焦点处，而主反射面调整的目的是找到调整向量 a，使得函数 F 取最小值（F 正比于波程差的均方根的平方和），数学描述如下

$$F = \delta^T A_f \delta \tag{5-61}$$

这里 A_f 指加权系数对角矩阵。整理可得

$$F = \delta_0^T A_f \delta_0 + 2\delta_0^T A_f Qa + a^T Q^T A_f Qa \tag{5-62}$$

为求 F 的极小值，可设计如下式所示的二次规划，故而确定 a

$$\begin{cases} \text{Find} & \boldsymbol{a} \\ \text{Min} & F = \boldsymbol{\delta}_0^{\mathrm{T}} \boldsymbol{A}_f \boldsymbol{\delta}_0 + 2\boldsymbol{\delta}_0^{\mathrm{T}} \boldsymbol{A}_f \boldsymbol{Q} \boldsymbol{a} + \boldsymbol{a}^{\mathrm{T}} \boldsymbol{Q}^{\mathrm{T}} \boldsymbol{A}_f \boldsymbol{Q} \boldsymbol{a} \\ \text{s.t.} & -L \leq a_j \leq L \end{cases} \tag{5-63}$$

这就转化为一个优化问题。选择共轭梯度法求解该优化问题,即可得出所有面板调整点的调整量。

5.3.4 基于馈源补偿的综合优化

反射面变形可通过对其面板进行实时补偿,但由于面板存在着加工误差,难以精确调整到理想反射面的情况,而且反射面板为主动可调时,将增加天线结构重量,造成天线整体性能下降。为此,通过调整馈源补偿反射面变形和馈源误差是行之有效的办法。另外,针对反射面变形情况,应用阵列馈源的补偿方法来补偿反射面变形对电性能的影响。

在反射面变形已知的情况下,根据天线电性能指标,天线增益为较为重要的电参数,构造了天线增益损失 ΔG 最小时,寻求变形反射面天线的馈源位置 $\vec{d}$ 和指向 $(\Delta \xi, \Delta \phi')$ 的优化模型

$$\text{Find} \quad \vec{d}, \Delta \xi, \Delta \phi' \tag{5-64}$$

$$\text{Min} \quad \Delta G = -20 \lg \left(\frac{\max(|\boldsymbol{E}(\theta,\phi)|)}{\max(|\boldsymbol{E}_0(\theta,\phi)|)} \right) \tag{5-65}$$

$$\text{s.t.} \quad \begin{aligned} & \Delta \xi_{\min} \leq \Delta \xi \leq \Delta \xi_{\max} \\ & \Delta \phi'_{\min} \leq \Delta \phi' \leq \Delta \phi'_{\max} \\ & |\vec{d} - \vec{d}_1| \leq d_0 \end{aligned} \tag{5-66}$$

式中, $\Delta \xi_{\min}$、$\Delta \xi_{\max}$、$\Delta \phi'_{\min}$、$\Delta \phi'_{\max}$ 分别为馈源指向在 ξ、ϕ' 方向角度偏移量的下、上限值。$\boldsymbol{E}(\theta,\phi)$ 为变形反射面天线的远场表达式。$\boldsymbol{E}_0(\theta,\phi)$ 为理想反射面天线的远场表达式。$\vec{d}_1$ 为最佳吻合面所确定的新焦点位置,d_0 为以 $\vec{d}_1$ 为中心的馈源位置偏移量上限值,可减少馈源位置优化时的搜索空间,使优化模型更快地达到收敛。

优化模型给出了在反射面变形已知情况下增益损失最小时的馈源位置和指向,然而实际中反射面变形和馈源误差是同时存在的,优化分析确定的馈源位置和指向应去除天线结构变形引起的馈源误差,才是馈源应调整的位置和角度。

变形反射面天线馈源位置和指向的优化流程如图 5-18 所示。首先根据反射面天线的结构、形状、拓扑、类型等参数,建立其有限元模型;其次,考虑天线在实际工况中受到的环境载荷信息,如自重、风、惯性、冰雪等载荷,施加到天线有限元模型上,进行结构有限元分析,给出反射面天线结构(包括主面和副反射面/馈源)的节点坐标和位移等;再者,由反射面变形计算天线口径面的相位误差,开发反射面天线机电两场耦合模型的分析程序,通过改变馈源的位置和指向计算天线的增益损失;然后,判断电性能指标是否满足增益损失最小的要求,如不满足,则修改馈源的位置和指向,进行新的迭代,如满足,则完成优化分析,输出馈源的位置和指向;最后,将优化分析得到的馈源位置和指向,去除反射面天线结构分析得到的馈源误差,获得馈源所需的位置和指向调整量。根据此调整量改变馈源的位置和指向,便可降低变形反射面对天线电性能的影响。

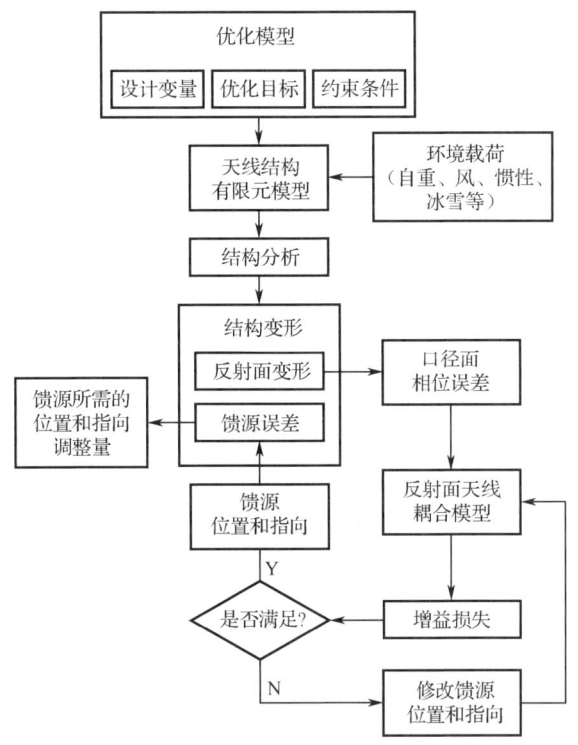

图 5-18 变形反射面天线馈源位置和指向的优化流程

5.3.5 工程应用案例

1. 与传统优化的对比

以工程中常见的 8m 反射面天线为例，该天线主面口径为 8m，焦距为 3m，考虑到高频时天线电性能对结构变形更为敏感，优化的工作频率选为 12.5GHz。图 5-19 为反射面天线背架结构的四分之一示意图，97 根杆件被划分为 12 类，具体划分见表 5-2。背架为钢结构，材料的弹性模量为 2.1×10^5MPa，密度为 7.85×10^{-3}kg/cm³。面板为 4mm 厚的铝合金板，密度为 2.73×10^{-3}kg/cm³。增加一类馈源支撑杆件，用于连接背架和焦点 F，如图 5-19 所示。

为了对比三种优化方法，即传统结构优化方法（以主面精度为目标，简称传统优化）、只考虑主面背架变形的机电集成优化（简称主面优化）和包含馈源及主面的整体机电集成优化（简称整体优化）。传统结构优化设计变量包括 12 类杆件的横截面积和 4 个节点，即节点 5、6、7、8 的半径 R 和 Z 向坐标，约束为天线主反射面均方根误差（δ_{rms}）不超过 0.5mm，目标为结构质量最轻，载荷为天线仰天时的重力。δ_{rms} 为 0.5mm 时的增益损失使用式（4-4）估算为 0.2463dB。

为了方便对比，只考虑主面变形的机电集成优化的设计变量、目标和载荷与传统结构优化相同，约束为天线增益损失小于结构优化 δ_{rms} 为 0.5mm 时的 0.2463dB。计算天线增益时，应考虑馈源位置误差的影响，因此应在原结构上增加一根馈源支撑杆，连接节点 4 和天线焦点 F 处的馈源，总共有 4 根支撑杆。

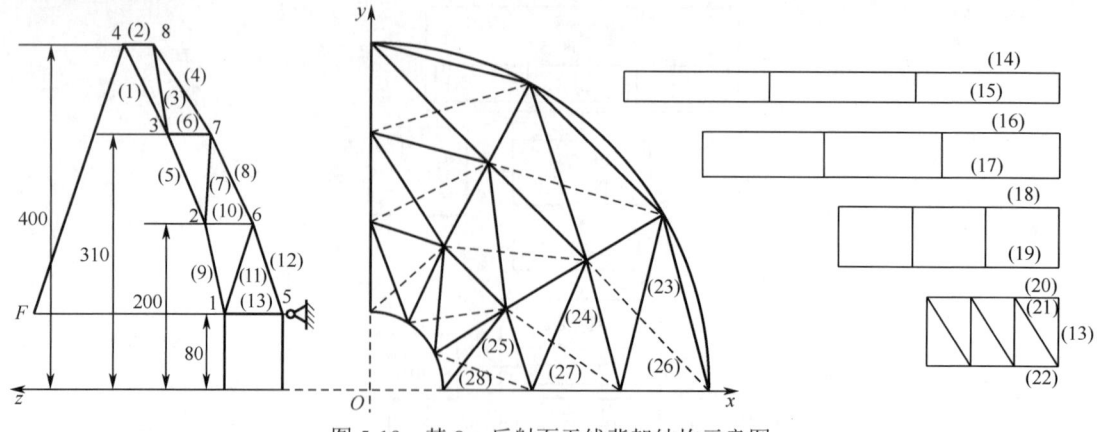

图 5-19 某 8m 反射面天线背架结构示意图

表 5-2　8m 反射面天线优化变量表

截面积	杆位置	截面积	杆位置	截面积	杆位置	半径	z 坐标	节点
A_1	(9)(12)	A_5	(18)(19)	A_9	(6)(7)	R_1	Z_1	5
A_2	(5)(8)	A_6	(16)(17)	A_{10}	(10)(11)	R_2	Z_2	6
A_3	(1)(4)	A_7	(14)(15)	A_{11}	(13)(21)	R_3	Z_3	7
A_3	(22)(20)	A_8	(2)(3)	A_{12}	(23)(24)(25)(26)(27)(28)	R_4	Z_4	8

同样，包含馈源的机电集成优化的目标和载荷与传统结构优化相同，约束为天线增益损失（ΔG）小于 0.2463dB。但在设计变量中，背架类变量与传统结构优化相同，加入馈源支撑结构的设计变量，即支撑杆的横截面积 F_1 和杆与背架连接点的位置 F_2。其中连接点的位置 F_2 包括图 5-19 中的节点 2、3 或 4。

表 5-3 是三种优化方法的结果对比。

表 5-3　三种优化结果对比（长度单位，cm）

优化变量	A_1	A_2	A_3	A_4	A_5	A_6	A_7	A_8	A_9	A_{10}	A_{11}	A_{12}
传统优化	22.0	17.0	6.0	6.0	7.0	8.0	15.0	5.0	7.0	3.0	3.0	5.0
主面优化	30.0	21.0	8.0	11.0	5.0	15.0	14.0	6.0	8.0	2.0	2.0	3.0
整体优化	18.0	13.0	8.0	5.0	3.0	4.0	8.0	4.0	5.0	4.0	4.0	4.0
优化变量	Z_1	Z_2	Z_3	Z_4	R_1	R_2	R_3	R_4	F_1	F_2	约束	质量/kg
传统优化	2.0	53.0	121.0	162.0	150.0	200.0	281.0	342.0	无	无	0.5mm	741.50
主面优化	2.0	51.0	123.0	167.0	150.0	200.0	293.0	365.0	无	无	0.25dB	844.78
整体优化	4.0	53.0	159.0	189.0	150.0	194.0	303.0	357.0	4.0	2	0.25dB	573.58

传统结构优化以满足与电性能要求相对应的 0.5mm 反射面均方根误差容许值面精度为约束，根据式(4-4)估算的增益损失为 0.2463dB，得到结构质量是 741.5kg，主面精度是 0.499mm，由于馈源还存在位置误差，计算得到天线的整体增益损失为 0.5790dB。如果结构设计合理，馈源位置的变化能够补偿主面变形，天线整体的增益损失会小于主面变形导致的增益损失；但是如果结构设计不合理，则正好相反。可见天线主面的面精度虽然满足要求，但由于忽视了馈源

位置的变化，电性能仍然不能满足设计指标。

只考虑主面背架结构变量的机电集成优化，直接以 0.2463dB 的天线整体增益损失为约束，不考虑具体的面精度，优化的结构质量是 844.78kg，高于传统结构优化。这是由于结构不但要保证主面变形也要保证馈源的变形不能过大，因而付出了更大的质量代价，但是增益损失满足要求。可见即使采用机电集成优化，若没有将天线主面和馈源支撑结构作为一个整体考虑，仍难以得到较好的天线结构设计方案。

将馈源和主面作为天线整体优化时，不但可以保证增益损失小于 0.2463dB 的约束，结构质量也降至 573.58kg，明显好于前两者优化的结果。此时的主面精度为 0.768mm，虽然较大，但是馈源的位移补偿了主面变形，因而电性能仍然满足要求。这也表明原来 0.5mm 的精度要求不够合理，单一的反射面精度不能准确地反映天线电性能。此时馈源支撑杆与背架连接于节点 2，相对于节点 3 和节点 4，杆的长度缩短，也改善了受力状况。

图 5-20 是包含馈源的机电集成优化的单片纵向筋（辐射梁）优化前后结构对比，可见优化后纵向筋背架杆件的布局由初始的梯形变成锯齿形，与中心体连接的节点坐标向外向上移动，使中央圆环截面由矩形变为梯形，这将改善中心体的受力情况，边缘部分的节点向内向上移动，有利于减轻自重。此时馈源支撑杆与背架连接于节点 2，相对于节点 3 和节点 4，杆的长度缩短，也改善了受力状况，这一结果是合理的。

图 5-21 是三种优化后的天线结构在相同的载荷下天线远场方向图的对比。可见，相对于无变形时的理论值，天线副瓣都有升高，传统优化副瓣提升最为明显；其次是只考虑主面的机电集成优化，综合考虑天线整体的机电集成优化的结果，副瓣升高量最小，具体升高量见表 5-4。由于仰天时只考虑重力的工况，波瓣宽度和指向精度无明显变化。

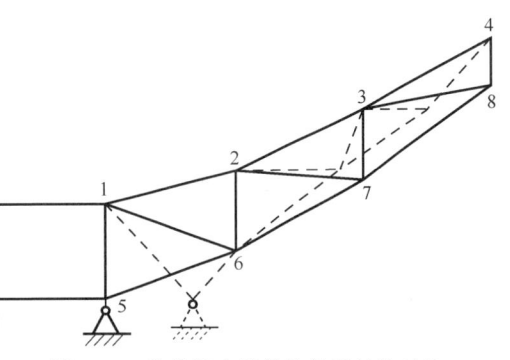

图 5-20 单片纵向筋优化前后结构对比

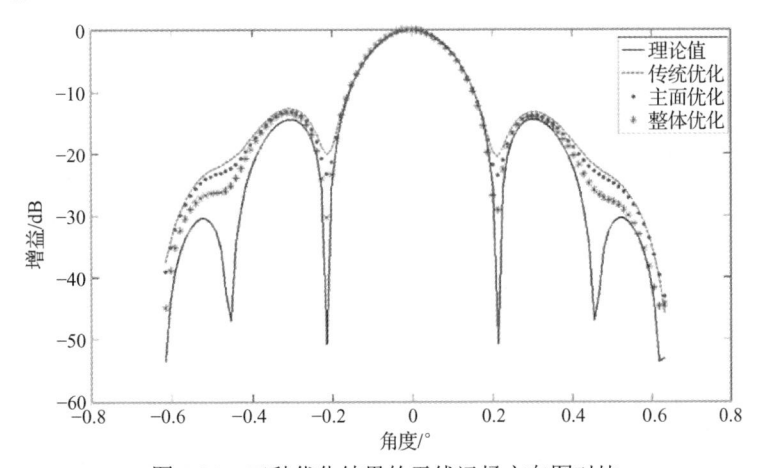

图 5-21 三种优化结果的天线远场方向图对比

表 5-4　三种优化天线结构主要电性能对比

	增益损失/dB	左一副瓣增益/dB	右一副瓣增益/dB	主面精度/mm
未变形天线	0	-14.41	-14.41	0
传统优化	0.5790	-12.67	-13.25	0.499
主面优化	0.2428	-13.20	-13.79	0.499
整体优化	0.2351	-13.36	-14.01	0.768

由表 5-4 可见，无论是副瓣电平还是增益损失，考虑天线整体的机电集成优化结果都是最好的。

2. 某 40m 天线工程应用

为进一步突出面天线机电集成优化的优点，下面对某 40m 口径陆基抛物面天线进行机电综合优化设计。

该天线基本情况参见 5.2 节，背架结构主要包括三类，16 片与中心体连接的辐射梁［如图 5-22（a）、(b) 所示］，7 圈周向环形杆件［如图 5-22（c）所示］，辐射梁之间的径向杆件［如图 5-22（d）所示］。其馈源支撑结构包括两类，连接主面和馈源的纵向杆件［如图 5-22（c）所示］，以及加强在纵向杆件之间的横向杆件［如图 5-22（d）所示］。设计变量见表 5-5。假设天线面精度（δ_{rms}）要求约为 2mm，根据式（4-4），在 12.5GHz 时的增益损失（ΔG）为 3.76dB。

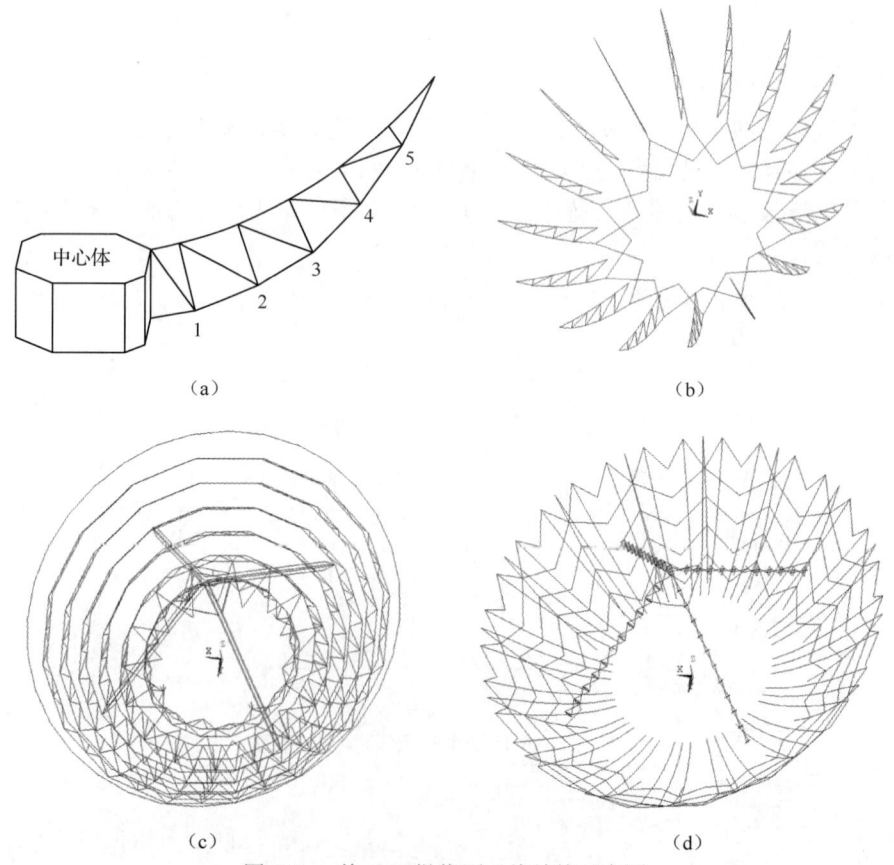

图 5-22　某 40m 抛物面天线结构示意图

对该天线应用两种优化方法,其优化变量相同,为5种梁单元(包括背架和支撑结构)截面积,以及5个下弦节点半径和Z向坐标,共15个变量。优化变量的含义参见表5-5,下弦节点示意见图5-22(a)。

对于传统结构优化,目标为质量最小,约束为面精度小于2mm和最大应力小于150MPa。

对于包含馈源支撑结构参数的机电集成优化,目标为增益损失最小,约束为天线质量不超过传统方法中结构优化的值和最大应力小于150MPa。

两种优化载荷相同,为天线指平时的重力。

表5-5 40m天线的优化变量表

设计变量	物 理 含 义
A_1	图5-22(a)中辐射梁4号点以上杆件截面积
A_2	图5-22(a)中辐射梁1~3号点之间杆件截面积
A_3	图5-22(a)中辐射梁3号与4号点及其之间杆件截面积
A_4	图5-22(c)中所示的背架周向环形杆件和馈源支撑纵向杆件截面积
A_5	图5-22(d)中所示的背架径向杆件和馈源支撑结构横向杆件截面积
Z_i	$i=1,2,\cdots,5$,图5-22(a)中所示第i个节点的Z向坐标
R_i	$i=1,2,\cdots,5$,图5-22(a)中所示第i个节点的半径

两种优化方法的结果见表5-6。

表5-6 指平情况下的优化结果(尺寸单位:cm)

设计变量	A_1	A_2	A_3	A_4	A_5	Z_1	Z_2	Z_3	Z_4	Z_5
结构优化	14.0	150.0	47.0	17.0	22.0	-101.2	28.8	175.2	339.6	523.4
集成优化	39.0	27.0	32.0	10.0	33.0	-104.9	30.9	173.8	346.9	523.0
设计变量	R_1	R_2	R_3	R_4	R_5	δ_{rms}	ΔG/dB		质量/kg	
结构优化	1144.1	1551.8	1355.4	1729.6	1888.1	0.198	0.36		13685	
集成优化	1126.6	1564.5	1345.1	1724.4	1862.3	0.232	0.26		9045	

由表5-6可见,单纯结构优化时结构的质量为13 685kg,其主面精度为1.98mm,相应的主面增益损失约为3.0dB,考虑馈源补偿后的增益损失为0.36dB。应用机电集成优化后,天线整体的增益损失为0.26dB,天线质量仅为9045kg,不但电性能有所提高,而且质量明显减小。此时的主面精度为2.32mm,主面增益损失为4.2dB,但是在馈源的补偿后的增益损失仅为0.26dB。可见,相对于主面和馈源分离的传统结构优化方法,应用机电集成优化方法将天线主面和馈源作为一个整体设计,不但满足了电性能,而且由于放松了面精度约束,使得结构质量也明显减小。

该40m天线的优化结果与前面8m天线的结果类似,两个例子充分表明了面天线机电集成优化的突出效果。

5.4 面天线机电性能综合分析系统

5.4.1 模块结构

机电综合分析软件系统主要包括 3 个模块，如图 5-23 所示。

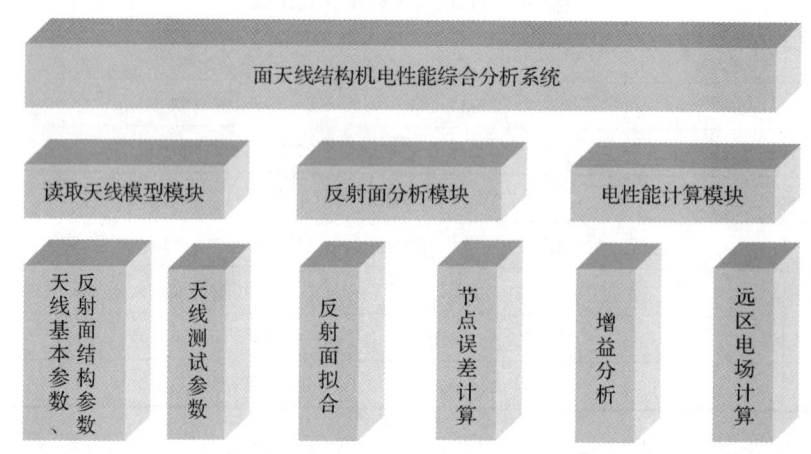

图 5-23 机电性能综合分析系统模块

1. 读取天线模型模块

读取天线模型模块主要包括天线基本参数、反射面结构参数的读取，用户输入参数（天线测试参数）的读取与判定，其目的是建立分析对象的数学模型。天线基本参数包括天线口径、焦距、反射面顶点坐标、方位角与俯仰角等；反射面结构参数是指天线反射面节点设计坐标与在外载荷下的位移；天线测试参数包括天线工作频率或波长、口径场边缘电平、口径场分布参数、馈源方向函数等。

2. 反射面分析模块

反射面分析模块主要包括反射面拟合、反射面节点误差计算两个子模块。反射面拟合模块是基于变形反射面的实际形状拟合天线反射面，得到变形反射面的方程，从而计算反射面节点法向误差，分析反射面表面精度。

3. 电性能计算模块

电性能计算模块主要包括天线增益分析、天线远区电场计算两个子模块。天线增益分析模块是基于天线变形反射面的节点误差，分析计算天线增益损失与增益；天线远区电场计算模块是根据天线口径电场分布，计算天线远区电场分布，从而得到天线辐射方向图，同时分析天线副瓣电平信息、半功率波瓣宽度等。

5.4.2 工作流程

该系统利用天线机电耦合理论实现天线机电性能的综合分析，主要分析步骤是天线模型数据的导入、反射面信息分析、变形反射面拟合、天线电性能计算以及后处理。第一步首先读取天线模型数据和用户输入的天线测试参数，得到天线基本参数和反射面节点坐标与位移；第二步进入反射面节点信息处理模块，同时建立局部坐标系并进行坐标转换；第三步进行变形反射面的拟合，分析变形反射面上的节点法向误差；第四步开始天线电性能分析计算，先由天线反射面的表面精度计算天线增益，再基于节点误差计算口面相位误差，最后计算天线远区电场分布与其他电性能参数；第五步就是模块的后处理部分，通过软件界面绘制天线方向图、输出主要的电性能参数信息，同时增加用户交互操作设计。机电性能综合分析软件工作流程如图 5-24 所示。

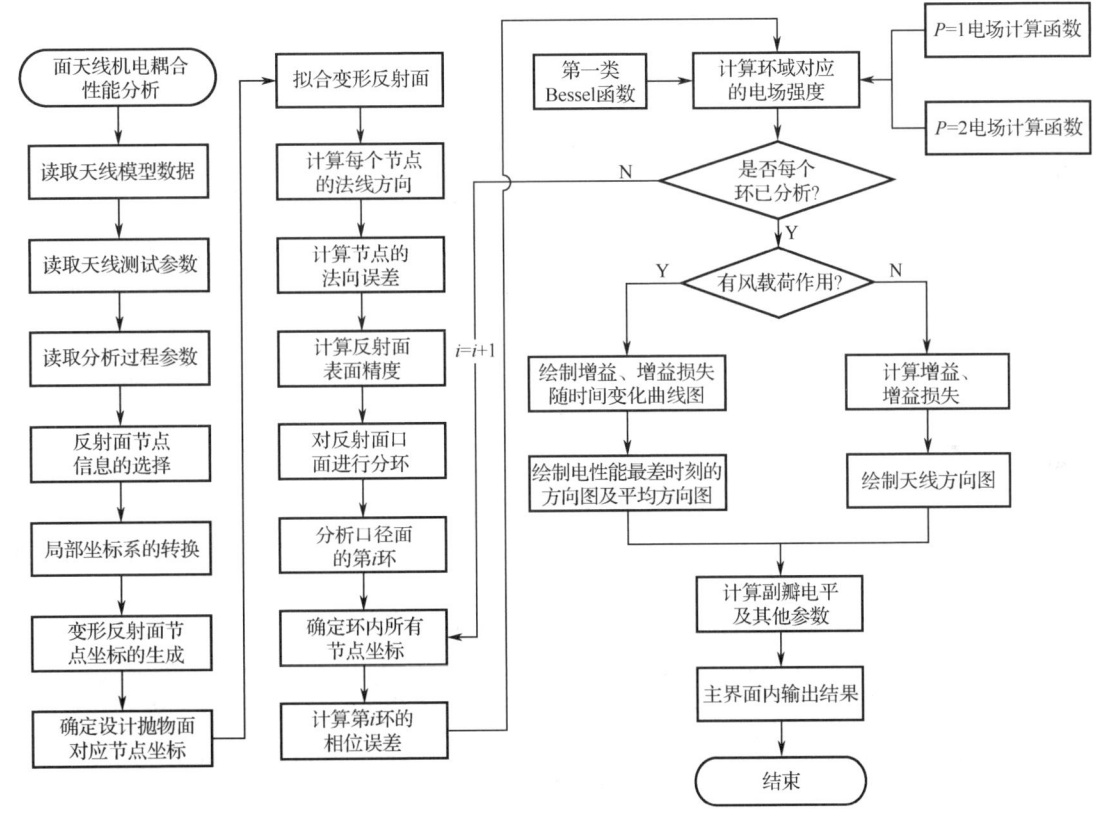

图 5-24 机电性能综合分析软件工作流程

具体工作流程如下：①选择天线模型，读取天线模型数据；②输入天线工作频率（或波长）、口径场边缘电平、口径场分布参数等其他测试参数；③输入馈源方向函数指数与极化方向等其他馈源参数；④输入天线口径面分环数；⑤输入分析角度的范围，选择分析角度的划分段数；⑥判断用户是否输入全部参数，以及参数是否正确（输入参数的类型、格式、数值大小），如用户没有输入所需的全部参数，自动给出提示信息，提醒输入要求参数，然后开始分析天线电性能；⑦分析计算过程中，给出相应的错误出现信息提示或操作信息提示等，并给出相应的解决方法提示；⑧显示天线辐射方向图的分析结果，以图片格式保存当前的天线方向图；⑨显示天线增益分析结果，以图片格式保存风载荷作用下的天线增益变化和增益损失变化曲线；⑩显示天线副瓣电平分析结果，选择下拉框中的数字来动态显示各副瓣的电平与位置信息。如天线辐射方向图中并没有某个副瓣信息，当选择显示此副瓣信息时，系统会给出相应的提示信息；⑪显示馈源调整参数、反射面精度等拟合参数；⑫生成分析计算的结果信息文件，包含整个天线机电性能综合分析的输入参数、反射面节点信息和计算结果信息等。

5.4.3　功能设计

该子系统功能设计主要思想是：根据天线机电耦合性能综合分析模型，基于天线反射面变形信息，计算出当前设计与工作条件下的天线电性能，判断当前天线结构设计是否合理，提出修改指导意见。用户只要具有一定的天线电磁设计知识，便可选定工作参数，电磁分析模块自动读取有限元分析结果文件，并运行后台 Delphi 核心算法程序，计算天线增益，给出天线方向图以及其他电性能。

面天线有限元分析是实现天线结构机电性能综合分析的基础。在得到天线有限元模型后，对变形天线反射面进行分析与拟合，得到天线位移场，进而分析变形反射面的节点误差。变形反射面分析模型把天线口面分成若干个环域，同时假设每个环域的误差与其他环域的相互独立，且节点变形后位置的法线方向余弦近似等于原设计抛物面上相应节点位置的法线方向余弦。馈源选为常用的接近于圆对称的 $\cos^k \alpha$ 馈源，用来确定天线在最大辐射方向上的增益。提供用户选择的馈源类型暂时只能有此一种，这是由于研究内容的程度要求的，而且分析对象也限制为圆抛物面天线。口径场分析参数由工程师选定输入。用户在对天线电性能的分析结果进行判断之后，决定是否改变天线结构，重新进行天线有限元建模，或者进入天线结构优化设计模块。

具体地实现以下主要功能：

（1）选择天线版本号，读取天线模型数据。

（2）输入天线工作频率（或波长）、口径场边缘电平（其数值必须小于或等于零）、口径场分布参数（其数值只能为 1 或 2）等其他测试参数。

（3）馈源方向函数指数（一般取 4）与极化方向等其他馈源参数。

（4）输入天线口径面分环数，其数值必须是整数，范围在 30~70 之间。

（5）输入分析角度的范围，选择分析角度的划分段数（分段数愈大，方向图理论计算愈精确，但也不能超出范围，且会增加计算时间）。

（6）判断用户是否输入全部参数，以及参数是否正确（输入参数的类型、格式、数值大小），如用户没有输入所需的全部参数，自动给出提示信息，提醒输入要求参数，然后开始分析天线的电性能。

（7）分析计算过程中，给出相应的错误出现信息提示或操作信息提示等，并给出相应的解决方法提示。

（8）显示天线辐射方向图的分析结果，并能以图片格式保存当前的天线方向图。

（9）显示天线轴向增益分析结果，同时能以图片格式保存风载荷作用下的天线增益变化和增益损失变化曲线。

（10）显示天线副瓣电平分析结果，选择下拉框中的数字来动态显示各副瓣的电平与位置信息。如果天线辐射方向图中并没有显示某个副瓣信息，当选择显示此副瓣信息时，模块会给出相应提示信息。

（11）显示天线半功率波瓣宽度、波束偏移数值。

（12）生成分析计算的结果信息文件，包含整个天线机电性能综合分析的输入参数、反射面节点信息和计算结果信息。

5.4.4 前后处理

如前所述，面天线有限元分析是机电综合分析的前提。利用综合设计平台的数据库，构建面天线机电性能综合分析系统的前处理模块，实现天线结构机械性能分析与天线位移场模型的建立。

用户不必具备丰富的力学知识和有限元建模经验，也不必对有限元软件的操作技能有娴熟的掌握，只需输入必要的模型分析参数，面天线有限元建模与分析模块就可以自动将几何模型划分为结构有限元网格模型，并对生成的有限元模型进行评价，给出天线机械性能的分析结果。天线机械性能主要包括结构固有频率、固有振型、结构强度和刚度、反射面精度等。通过查询预先建立的面天线零部件单元库，系统自动为用户建立面天线零部件的有限元模型。读取用户界面内输入的天线结构参数，查询数据库，确定反射面形状、骨架类型，自动生成中心体、辐射梁、环梁、副梁、背架与反射面，生成天线结构的三维造型，并自动生成天线整机的有限元模型。

建立天线模型后，可对天线结构系统进行有限元分析，主要包含静态分析、模态分析、瞬态分析以及温度分析等 4 个方面。模态分析用于确定某一范围内的固有频率和振型，防止在使用和运输过程中由于共振而无法工作或者遭到破坏；瞬态分析主要确定天线在连续随机激励和随机风载荷作用下的响应，分析天线刚度与强度是否满足要求。有限元分析流程如图 5-25 所示。

有限元分析模块利用 ANSYS 软件的通用后处理器和时间历程后处理器，结合 APDL 语言实现天线结构在各种载荷下进行不同类型求解时都能得到对应的数据结果，并为天线结构电性能计算模块提供天线数据信息，为评价天线性能提供依据。同时采用可视化技术从大量有限元计算结果数据中提取有价值的信息，以图形方式显示位移云图、应力云图、变形（振型）动画等，并给出最大应力、最大节点位移，以及随机风振动位移响应时间曲线等。

为了实现对天线结构机电性能的综合分析，有限元分析的同时还要生成 3 个文本文件数据，以供建立天线反射面变形模型。第一个文件主要包含天线结构基本信息，如天线口径、焦距、方位俯仰角、顶点坐标等，第二个文件主要包含反射面节点设计坐标，第三个文件主要包含结构变形后反射面节点位移（坐标都是在全局坐标系下的）。

对远区辐射场强进行归一化处理，即给出天线归一化辐射方向图。该系统采用直角坐标方向图，它虽不如极坐标方向图直观，但可精确表示强方向性天线的方向图。为便于对天线辐射方向图局部信息进行了解，提供了方向图的交互操作（见图 5-26），具体为：按住鼠标左键向右下方拉，选择需要放大的矩形区域，然后松开鼠标左键，所选择的矩形区域就自动放大到整个画布区域；按住鼠标右键不放，移动鼠标，实现图形的整体移动；如需复原图形，按住鼠标左键向左下方拉动,或者向右上方拉动或者向左上方拉动,然后松开,原来的方向图就重新显示,并布满整个画布。

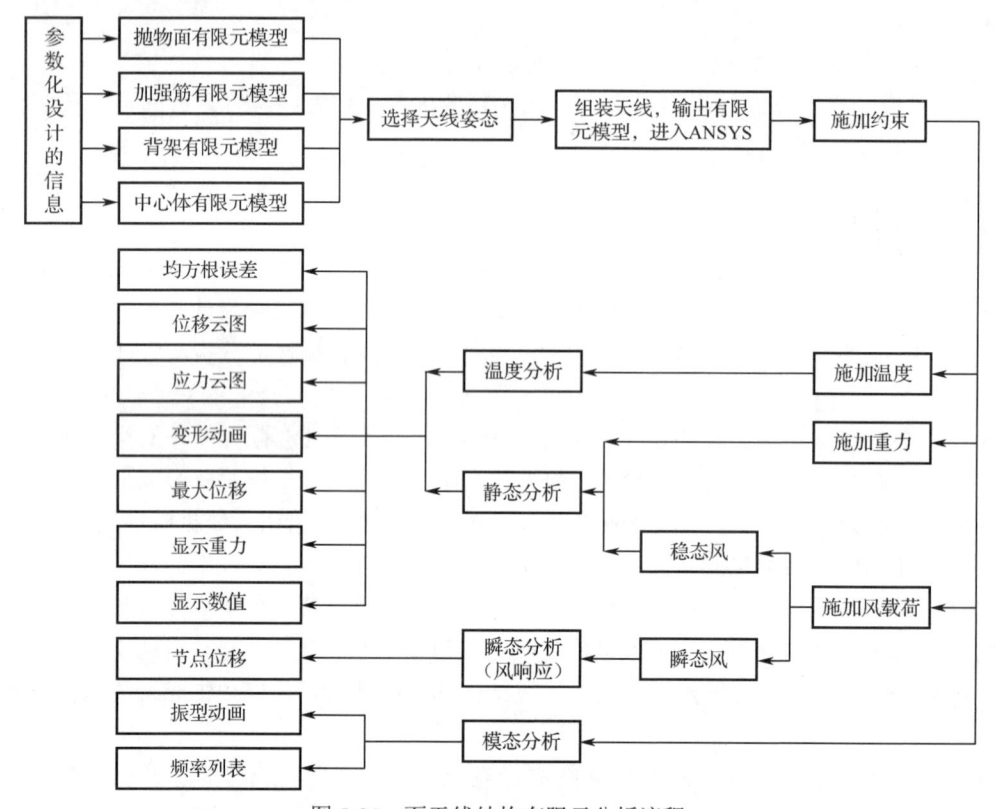

图 5-25 面天线结构有限元分析流程

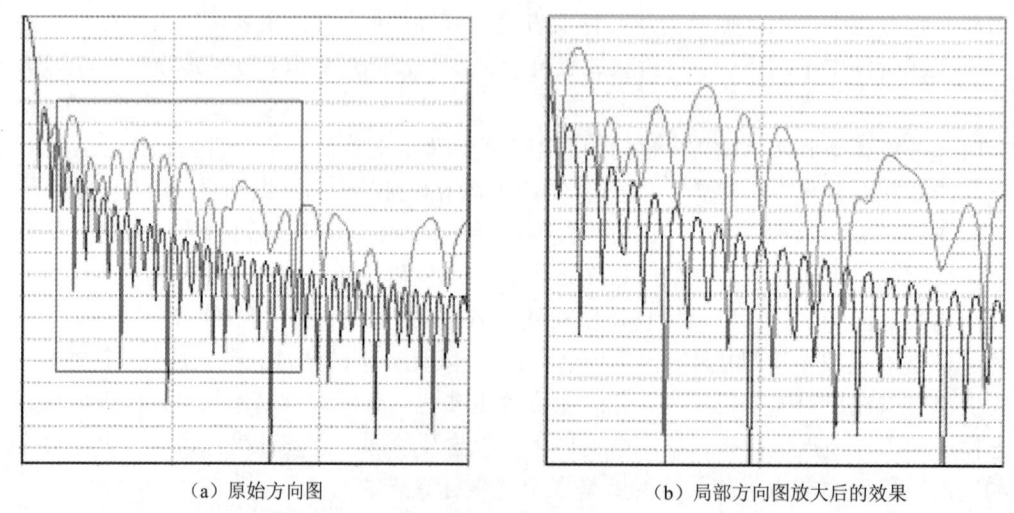

图 5-26 方向图操作

(a) 原始方向图　　(b) 局部方向图放大后的效果

为便于用户了解副瓣电平及其位置信息,应采用全局变量来存储副瓣信息。为分析时变载荷(如风载荷)下天线电性能变化情况,也提供了时变分析数据接口与天线增益变化历程曲线(见图 5-27)。

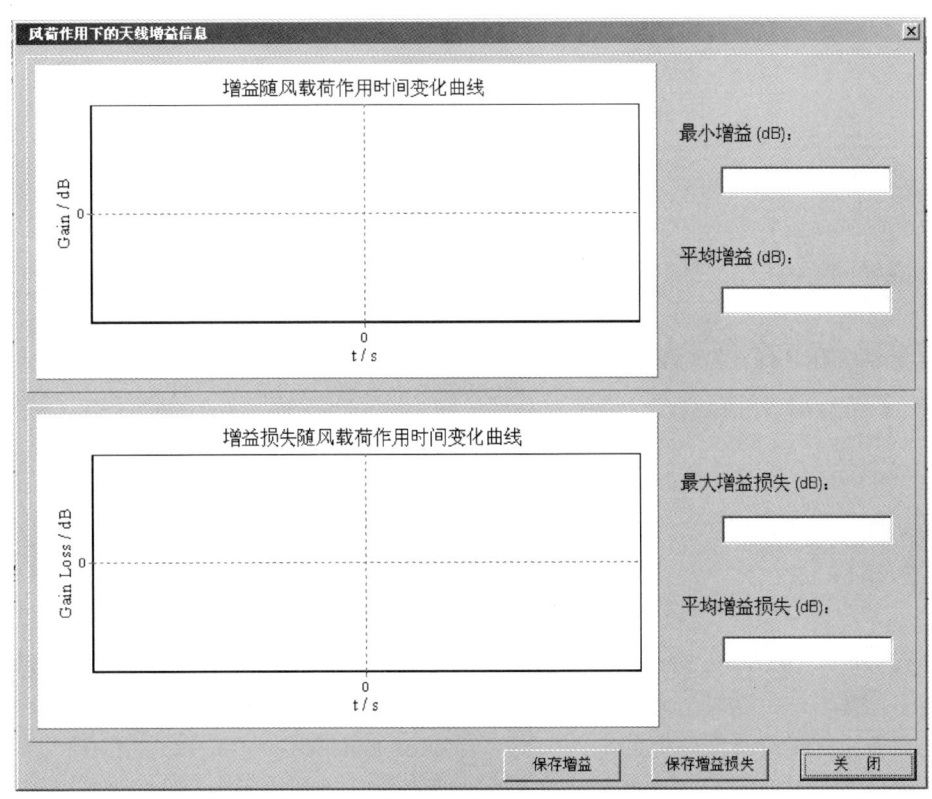

图 5-27　风载荷作用下的天线增益显示界面

第6章 天线系统结构电磁屏蔽设计

6.1 概述

电磁兼容性(Electromagnetic Compatibility,EMC)是指电子、电气设备在其所处的电磁环境中能够正常工作,同时不会对其他系统或设备造成干扰的能力。EMC 包含两个方面的要求,一是设备运行时对周围环境的电磁干扰(Electromagnetic Interference,EMI)不超过一定的限值,二是设备对电磁干扰具备一定的抗干扰能力(Electromagnetic Susceptibility,EMS)。

电磁干扰的过程是干扰源发出电磁能量,经过耦合途径将干扰能量传输到敏感设备,进而影响设备的正常工作。干扰源、耦合途径、敏感设备是形成干扰的基本要素。

电磁干扰源的种类很多,基本由自然干扰源和人为干扰源两大类组成。自然干扰源主要来自宇宙噪声、地球大气噪声、环境热噪声及雷电等。人为干扰源包括功能性干扰和非功能性干扰两种。功能性干扰是指设备或系统在实现自身功能的过程中产生有用的电磁能量,而对其他设备或系统产生干扰,如广播电视、雷达通信设备产生的电磁干扰;非功能性干扰是指设备或系统在实现自身功能的过程中产生无用的电磁能量而对其他设备或系统产生干扰,如送变电系统、机动车点火系统工作过程产生的电磁干扰,雷电等一些自然现象也会产生无用的电磁能量,也属于非功能性干扰。

电磁干扰的类别划分有很多,按照干扰场的性质可分为电场干扰、磁场干扰、电磁场干扰;按照干扰的频带宽度可分为宽带干扰、窄带干扰;按照传播耦合途径可分为传导干扰和辐射干扰;按照干扰波形可分为连续波干扰、脉冲波干扰;按照干扰的幅度特性可分为静态干扰、瞬态干扰。表 6-1 给出了干扰的频段划分及对应的典型电磁干扰源。

表 6-1 典型的电磁干扰源

干 扰 频 段	频 率 范 围	典型干扰源
工频干扰	50~60Hz	输电、配电系统
		电力牵引系统
		有线广播
甚低频干扰	30kHz 以下	雷电、核爆、地震产生的电磁脉冲

续表

干 扰 频 段	频 率 范 围	典型干扰源
长波	10kHz～300kHz	高压直流输电谐波
		交流输电和电气铁道的谐波
射频、视频干扰	300kHz～300MHz	工业、医疗设备
		内燃机、电动机
		家用电器、照明电器
微波干扰	300MHz～300GHz	雷达通信设备
		微波加热过程

电磁干扰是通过耦合的方式将电磁能量传递到被干扰对象（敏感设备）的电路中实现的，耦合途径包括传导耦合与辐射耦合两种。

传导耦合是指电磁干扰能量从干扰源沿导体传播至敏感设备，导体可以是电源线、信号线、接地线等，干扰源与敏感设备之间必须存在完整的电路连接才会形成传导耦合。传导耦合又分为电阻性耦合、电容性耦合和电感性耦合。

辐射耦合是指电磁干扰能量以电磁波的形式传播到敏感设备，包括电磁波与天线、电磁波与传输线、传输线与传输线三种耦合方式。多数电子设备都包含元器件、电缆、金属壳等部件，除天线外，元器件与金属壳体之间、传输线之间也会产生辐射耦合。

传导耦合与辐射耦合在一定条件下可以相互转化。例如，电磁波作用于传输线可感应形成传导干扰；导线电流过大时，电磁辐射也较为明显。因此，电磁干扰耦合方式通常是复合的，形成的电磁干扰效应也是较复杂的。

敏感设备受干扰的程度用敏感度来表示，敏感度门限是设备最小可辨别的非期望响应信号电平，即敏感电平的最小值。敏感电平越低，敏感度就越高，抗干扰的能力就越差。

实现设备电磁兼容性的技术措施可分为两类，一是在系统设计时选用干扰小的元件、部件，采用合理的电路设计和结构布局，以保证在元件、部件等级上的电磁兼容性；二是采用接地、屏蔽、滤波等技术，降低所产生的干扰电平，增加干扰在传播途径上的衰减。

接地、屏蔽和滤波是抑制电磁干扰的三大技术，这三种技术在电路和系统设计中都有独特的作用，作用效果也相互关联，接地良好可以降低设备对屏蔽的要求，良好的屏蔽也可降低对滤波的要求。

接地是指在系统的某个选定点与某个电位基准面之间建立一条低阻抗的导电通路。电位基准面包含大地或选定的某个系统基准地，通常是指设备的金属底座、机壳、屏蔽罩或粗铜线、铜带等基准导体，也称为接地平面。接大地是把电子设备的金属外壳、线路选定点等通过由接地线、接地电极等组成的装置与大地相连接；接系统基准地是将系统线路选定点与基准导体连接。接地可引起接地阻抗干扰，恰当的接地方式可以对高频干扰信号形成阻抗电路，从而抑制高频信号的对外干扰。按照作用分类，接地包括安全接地和信号接地两种。

屏蔽技术是利用屏蔽结构对电磁能量的反射、吸收和引导作用，将屏蔽区域与其他区域分开，具有便捷、高效的特点。屏蔽的分类方法有多种，根据屏蔽的工作原理，可将屏蔽分为电屏蔽、磁屏蔽和电磁屏蔽三类。

电屏蔽的屏蔽体用良导体制作，如铜、铝等金属，同时要有良好的接地，这样就把电场终止于导体表面，并通过地线中和导体表面上的感应电荷，从而防止由静电耦合产生的相互干扰。

磁屏蔽主要用于低频情况下，屏蔽体用高磁导率材料（铁镍合金最好）构成低磁阻通路，把磁力线封闭在屏蔽体内，从而阻挡内部磁场向外扩散或外界磁场干扰进入，有效防止低频磁场的干扰。

电磁屏蔽主要用于高频情况下，利用电磁波在导体表面上的反射和在导体中传播的急剧衰减来隔离高频电磁场的相互耦合，从而防止高频电磁场的干扰。用低导磁率金属材料作为屏蔽体，将磁力线限制在屏蔽体内。

滤波是将信号中特定波段频率滤除的操作。对干扰源进行滤波，是预防不希望的电磁振荡沿连接线传到设备；对敏感设备滤波，就是消除沿连接线作用在设备上的干扰影响。屏蔽是防护电磁干扰，滤波是抑制传导干扰，通过滤波器完成。滤波器的主要技术指标包括插入损耗、频率特性、阻抗特性、额定电压与电流等，其中频率特性较为重要，是指滤波器的插入损耗随工作频率的不同而变化的特性。

天线是典型的电子设备，具有干扰源（驱动电机等）、敏感设备（接送机等）及耦合途径，电磁兼容性是天线的重要性能，电磁屏蔽设计是天线结构设计的重要内容之一，因此，本章在简要描述电磁屏蔽效能与测试方法的基础上，重点介绍天线系统电磁屏蔽结构设计的相关内容。

6.2 屏蔽效能

屏蔽是利用屏蔽体来阻挡或减小电磁能量传输的一种技术，是抑制电磁干扰的重要手段之一。通过屏蔽体将某个特定区域封闭起来，限制区域内部辐射的电磁能量向外泄漏，防止外来的辐射干扰区域内部。屏蔽体可做成板式、网状式或金属编织带形式等，根据功能需求，屏蔽体可以选用导电材料、导磁材料、介质材料以及带有非金属吸收填料的材料等。

各种屏蔽体的性能均用该屏蔽体的屏蔽效能来定量评价。屏蔽效能（Shielding Effectiveness，SE）定义为空间某点上未加屏蔽时的电场强度 E_0 或磁场强度 H_0 与加屏蔽后该点的电场强度 E_1 或磁场强度 H_1 的比值，表示为

$$\text{电场屏蔽效能：} \quad \text{SE} = \frac{E_0}{E_1}$$

或

$$\text{磁场屏蔽效能：} \quad \text{SE} = \frac{H_0}{H_1}$$

用分贝表示为

$$\text{SE} = 20\lg\frac{E_0}{E_1} \tag{6-1}$$

或

$$\text{SE} = 20\lg\frac{H_0}{H_1} \tag{6-2}$$

屏蔽效能的大小与电磁波的频段和屏蔽体的材料性质有关。屏蔽体对于电磁波的衰减机理如下：

（1）在空气中传播的电磁波到达屏蔽体表面时，由于空气和金属交界面的阻抗不连续，在

分界面上引起波的反射。

（2）未被屏蔽体表面反射而透射入屏蔽体的电磁能量继续在屏蔽体内传播时被屏蔽材料衰减。

（3）在屏蔽体内尚未衰减完的剩余电磁能量传播到屏蔽体的另一个表面时，又遇到金属和空气阻抗不连续界面而再次产生反射，并重新折回屏蔽体内。这种反射在屏蔽体内的两个界面之间可能重复多次。

屏蔽效能计算是屏蔽结构设计的基础。电磁屏蔽一般分为实心型屏蔽和非实心型屏蔽两类。

实心型屏蔽将屏蔽体视为结构完整、连续均匀的无限大金属板或完全封闭的金属壳体，这样的屏蔽体结构上不存在孔洞、缝隙造成的电流不连续。

对于无限大金属板，其电磁屏蔽效能可用下式表示

$$SE = A \times R \times B \tag{6-3}$$

式中，A 为吸收损耗，是金属板对透入电磁波能量的吸收；R 为反射损耗，是金属板对入射电磁波能量的反射；B 为多次反射修正因子，也称为多次反射损耗，是电磁波在金属板两侧界面间多次反射产生的影响。

屏蔽效能用分贝表示计算如下

$$SE = A + R + B \quad (\text{dB}) \tag{6-4}$$

吸收损耗与电磁波的传输常数和金属板的厚度有关，计算公式如下

$$A = 0.131 t \sqrt{f \mu_r \sigma_r} \quad (\text{dB}) \tag{6-5}$$

式中，t 为金属板的厚度，单位为 mm；f 为电磁波的频率，单位为 Hz；μ_r 为相对磁导率，是特定介质磁导率与真空磁导率的比值；σ_r 为相对于铜的电导率，铜的电导率为 5.82×10^7 S/m。

金属板的反射损耗与其材料特性和在场中所处的位置有关。金属板屏蔽体处于远场区时，对平面波的反射损耗为

$$R_w \approx 168.1 - 10\lg\left(\frac{\mu_r}{\sigma_r} f\right) \quad (\text{dB}) \tag{6-6}$$

金属板屏蔽体处于近场区且以电场为主时，对近区电场的反射损耗为

$$R_e \approx 321.7 - 10\lg\left(\frac{\mu_r}{\sigma_r} r^2 f^2\right) \quad (\text{dB}) \tag{6-7}$$

式中，r 为金属板至场源的距离，单位为 m。

金属板屏蔽体处于近场区且以磁场为主时，对近区磁场的反射损耗为

$$R_m \approx 14.56 + 10\lg\left(\frac{\mu_r}{\sigma_r} r^2 f\right) \quad (\text{dB}) \tag{6-8}$$

若空气中的波阻抗为 Z_w，金属特性阻抗为 Z_m，当 $|Z_w| \geq |Z_m|$ 时，反射修正因子 B 可以用吸收损耗表示为

$$B = 20\lg\left|1 - 10(\cos 0.23A - j\sin 0.23A)\right| \quad (\text{dB}) \tag{6-9}$$

当频率较高或金属厚度较大时，吸收损耗比较高，可以不考虑反射修正因子，反之则必须考虑。

在天线系统结构中，屏蔽结构的主要类型包括舱室结构、伺服机柜与机箱、驱动电机及轴角装置的屏蔽壳体结构等。从屏蔽的原理和结构的特点看，这些屏蔽结构有共同的特性，

都是通过金属屏蔽板组成结构主体，通过技术措施解决出入门、通风孔、线缆或轴的过孔、结构缝隙等引起的泄漏，实现屏蔽效能。因此，这些结构都可以看作是舱室结构，只是尺寸大小的差别。

屏蔽结构统称为屏蔽体，按照结构尺寸可分为大屏蔽体和小屏蔽体。大屏蔽体的结构最小边长不小于 2m，小屏蔽体结构最小边长介于 0.1～2m 之间。

6.3 屏蔽效能测试方法

屏蔽效能测试是电磁兼容性试验的重要内容，具有频率和电平范围宽、测量设备与方法多样性的特点，必须按照相关的标准和规范进行。电磁兼容性试验与测试要在满足要求的特定场地条件下进行，主要有开阔测试场地、屏蔽室、电波暗室和混响室等。

开阔测试场地适合于大型被测设备，测试频率范围一般为 30～1000MHz。测试用场地的重要性能指标有归一化场地衰减、场强的均匀性和电磁环境噪声电平等。因此，测试场地应远离建筑物、电线、树林、地下电缆和金属管道等，地面为平坦且电导率均匀的金属接地表面；场地周围也尽可能不要有较强的电磁干扰源，在受试设备不通电的情况下，在场地测得的电磁环境噪声电平要满足测试要求。

测试场地尺寸是以被测设备和接收天线为焦点形成的椭圆区域，长轴为焦距 F 的 2 倍，短轴为 F 的 1.73 倍。不同的电磁兼容性标准、规范对开阔场地的尺寸要求是不同的，一般根据测试频率的下限确定被测设备与接收天线的距离，如测试频率下限为 100MHz，距离为 3m，测量称为 3m 法，对应的还有 10m 法、20m 法等。

屏蔽室是用金属材料（金属板或金属网）做成的六面体舱室结构，除用于电磁兼容实验外，还可用于电子测量仪器和接收机等小信号与高灵敏电路的调试、电子计算机房以及电子显微镜室等。在屏蔽室中可进行大场强的电磁辐射敏感度测试，不用担心对外界造成电磁干扰。

普通屏蔽室内测量受试设备的辐射情况时，壁面反射会对测量精度产生影响，电波暗室通过在屏蔽室的壁面上增加吸波材料可消除反射影响。电波暗室分为全电波暗室和半电波暗室。全电波暗室是在屏蔽室的四壁、顶面和地面上都装有电波吸收材料，消除壁面反射，形成理论上只有直射波的环境，模拟自由空间电磁波传播环境，主要用于天线系统的指标测量。半电波暗室是在屏蔽室的四壁、顶面装有电波吸收材料，地面不安装吸收材料，形成直射波与地面反射波叠加的环境，模拟理想的开阔场地，主要用于电磁兼容性测试。半电波暗室主要有 3m 法暗室、5m 法暗室、10m 法暗室，大型设备需在 10m 法暗室中进行测量。

电波混响室（Reverberation Chamber）由屏蔽腔体、搅拌器、场强收发设备等组成。在高品质屏蔽壳体内配备形状适当的模拟搅扰器，连续改变内部的电磁场结构，在室内局部区域内产生空间均匀、各向同性、极化随机变化的电磁场。相比于电波暗室，混响室能用较小的功率在较大的测量空间获得强辐射场和较大的动态范围，主要用于辐射抗扰度测试，具有测量时间短、测量空间大等优点。

横电磁波（TEM）传输室基于同轴线的演变，其外导体扩展为矩形箱体，两端逐渐收缩为喇叭状，内导体渐变为扁平芯板，包括主段、锥形过渡段和同轴插座等。TEM 传输室一端连接宽带匹配负载，另一端馈入高频电磁能量时，室内就产生了均匀的横电磁波。TEM 传输室尺寸受到工作频率的限制，一般适用于电路模块、印制板和小型电子设备的测试。吉赫横电磁波（GTEM）传输室克服了 TEM 传输室上限频率不高和受试设备尺寸小的缺点，具有更宽的频率范围和较大的工作空间，但室内场强的均匀性和测量精度不如 TEM 传输室高。

天线设备的屏蔽效能测试主要通过半电波暗室和开阔场地完成，测量方法及测量要求如下：

- 对于屏蔽室、大型屏蔽机柜等大屏蔽体，屏蔽效能测量应满足 GB/T 12190—2021（《电磁屏蔽室屏蔽效能测试方法》）、IEEE STD 299—2006 等标准要求；
- 对于机箱、电机罩、屏蔽盒等小屏蔽体，屏蔽效能测量应满足 GB/T 39278—2020（《0.1m～2m 屏蔽壳体屏蔽效能的测量方法》）、IEEE 299.1—2013 等标准要求；
- 测量状态要求：屏蔽室、屏蔽机柜、机箱、屏蔽盒等所有 I/O 接口需要连接实际使用的电缆，测量状态及相关要求需要在测试报告中体现。

按照测试原理，屏蔽效能测试方法可分为低频磁场、高频电场和高频电磁场三类屏蔽效能测试方法。按照被测对象的特性可分为材料、线缆与接插件、机箱机柜等壳体结构的屏蔽效能测试。

对于大型屏蔽舱室，GB/T 12190—2021 给出了详细的测试方法。测试原理是将接收天线（探头）放置于被测舱室或壳体等屏蔽结构内部，在屏蔽结构外部施加电磁辐射场，保持发射天线和接收天线相对位置不变，分别观测有屏蔽和无屏蔽状态下的接收电平，比较两次测量结果，即可得到屏蔽效能。测试系统主要包括各类型天线、信号源、放大器、频谱仪等仪器设备。

该标准将测量分为低频频段、谐振频段和高频频段三部分。在不同的频段上需使用不同的测量设备和测量方法。

在低频频段（9kHz～20MHz），选择环天线（直径小于 1m）作为发射天线和接收天线，用磁场强度或检测仪器的电压值表示屏蔽效能。

在谐振频段（20MHz～300MHz），使用双锥天线和偶极子天线，用电场强度或功率值表达屏蔽效能。因为大多数屏蔽室的最低谐振频率都在该频段内，所以在测量时要尽量避开这些频率点。

在高频频段（300MHz～100GHz），使用偶极子天线、喇叭天线及类似的天线，用检测仪器的电压值、电场强度或功率值表达屏蔽效能。

对于小屏蔽体，屏蔽效能测量方法分为内置辐射源法和外置辐射源法。内置辐射源法又分为辐射源内置法和辐射天线内置法，外置辐射源法分为屏蔽室法、混响室法、TEM 传输室法和 GTEM 传输室法。

内置辐射源法是通过在被测屏蔽壳体内部产生一个电磁辐射场，在屏蔽体外部接收测量场强能量获得屏蔽效能的方法，其测量频率范围为 50Hz～40GHz。被测屏蔽体内部的辐射场可用以下两种方法产生：

- 辐射源整体内置法，采用不需外部供电电源即可独立工作并形成一个辐射电磁场的辐射源产生，辐射源将信号源、功放和发射天线集成在一起放入屏蔽体内。这是目前应用最广泛的一种方法，成本低、操作简单。
- 发射天线内置法，只有辐射天线放入屏蔽体内，辐射源和功放放置在屏蔽体外，采用信号发生器通过线缆向发射天线注入一定能量的信号电平，产生辐射电磁场。

发射天线内置法要在屏蔽体上打孔，用屏蔽电缆连接信号源和功放，辐射源整体内置法不用打孔。两种方法可测频率范围相同，测量所用设备包括信号发生器、辐射源、接收与发射天线、接收测量设备等，适用于防止屏蔽体内的射频信号向外辐射的屏蔽效能测试。

内置辐射源法的测量场地一般为屏蔽室，也可在屏蔽电波暗室或半电波暗室内进行。如果在室外场地测量，应在没有强电磁场和工频干扰的环境下进行，并避开可能影响测量结果的频率点。

外置辐射源法是在被测屏蔽体外部产生一个辐射场测量屏蔽效能的方法，测量频率范围为50Hz～40GHz，可测屏蔽体的最小尺寸依据测量天线最小尺寸来确定。外置辐射源法中的屏蔽室法在天线屏蔽结构测试中较为常用，GB/T 12190—2021、GB/T 39278—2020 对测量方法给出了详细要求。

混响室法是在混响室产生一个均匀的场强，将被测屏蔽结构与全向探头一起放置于混响室内，探头分别放置在被测屏蔽结构内部和外部，测试屏蔽结构内外的场强，计算其差值可得到屏蔽效能。

外置辐射源法还可采用 TEM 传输室、GTEM 传输室法测量，被测屏蔽体体积应小于 TEM 传输室和 GTEM 传输室半个腔体的 1/3 空间。TEM 传输室法测量频率范围为 9kHz～500MHz，GTEM 传输室法测量频率范围为 9kHz～18GHz，测量动态范围由电连接器、连接电缆的屏蔽效能值确定。

6.4 屏蔽结构设计

6.4.1 舱室结构屏蔽

天线系统中的舱室结构主要包括馈源与接收机舱室、伺服机房等，典型的舱室结构如图 6-1 所示。舱室结构中金属板、装配面的缝隙、屏蔽门、通风口（波导窗）、器件调谐孔等对屏蔽效能都会产生影响。

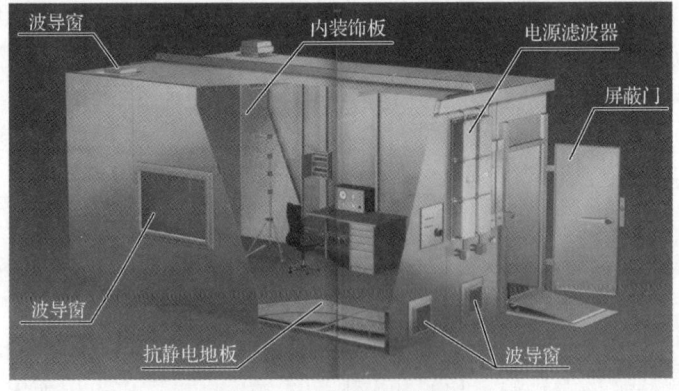

图 6-1 典型的舱室结构

屏蔽机房屏蔽效能计算公式如下：

$$\mathrm{SE} = -10\lg\left[\left(\frac{1}{B_1}\right)^2 + \left(\frac{1}{B_2}\right)^2 + \left(\frac{1}{B_3}\right)^2 + \cdots + \left(\frac{1}{B_n}\right)^2\right] \quad (\mathrm{dB}) \qquad (6\text{-}10)$$

式中，$B_1 = 10^{\frac{\mathrm{SE}_1}{20}}$，$B_2 = 10^{\frac{\mathrm{SE}_2}{20}}$，$B_3 = 10^{\frac{\mathrm{SE}_3}{20}}$，$\cdots$，$B_n = 10^{\frac{\mathrm{SE}_n}{20}}$。

SE_1：屏蔽金属板或金属网的屏蔽效能（dB）；

SE_2：滤波器的插入损耗（dB）；

SE_3：通风截止波导窗的屏蔽效能（dB）；

SE_4：屏蔽门的屏蔽效能（dB）；

SE_5：缝隙的屏蔽效能（dB）；

SE_n：其他进入屏蔽室管道的屏蔽效能（dB）。

6.4.1.1 舱室主体结构

屏蔽舱室通过金属板对入射电磁波产生吸收损耗、界面反射损耗和金属板内反射损耗，使其电磁波的能量衰减，产生屏蔽作用。屏蔽效能是由屏蔽材料、屏蔽部件结构及安装工艺等多重因素共同作用的结果。

屏蔽金属板是影响屏蔽效能的重要因素，选用时要考虑以下因素：
- 材料与厚度尺寸满足屏蔽性能要求；
- 刚度、强度和平整度要满足其他设施的安装要求；
- 材料、厚度尺寸和涂层性能满足舱体力学性能和使用寿命的要求；
- 材料具有良好的加工与焊接工艺性。

有些情况下，天线的屏蔽舱室是天线主体结构的一部分，同时也是结构的主要承载构件，如天线中心体既是馈源接收机的舱室，也是天线反射体骨架结构的主要承载结构；有些伺服驱动机柜就安装在天线座架的方位支座内部，支座的金属腔体结构既是伺服屏蔽舱室，也是方位支座的主结构。因此，此类舱室的金属板一般选用厚度较大的钢板，能够满足屏蔽效能对材料和尺寸的要求。有些天线单独建设有伺服机房，根据金属板屏蔽效能计算公式，一般 1mm 厚的钢板就可以满足国家保密标准《处理涉密信息的电磁屏蔽室的技术要求和测试方法》（BMB3—2006）对 C 级屏蔽机房的屏蔽效能要求，但是金属屏蔽板材料与厚度的选择还要考虑内部设备安装要求、机房施工工艺和自身防腐蚀性能等因素。屏蔽机房的壳体由金属板焊接形成，为保证焊缝的密封性，多采用熔融焊接，薄钢板焊接易产生较大的热变形，造成平面度下降，进而影响设备安装和机房内部装饰。一般伺服机房的屏蔽壳体采用不锈钢板或镀锌钢板，侧面和顶面厚度为 2mm 左右，地面厚度根据内部设施要求可适当增大。

6.4.1.2 缝隙

舱室结构的缝隙对屏蔽效能有较大的影响，特别是对于高频电磁波更为明显。降低缝隙影响的主要措施如下：
- 舱室结构件焊接尽量采用连续焊，薄金属板可先翻边咬合后再焊接；
- 增加缝隙的深度，具有一定深度的缝隙可视为波导，对电磁波有衰减作用；
- 减小缝隙的长度，在连接平面间增加柔性导电衬垫，缩短连接螺栓间距，可以消除因连接平面不平产生的连续长缝隙；
- 消除小孔隙，在连接面、连接螺栓处涂导电胶或填充导电涂料，可提高电接触效能，消除小孔隙的影响。

6.4.1.3 屏蔽门

屏蔽门是舱室结构中较为特殊的部件，门扇与门框接触的部位易产生缝隙，是结构设计的重点。一般采用插刀与簧片式结构，根据屏蔽效能要求确定插刀与簧片的数量，常用的有单刀双簧片和双刀四簧片结构，见图 6-2。簧片一般由铍铜材料制成，铍铜材料性能稳定，具有较好的抗拉强度、导电导热性能和很高的屏蔽衰减值，簧片在较小压缩的情况下具有较强的屏蔽效能。

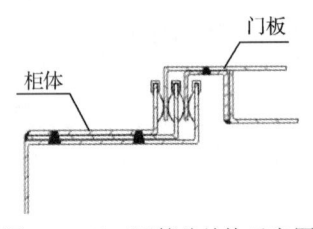

图 6-2 双刀四簧片结构示意图

6.4.1.4 通风孔

舱室内需要空气自然对流或强迫风冷实现环境控制，通常在结构外壳上开通气孔，这些通气孔将破坏屏蔽结构的完整性，是电磁屏蔽的薄弱环节，需做特殊处理，通常有三种方法。

1. 用金属丝网覆盖通风孔

相比于金属板，金属丝网的吸收损耗非常小，其屏蔽作用主要来自反射损耗。金属丝网的网孔密度、网丝的直径和导电性能决定了屏蔽效能。金属丝网的加工工艺不同，其网丝交汇点的连接导通性也不一样，对屏蔽效能会产生影响。单层丝网一般适用于 0.1~100MHz 频段电磁波的屏蔽，大于 100MHz 频段需要双层或多层复式丝网。丝网密度或层数增大，屏蔽效能越好，但通风的效能会下降。

金属丝网与屏蔽体通风孔的连接通常有焊接和压圈螺接两种方式。焊接工艺可增强丝网与屏蔽体的电接触，但工艺复杂，易损坏防腐涂层。采用压圈螺接时，要保证结构设计和安装工艺满足连接接触要求，安装时应严格清理接触面的油污、氧化层以及绝缘涂层等非导电物质。

2. 使用穿孔金属板

在金属板上做出阵列排布的小孔，孔的形状可以是方形或圆形。可在屏蔽体上设定的位置直接打孔生成穿孔金属板，也可以单独制作打孔金属板，将金属板安装在通风孔上。相比于金属丝网，穿孔金属板厚度选择范围大，不存在网格栅节点处导通性不稳定的问题，屏蔽效能更易满足。

3. 使用截止波导通风孔

对于频率大于 100MHz 的电磁波，金属丝网和穿孔金属板的屏蔽效能都会大大降低。如果减小网孔尺寸，虽然可以提高屏蔽效能，但通风效果难以保证。此时，需要使用截止波导通风孔。

截止波导通风孔又称为通风波导窗。根据波导传输理论，低于波导截止频率的电磁波在波导中传输时会产生很大衰减。截止波导通风孔正是利用这一特性来有效抑制低于截止频率电磁波的泄漏。

截止波导是特定尺寸的空心金属管，其截面可以为圆形、矩形或其他几何形状。其主要功能是作为屏蔽体内外非导电连接（如光纤连接）的通道，同时实现通风功能。常用的截止波导

的截面形状有圆形、矩形和六边形三种，对应的最低截止频率 f_c 分别为

圆形波导

$$f_c = \frac{17.6}{d} \times 10^9 \quad \text{(Hz)} \tag{6-11}$$

式中，d 为圆形波导内直径，单位为 cm。

矩形波导

$$f_c = \frac{15}{a} \times 10^9 \quad \text{(Hz)} \tag{6-12}$$

式中，a 为矩形波导宽边尺寸，单位为 cm。

六边形波导

$$f_c = \frac{15}{w} \times 10^9 \quad \text{(Hz)} \tag{6-13}$$

式中，w 为六边形波导内壁外接圆直径，单位为 cm。

以上公式假定波导内为空气，当截止波导内填充有非空气介质时，截止频率为

$$f_{c\varepsilon} = \frac{f_c}{\sqrt{\varepsilon_r}} \tag{6-14}$$

式中，$f_{c\varepsilon}$ 为波导内填充非空气介质时的截止频率，ε_r 为介质的相对介电常数。

截止波导通风孔的屏蔽效能就是低于截止频率电磁波在波导中传输时的衰减量，波导的屏蔽效能计算公式为

$$\text{SE} = 1.82 \times 10^{-9} l f_c \sqrt{1 - (f/f_c)^2} \tag{6-15}$$

式中，f 为工作频率（Hz），l 为截止波导的长度（cm）。

当截止波导内填充有非空气介质时，屏蔽效能为

$$\text{SE} = 1.82 \times 10^{-9} l f_c \sqrt{1 - \mu_r \varepsilon_r (f/f_c)^2} \tag{6-16}$$

式中，μ_r 为介质的相对导磁率，除铁磁物质外，一般介质的 μ_r 近似为 1。

将式（6-16）改写为

$$\text{SE} = \alpha l \tag{6-17}$$

式中，α 记为衰减系数，单位为 dB/m。

$$\alpha = 1.82 \times 10^{-9} f_c \sqrt{1 - \mu_r \varepsilon_r (f/f_c)^2} \tag{6-18}$$

截止波导通风孔设计时，应满足 $f \ll f_c$，一般取 $f_c = (5 \sim 10)f$。波导截面形状的确定要考虑设计要求和加工条件，波导截面的尺寸由 f_c 确定，按照屏蔽效能要求计算波导的长度，一般要求大于 3 倍的波导截面尺寸。

根据通风性能要求，截止通风孔通常由数量较多的波导管按照阵列排布成蜂窝状结构生成，也可将双层蜂窝错位重叠排布，利用错位处的界面反射提高屏蔽效能。单层蜂窝截止波导通风孔的屏蔽效能为

$$\text{SE} = \text{SE}_s - 20\ln N \quad \text{(dB)} \tag{6-19}$$

式中，SE_s 为单根波导的屏蔽效能（dB），N 为波导的总数量。

相比于金属丝网和穿孔金属板，截止波导窗具有工作频段宽、空气阻力小、屏蔽效能稳定等优点，缺点是体积大、加工复杂、安装条件要求高。波导管最小直径一般为 2.8～3.2mm，如果直径再小，波导窗的风阻系数、风管接口、噪声等都将增加。一般采用真空钎焊将波导管

焊接为蜂窝结构，焊接后的蜂窝结构内外表面需做化学镀镍处理以提高防腐蚀性能。

根据屏蔽机房的容积，按规范要求设置适当数量的新风波导窗、排风波导窗、送风波导窗及泄压波导窗；按照最高工作频率和通风散热要求，计算确定波导管孔径大小及长度，完成波导窗设计，也可选择成熟的市售波导窗产品；根据设计要求可在波导窗外加装防火阀、泄压阀等。

6.4.1.5 光纤过壁波导

光纤过壁波导是用于光纤等非金属线缆通过舱室壁面的装置，通常为截止波导管。

当截止波导作为光缆或其他非导电介质穿入屏蔽体的通道时，波导截止频率和屏蔽效能的计算与作为通风用途时的计算方法不能等同，必须加入修正因子。

根据截止波导理论和计算公式，对于一定的工作频段，波导尺寸设计需按照最高频率进行计算。例如某设备工作在 500MHz～18GHz 范围，屏蔽效能要求 160dB，波导管用于通风时，管内是空气介质，计算频率为 18GHz，其内径应小于 9.7mm；波导管用于光纤通道时，光纤的外皮一般由软聚氯乙烯或聚乙烯 PE 等材料制成，介电常数取近似中间值为 5.0，计算得出截止波导管内径应小于 4.3mm。确定波导管内径后，再计算波导管长度。根据计算结果，选择截止波导管为内径 3.2mm，长度 60mm，屏蔽效能为 183dB，光纤截止波导管如图 6-3 所示。

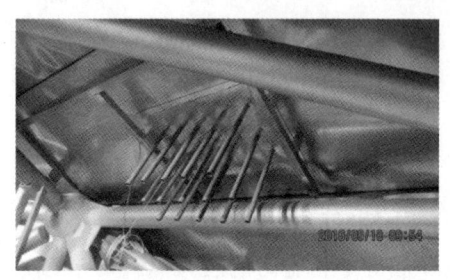

图 6-3 光纤截止波导管

6.4.2 机柜屏蔽

天线伺服系统一般由多个机柜组成，机柜可看作为一个小的舱室，与屏蔽设计相关的部分包括柜体、维修门、通风系统、滤波器、光纤波导、波纹管等。机柜通常位于伺服机房或天线座架金属舱内部，当屏蔽要求较高时，需采用两级屏蔽设计，将机柜本体和其所在的机房或舱室均设计为屏蔽结构，对于机柜内部器件，相当于具备了两级电磁屏蔽效能。

屏蔽柜体作为屏蔽主体结构，是滤波器、维修门、通风系统等设备的安装基础和承载基础，设计工作主要内容包括结构形式与尺寸确定、内部设备布局、屏蔽材料选择、结构强度计算、加工工艺性评估等。柜体材料一般选用厚度为 1～2mm 的低碳钢板，为减小薄壁构件在加工过程中产生的变形，可采取以下措施：

（1）采用氩弧焊进行焊接，缩小热影响区，减小焊件应力和变形；

（2）优化柜体拼合方式，将其分割为若干个高强度折弯件，采用搭接焊或折弯对接焊，减小焊接变形。折弯件对接焊接图如图 6-4 所示。

（3）在柜体内壁增加折弯筋板，用于固定线缆及增加柜体刚性，一般采用 U 形薄板折弯件，其截面图如图 6-5 所示。

有些机柜因特殊需求将顶部盖板设计为可拆卸方式，盖板与机柜之间要实现屏蔽连接，需安装导电衬垫。通常，在端面屏蔽密封中，常使用双芯导电衬垫，屏蔽性能稳定可靠。为避免安装金属衬垫时金属碎屑可能掉入柜体内部，可采用螺柱加螺母的连接方式，螺柱预先焊接在机柜顶部的连接法兰上，与机柜内部不连通，同时导电衬垫与螺柱分离，不会导致螺母紧固过程中与导电衬垫发生缠绕，屏蔽结构如图 6-6 所示。

图 6-4　折弯件对接焊接图

图 6-5　U 形薄板折弯件截面图

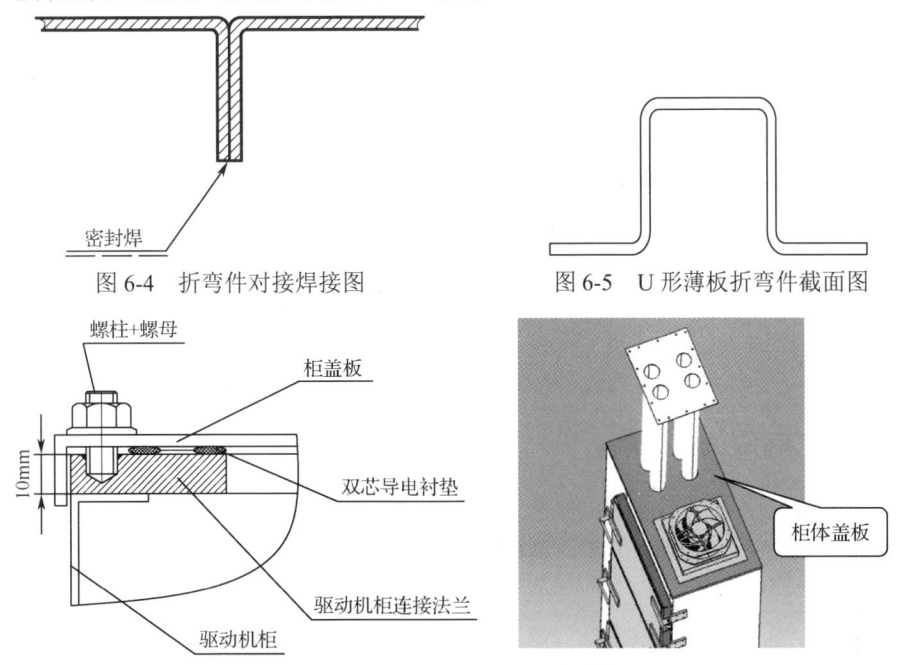

图 6-6　柜体盖板和柜体屏蔽结构

机柜上安装的通风散热风扇有交流和直流两类，直流风扇有电刷，易产生干扰噪声，应用较少。交流风扇的电源线是造成电磁干扰的主要途径，一般应采用双绞屏蔽方式，在进入风扇前经过滤波器滤波。

电源系统包括引线、电源滤波器、直流开关电源及其他辅助线路，其抗干扰能力取决于配线方式、线缆布局与安装工艺等。380V 交流引线为大电压交变信号，其走线越长，与电子设备线路之间的分布电容就越大，电场干扰严重，交变磁场的影响区域也更大，因此，进线到电源滤波器的引线距离应尽可能短，尽量将滤波器装在后面板的 220V 进线处。电源滤波器的输入线和输出线不要捆扎在一起，要平行敷设，共用一个屏蔽层，否则滤波后的交流信号中因耦合进干扰信号而失去滤波作用。同样，滤波器输出线到开关电源的交流进线的距离应尽量短，且必须采用双绞屏蔽方式。交流的保护地线应单独走线，不应与 380V 引线共用一个屏蔽层。开关电源的直流输出给测控系统提供工作电源，它的输出引线不应同交流馈线捆扎布线，不能共用一个屏蔽层和长距离平行走线，也采用双绞屏蔽的方式。

电源指示灯一般布置在机箱的前面板上，因为指示灯电源同系统工作电源并联，容易对系统造成耦合干扰，其引线无论是交流驱动还是直流驱动都采用双绞屏蔽。

为减小电源布线在机箱中的走线长度，可在电源后面板引入插座，将开关电源以及前面板上的显示灯布置在箱体的同一侧。

6.4.3　电机屏蔽

伺服电机一般安装于天线的非屏蔽区，在其运转过程中会产生电磁波辐射，对天线接收信号产生干扰，所以需对其进行屏蔽处理。电机屏蔽包括电机本体屏蔽和电机的信号线、电源线屏蔽两部分内容。

一般情况下，电机通过减速器减速后驱动天线运动，整体结构如图6-7所示。电机产生的干扰信号主要有两种泄漏路径，一是直接向外界进行空间辐射，二是沿着电机轴传递路径产生传输泄漏。针对这两种泄漏方式应采取对应的屏蔽措施。

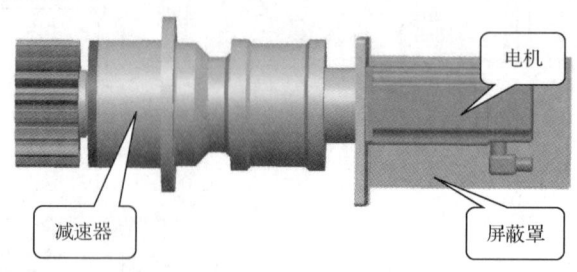

图6-7　电机及减速器整体结构

1. 电机直接辐射的屏蔽

将电机本体安装于屏蔽罩内，可以有效阻断电磁波的辐射。通常将电机和屏蔽罩都安装在减速器的连接法兰上。连接面应平整，屏蔽罩与减速器法兰之间加导电衬垫及防水垫圈，保证良好的密封性和导通接触。

有些减速器外壳为分段结构，其连接面也可能产生电磁干扰信号泄漏，需对连接面做镀锌处理，加装导电丝网衬垫，并用螺栓紧固，如图6-8所示。

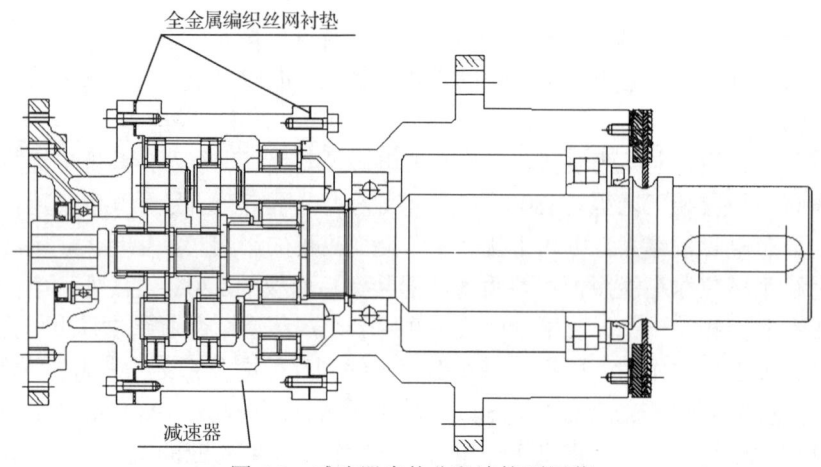

图6-8　减速器壳体分段连接面屏蔽

在内部空间满足电机及线缆布置要求的前提下，应尽量减小屏蔽罩体结构尺寸和重量。罩体三维模型设计完成后，需在天线整体模型中进行装配，检查安装条件及大线运动干涉情况。罩体结构一般采用厚度为1~2mm的不锈钢板焊接成型，焊缝需连续。为提高罩体散热能力，可在罩体适当位置设置通风波导窗，用于内外空气的交换。

电机屏蔽罩与减速器法兰的连接面须同时保证环境密封和电磁密封性能，一般采用双层导电橡胶空心O形圈导电衬垫和一层防水O形圈的组合方式实现这一性能。如图6-9所示，在导电橡胶衬垫外侧设置防水O形圈，可同时设计台阶结构增强端面的防水能力。导电橡胶内部采用铜镀银导电颗粒，具有优异的导电性，屏蔽效能可达120dB；空心O形圈截面直径一般为3~3.5mm，安装于电机罩法兰面上的凹槽内，凹槽设计应考虑连接法兰面平面度，保证橡胶被压紧后达到密封性能要求。

除 O 形圈导电衬垫外，还可以采用双芯型全金属编织丝网衬垫，通过螺栓压紧连接保证密封性能。这种丝网衬垫采用镀锡磷青铜材质，具有良好的屏蔽性能。

2．电机传输泄漏的屏蔽

电磁信号会通过电机输出轴产生泄漏，泄漏会沿减速器输入端向输出端传输，通常在减速器的输出轴端采取防护措施。减速器内部结构经过精密加工后具有较高的配合精度，配合间隙很小，对电磁波具有一定的衰减作用，屏蔽设计可结合电机减速器整体泄露测试情况确定。

一般采用屏蔽铜刷的方式对减速器输出轴端部进行屏蔽，如图 6-10 所示。用安装板和压板将屏蔽铜刷压紧并固定在减速器端面上，带有凹槽的输出轴始终将屏蔽铜刷限定在凹槽内，实现良好的导电接触。

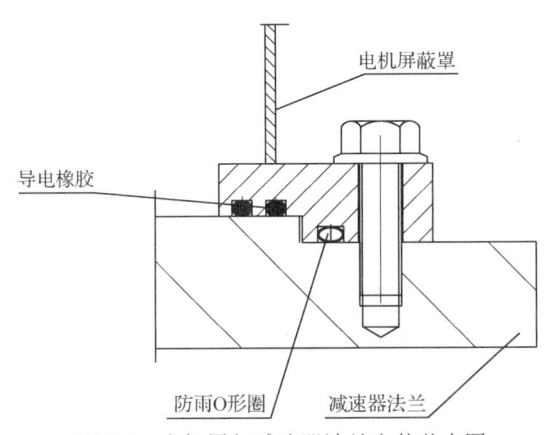

图 6-9　电机罩与减速器法兰安装节点图

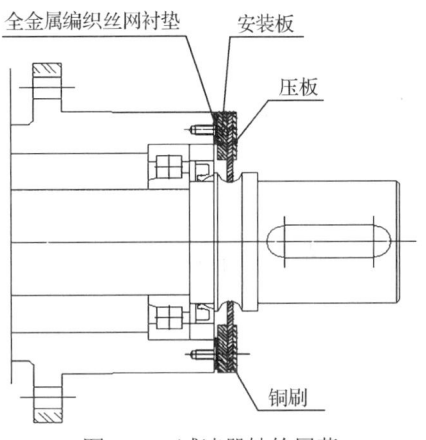

图 6-10　减速器轴的屏蔽

3．电机信号线及电源线的屏蔽

电机信号线和电源线穿过屏蔽壳体时需采用信号滤波器和电源滤波器进行滤波，避免电机干扰信号沿线缆泄漏。

对于主动反射面天线，用于反射面面板位置调整的促动器主要由电机及减速器组成，其屏蔽措施与前述天线驱动电机基本相近。当促动器数量较多时，在对每个促动器单独加装屏蔽罩后，将每 10 个左右电机设定为一组，同组所有电机的电源及信号线缆通过金属波纹管集中连接到一个屏蔽电路箱中，再通过滤波器同主电路连接。电机屏蔽示意图如图 6-11 所示。

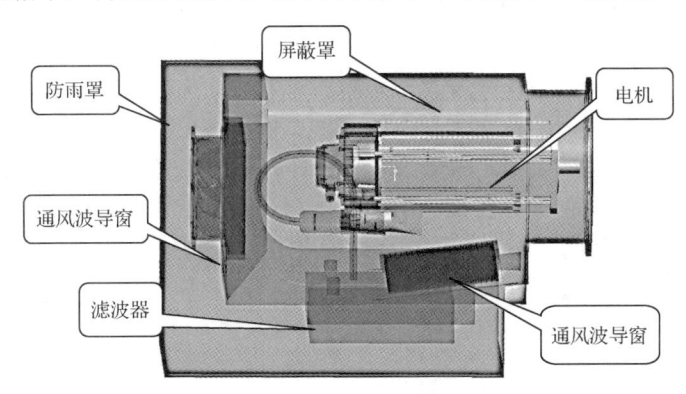

图 6-11　电机屏蔽示意图

6.4.4 轴角装置屏蔽

天线通过轴角和限位装置实现对转动的控制，这些装置中的码盘、开关等电子元件也会产生电磁干扰，因此需要进行电磁屏蔽。与电机屏蔽方法相近，采用金属屏蔽罩对元件本体屏蔽，内部线缆通过滤波器与外部相连。轴角码盘和限位开关一般布置在同一部位，可用一个屏蔽罩实现二者的屏蔽，屏蔽罩内可以安装电源滤波器等其他器件。

码盘的输出轴端还需安装屏蔽环以防止传输泄漏，在屏蔽环与安装支架的连接面间加导电衬垫，用螺栓紧固。屏蔽环与输出轴之间保留一定间隙，在屏蔽环与输出轴配合的圆环面上制作两道凹槽，凹槽内放置屏蔽铜环，配合面通过屏蔽铜环充分接触，实现良好的电连续性。屏蔽罩安装时，法兰连接的平面之间有屏蔽垫层保证导电良好。码盘屏蔽设计如图 6-12 所示。

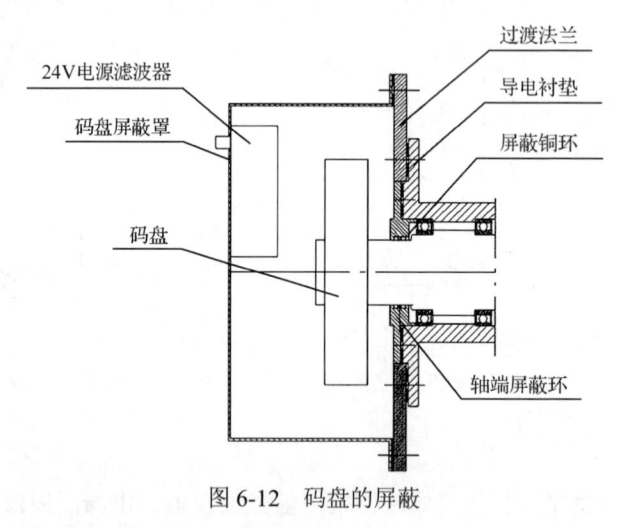

图 6-12 码盘的屏蔽

6.4.5 照明设备、探头、传感器屏蔽

天线的机房、舱室都存在照明需求，照明设备 LED 灯不产生电磁辐射，干扰来自 AC-DC 转换电路产生的辐射。为此将 LED 灯做成直流输入型，直流电源放在监控机柜内，电源输入和输出端都配有滤波器，可以很好地解决电磁兼容问题。

温湿度探头、烟雾传感器的走线与照明相同，使用信号滤波器消除干扰。此类传感器工作电流很小，一般放置于机房顶部，不会产生较大的电磁干扰。

监控摄像机会产生一定的辐射，需采用金属壳体将摄像机密封，并使用屏蔽软管将电源线和视频信号线引至屏蔽隔间。摄像机镜头前面采用高清晰度的电磁屏蔽玻璃，透光率为 40%，因为摄像机采用低 LUX 照度，透光率可满足正常拍摄工作要求；镜头处设置有波导管，波导管长度根据摄像机的照射角度进行计算，可以使实际屏蔽效能增加 20dB，摄像机安装在伺服机房内，通过机房的二次屏蔽可以满足指标要求。

6.5 工程应用案例

在众多种类的天线中，射电天文望远镜对电磁兼容性的要求相对更加严格，因为来自遥远天体的电磁信号非常微弱，任何微小的电磁干扰都可能影响天线的观测效果。射电天文望远镜灵敏度越高，对天线的电磁兼容性要求就越高。

平方千米阵（Square Kilometre Array，SKA）射电望远镜是国际上目前正在建造的观测能力最强的综合孔径射电望远镜，其等效接收面积达 $1km^2$，工作频段为 50MHz～20GHz。SKA 由两种天线阵列组成，一种是中频天线（Dish）阵列，工作频率为 350MHz～20GHz，由 2500 面 15m 口径反射面天线组成，建设站址在非洲南部；另一种是低频孔径阵列（LFAA），工作频率为 50MHz～350MHz，站址在澳大利亚。

15m 反射面天线采用了双偏置馈电的赋形双偏置格里高利光学设计方案，天线系统由天线反射体、座架、伺服控制系统和附属设备等组成。SKA 天线整体示意图如图 6-13 所示，系统组成框图如图 6-14 所示。各分系统组成如下：

- 天线反射体由支臂、换馈机构、副反射体以及主反射体构成；
- 天线座架由俯仰箱（方位-俯仰机构）和三层圆筒座架组成，方位驱动采用双电机齿轮驱动方案，俯仰驱动采用低间隙的高精度滚珠丝杠方案；
- 伺服控制系统由伺服驱动控制机柜、驱动电机、轴角编码单元、配电和安全保护单元等组成；
- 附属设备包括通风系统、避雷装置、接地装置等。

图 6-13 SKA 天线整体示意图

15m 天线自身的电磁干扰源主要来自 3 个方面：一是方位、俯仰驱动系统及换馈机构中的驱动电机和轴角装置，二是驱动机柜内部的驱动器、控制器、开关电源等内部存在高速开关器件的设备，三是照明、传感器、摄像机等辅助设备。方位驱动系统、俯仰驱动系统和锁定电机分别安装在天线方位轴、俯仰轴上，驱动机柜安装在座架屏蔽舱内，如图 6-15 所示。换馈驱动系统安装在馈源调整机构的平台上，如图 6-16 所示。

天线系统结构

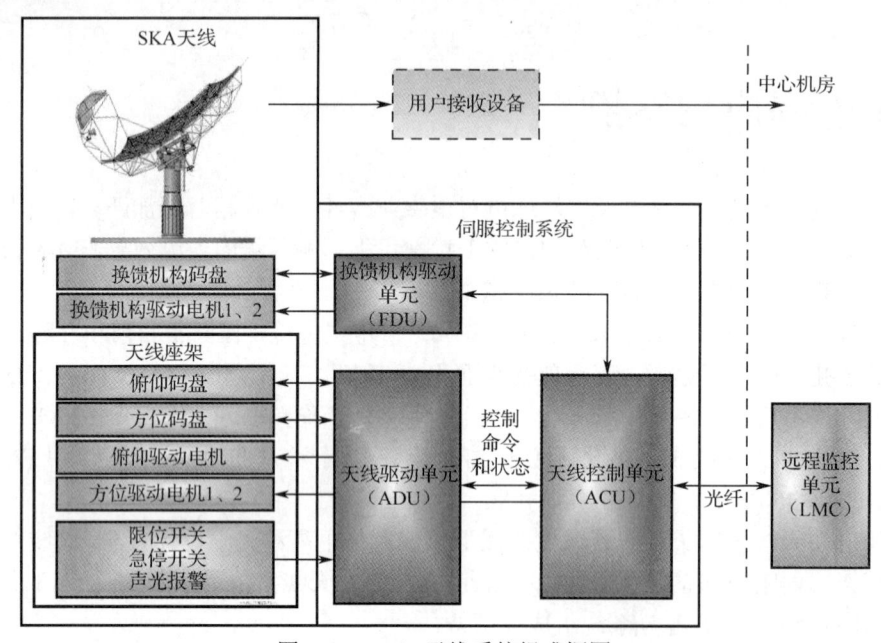

图 6-14 SKA 天线系统组成框图

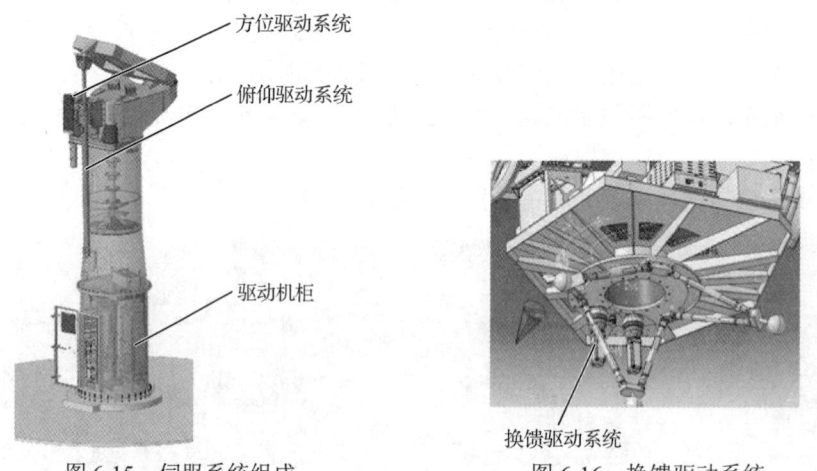

图 6-15 伺服系统组成

图 6-16 换馈驱动系统

方位电机、俯仰电机和换馈电机均为伺服电机，通过动力电缆和编码器电缆与驱动机柜连接。锁定电机为三相异步电机，仅通过动力电缆与驱动机柜连接。安装在方位轴、俯仰轴和换馈轴上的轴角装置通过编码器电缆和限位开关电缆向驱动机柜上报轴角信息和限位状态。

主配电箱、换馈配电箱和 PSC 配电箱通过 I/O 信号电缆与驱动机柜连接，实现配电箱的控制和状态检测。急停开关、温湿度传感器、限位开关等通过接线盒扩展后与驱动机柜相连。

在对整体系统进行电磁兼容设计前，需确定干扰源的幅度量值，根据最大允许辐射发射限值曲线，提出屏蔽效能指标要求，采取相应的屏蔽、滤波措施。

针对伺服电机辐射干扰，采用金属壳体与减速器法兰构成电磁屏蔽空间，在壳体上安装电机电枢滤波器和编码器滤波器，通过滤波器实现电机的驱动和码盘信号的传输。在减速器输出轴和其法兰之间，安装楔形弹簧，降低电磁辐射沿缝隙的泄漏。电机的屏蔽设计在 6.2.3 节中已有较为详细的描述，以下重点介绍驱动机柜和轴角装置的屏蔽设计。

对于非屏蔽设备，如报警器、温度传感器、急停开关等，为防止电磁辐射沿上述设备的电缆从驱动机柜或滤波器机柜向外发生泄漏，所有电缆过壁时均增加了滤波器。

6.5.1 驱动机柜屏蔽设计

驱动机柜是 SKA 伺服系统的核心单元，放置在天线座架底层的屏蔽舱内。机柜内部伺服控制器需与驱动电机、限位开关、码盘等进行信号和供电传输，线缆通过舱壁时要增加信号滤波器和电源滤波器，受机柜表面尺寸的限制，驱动机柜无法安装所有的滤波器，因此在天线座架第二层设置了一台滤波器机柜，根据电缆走向将部分滤波器安装在滤波器机柜上，滤波器机柜和驱动器机柜通过波导管连接，如图 6-17 所示。

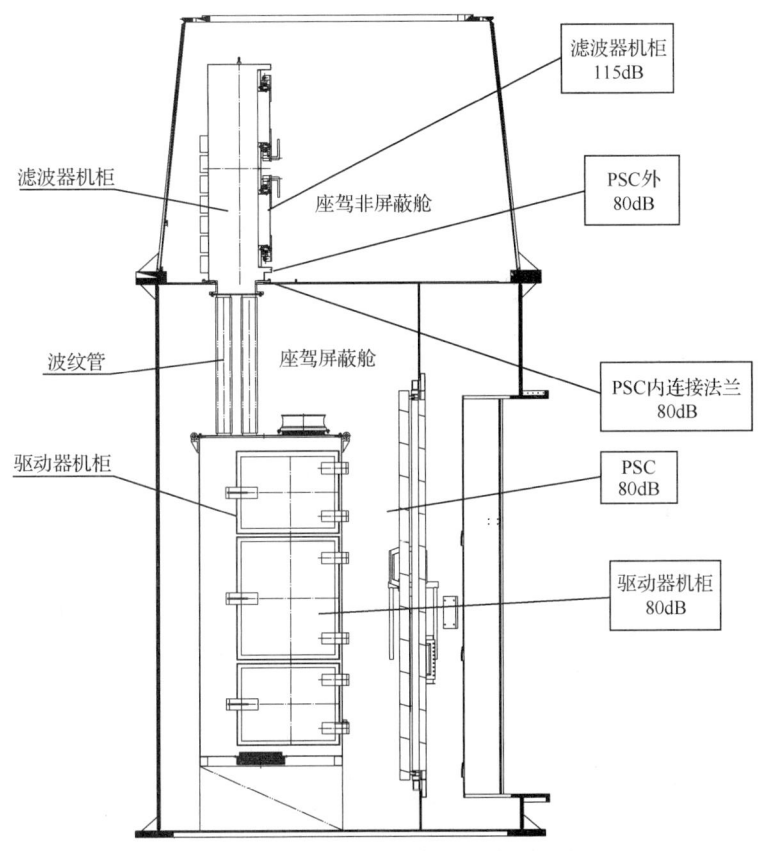

图 6-17 驱动机柜和滤波器机柜连接关系

驱动器机柜主要包括屏蔽柜体、屏蔽门、通风系统、滤波器、光纤波导、波纹管等，驱动器机柜与滤波器机柜之间通过波纹管连通，用作线缆通道，这样就形成了一体的屏蔽空间。

6.5.1.1 屏蔽指标分析

通过测试，可得到机柜辐射发射幅度量值，将测试结果与辐射限值要求绘制到同一张图中，如图 6-18 所示，图中上部谱线为未做屏蔽的机柜内部组件综合辐射幅度量值，下部直线为辐射限值；图中谱线和直线均有两条，位于下部的为在中心频率 0.001%的分辨率带宽下的测量值和限值，位于上部的是在中心频率 1%的分辨率带宽下的测量值和限值。

(a) 垂直极化　　　　　　　　　　　　　(b) 水平极化

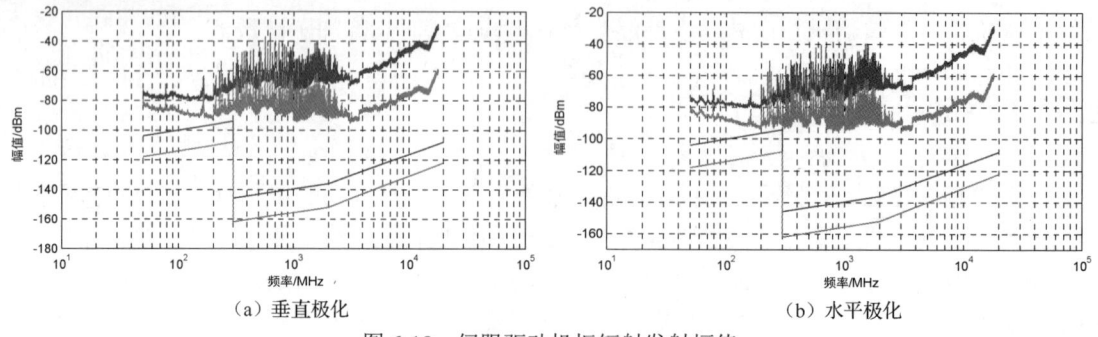

图 6-18　伺服驱动机柜辐射发射幅值

通过对比计算，可给出屏蔽效能指标要求，由于机柜放置在座架屏蔽舱内部，屏蔽舱本身已具备 80dB 屏蔽效能，因此就降低了对机柜屏蔽效能的要求，表 6-2 中数据已考虑这一因素。

表 6-2　驱动机柜屏蔽效能指标

序号	频段	屏蔽效能
1	50MHz～300MHz	85dB
2	300MHz～3GHz	115dB
3	3GHz～20GHz	85dB

6.5.1.2　屏蔽柜体

驱动机柜屏蔽柜体为滤波器、屏蔽门、通风系统等设备安装提供承载基础，设计考虑的主要因素为屏蔽材料、结构强度、结构表面平整性等。柜体采用 2mm 厚不锈钢板焊接成型，抗腐蚀性能好。根据 6.2.1 节屏蔽效能计算方法可以计算出 2mm 钢板在 0.05～20GHz 频率范围内的屏蔽效能大于 150dB，满足指标要求。

焊接过程需保证表面平整度，滤波器和其他附属设备的局部安装面平面度要优于 0.5mm。

机柜主要承受重力载荷，包括柜体自重、驱动设备重量、滤波器等其他器件重量等，表 6-3 给出了机柜结构承重分析。

表 6-3　机柜结构承重分析

序号	设备	质量/kg
1	机柜本体自重	300
2	伺服驱动设备及安装基座	150
3	滤波器、风扇等其他件	200

根据伺服驱动设备尺寸及布局要求，机柜内尺寸需大于 1806mm×800mm×350mm，将屏蔽门、风扇、通风波导窗计入，整体柜体外形尺寸为 2160mm×900 mm×560 mm。图 6-19 是柜体内部空间布局情况。

6.5.1.3　屏蔽门

考虑人员和机柜内部某些设备整体进出的需要，将驱动机柜屏蔽门尺寸设计为 730mm×1850mm（宽×高），最大开启宽度为 590mm，兼顾了座架屏蔽舱空间尺寸限制和人员进出的便利性，如图 6-20 所示。

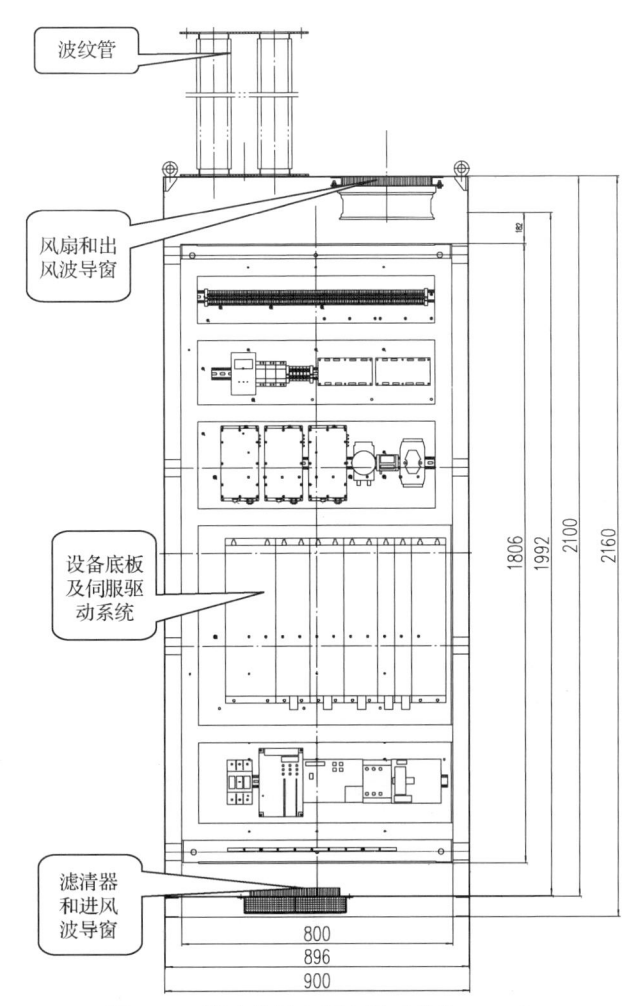

图 6-19 驱动机柜内部布局（单位：mm）

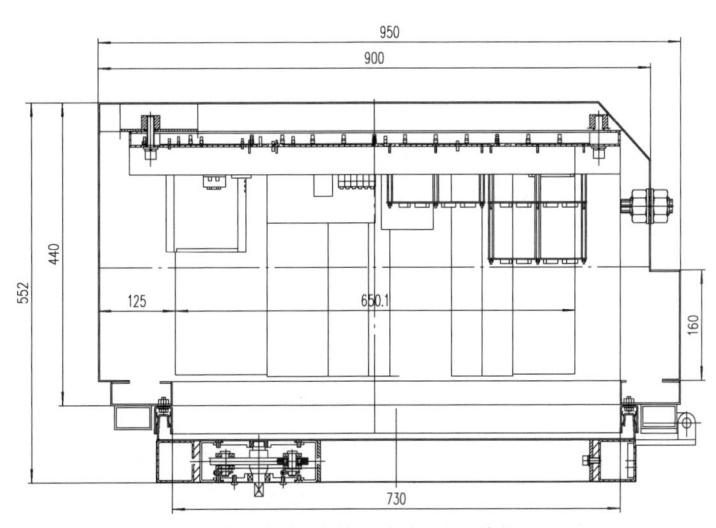

图 6-20 驱动机柜维修门安装图（单位：mm）

屏蔽门采用单刀双簧屏蔽结构，簧片采用铍铜材料制成，通过上下双点压紧作用，簧片可与柜体良好接触。单层簧片屏蔽效能可达 50dB 以上，通过双簧片设计，屏蔽门的屏蔽效能可以满足 80dB 的设计指标。

6.5.1.4　通风系统

驱动机柜配置了一套通风散热系统，由通风波导窗、风扇、空气过滤器等组成。根据机柜尺寸及内部设备布局，通风回路采用下进上回方式，进风口安装于机柜底部，回风口安装于机柜顶部，实现自然进风、强制排风。

通风波导窗由六边形波导管按照阵列方式排布，通过真空钎焊构成，呈蜂窝状，其屏蔽效能与波导管的直径、长度和数量有关。通常情况下，波导管内圆孔直径范围为 2.8~3.2mm，如果孔径再小，波导窗的风阻系数增加，影响通风效果，噪声也会增大；孔径过大，高频的屏蔽效果变差。波导窗如图 6-21 所示。

图 6-21　波导窗

15m 天线工作频率为 50MHz~20GHz，选用 3.2mm 孔径的钎焊蜂窝型通风波导窗，波导窗厚度为 20mm，六边形波导管截止频率 f_c 为

$$f_c = \frac{15}{w} \times 10^9 = \frac{15}{0.32} \times 10^9 = 46.875 \text{（GHz）} \tag{6-20}$$

工作频率为 20GHz 时，六角形波导管屏蔽效能为

$$SE = 1.82 \times 10^{-9} \times 1 \times f_c \sqrt{1-(f/f_c)^2} = 154.32 \text{（dB）} \tag{6-21}$$

通风波导窗的标准尺寸系列为 300mm×300mm、300mm×600mm、600mm×600mm，也可根据设计需求进行定制生产。在驱动机柜底部进风口处和顶部盖板回风口处分别安装了 260mm×260mm 的通风波导窗，安装采用了焊接方式，焊缝连续保证密封性，如图 6-22 所示。

为保证进入机柜的空气的清洁度，在进风波导窗处安装了板式空气滤清器，如图 6-23 所示，采用带铰链的可开启式压接装置安装滤清器，定期更换便捷。在顶部出风波导窗外安装一台排风扇，增强空气的流动性。

6.5.1.5　光纤波导

为满足伺服驱动机柜内光纤过壁需求，在驱动机柜侧壁安装两套 8 槽光纤波导，槽为直径 3.2mm 的圆形，长度为 120mm，其截止频率可达 46GHz，吸收损耗大于 80dB，满足驱动机柜屏蔽效能的要求。光纤波导采用双螺母结构设计，便于拆卸及光纤的安装，如图 6-24 所示。

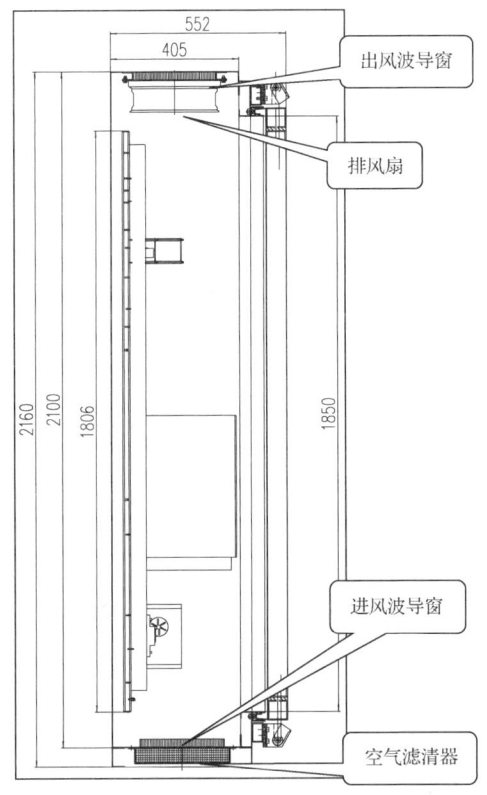

图 6-22 机柜通风系统布局图（单位：mm）

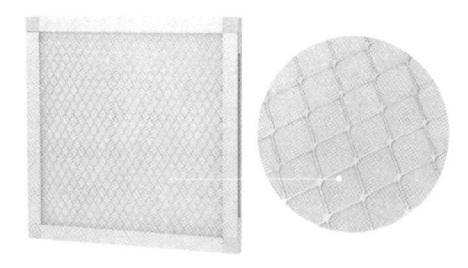

图 6-23 板式空气滤清器

图 6-24 光纤波导实物图

6.5.1.6 波纹管

驱动机柜位于座架底层屏蔽舱内，滤波器箱体位于座架二层屏蔽舱顶部外侧，与驱动机柜有一定距离。为保证线缆可以连接到滤波器又不对外产生泄漏干扰，在驱动机柜与滤波器箱体之间安装了四根直径 80mm 的柔性真空波纹管，波纹管采用不锈钢材料焊接制成，壁厚为 0.15～0.2mm，如图 6-25 所示。波纹管屏蔽效果好，具有一定柔性，可适度弯曲压缩，因此允许其两端连接接口存在一定的位置偏差。

图 6-25 柔性真空波纹管

波纹管上端与滤波器箱体接口法兰通过焊接连接，下端与驱动机柜接口借助快装接头连接。快装接头采用导电衬垫实现屏蔽性能，屏蔽快装接头如图 6-26 所示。

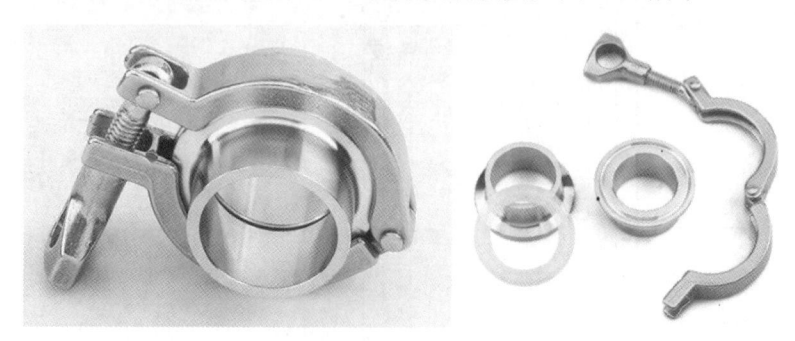

图 6-26　屏蔽快装接头

6.5.1.7　柜体支座、吊耳

驱动机柜底部有进风波导窗及空气滤清器，不能直接安装于地面上，需增加安装支座。支座采用角钢焊接成的方框架，高度为 400mm，便于空气流动及空气滤清器更换。

驱动机柜整体质量约 500kg，在机柜上部 4 个边角处安装有 4 个吊环螺钉，用于机柜整体吊装。

6.5.2　轴角装置屏蔽设计

SKA 天线有 3 套轴角装置，分别是方位轴角装置、俯仰轴角装置、换馈轴角装置。其中方位轴角装置位于座架舱室内，俯仰和换馈轴角装置暴露在自然环境中，因此俯仰和换馈轴角装置屏蔽设计时还要同时考虑室外恶劣环境的影响。轴角装置的屏蔽设计有共同之处，换馈机构在一般天线中较少用到，因此后面主要介绍天线的俯仰和方位轴角装置的屏蔽设计。

轴角装置的辐射途径主要是直接空间辐射和沿传动轴的泄漏，屏蔽设计内容主要包括屏蔽罩体设计，连接面、传动轴、信号线和电源线的屏蔽设计，同时要兼顾室外环境适应性设计。

6.5.2.1　屏蔽指标分析

SKA 天线对各轴角装置的辐射限值相同，方位和俯仰轴角装置采用了相同型号的码盘、开关等器件，通过测试获得其辐射幅度值，将测试结果和辐射限值绘制在同一张图中，如图 6-27 所示，根据图中数据，确定轴角装置屏蔽效能指标，如表 6-4 所示。

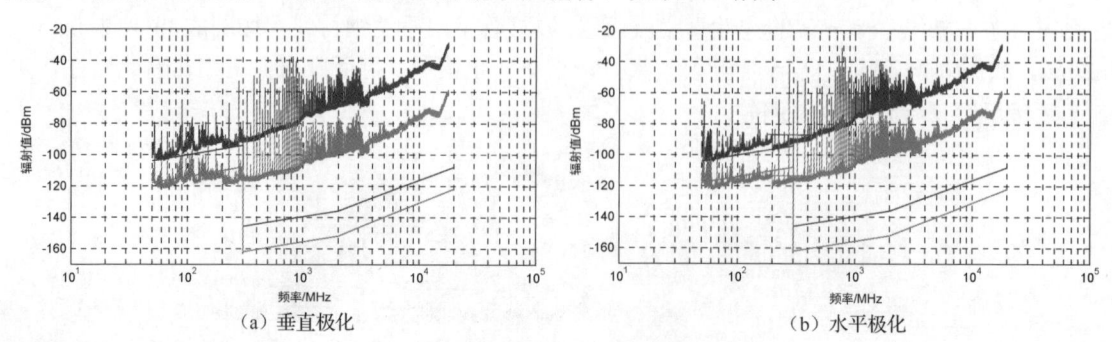

（a）垂直极化　　　　　　　　　　（b）水平极化

图 6-27　轴角装置辐射测量值与限值

表 6-4 轴角装置屏蔽罩屏蔽效能指标

序 号	频 段	屏蔽效能
1	50MHz～300MHz	80dB
2	300MHz～3GHz	110dB
3	3GHz～20GHz	80dB

6.5.2.2 屏蔽罩体结构

轴角装置屏蔽罩体结构设计主要考虑如下因素：
- 空间尺寸与轻量化，要满足罩体内元器件及线缆布局要求，外部轮廓不能与天线其他部件发生干涉，尤其要核查天线运动引起的干涉，罩体重量要尽量轻；
- 密封性，包括屏蔽指标和环境适应性带来的密封要求；
- 安装条件，要考虑罩体安装条件与吊环设置。

方位轴角装置的安装基座与座架圆筒中心支架焊接在一起，并通过精密加工保证与方位轴承的同轴度，如图 6-28 所示。

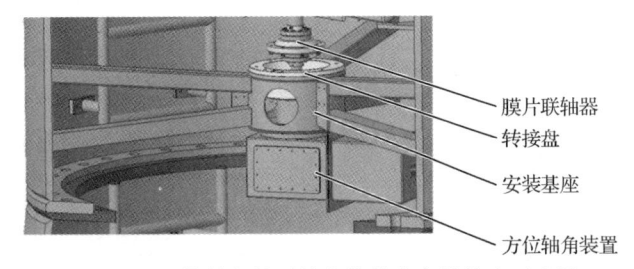

图 6-28 方位轴角装置的安装基座和转接盘示意图

俯仰轴角装置的安装底座焊接固定在俯仰机构上，通过精加工保证其与俯仰轴承座的同轴度，如图 6-29 所示。

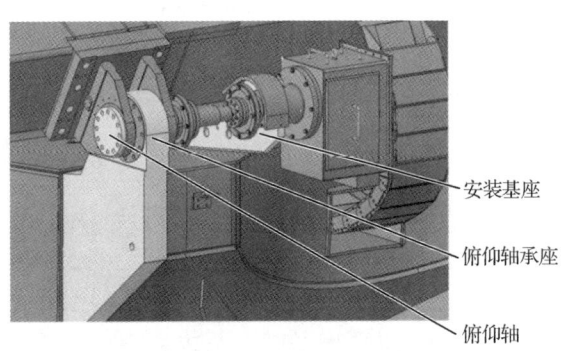

图 6-29 俯仰轴角装置与安装底座示意图

方位轴角装置主要由电磁屏蔽罩体、码盘、限位和分区开关、电磁兼容滤波器、轴承、轴承座、维修盖和齿轮组件等组成，如图 6-30 和图 6-31 所示。码盘和限位开关安装在电磁屏蔽罩体内部，码盘与传动轴被设计成直连形式，可更精确反馈天线在方位上的转动角度。

屏蔽罩体内部尺寸为 596mm×286mm×207mm，屏蔽罩的两个侧面各预留了一个 120mm×200mm 的维修口，安装滤波器的一侧端面单独做成整体，方便滤波器安装完成后与舱罩进行组装。

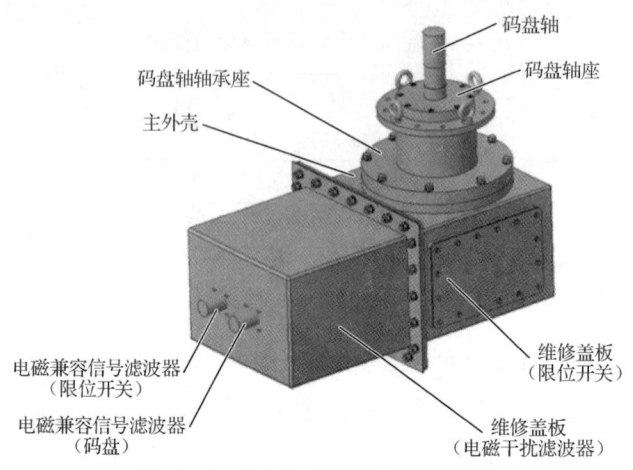

图 6-30 方位轴角装置外形示意图

俯仰轴角装置由电磁屏蔽罩体、码盘、限位和分区开关、电磁干扰滤波器、轴承、轴承座、维修盖板、齿轮组合等组成，如图 6-32 和图 6-33 所示，码盘和限位开关型号与方位轴角装置相同。

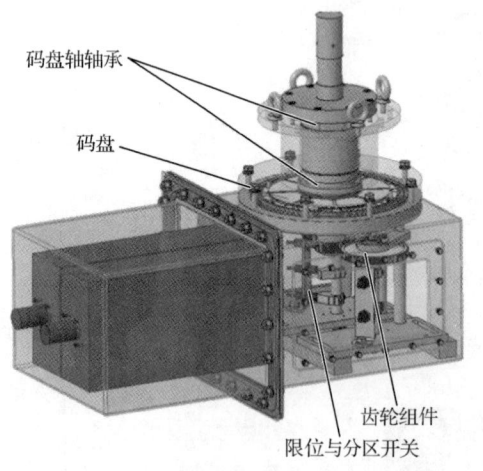

图 6-31 方位轴角装置内部结构示意图

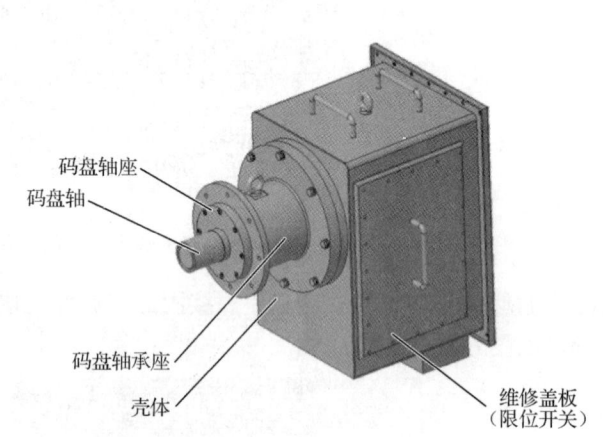

图 6-32 俯仰轴角装置外观示意图

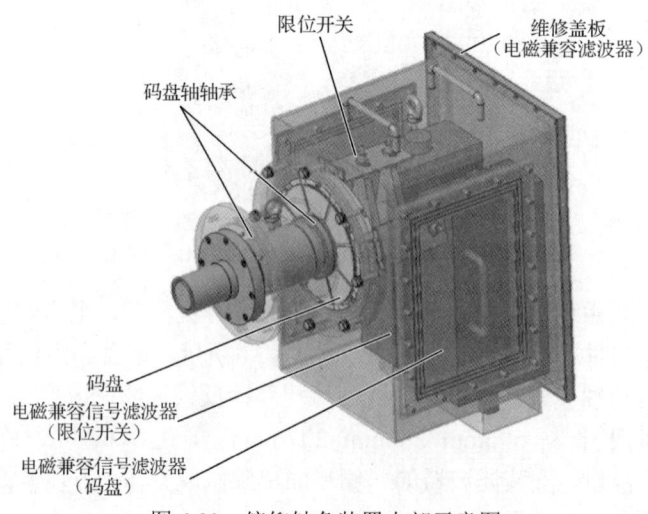

图 6-33 俯仰轴角装置内部示意图

俯仰轴角装置屏蔽罩体内部尺寸为 294mm×276mm×416mm，滤波器放置在罩体内部。罩体两个侧面和一个端面都各自预留了一个维修口，在罩体顶部安装一个吊环和两个提手，方便搬运和吊装。

方位和俯仰轴角装置屏蔽罩体均采用 2mm 厚不锈钢板焊接成型，焊缝经过密封性检测。罩体表面涂白色面漆，可减少因太阳照射引起的罩内温升。

6.5.2.3 连接面屏蔽设计

轴角装置的屏蔽罩体不是连续的封闭壳体，存在很多连接面。如罩体与支撑座的法兰连接面，维修孔的密封盖板与罩体的连接面等，这些连接面间存在的缝隙会影响屏蔽性能，需做特殊设计。

下面以俯仰轴角装置为例说明连接面屏蔽设计。如图 6-34 所示，罩体结构有三处维修口，均采用盖板与罩体连接，另外一处连接面在罩体与码盘轴承座法兰连接处。由于俯仰轴角装置在室外工作，连接面必须同时保证环境密封和电磁屏蔽密封。

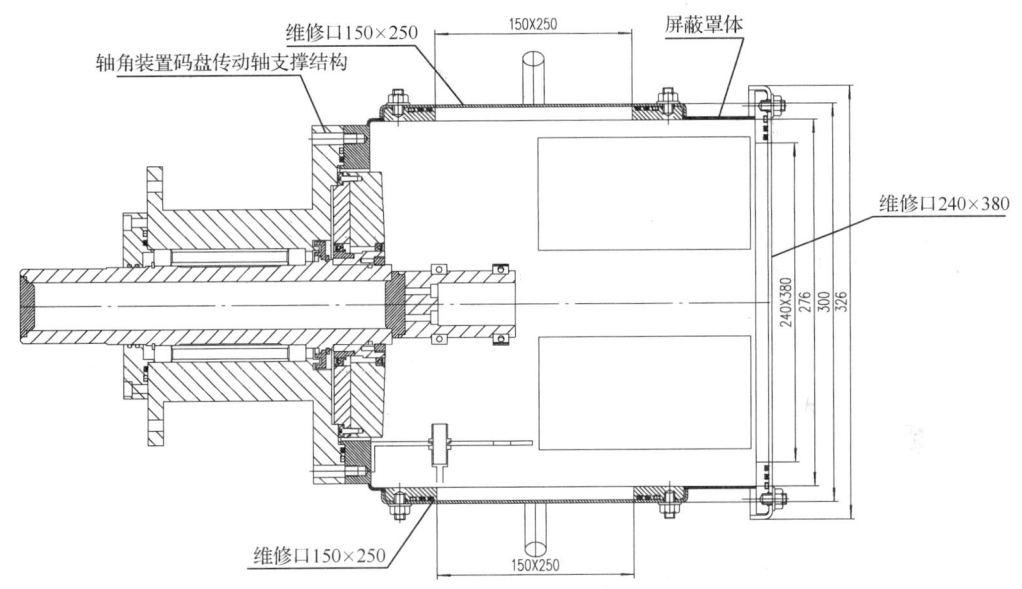

图 6-34 俯仰轴角装置屏蔽罩图（单位：mm）

图 6-35 为盖板与罩体连接局部放大图，采用了两个 O 形空心导电橡胶圈和一个 O 形防水圈的组合设计。导电橡胶圈截面直径为 3.5mm，安装于屏蔽罩体上的凹槽内，被维修口盖板压紧后满足密封性能要求。

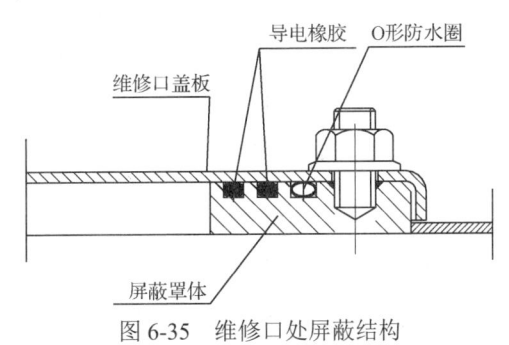

图 6-35 维修口处屏蔽结构

图 6-36 为屏蔽罩体与轴承座法兰连接局部图，屏蔽衬垫采用一圈空心导电橡胶衬垫，内部导电颗粒为铜镀银颗粒，屏蔽效能可达 120dB。在导电橡胶衬垫外圈有 O 形防水圈，紧固螺栓安装于 O 形防水圈外侧。

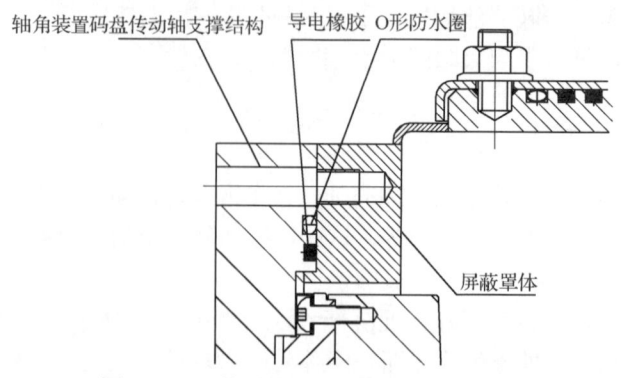

图 6-36 屏蔽罩体与轴承座法兰连接结构

6.5.2.4 传动轴屏蔽设计

在图 6-37 中，轴角装置的传动轴一端与码盘连接，另一端连接天线转动轴，传动轴的转动为屏蔽设计带来了困难，为此采用了弹簧密封结构来实现屏蔽功能。设计采用了厚度较大的轴承端盖，在端盖与传动轴接触的内圆面上加工两道凹槽，在凹槽内放置专用的斜圈弹簧，利用弹簧的弹性实现传动轴与轴承端盖之间良好的导电接触。

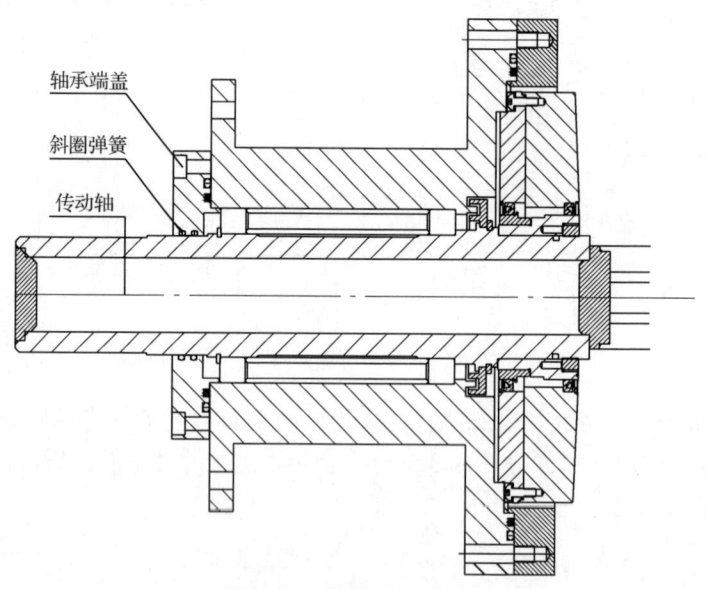

图 6-37 传动轴屏蔽结构

斜圈弹簧采用铍铜材质，表面镀银处理，能保证良好的导电性能，如图 6-38 所示。与传统的弹簧相比，斜圈弹簧在受到径向压缩时，弹力不会线性增加，可以在工作偏转范围内施加比较稳定的力，使不规则的受力趋向平衡。每单个项圈可补偿自身错位、尺寸误差以及其他零件表面误差带来的影响，在保证相对运动良好导电接触的前提下，减小径向压力，从而减小摩擦力，降低了磨损，如图 6-39 所示。

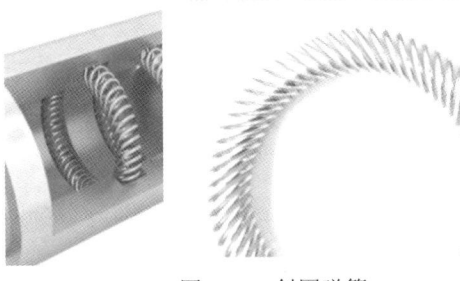

图 6-38 斜圈弹簧

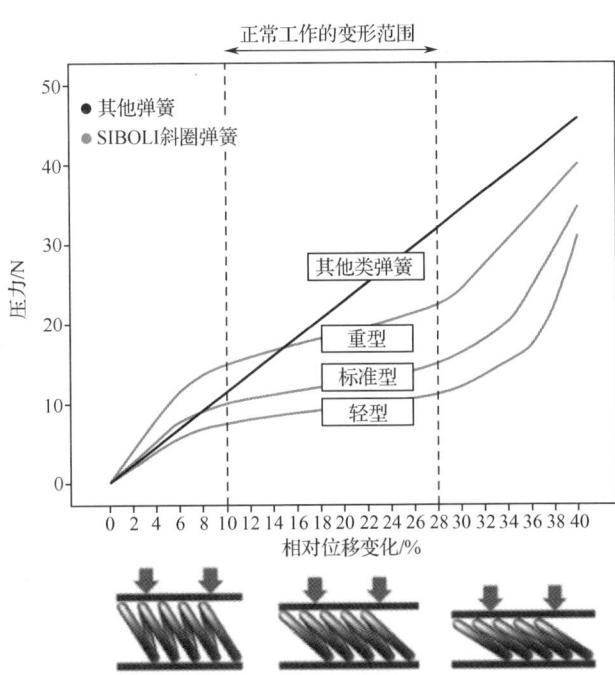

图 6-39 斜圈弹簧力学性能

第 7 章
复合材料在天线系统中的应用

7.1 概述

碳纤维复合材料（Carbon Fiber Reinforced Polymer，CFRP）在航天航空、汽车、电子设备、体育用品等领域得到了广泛应用，在天线系统中的应用也日趋增多，这与其优异的性能密不可分。CFRP 属于各向异性材料，与金属材料相比，材料本身及结构都有其独特的特点，主要包括以下方面。

（1）密度小。CFRP 的密度与镁和铍基本相当，是铜、铁、铝等常用金属材料密度的 0.20～0.57 倍。

（2）比强度、比模量高。CFRP 的比强度（材料的拉伸强度与密度之比）比普通碳钢高 5 倍，比铝合金高 4 倍；比模量（弹性模量与密度之比）则是钢、铝合金等常用结构材料的 1.3～12.3 倍，说明 CFRP 在轻质高强方面的优越性。

（3）可设计性强。CFRP 表现出显著的各向异性，在沿纤维轴方向和垂直于纤维轴方向的电、磁、导热、比热、热膨胀系数以及力学性能等都有明显的差别。这种各向异性的特点给设计带来较多的可选择性。CFRP 的铺层取向可以在很宽的范围进行调整，通过选择合适的铺层方向和层数满足一些特殊要求，获得预期性能的结构，为结构优化设计提供空间，是各向同性材料无法比拟的。

（4）抗疲劳特性好。疲劳破坏是指材料在交变载荷（大小和方向随时间发生周期性变化的载荷）作用下产生裂纹和断裂的现象。在 CFRP 中存在着许多碳纤维和树脂基体界面，这些界面能够阻止裂纹的扩展，延迟疲劳破坏的发生。因此，复合材料比金属材料的耐疲劳性能高很多。通常情况下金属材料疲劳强度极限为拉伸强度的 40%～50%，而碳纤维复合材料的疲劳极限可以达到拉伸强度的 70%～80%，在长期交变载荷条件下工作时，复合材料构件的寿命高于传统材料构件。

（5）抗振性能好。承载结构的固有频率与材料的比模量平方根成正比，因此，CFRP 结构具有较高的固有频率，同时复合材料基体纤维界面有较大的吸收振动能量的能力，材料阻尼较高，这些特性都有利于提高复合材料结构的抗振性能。

（6）破损安全性高。CFRP 内部的大量界面以及碳纤维本身承载的特点使其成为典型的超静定体系。复合材料的破坏需经历基体损伤、开裂、界面脱胶、纤维断裂等一系列过程。使用过程中，CFRP 构件即使因过载而造成少量纤维断裂，其载荷也会通过基体的传递分散到其他完好的纤维上去，使整个构件不会在短时期内丧失承载能力，表现出较高的结构破损安全性。

（7）易于大面积整体成型。CFRP 的树脂基体是高分子材料，构件的成型工艺方法很多，其中整体共固化成型技术可以大幅减少零件和紧固件的数量，简化了生产工序，缩短了生产周期。

（8）耐腐蚀性强。CFRP 耐酸耐碱性强，不生锈，抵抗各种环境腐蚀性能强，在海水中使用寿命比钢制构件长得多。

（9）热性能优异。CFRP 的热膨胀系数小，轴向热膨胀系数约为$-0.1\times10^{-6}/℃$，垂直于轴向热膨胀系数约为$35\times10^{-6}/℃$。在低温环境下不脆裂，在热环境中尺寸稳定。碳纤维的耐热性可支撑其在 300℃ 以下的环境中长期使用，相对于碳纤维，基体树脂是薄弱环节，因此，CFRP 的耐热性很大程度上取决于基体树脂。

表 7-1 为常见碳纤维性能。航空航天、电子等高端装备使用的碳纤维以高强、高强中模为主，高模也有少量应用。天线系统中常用 T300 级、T700 级、M40J 级别的碳纤维。

表 7-1 常见碳纤维性能

纤维牌号	抗拉强度/MPa	抗拉模量/GPa	伸长率/%	密度/(g/cm³)
T300	3530	230	1.5	1.76
T700	4900	230	2.1	1.80
T1000	7060	294	2.4	1.82
M40J	4400	377	1.2	1.77
M50J	4120	475	0.8	1.88
M55J	4020	540	0.8	1.91

随着技术的发展，碳纤维复合材料的应用已从空间天线发展到机载和地面天线，从小型天线发展到中、大型天线，尤其是在便携站、车载站等机动性要求较高的天线中也得到大量应用。同时，功能性复合材料在天线罩中也得到了广泛应用，促进了低损耗、耐大功率、防弹、隐身等不同性能的天线罩的发展。

图 7-1 是某 16m 地面碳纤维天线，天线反射体中的主反射面、副反射面、反射体背架结构、副反射体支撑结构都采用了碳纤维材料，图 7-2 是某小型便携式碳纤维天线，整体采用了碳纤维复合材料。

图 7-1 某 16m 地面碳纤维天线

图 7-2　小型便携式碳纤维天线

7.2 复合材料天线反射面

7.2.1 碳纤维反射面结构与材料设计

碳纤维反射面结构有两种类型,一种是蜂窝结构,由蒙皮与蜂窝组成夹层结构,可以是两层蒙皮与一层蜂窝组成的 A 夹层结构,也可以是三层蒙皮和两层蜂窝组成的 C 夹层结构。另一种是蒙皮加筋结构,由蒙皮与加强筋组成。

蒙皮材料主要是碳纤维与树脂,在模具上铺敷预制,固化成型。一般选用碳纤维预浸料逐层铺敷,也可以选用碳纤维丝束铺敷,通过导入树脂,与碳纤维丝束融合固化成型。

蜂窝芯材的种类非常多,用于天线反射面的蜂窝芯材主要是铝合金蜂窝、碳纤维材料蜂窝等。

根据面板的精度与力学性能要求,蒙皮厚度一般为 1~2mm,蜂窝厚度为 5~60mm。

碳纤维面板制造的核心是利用高精度模具单独成型面形板的前、后蒙皮,通过高强度环氧胶黏剂将碳纤维蒙皮和蜂窝在真空吸附状态下进行胶黏,实现零件的低刚度成型到面板的高刚度定型的转变过程。对于工作频段高的天线,反射面表面电导率要求高,还需对面板的工作表面进行金属化处理。

面板的成型工艺路线如图 7-3 所示。

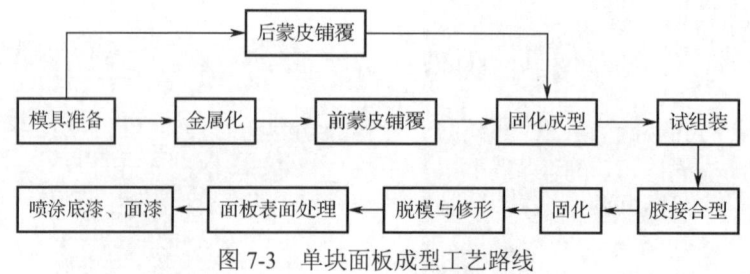

图 7-3　单块面板成型工艺路线

面板的制造工艺过程如下:

(1) 金属化:在模具工作面喷涂金属铝或锌,锌的熔点比铝的熔点低,形成的金属层更致密,导电率也会更高,同等厚度下喷锌层导电率是喷铝层的 2~4 倍。根据工程经验,铝金属层厚度控制在 80～150μm，锌金属层厚度控制在 60～100μm。采用机械臂自动喷涂可提高喷涂质量和效率，减少对操作人员的伤害。金属化现场如图 7-4 所示。

图 7-4　金属化现场

（2）下料：将蒙皮三维几何模型展开为二维图形，根据二维图形尺寸准备胶膜、碳纤维预浸料。

（3）铺敷：按设计好的铺层进行铺敷，一般包含胶膜、预浸料铺贴。

（4）固化：根据要求选择常温固化或热压罐内固化。

（5）脱模：去除辅料，取出蒙皮。

（6）胶黏：将前、后蒙皮和蜂窝夹芯通过高强度胶黏剂胶黏组合成面板。

（7）脱模：去除辅料、工装，取出面板。

（8）精度检验：测量面板面形精度，主要测量方法包括三坐标机法、激光跟踪仪法和摄影测量方法。

（9）喷漆：按照封孔漆、底漆、面漆顺序喷涂。

（10）漆膜检验：检验漆膜厚度及附着力。

天线反射面一般都是由多块面板拼装组成，因此，反射面的设计要考虑拼装的连接与定位，详细内容会在后面两小节中介绍。

7.2.1.1　便携式天线碳纤维反射面

常见的便携式天线碳纤维反射面结构如图 7-5 所示，天线采用分瓣式碳纤维反射面，分瓣方式多种多样，主要考虑天线的快速精确安装和包装运输要求。一般在反射面的中心面板中预埋金属件或者碳纤维制件作为与天线座连接的接口，其余面板用快速安装搭扣与中心面板拼装，形成整个主反射面。由于面板尺寸较小，可采用 A 夹层结构形式，即夹层材料为铝蜂窝，上下两层采用碳纤维蒙皮，这种结构的面板精度可达到 0.1mm。反射面的拼装精度受连接因素影响较大，一般采用拼接工装夹具增强连接件定位精度，拼装后反射面精度可达到 0.2mm。天线的副反射面尺寸很小，可采用铝合金材料数控加工成型，表面精度优于 0.05mm。根据天线的具体要求，其他部件也可采用碳纤维材料，通过模压等不同成型工艺方法制造，实现结构轻、精度高的目标。

某便携式 0.9m 天线反射面采用碳纤维蒙皮铝蜂窝夹芯结构，通过连接锁扣件将各瓣天线面板精确连接在一起。反射面加工工艺要点如下：

- 面板前后蒙皮采用碳纤维预浸料在中温条件下预制；
- 夹芯面板结构（包含固定锁扣件用的埋件）采用胶膜中温组装合型；

- 对于位置精度要求较高的连接支耳等埋件在室温条件下胶黏；

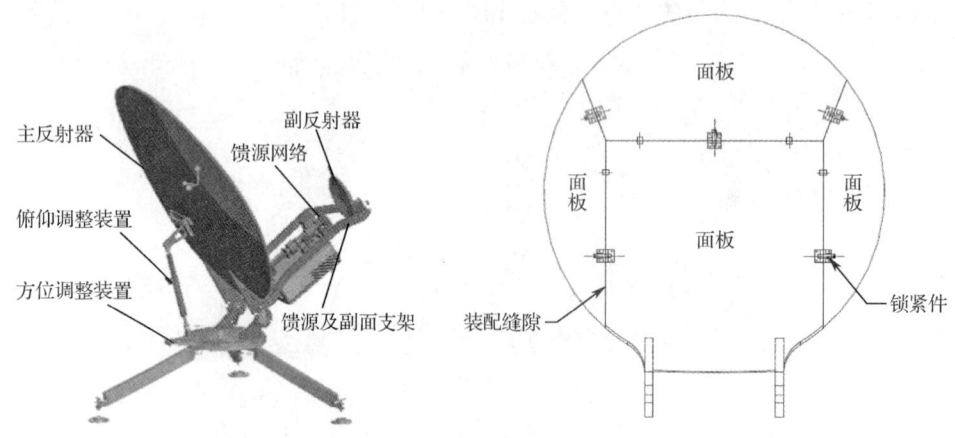

图 7-5　常见的便携式天线碳纤维反射面结构

- 对于中温组装合型时产生的面板之间的较大缝隙，采用室温固化胶黏剂进行修补，一般情况间隙大于 0.5mm 时需要修补；
- 反射面面板的拼接采用快装搭扣，通过精密工装进行装配，以保证整个反射面的连接性能。

便携式天线反射面制造工艺流程如图 7-6 所示。

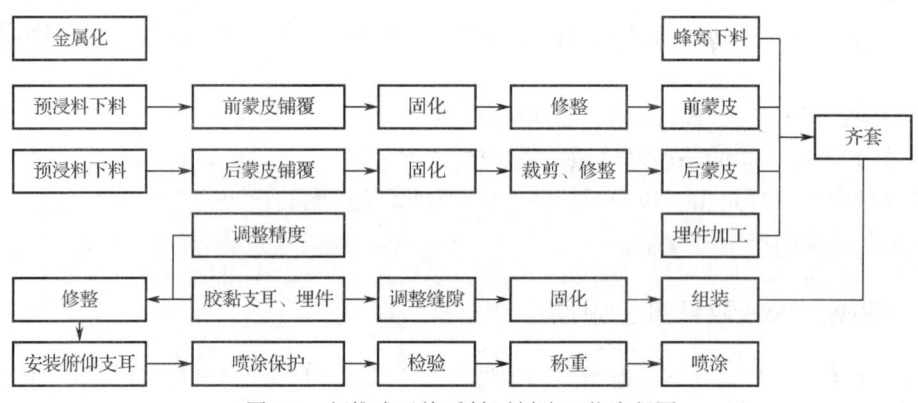

图 7-6　便携式天线反射面制造工艺流程图

便携式天线抗风能力是一个很重要的指标，0.9m 便携式天线要求在 10m/s 风速下正常工作，在场地允许的情况下，通过打地钉将撑腿与地面固定在一起；在场地不具备打地钉的情况下，也可将沙袋压在撑腿上进行固定。

7.2.1.2　车载天线碳纤维反射面

与固定站天线相比，车载天线正朝着小型化、自动化、高机动性方向发展，这就对天线的重量、架设时间等结构指标提出了更高的要求，因此，碳纤维反射面得到了大量应用。在反射面结构设计时，要重点考虑天线自动折叠与展开过程对结构的要求，在反射面的分块方式、连接方式、折叠机构、面形精度保持等方面综合分析论证。

常见的拼接反射面结构有"花瓣"式结构和折叠结构，如图 7-7 所示。"花瓣"式结构的优点是面板一致性高、便于加工，缺点是构件多、装配复杂；折叠结构的优点是收藏展开便捷，但一般只适用于 4.5m 口径以下的天线。

(a)"花瓣"式结构 　　　　　　(b) 折叠结构

图 7-7　常见车载天线分块结构

图 7-8 是某 3.2m 车载天线反射面结构图，图 7-9 显示了反射面的分块方式。反射面分为 5 块，中心面板投影尺寸为 2m×2m，面积为 4.22m^2，侧面板面积为 1.22m^2。该设计摒弃了传统的结构样式，以反射面整体的"一体化"设计为出发点，发挥复合材料结构的特点，将反射面与背架支撑结构融为一体，中心面板与背架中心体一体成型，使天线反射器的各个分块部分成为一个刚性体，减少了零部件数量，降低了天线组装的复杂度。

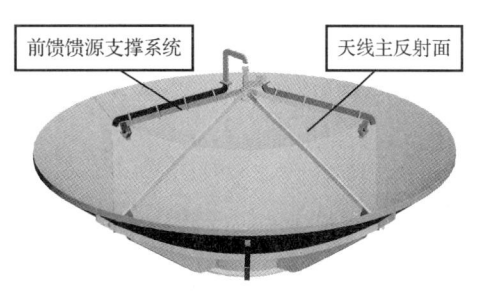

图 7-8　3.2m 车载天线反射面结构图

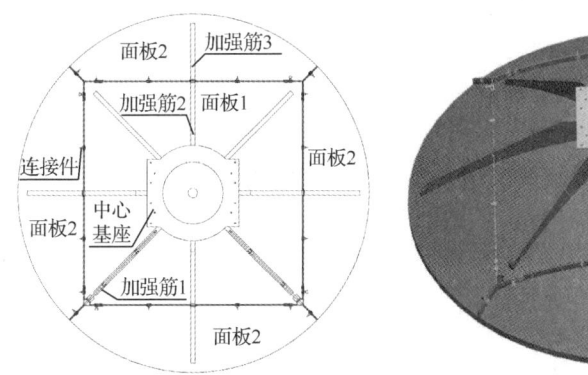

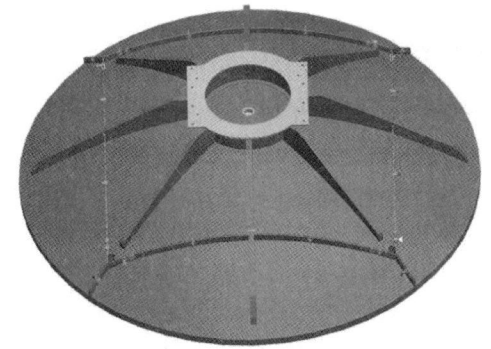

图 7-9　3.2m 天线反射面分块方式

1．反射面结构设计

1）中心面板结构设计

中心面板由反射面板、加强筋、中心过渡筒和连接座组成。反射面板为蜂窝夹芯结构，采用碳纤维蒙皮、耐久型铝蜂窝夹芯、接口埋件整体胶黏成型；加强筋采用碳纤维蒙皮、泡沫夹芯、接口埋件整体胶黏结构，外形与反射面曲面保持一致；中心过渡筒与连接座采用碳纤维复合材料与碳钢材料连接板整体胶黏成型，如图 7-10 所示。

2）侧面板结构设计

侧面板由反射面板、加强筋组成，其结构形式与中心面板相同，加强筋在结构上与中心面板的筋保持连续性，有利于整体结构的载荷传递与外观流畅，如图 7-11 所示。

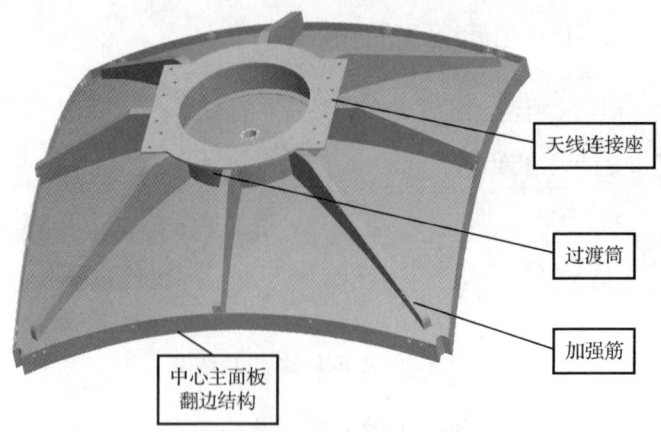

图 7-10　3.2m 天线反射面中心面板结构图

图 7-11　3.2m 天线反射面侧面板结构图

2．反射面精度控制

为保证单块面板的精度和连接刚度，采用了以下面板设计和连接方式。

（1）采用面板翻边设计，翻边与面板整体成型，使得天线面板由传统板式结构变为半箱式结构，提高自身的刚强度。

（2）在面板加强筋连接处采用定位面与销连接定位方式，如图 7-12 所示；在面板翻边位置处采用锥销定位与螺栓连接方式，如图 7-13 所示，采用过定位方式在每条边上均匀布置 4 组连接件。

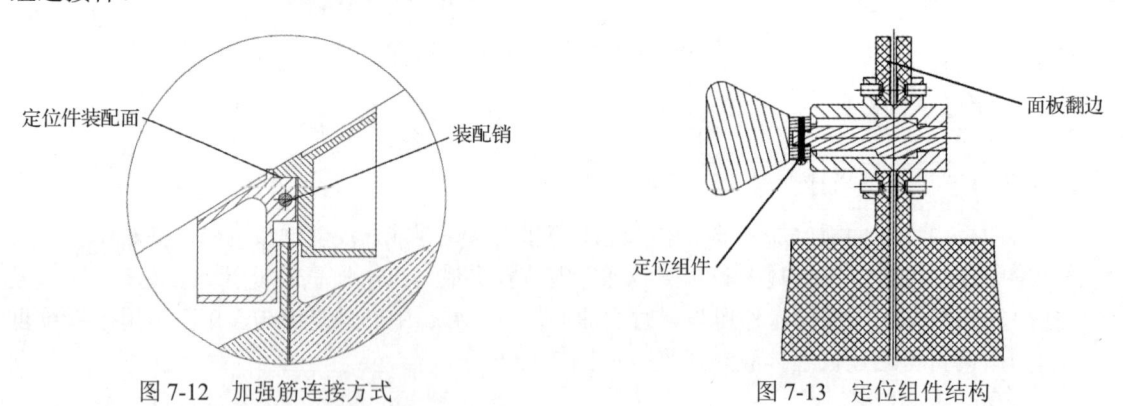

图 7-12　加强筋连接方式

图 7-13　定位组件结构

3．天线加工工艺

面板选用的蒙皮材料为碳纤维斜纹编织布与环氧树脂中温固化制成的预浸料，通过热压罐工艺固化成型，其工艺过程如下所述。

（1）模具设计。为降低成本，模具要兼顾单块面板加工和整体装配需求，同时要运输方便，3.2m 天线反射面模具尺寸直径为 ϕ3.2m，高度为 2.4m。

（2）面板成型工艺。面板蒙皮通过热压罐中温固化工艺预制，再采用低温固化胶膜将蒙皮、蜂窝、预埋件在热压罐内 90℃温度下整体固化成型。低温固化胶膜减小了蒙皮和模具、预埋件之间的温差，有助于提高面板精度。成型后的中心面板精度为 0.15mm，四块侧面板精度达到 0.1mm。

（3）加强筋成型工艺。加强筋采用闭模成型工艺，将碳纤维蒙皮、胶黏剂、泡沫夹芯、预埋件置于模具中，在中温条件下固化成型。

（4）碳纤维过渡筒与钢材质连接板在热压罐内通过外模中温固化整体成型。

通过上述成型工艺，完成面板、加强筋、过渡筒等构件的制造，之后进行 5 块面板的装配，装配也是天线反射面制造的重要环节，具体过程如下所述。

第一步：装配中心面板和 2 块侧面板。首先将 3 块面板按模具刻线放置好，将面板和模具之间的空气抽走，使面板紧紧贴附在模具上，这是保证装配精度的关键环节。采用室温固化胶接过渡筒（含连接板）、加强筋、定位组件，在整个操作过程中，环境温度控制在 20～30℃，固化温度不超过 60℃。

第二步：将中心面板旋转 90°，按上述装配工艺装配中心面板、另外 2 块侧面板及加强筋和定位组件。

第三步：装配侧面板之间的 4 组定位组件。

装配过程如图 7-14 所示。

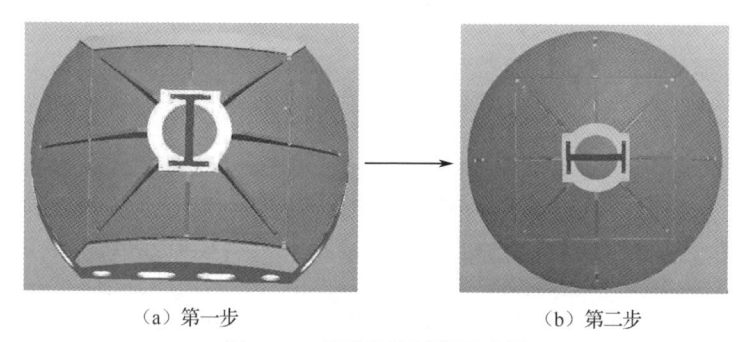

（a）第一步　　　　　（b）第二步

图 7-14　天线装配过程示意图

3.2m 天线反射面实物如图 7-15 所示，可以看出，天线拼装后整体外观结构简洁流畅。通过摄影测量得到其表面精度为 0.147mm。天线反射面结构总质量 132kg，其中金属件质量为 58kg，复合材料结构质量为 74kg，与同口径其他天线相比，在质量和精度上都有明显的优势。

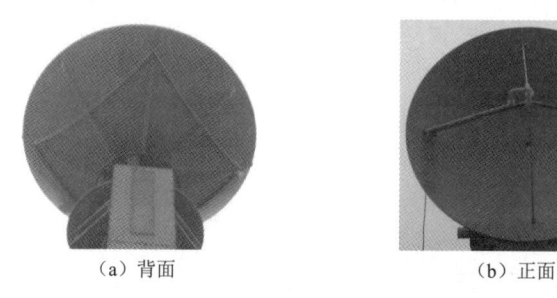

（a）背面　　　　　（b）正面

图 7-15　3.2m 天线反射面实物图

经过跑车实验和多次拆装后,精度一直保持稳定,拆装时间短,完全满足 Ka 频段工作及高机动性使用要求。

7.2.2 高精度碳纤维反射面技术进展

反射面的面形精度直接影响天线的接收效率,对于工作在亚毫米波和太赫兹频段的天线而言,要求反射面的面形精度达到几十微米甚至几微米。反射面的材料一般采用铝、电铸镍和 CFRP 等,铝合金面板通过精密加工可以获得很高的面形精度,具体取决于机床精度和面板尺寸,其缺点是铝合金热膨胀系数高,温度变化会引起较大的热变形。CFRP 材料可以弥补这一缺点,因此在高精度反射面中获得了更多应用。

采用 CFRP 材料的高精度反射面主要有两种结构,一种是 A 型蜂窝夹层结构,蒙皮采用碳纤维复合材料,芯材采用铝蜂窝、NOMEX 纸蜂窝等,考虑成本及工艺性,铝蜂窝应用较多;另外一种是全碳纤维材料结构,蒙皮、夹芯、加强筋等都采用碳纤维复合材料。

7.2.2.1 碳纤维蒙皮铝蜂窝面板

自 20 世纪 80 年代起,采用 CFRP 蒙皮和铝蜂窝芯材的夹层结构(如图 7-16 所示)已陆续出现在航空航天等领域,并作为关键承力部件应用于多种先进结构中,如风云三号气象卫星微波成像仪天线、神舟四号飞船的多模态微波辐射计天线等均采用了这种结构。CFRP 天线反射面精度主要影响因素是蒙皮的初始成型精度,此外,各向异性复合材料结构的热变形难以准确计算,整体结构的均匀性、上下蒙皮的对称性及芯材结构的材料特性都会对面板的热变形特性产生影响。

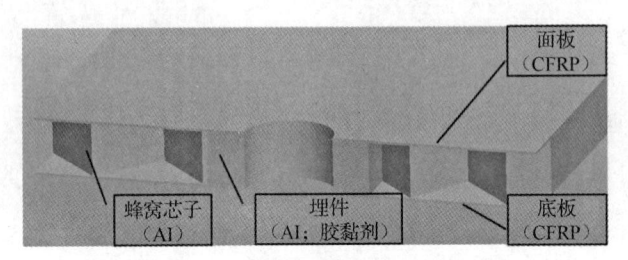

图 7-16 常规碳纤维蜂窝夹层结构

中国科学院紫金山天文台提出的 5m 太赫兹望远镜(DATE5),最高工作频率为 1.5THz,反射面面形精度要求为 10μm,南极站址环境温度为-83~-10℃。实验面板采用 CFRP 蒙皮、铝蜂窝的夹层结构,采用低膨胀殷钢模具、树脂二次复型方法,实现面形精度优于 10μm。

北京空间机电研究所研制的某型号 0.6m 口径和 1m 非圆口径抛物面星载天线反射面如图 7-17 所示,结构为碳纤维/环氧树脂复合材料蒙皮铝蜂窝夹层结构,制备过程采用了热压罐/真空袋成型、模压成型、缠绕成型、手糊成型以及胶接装配等工艺方法,应用了铺层优化技术、工装辅助技术、热膨胀差异控制技术和模具修正与误差补偿等技术,在严格控制重量的前提下,面形精度分别达到 0.08mm 和 0.15mm,副反射面与安装基准平面度优于 0.05mm,与主反射面同轴度优于 0.05mm。

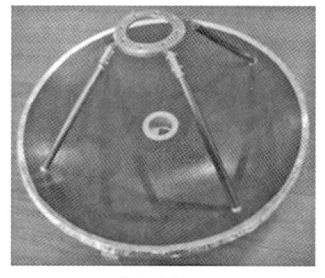

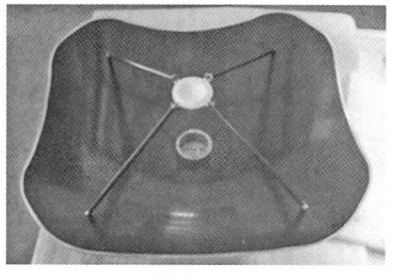

(a) 0.6m　　　　　　　　　　　　　(b) 1m

图 7-17　0.6m 口径和 1m 非圆口径抛物面星载天线反射面

中国电子科技集团公司第二十研究所研制了超薄 CF 平纹织物复合材料高精度天线反射面,采用 T800(0.1mm)平纹织物预浸料蒙皮与铝蜂窝形成夹层结构,通过以下方式控制成型误差:
- 等刚度对称铺层提高复合材料制件成型精度;
- 对复合材料制件结构突变部位采取单独二次胶接的方法减少成型应力集中。

通过热变形仿真改善铺层设计,提高面形精度的研究也取得了进展,鞠金山等以一长轴为 210mm、短轴为 80mm 的偏馈椭圆反射面为研究对象,基于面形热变形的数值模拟方法,通过优化铺层方式将 20~80℃温度载荷下的面形最大变形量降低至 18.3μm,并利用光栅位移计验证了数值模拟的准确度。刑思远等设计出一种长轴为 596mm,短轴为 360mm 的偏置抛物面反射器,计算得出在光照区和阴影区的面形最大热变形量为 10μm。荣吉利等对口径为 1200mm 的抛物面反射器在-100~100℃温度场下的热变形进行研究,通过合理的铺层设计将低温和高温下的面形热变形分别控制在 40μm 和 20μm 左右。

上海复合材料科技公司以口径 1.2m 的星载蜂窝夹层结构反射面为研究对象,分析了 20~80℃温度区间内蒙皮材料、胶层厚度、蜂窝刚度和热膨胀系数对精度的影响,获得如下结果:
- 在单蒙皮状态和蜂窝夹层结构中,M55J 蒙皮结构的热变形优于 T300 结构的热变形;
- 反射面的热变形值随胶层厚度的增加而变大,二者基本呈线性关系,考虑到胶接性能,2051 树脂胶厚度选用 0.1~0.3mm 较合理;
- 胶层厚度的变化对 T300 蒙皮结构的热变形影响大于 M55J 蒙皮结构;
- 胶层厚度一定时,蜂窝的热变形在蜂窝夹层结构的热变形中占主导因素;
- 蒙皮在一定程度上可以降低铝蜂窝夹层结构的热变形,但作用有限。

中国电子科技集团公司第五十四研究所在双层蜂窝夹层结构的研究中取得了进展。图 7-18 为某 16m 天线副反射面,直径为 1.6m,面形精度达到 0.05mm。采用了三层碳纤维蒙皮加双层铝合金蜂窝结构,前后蒙皮厚度为 1mm,中间蒙皮厚度为 0.5mm,单层蜂窝厚度为 30mm。非工作面的凹形空腔内进行发泡处理,并加盖封板密封。

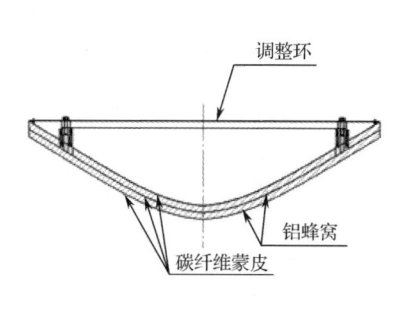

图 7-18　16m 天线副反射面结构示意图及实物图

7.2.2.2 全碳纤维面板

亚利桑那大学的 William F. Hoffmann 教授研究了以铝蜂窝为芯材的 0.5m 小型光学镜面在低温环境下的面形变化,发现铝蜂窝在面板法向方向上的热变形对反射面精度影响很大。降温至-60℃时,面板曲率半径变化明显并产生散光,无法满足设计需求,需考虑使用由 CFRP 制成的芯材来降低热变形误差。

日本宇宙航空研究开发机构研究了经过二次复型的 CFRP 蜂窝球面反射镜在-200℃的变形情况。所谓二次复型,就是在高精度的模具上涂一层低膨胀树脂,将已经有一定精度的面板精确定位放置在涂有树脂的模具上,待树脂固化脱模后转移到面板上,这样可以进一步提升面板精度。由于采用了全 CFRP 材料和低膨胀的二次复型树脂,很大程度上抑制了反射镜在低温环境下的精度衰减,面形精度仅从 $0.8\mu m$ 变化到 $1.4\mu m$,变化趋势是反射面发生了整体翘曲。根据研究成果,设计出口径 150mm 碳纤维蒙皮加"Ω"形碳纤维蜂窝夹层结构的反射面(如图 7-19 所示),利用 3D 光学轮廓仪测得从室温降至-190℃条件下的热变形为 $0.6\mu m$,其优异的精度稳定性能够满足光学级别的使用要求,但在大口径反射器上的应用未见报道。

图 7-19 全 CFRP 蜂窝夹层结构反射面

美国 JET 实验室设计了用于探测毫米波和亚毫米波范围信号的微波临边探测器(MLS),其天线主反射面尺寸为 1.6m,采用夹层结构,蒙皮为碳纤维材料,芯材设计成 CFRP 三角格栅结构,面形精度达到 $4.37\mu m$。

欧洲航天局/欧洲航天技术中心(ESA/ESTEC)基于未来卫星通信对 Q/V 频段的需求设计了 1.22m 口径天线,采用全碳纤维材料的夹层结构设计。除此之外,在一些空间卫星项目中,反射镜也采用了全碳纤维夹层设计,典型的是美国 NSF 资助的 ULTRA 项目,其主镜由美国 CMA 公司研制,口径为 1000mm,由 M46J 高模量碳纤维增强环氧树脂基复合材料制成。制备要点是在反射镜面板固化后,将轻量化蜂窝和背板胶接到面板上,充分固化后脱模,并对其工作表面进行研磨处理,图 7-20 为 ULTRA 全碳纤维望远镜。

图 7-20 ULTRA 全碳纤维望远镜

第7章 复合材料在天线系统中的应用

欧洲 Astrium 公司研制的 PLANCK 卫星中的天线主反射面尺寸为 1556mm×1887mm，质量为 30.6kg，副反射面尺寸为 1051mm×1104mm，质量为 14.5kg，均采用了全碳纤维蜂窝结构，蒙皮与蜂窝材料为超高模量碳纤维增强环氧树脂复合材料，采用真空镀膜技术在其工作面形成厚度为 0.5μm 的铝层和 SiO_2 保护层，镀膜后的面形最大峰值差小于 2μm，表面粗糙度优于 0.2μm，如图 7-21 所示。

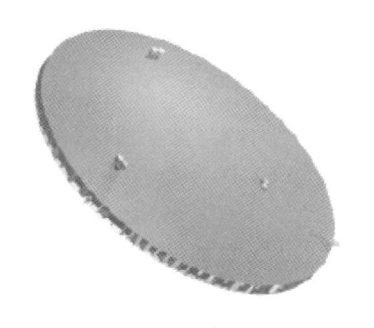

图 7-21 镀膜后的 PLANCK 碳纤维反射镜

在国内，上海卫星工程研究所针对长 4700mm、宽 2400mm 的抛物面反射面需求，设计出一种碳纤维圆管阵列夹层结构。芯层设计选取 T300/环氧复合材料、±45°铺层制成圆管后进行周期排布，得到碳管芯层（如图 7-22 所示）；蒙皮采用 M55J/氢酸酯材料，采取准各向同性的铺层方式。通过对芯层与蒙皮优化设计，将 20～80℃温度差下的热变形控制在 7.3μm 以下，仅为同尺寸的全铝合金反射器的 1/6，约为碳纤维蒙皮和铝蜂窝夹层反射器的 1/3。

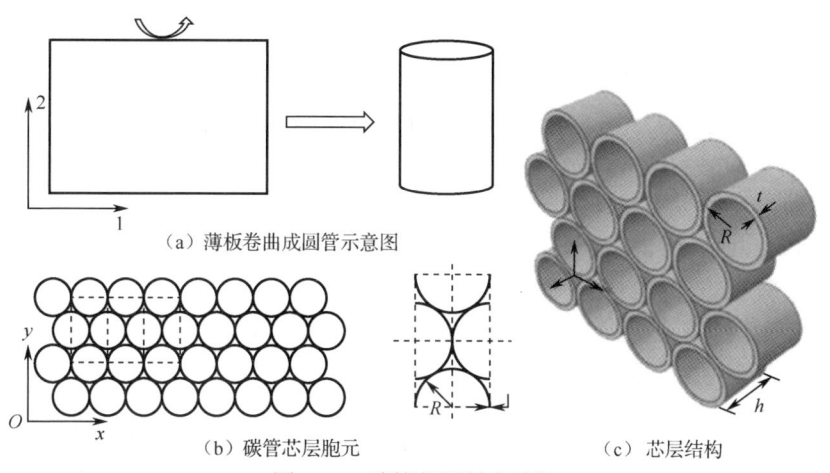

(a) 薄板卷曲成圆管示意图

(b) 碳管芯层胞元

(c) 芯层结构

图 7-22 碳管芯层制成过程

上海复合材料科技有限公司设计制造的 1.2m 星载抛物面反射面［如图 7-23（a）所示］表面精度优于 10μm，采用碳纤维格栅夹层结构，蒙皮厚度为 2mm，经热压罐工艺成型；采用数控铣床加工出格栅肋板，嵌插形成格栅芯子，如图 7-23（b）所示，在格栅肋板侧面涂覆胶黏剂胶接蒙皮与格栅芯子，采用常温固化树脂胶接蒙皮与格栅，不加压或抽真空，仅仅是在反射面上放置少量重物，达到低应力胶接的目的，在 30℃下面形精度为 5.5μm，-40℃下面形精度为 7.8μm。

(a) 反射器结构示意图

(b) 格栅芯子结构示意图

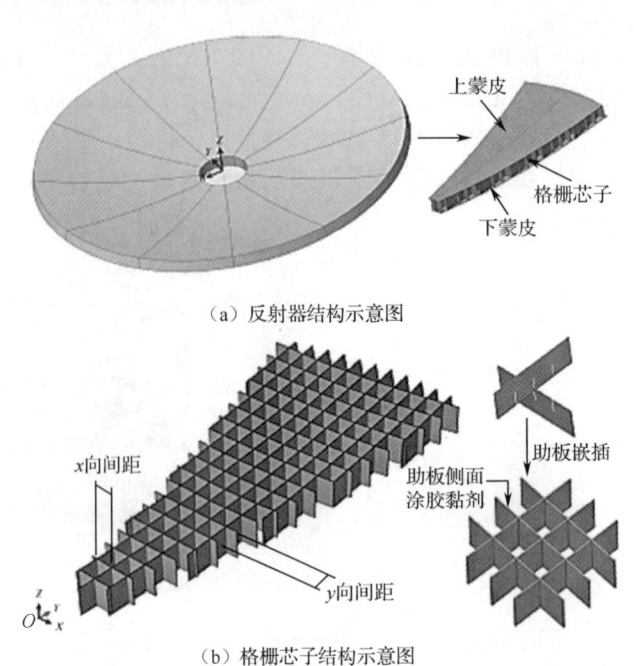

图 7-23 反射器和格栅芯子结构示意图

7.2.2.3 夹层材料与结构的选择

CFRP 面板热变形的主要原因是蒙皮与夹层材料的热膨胀系数不同带来内应力变化，从而引起工作面变形。

采用碳纤维复合材料蜂窝替代传统铝蜂窝是主要的技术路线。铝合金蜂窝芯材刚度小、易变形、有效弹性系数较低，碳纤维复合材料蜂窝可增强夹层结构比刚度和热稳定性，但其制造工艺复杂、加工成型难度大，目前还不具备大规模量产的能力。较为常见的碳纤维蜂窝结构有圆形胞元蜂窝结构和格栅蜂窝结构。

圆形胞元蜂窝结构采用碳纤维薄壁圆管制作，将圆管按照周期阵列排布形成阵列，制成胞元蜂窝芯材，可以获得与蜂窝芯子相近的效果，如图 7-24 所示。

碳纤维圆管阵列虽然制备方法简单，但却存在边缘不封闭、埋件镶嵌实施困难等问题，应用场合也受到一定限制，不适合在承载较大的结构中使用，对于天线面板、反射镜等主要承受重力载荷的结构较为适合，如图 7-25 所示。

图 7-24 碳纤维圆形胞元蜂窝芯子

图 7-25 碳纤维圆管阵列夹层面板

格栅蜂窝结构由周期性排布的二维蜂窝芯构成，通过与前、后蒙皮胶接成型。格栅夹层结构如图 7-26 所示。

格栅结构具有较高的比强度和比刚度，制造成本较低，近年来已经在航天器构件中广泛应用。在复合材料格栅结构的发展过程中，形成了以下几种成型工艺方法：

- 将复合材料平板或者波纹板切割成条后胶接在蒙皮上，作为格栅结构的加肋板；
- 在模具中铺设短切纤维后利用模压工艺成型格栅结构；
- 采用编织缠绕工艺制备连续纤维格栅结构；
- 采用拉挤-互锁工艺制备平板型的格栅结构。

以上工艺方法中研究最多、应用范围最广的是编织缠绕工艺。随着技术的发展，一些新的格栅结构被设计出来，被称为先进复合材料格栅结构（AGS），以满足复杂构件的尺寸和性能要求。但是这种结构用等网格圆筒的制备方法很难实现，于是设计者们进一步改进该工艺方法，使用膨胀块模具和组合模具来制备 AGS，如图 7-27 所示。模具膨胀工艺由一个基板和多个形状各异的膨胀模具块组成。膨胀模具由螺钉固定在基板上（可拆卸），因此可依据格栅结构具体功能形状要求，组装成几何形式各异的格栅结构。热固化时膨胀模具受热膨胀，从两侧挤压纤维加强筋，控制 AGS 的固化成型。

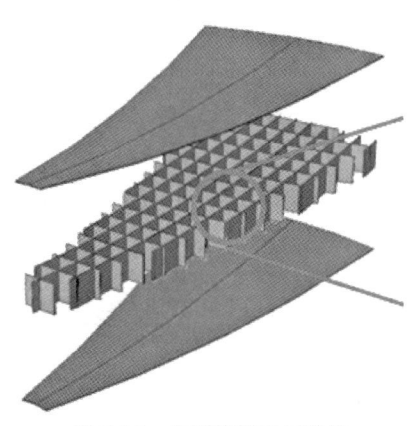

图 7-26 典型格栅夹层结构

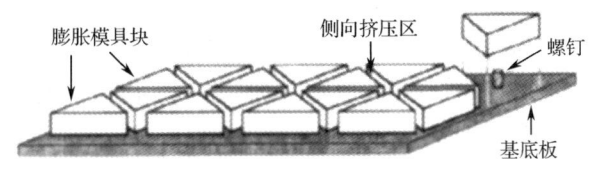

图 7-27 模具膨胀工艺法工装示意图

7.2.2.4 铺层仿真设计

铺层仿真设计将铺层设计和有限元仿真分析相结合，分析铺贴方式对面形精度和热变形的影响。根据面板承受载荷情况及单层板的力学性能来确定蒙皮的铺层方向、铺层顺序、各单向板的铺层比例及厚度。碳纤维层合板的铺层设计原则如下：

（1）铺层角度的确定。根据纤维轴向强度高、模量高的特性，纤维铺层方向应尽量与构件所承受载荷方向一致。通常，0°铺层用来承受轴向载荷，±45°铺层用于承受剪切载荷，90°铺层则用于承受横向载荷和控制泊松比。对于碳纤维准各向同性层合板，根据实际操作工艺的难易程度，通常采用[0°/90°]ns、[0°/±60°]ns、[0°/±45°/90°]ns、[0/±30°/±60°/90°]ns 铺层方式（n 代表重复括号内的铺层共 n 次，s 表示对称）。上述铺层方式中各单向铺层角度顺序的随机排列均为准各向同性铺层方式，具体铺层顺序及方式需根据实际优化结果确定。

（2）铺层方向最少原则。铺层方向过多不仅会增加工作量，而且会引起铺层角度误差，影响面形精度，因此在满足力学性能的前提下，应尽量减少铺层角度的数量。

（3）对称均衡铺层原则。为了减少面板固化成型过程中产生的翘曲变形和残余应力，铺层应相对于层合板的几何中面对称。

（4）均匀铺层原则。铺层过程中的层间剪切应力会产生微裂纹并导致应力集中，影响力学性能，因此在铺层过程中应尽可能保证不同角度的铺层均匀分布在整个碳纤维层合板中。

（5）最小比例原则。为了使层合板具有较好的准各向同性，在铺层设计时，应使各方向的铺层数至少占整体铺层的10%。

铺层总厚度和各单向板的铺设比例要根据层合板的要求确定，以上给出的铺层设计原则在同一个铺层设计中并不一定能够完全符合，可根据工程实际需求合理应用。

采用与碳纤维复合材料的热膨胀系数相匹配的模具材料，可有效降低应力变形，殷钢等低膨胀材料是制备高精度反射面较为理想的模具材料。此外，采用模具变形补偿、在装配过程中进行定位与适当的剪裁切割、优化热压罐固化工艺参数、对制件结构突变部位采取单独二次胶接工艺等方法，都有助于减少成型应力集中，提高成型精度。

CFRP材料虽然具有轻质高强、热膨胀系数低等优点，但是由于蒙皮夹层材料热膨胀系数的不同带来的热变形，对高精度夹层天线面板的影响较大，目前主要技术途径包括精确的设计仿真分析、成型过程工艺参数优化、对原面形板进行精度测量并对其进行热变形补偿等。

7.2.3 频率选择反射面结构与材料设计

频率选择表面（FSS）是一种由金属贴片或金属孔径结构周期排列而成的功能性电磁表面，其本质上是一种空间滤波器。通过频率选择表面的单元设计，可以使它对某一频段的电磁波呈反射特性，对另一频段的电磁波呈透射特性。

频率选择表面为多频段共用天线设计提供了一种新的技术路线，如图7-28所示。将前馈馈源和后馈馈源分别放置于副反射面两侧，将副反射面设计为频率选择表面，天线就可以同时工作于前馈和后馈状态，从而实现多频段共用。

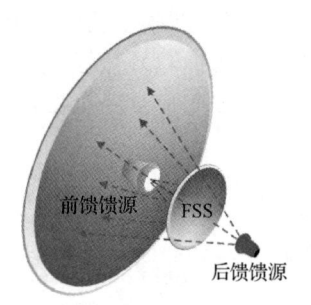

图7-28 采用频率选择副反射面的多频段天线示意图

下面以某C、X、Ku三频段共用天线的频率选择副反射面（简称频选副反射面）为例说明频率选择面的设计与制造工艺方法。

7.2.3.1 结构设计

频率选择面需具备"带内高透波、边缘陡截止、带外宽频带抑制"的特性，其结构设计较为复杂，主要工作包括设计频选图案与阵列加载方式、确定单元结构与排列周期、优化介质层几何厚度等结构参数。

本节以C、X、Ku三频段共用要求天线为例，将副反射面设计为频选副反射面。频选副反射面采用多层结构，也称为多屏频选单元，如图7-29所示，包括内/外蒙皮、三层FSS功能层和两层间隔层，每层之间通过胶膜胶黏在一起。内/外蒙皮由石英氰酸酯组成，用于保护FSS功能层不被破坏；FSS功能层为金属图案，用于实现X频段透射、C和Ku频段反射的特性；间隔层由石英氰酸酯构成，用于将FSS功能层隔开，通过不同厚度实现调控频选副反射面性能。

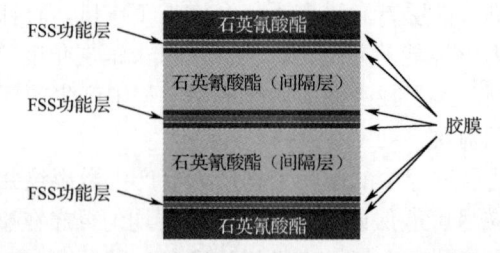

图7-29 多屏频率选择副反射面-截面结构示意图

多屏频选单元的分层参数如表 7-2 所示。

表 7-2 多屏频选单元的分层参数

编 号	材 料 名 称	介 电 常 数	损耗角正切值	厚度/mm
1	石英氰酸酯	3.3	0.008	0.3
2	胶膜	2.7	0.018	0.08
3	金属图案 1	—	—	0.1
4	胶膜	2.7	0.018	0.08
5	石英氰酸酯	3.3	0.008	1.6
6	胶膜	2.7	0.018	0.08
7	金属图案 2	—	—	0.1
8	胶膜	2.7	0.018	0.08
9	石英氰酸酯	3.3	0.008	1.6
10	胶膜	2.7	0.018	0.08
11	金属图案 3	—	—	0.1
12	胶膜	2.7	0.018	0.08
13	石英氰酸酯	3.3	0.008	0.3

三层 FSS 功能层的金属图案取决于周期阵列排布的单元，其中两侧的金属图案为"方形"容性结构，中间的金属图案为十字形感性结构，三层结构组合为频选单元，如图 7-30 所示，频段单元的参数如表 7-3 所示。

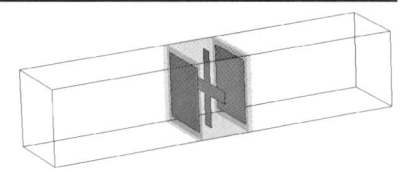

图 7-30 容性-感性耦合的频选单元

表 7-3 频选单元参数

单元周期	十字线宽	贴片边长	金属层间距
4.9mm	0.8mm	4.1mm	1.76mm

采用以上频选单元结构设计的频选副反射面滤波性能仿真结果如图 7-31 所示，实现了 X 频段透波、C 和 Ku 频段反射的性能。

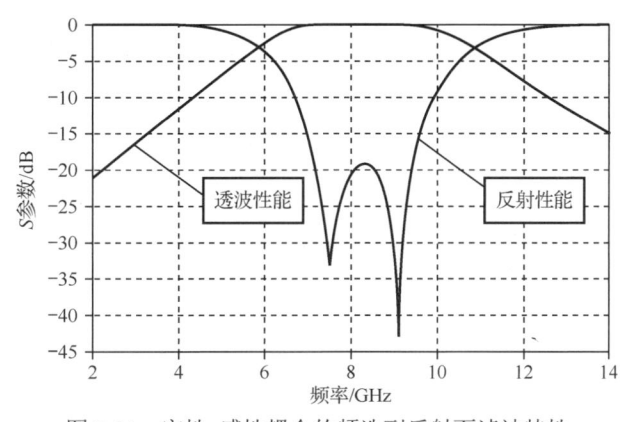

图 7-31 容性-感性耦合的频选副反射面滤波特性

7.2.3.2 加工工艺

根据频选副反射面结构与材料体系，制定了相应的工艺流程，如图 7-32 所示。

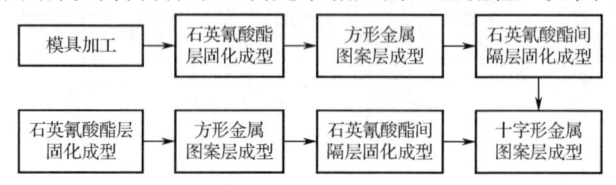

图 7-32 频选副反射面的加工工艺流程图

模具用于铜箔引伸及复合材料的固化成型，一般采用金属模具，要求模具面形精度为产品精度的 1/3~1/2。

石英氰酸酯及间隔层采用热压罐中温固化成型，铺层采用等层间角度间隔设计方案，以保证其各向同性。

采用铜箔引伸工艺形成金属图案层，先通过印制板工艺完成平面图案加工，再利用高压气体将铜箔引伸变形为曲面图案，最后通过腐蚀将多余金属去除，形成设计要求的金属图案。

7.2.3.3 性能测试

对加工完成的频选副反射面采用激光跟踪仪进行测量，经与理论曲面对比，得到面形精度为 0.076mm(rms)，满足指标要求。

经电性能测试，频选副反射面在 C 和 Ku 频段的反射系数如图 7-33 所示，在 4.0~4.4GHz 和 12~14GHz 频率范围内，30°和 45°入射角度下的反射系数优于-0.5dB。

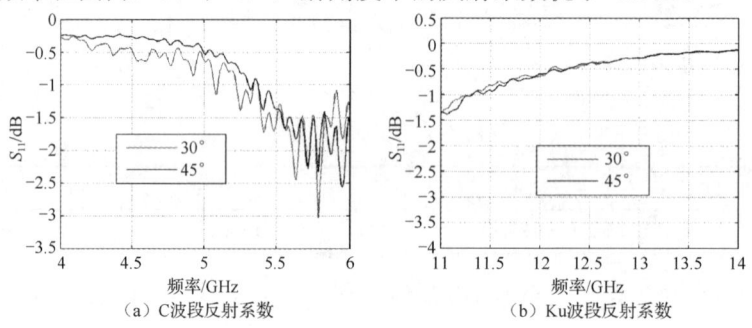

图 7-33 C/Ku 波段的反射系数

在 X 频段的透射系数如图 7-34 所示，在 8~8.5GHz 范围内，30°和 45°入射角度下的透射系数优于 0.5dB。

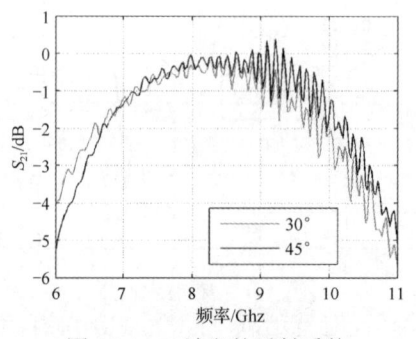

图 7-34 X 波段的透射系数

7.3 复合材料天线支撑结构

7.3.1 碳纤维桁架结构与材料设计

碳纤维桁架结构主要由碳纤维管材和连接杆件组成，图 7-35 和图 7-36 分别为某 16m 天线反射体背架结构三维模型与实物图，是较为典型的桁架结构，包括中心体、辐射梁、环向及空间连接杆件等，除连接节点采用金属材料外，其余结构全部采用了碳纤维材料。

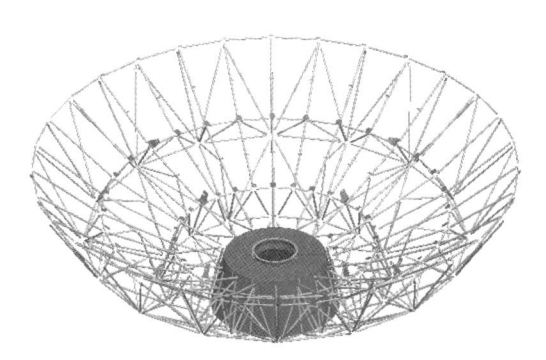

图 7-35　16m 天线反射体背架结构三维模型

图 7-36　16m 天线反射体背架实物图

16m 天线反射体骨架主梁如图 7-37 所示。

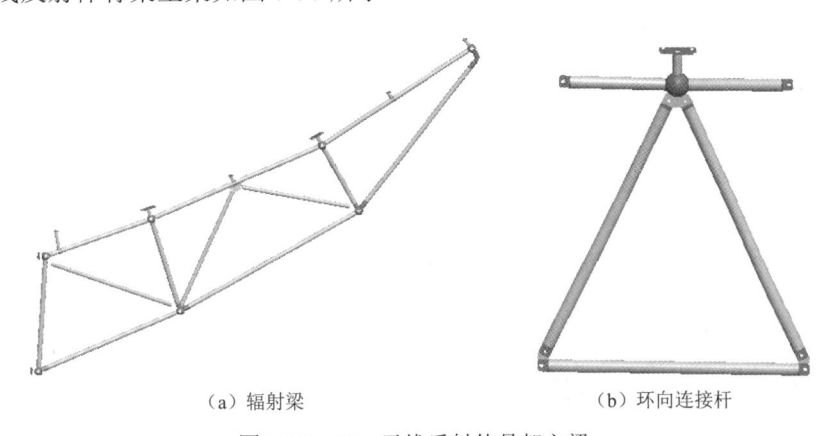

（a）辐射梁　　　　　　　　（b）环向连接杆

图 7-37　16m 天线反射体骨架主梁

1. 材料选择

辐射梁由碳纤维管和球形接头组成，球形接头采用碳钢材料，作用是连接管件、传递载荷、提供天线面板调整支撑。碳纤维管采用 T700/环氧树脂单向碳纤维预浸带缠绕、中温固化成型，铺层方式为 [90/04/90/04/90/04/90]s，管壁厚度为 4mm，弹性模量为 115GPa。相比金属钢管材料，按照等刚度条件计算，碳纤维管可减重 60%，辐射梁可减重 42%。设计选用材料性能见表 7-4。

表 7-4 设计选用材料性能

材料名称	密度/(g·cm⁻³)	模量/GPa	屈服强度/MPa
20#钢	7.8	210	245
T700/环氧	1.5~1.6	130~150	600~1500

2. 接头设计

接头类型包括螺接接头、胶接接头或胶接与螺接组合式接头。由于螺接接头设计不当可能引起层间或剪切破坏,一般采用后两种连接方式。胶接接头中胶黏剂主要承受剪应力,胶层厚度应控制在 0.1~0.25mm。当使用温度不超过 70℃时,应尽量选用韧性胶黏剂,其性能见表 7-5。

表 7-5 胶黏剂基本性能

剪切强度/MPa		90°板—板剥离强度/(N·cm⁻¹)
常温	70℃	
30.8	15.6	43.5

通过适当增加接头胶接面积,合理选择胶接表面处理方法,能够提高胶层承受载荷的能力。在管径一定的情况下,增加胶接长度是最有效的方法,但胶接达到一定长度后,胶接接头的承载能力基本不再提高。胶接长度可用式(7-1)计算

$$L = 0.8D + 6 \tag{7-1}$$

式中,L 为胶接长度(mm),D 为管内圆直径(mm)。

为进一步增加接头的连接强度与可靠性,在碳纤维复合材料管与钢接头的外圆上缠绕一定宽度、厚度的玻纤/环氧树脂织物,固化后形成高强度的玻璃纤维复合材料,在增加接头强度的同时,还能起到紧固接头、防腐蚀的作用,可延长接头的使用寿命,如图 7-38 所示。

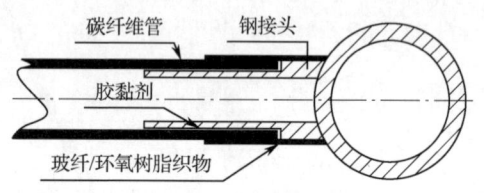

图 7-38 复合材料辐射梁接头示意图

3. 单根辐射梁力学性能计算及实验

碳纤维辐射梁的力学性能实验模型如图 7-39 所示,采用弯板工装对辐射梁的根部进行约束,在梁的外端施加不同的集中载荷,计算并测试测量位置 1、2、3 的位移,多次重复测试并与计算结果进行比对,图 7-40 为点 1 测试结果。变形量与计算结果偏差在 10% 以内,表明加工的辐射梁及整体刚度与设计基本相符,为天线整体结构力学性能分析提供了支撑。

除天线反射体背架结构外,16m 天线的副反射体支撑结构也采用了碳纤维材料。支撑结构由四根支撑腿组成,如图 7-41 所示。撑腿采用截面为长圆形的碳纤维复合材料管,两端通过胶黏方式生成钢法兰接头,分别与副反射体和主反射体骨架连接,胶黏方式与前述辐射梁接头基本相同。

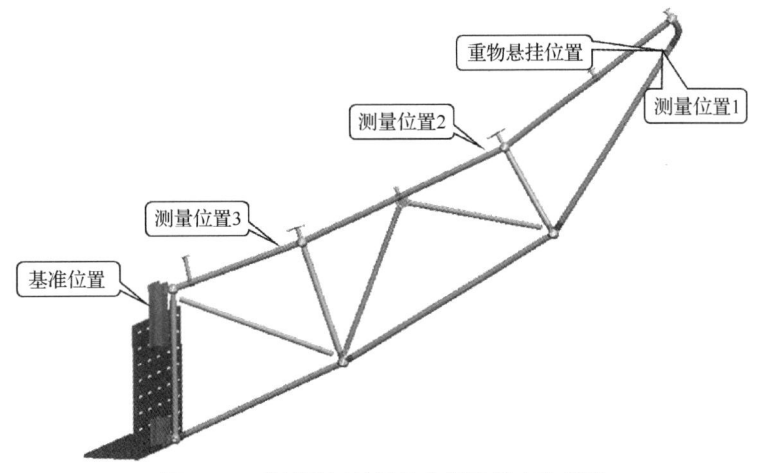

图 7-39　碳纤维辐射梁的力学性能实验模型

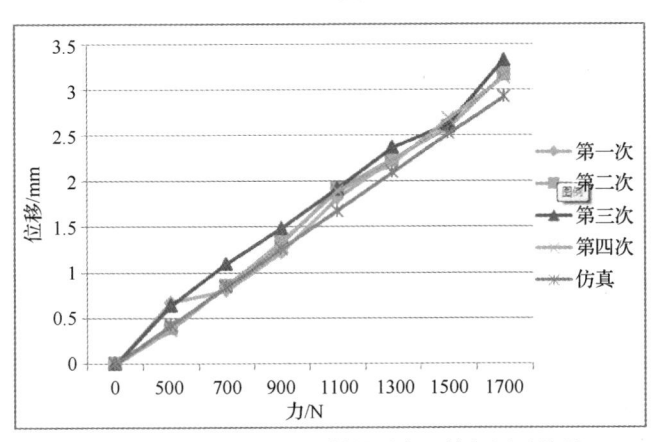

图 7-40　16m 天线主辐射梁刚度计算与测试结果

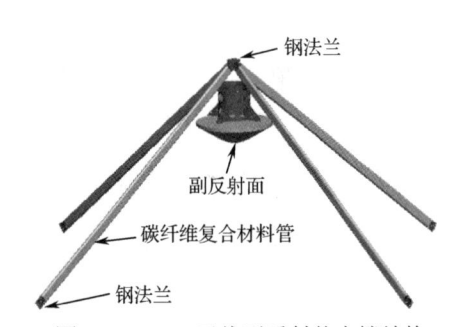

图 7-41　16m 天线副反射体支撑结构

7.3.2　碳纤维腔体结构与材料设计

天线系统中有许多腔体结构件，如喇叭馈源、微波器件、反射腔体、背架结构中心体、馈源支撑套筒等，这些腔体结构也可采用碳纤维材料以满足严格的重量和热变形要求。图 7-42 为 6m 车载可展开伞形天线，其背架结构全部采用了碳纤维材料，中心体为典型的碳纤维腔体承载结构。

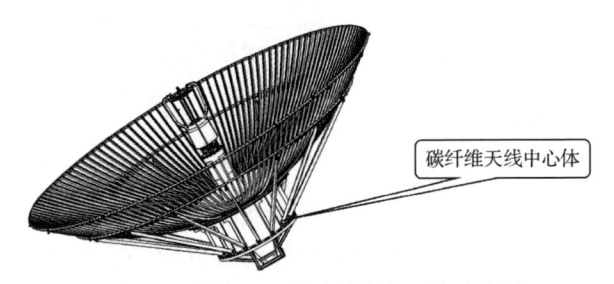

图 7-42　某伞形天线碳纤维中心体示意图

在天线结构中，用于支撑馈源、网络等电气部件的圆形腔体结构统称为馈源网络套筒，如

图 7-43 所示,适合采用碳纤维材料制造。

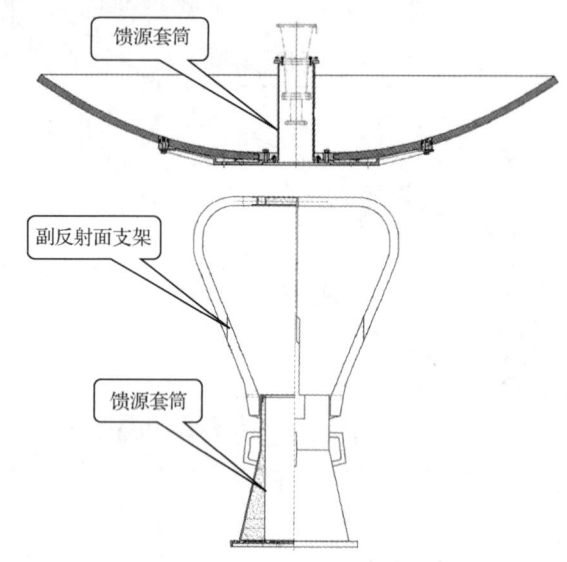

图 7-43　两种碳纤维馈源套筒示意图

中心体、馈源套筒是天线结构常见的结构件,下面几个小节通过工程案例介绍碳纤维复合材料在喇叭天线、微波器件、阵子天线反射腔体中的应用。

7.3.2.1　碳纤维喇叭天线

四脊喇叭是近年来广泛应用的宽频带馈源,当频段较低时,四脊喇叭的尺寸很大,采用碳纤维复合材料能有效降低喇叭的重量。本节以某天线 1.49m 口径的四脊喇叭为例(0.27~1.8GHz),介绍喇叭的设计仿真、成型与组装工艺以及相关测试结果。

四脊喇叭由结构主体、脊片(4 个)、介质、测试探针(2 根)、盖板等组成,其结构示意图如图 7-44 所示。喇叭大端直径 1490mm,小端直径 316mm,高度为 488.6mm,脊片的厚度为 32.3mm。4 个脊片之间的间隙要求为 4.5mm,间隙的均匀性对电气性能有明显影响。

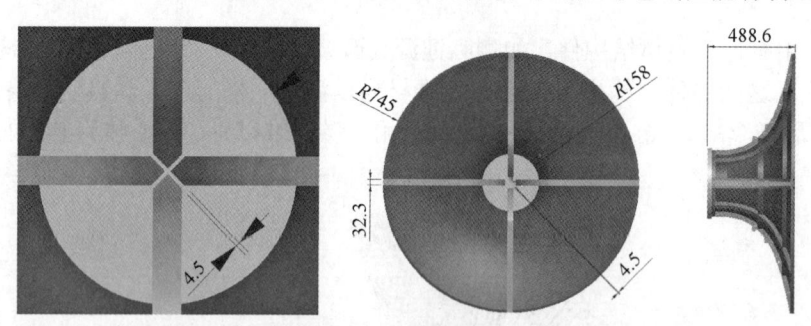

图 7-44　某四脊喇叭结构示意图(单位:mm)

根据天线照射角等微波光学设计参数,对脊曲线和喇叭壁曲线进行赋形设计,在中央加载两种不同介电常数的介质棒,对喇叭的电性能进行仿真分析,结果如图 7-45 所示,在整个工作带宽范围,喇叭两端口的隔离度优于 50dB,电压驻波比小于 2。

如图 7-46 所示,从喇叭的低、中、高频点辐射方向图计算结果可知,在大照射角情况下,其性能良好,满足照射需求,天线的口径效率均高于 55%。

图 7-45 端口隔离度与电压驻波比

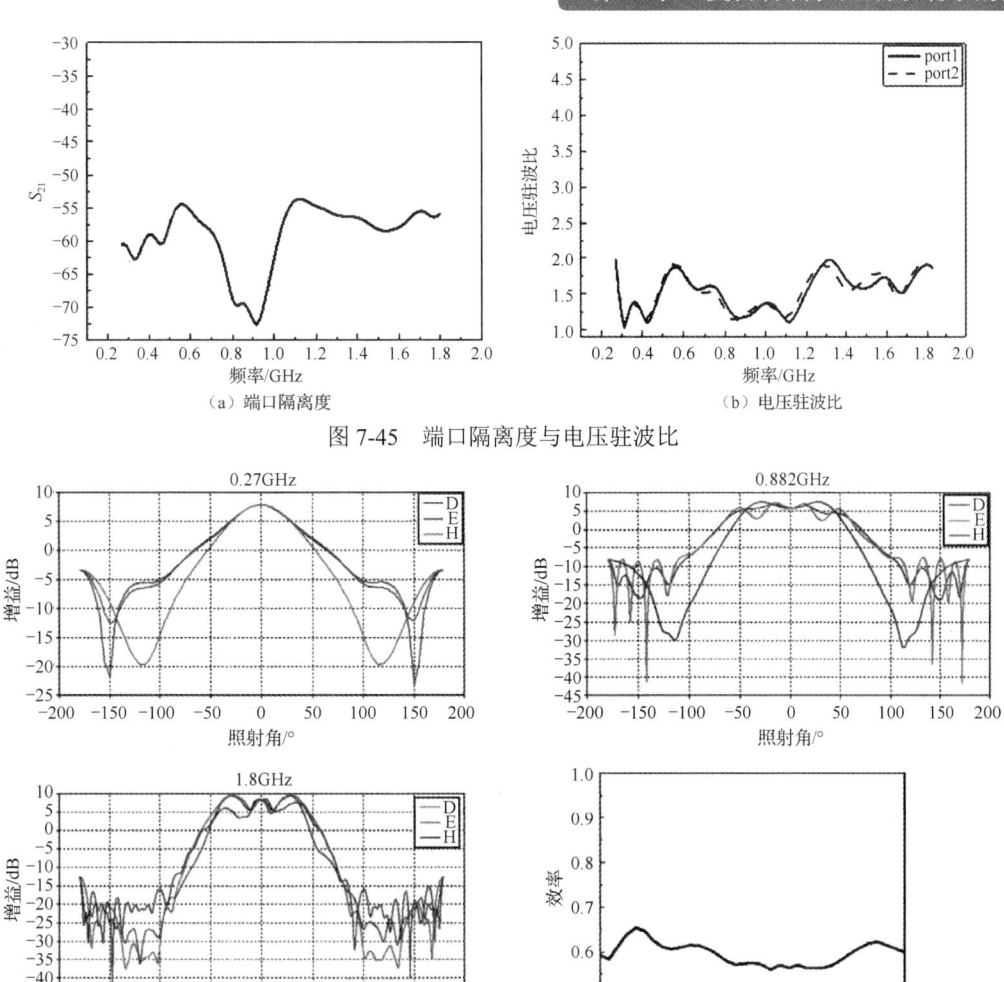

图 7-46 辐射方向图及天线口径效率

综合考虑喇叭结构的尺寸精度、力学性能、材料及加工工艺等要求，确定结构总体形式、分体方式和装配方式。在保证内腔尺寸不变的前提下，以 4 个脊片为分界线将喇叭分为 4 扇形段，每段结构相同。采用碳纤维蒙皮加筋结构，将脊、喇叭体及盖板单独成型后再组装，如图 7-47 所示。4 个脊片精度要求高，且形状复杂，选用 2A12-T4 铝合金板材，通过数控加工保证精度；喇叭瓣设计为均匀壁厚的碳纤维层合板加筋结构，碳布为 T300 级 3K 斜纹编织布，树脂选用环氧胶黏剂，层合板厚度为 1.5mm。

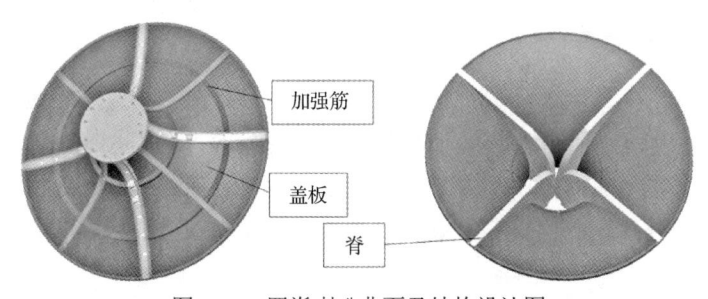

图 7-47 四脊喇叭曲面及结构设计图

建立喇叭有限元模型进行力学性能分析，在喇叭的 4 个吊耳处施加约束，载荷为重力载荷，分别计算喇叭在 0°、30°、60°、90°角度姿态下的变形及应力，最大应力与最大位移仿真结果如图 7-48 所示。

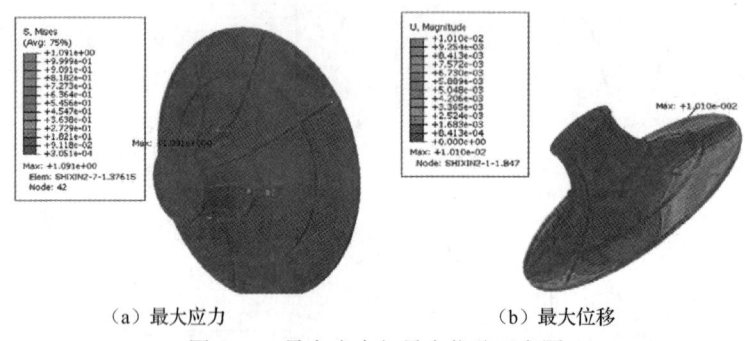

(a) 最大应力　　　　　　　　　(b) 最大位移

图 7-48　最大应力与最大位移示意图

采用金属转移法对喇叭的碳纤维工作面进行金属化处理，金属膜的厚度控制在 100～120μm。四脊喇叭的制造工艺流程如图 7-49 所示。

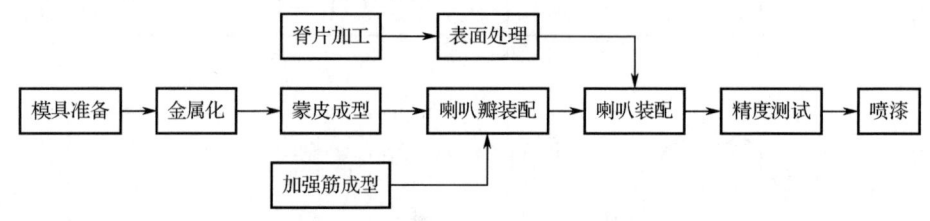

图 7-49　四脊喇叭制造工艺流程简图

扇形喇叭单瓣制作及组装过程如下：

（1）喇叭成型模具设计。模具设计应考虑精度要求以及模具的制造工艺、刚性、耐用度等方面的要求。模具材料为球墨铸铁，结构形式为阳模，喇叭工作表面为模具的贴模面，面形精度要优于 0.05mm。在模具成面形边缘设计挡边，便于喇叭瓣的翻边制作，同时可用于加强筋的安装定位。

（2）扇形喇叭瓣制作工艺。采用湿法成型工艺，可以有效解决面形热变形问题。蒙皮壁厚为 1.5mm，选用单层厚度为 0.25mm 的 3K 碳纤维编织布，旋转对称铺贴，固化温度为 45℃、时间为 4h。固化后先在模具上完成加强筋的胶黏操作，再进行脱模。

脱模后的喇叭瓣面形精度优于 0.12mm，质量约 3kg。将成型的喇叭瓣与铝合金脊片组装，组装后的四脊喇叭曲面精度优于 0.3mm，与同结构的铝合金喇叭相比，质量减轻了 23%左右。

7.3.2.2　碳纤维微波器件

天线系统中波导、网络等微波器件对内腔的电导率、反射系数等性能要求十分严格，一般都采用金属材料制造加工。碳纤维材料的导电性不如金属好，树脂基体的存在进一步降低了导电性，因此限制了其在微波器件中的应用。随着复合材料表面金属化技术的发展，这种限制逐步得到改善。下面通过两个工程案例对碳纤维微波器件结构设计、模具设计、成型工艺以及表面金属化进行阐述。

案例 1 为标准 BJ140 直波导和弯波导，如图 7-50 所示。其形状较为简单，一般采用铝合金材料加工成型，具体尺寸参数可查看 GB/T 11450.2—1989。

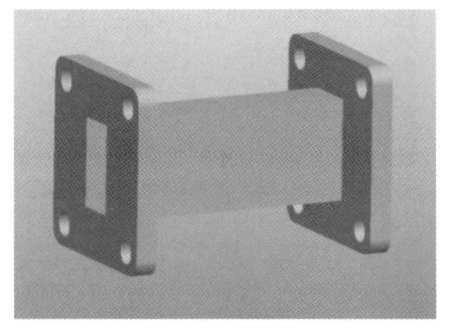

（a）BJ140 直波导 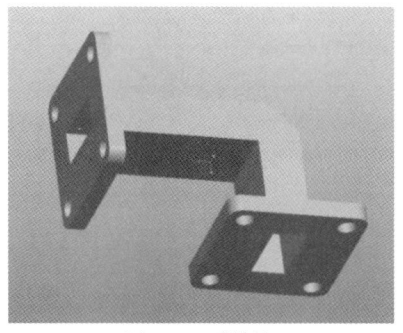　　　　　　　　（b）BJ140 弯波导

图 7-50　波导示意图

案例 2 为某 Ka 波段天线波导阵列单元，其结构如图 7-51 所示。波导阵列结构为双通道，两个不同波段的电磁波通过底部法兰端处输入，在末端方圆过渡结构中叠加输出。单元内部结构较为复杂，所有尺寸精度均需控制在±0.02mm 以内。这样复杂的结构，即使采用铝合金材料，也难以整体数控加工完成，需将该结构分为三部分分别加工，再采用钎焊的方式组合成整体。

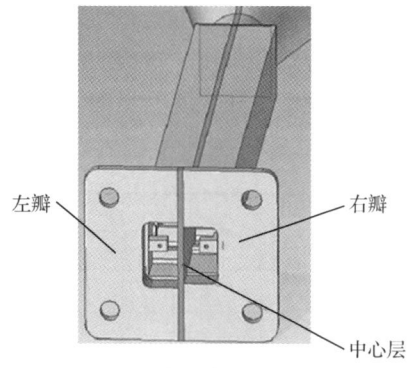

图 7-51　波导阵列单元组成图

1. 金属化与镀层附着力

为了保证以上 2 个案例产品型腔内部尺寸精度和内腔表面金属化的要求同时得以满足，采用了基于铝芯模的"转移法"金属化技术，该技术采用铝合金材料作为芯模，通过电镀技术在芯模表面制备镀层，之后在镀层表面成型碳纤维复合材料，最后采用化学溶解的方式将铝芯模溶解，形成工作空腔，从而实现金属膜层与碳纤维腔体结构的一体化成型。

金属镀层薄膜厚度大于电磁波的趋肤深度时，电磁波理论上等同于在金属波导管中传输；一般情况下金属薄膜的表面光洁度要优于金属管内壁，因此电磁波传输损耗相对较小。

为进一步研究镀层性能，确定薄膜厚度，制作了平板试样进行实验测试。平板材料分别选用碳纤维和金属铝合金 2A12-T4，后者与芯模材料一致。选用 0.05mm（1#）、0.1mm（2#）、0.2mm（3#）三种镀层厚度进行实验与测试，平板试样如图 7-52 所示。分别从镀层外观质量、导电性及厚度均匀性进行分析。

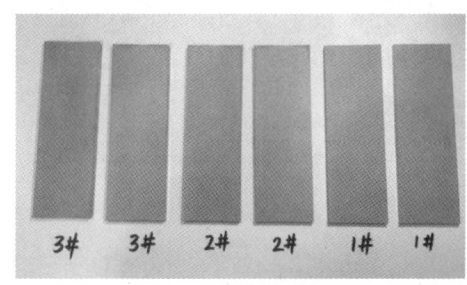

（a）电镀后铝板 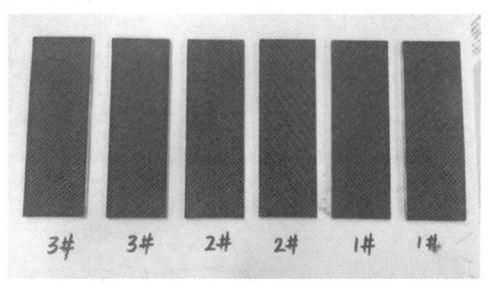　　　　　　　（b）电镀后铝板铺覆了碳纤维

图 7-52　平板试样

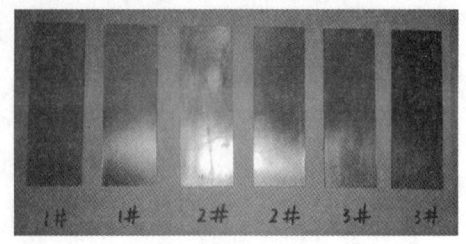

(c）平板样件　　　　　　　　　　（d）电镀后表面

图 7-52　平板试样（续）

  首先在铝合金上进行镀层，成分从里往外主要为锌、金、青铜、酸铜，溶模溶液为碱性溶液。图 7-52（a）为电镀后铝板，图 7-52（b）为电镀后铝板铺覆了碳纤维，图 7-52（c）为铝板溶解后带镀层的碳纤维板，经过检测，三种镀层厚度均匀一致，碳纤维板上镀层的表面光洁度优于 $Ra3.2$，接触电阻均小于 0.1Ω。

  金属镀层的附着力是实验关注的重要指标，但对它进行定量的测试和描述比较困难。在刮剥法的基础上采用了拉拔法测试，将金属层黏结在金属杆底面，从碳纤维基片上进行拉拔，测出拉脱时作用在金属杆上的力和金属杆的面积，可求出附着力的大小，见表 7-6。

表 7-6　同一批次成型样件拉拔实验数据

编号	膜层厚度/mm	应力1/MPa	应力2/MPa	应力3/MPa	应力4/MPa	应力5/MPa	平均值/MPa
1#	0.05	2.51	1.68	1.01	0.98	2.33	1.70
2#	0.1	1.60	1.20	1.70	1.97	2.03	1.70
3#	0.2	2.42	2.56	3.38	0.87	1.65	2.18

  拉拔实验如图 7-53 所示，当材料试验机施加到一定的载荷时，在金属杆与膜层的胶黏面之间产生断裂，镀膜层保持完好。实验中所有试样断裂面均为胶层与碳纤维金属镀层上，说明金属层与碳纤维的附着力大于断裂应力。从表 7-6 中的数据可以看出断裂应力平均值为 1~2MPa，判断金属层与碳纤维的结合力应大于 1MPa。

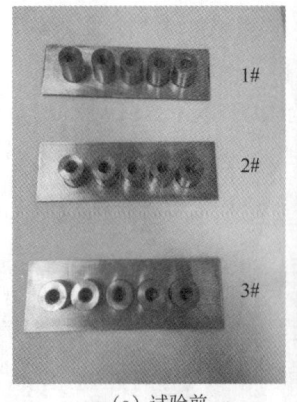

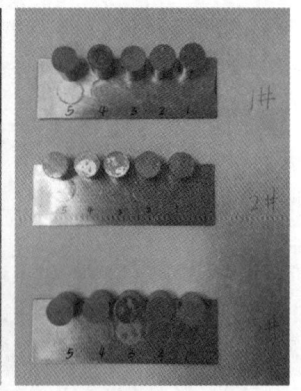

（a）试验前　　　　　　　　（b）试验中　　　　　　　　（c）试验后

图 7-53　拉拔实验

  通过以上平板试样成型及实验测试可以看出，三种厚度镀层在外观及均匀性方面未显示出明显的差别，考虑到附着力的差别，选定镀层厚度为 0.2mm。

2. 设计与制备

标准 BJ140 铝波导法兰厚度为 4mm，矩形管壁厚为 1mm。利用碳纤维复合材料可设计性的特点以及比刚度高于铝合金的优点，保持结构内腔尺寸不变，管壁厚度设计为 0.7mm，法兰厚度为 2mm，边缘预留 1～2mm 的加工量。

Ka 波段天线波导阵列单元内部构型特征如图 7-54（a）所示，存在大量凸台、凹槽以及中间薄壁板，较为复杂，主要通过芯模保证尺寸精度，如图 7-54（b）所示。

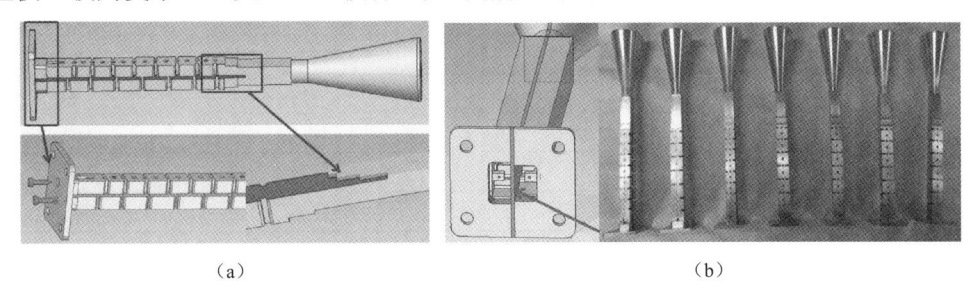

图 7-54 波导阵列单元芯模示意图

芯模表面光洁度、尺寸精度直接决定了制件的质量。芯模的公差等级一般要高于 5 级，比产品要高一个量级。芯模数控加工完成后要通过抛光保证其表面粗糙度，与外模合模成型时要设置定位销，保证压实过程中外模与芯模的位置关系。图 7-55 为带金属镀层的芯模。

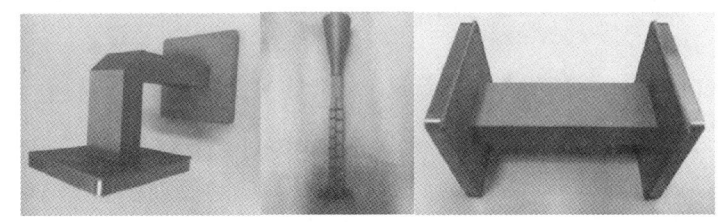

图 7-55 带金属镀层的芯模示意图

波导阵列单元成型采用模压方式。当铝合金芯模上的复材铺层过厚时，碳纤维余料较多，闭模时芯模双侧受余料的挤压产生变形，如图 7-56 所示，可以看出中空槽变形明显。

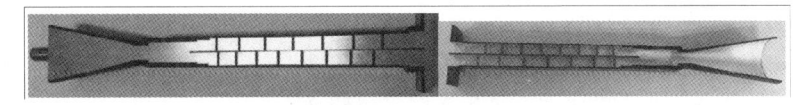

图 7-56 碳纤维波导阵列单元成型过程中受力及变形对比

根据外模与铝合金芯模之间的理论间隙为 0.7mm，通过将复合材铺层的厚度降至 0.5mm，改进后的波导管阵列未发现明显变形，产品如图 7-57 所示。

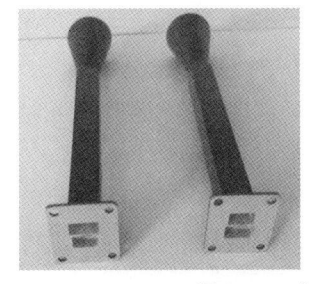

图 7-57 成型后的碳纤维微波器件

3. 性能检测

Ka 波导管电性能测试结果见表 7-7，隔离度大于 80dB，驻波测试数据较为离散，低频驻波数据相比高频驻波要差，主要是成型过程中波导内腔产生变形造成的，这种变形在不同频段对驻波性能的影响不同。

表 7-7　Ka 波导管电性能测试结果

序 号	样 件 编 号	高频驻波比	低频驻波比	隔离度/dB
1	1#	2.0	3.0	85
2	2#	1.8	3.2	90
3	3#	2.0	3.3	87
4	4#	2.7	3.1	87
5	5#	2	2.9	86

对 BJ140 直波导和弯波导进行 11.9GHz～18GHz 全频段扫描测试，结果表明直波导在整个频段驻波比均小于 1.1，而弯波导在低频的时候均满足要求，当频率达到 17GHz 时，驻波比超过 1.1。

通过上述实验，可知：

① 铝芯模镀层转移、碳纤维腔体模压成型、芯模溶解的基本工艺路线基本可行；

② 通过腔体壁厚控制，减小模压过程溢料对芯模挤压产生的变形；

③ 金属化层厚度对表面均匀性、光洁度影响较小，对其与碳纤维的结合强度有影响，可依据强度要求确定厚度；

④ 碳纤维复合材料波导阵列单元隔离度、驻波比等性能可以满足过程需要，实验件与铝合金材料相比减重 57%。

7.3.2.3　天线反射腔体

传统的天线反射腔体多采用铝合金材质，易于加工成型，成本较低。但对于有重量限制的复杂腔体结构，采用碳纤维材料整体成型工艺具备独特的优势。以某船载 0.9m 阵列天线为例，图 7-58 为传统铝合金结构天线，结构包括铝框架、铝底板、铝反射腔等。

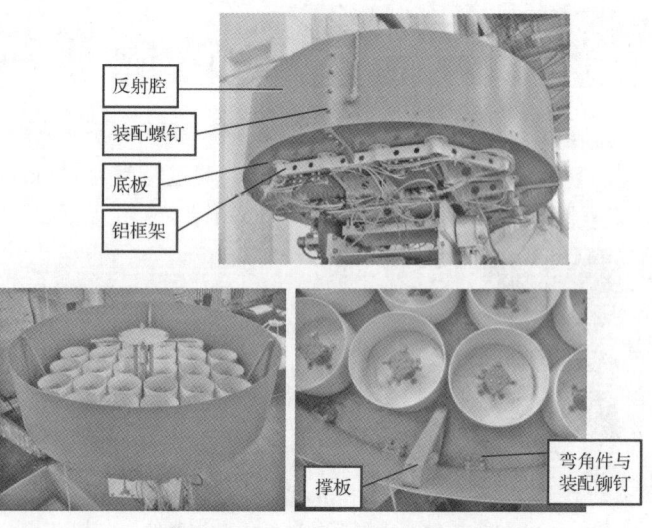

图 7-58　铝合金结构反射腔体

传统的铝合金结构零件多、装配烦琐，铝合金框架加工工序包括零件加工、部件焊接、整体校平与机械加工等；反射腔体需要卷板成型再焊接，其余零件通过铆钉、螺钉与主体结构装配在一起。此外，复杂的结构增大了防腐蚀难度。

采用碳纤维复合材料，将框架接口、底板、反射腔设计为一个整体，如图 7-59 所示。

下面介绍反射腔体的设计和制造过程。

1. 一体化结构设计

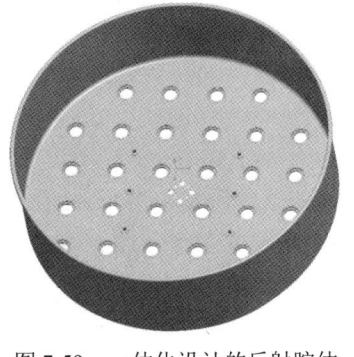

图 7-59 一体化设计的反射腔体

为减少零件装配工序，实现结构整体制作，包括安装孔、安装面等。其他零件如前、后蒙皮及蜂窝夹芯等预先成型，再整体胶黏成型。碳纤维材料本体上的螺纹孔强度很低，需将带螺纹的预埋件（共 5 种类型）与碳纤维材料进行预埋胶黏，如图 7-60 所示。一体化结构设计的结构分布图如图 7-61 所示。

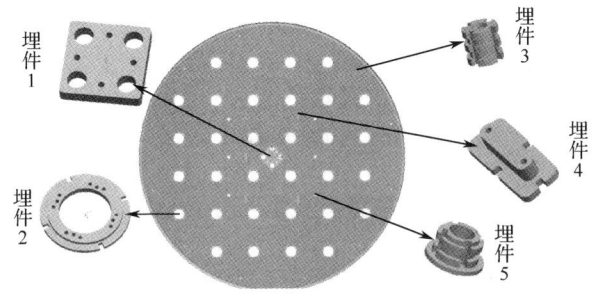

图 7-60 结构所包含的 5 种埋件

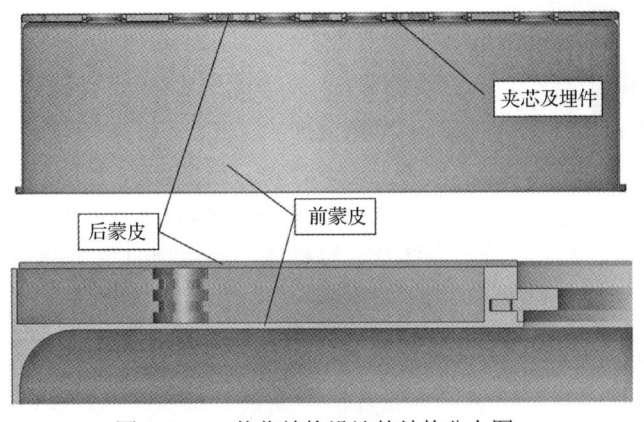

图 7-61 一体化结构设计的结构分布图

2. 一体化制造技术

1）前蒙皮成型

碳纤维复合材料反射效率不如铝合金，因此需要对反射腔体内表面进行金属化处理。蒙皮铺敷按照准各向同性设计原则进行，为保证埋件的胶黏强度和准确性，将埋件 1、2 与前蒙皮分两次中温共固化一体成型，如图 7-62 所示。

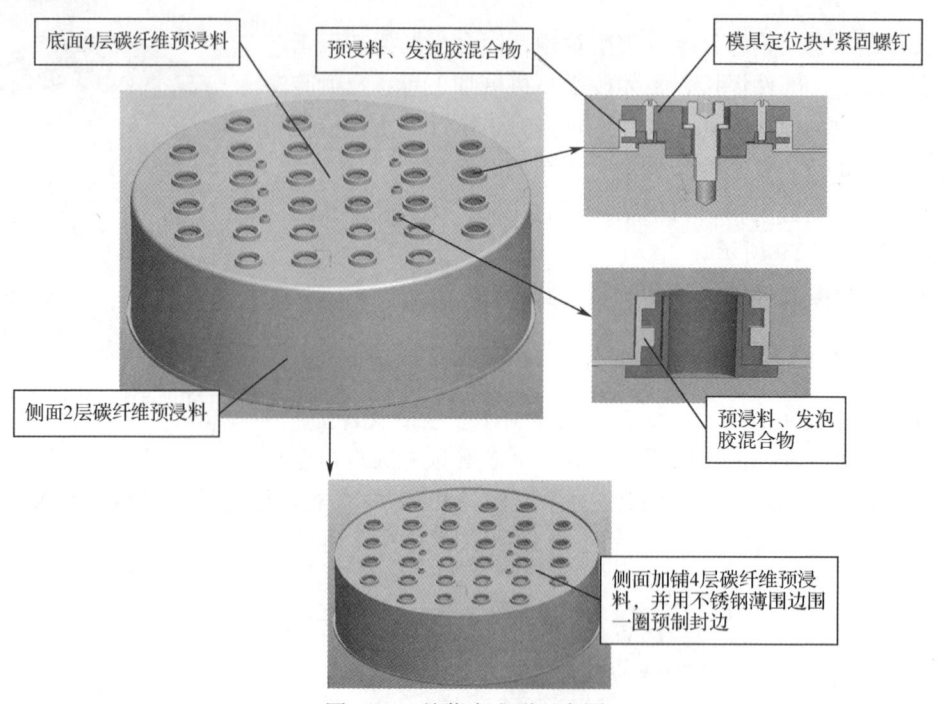

图 7-62 前蒙皮成型示意图

2）后蒙皮成型

预制一张准各向同性铺层的碳纤维预浸料蒙皮，并标识 0°方向，然后水切割得到后蒙皮制品，如图 7-63 所示。

3）整体胶黏

将预制好的前蒙皮、后蒙皮、蜂窝及埋件等通过中温胶膜在模具上整体成型。

按照上述设计和工艺生产了 2 件反射腔体产品，质量分别为 5kg、5.14kg，如图 7-64 所示，比原结构的质量减少近 50%。反射腔体及天线整体产品实物如图 7-65 所示。与旧结构产品相比，新产品质量轻、耐腐蚀性好、装配工序少、外观简洁。

图 7-63 后蒙皮成型示意图

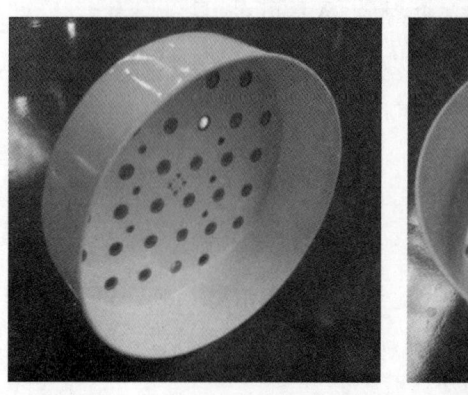

图 7-64 装配腔体实物

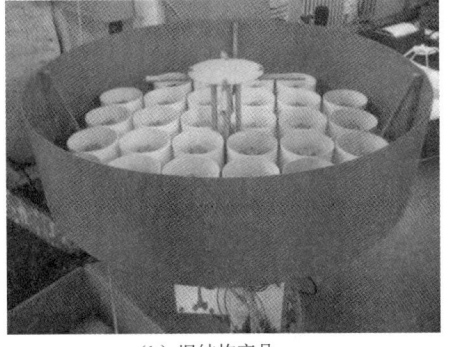

（a）新结构产品　　　　　　　　　　　（b）旧结构产品

图 7-65　装配后天线产品对比

7.3.3　介质撑杆结构与材料设计

在天线结构中，馈源或者副反射面的支撑一般采用撑杆结构，撑杆材料多采用金属或碳纤维复合材料管材。这两种材料的撑杆都会对电磁波传播形成遮挡和电磁散射，产生能量损耗，影响天线的辐射性能。因此，支撑杆的设计应尽量减少遮挡面积，可采取以下措施：

- 减小杆件垂直于电磁波传播方向截面尺寸；
- 借助反射面中心伸出的支撑结构，实现馈源或副反射面自支撑，减少撑杆的总长度；
- 撑杆尽量远离馈源，底部支撑点与反射面外边缘连接，减小球面波的遮挡面积。

在有些情况下，即使采取了以上措施，仍然无法满足天线性能要求，这时就要改变支撑杆材料，采用介质材料弥补金属杆的不足，常用的是基于复合材料的低损耗高强度介质材料。一般的介质支撑结构有撑杆结构和筒支撑结构。

1. 介质撑杆结构

介质撑杆的结构外形与金属撑杆相近，常用的有圆管、矩形管等，如图 7-66、图 7-67 所示。

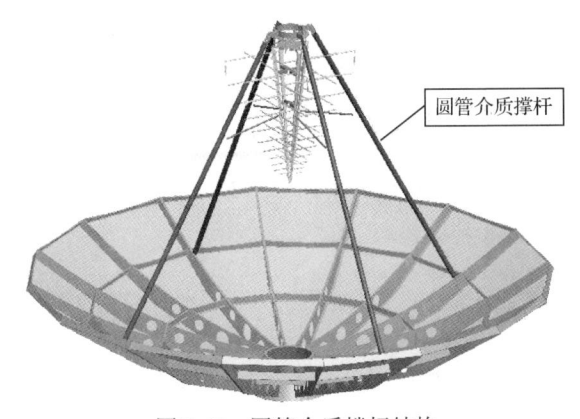

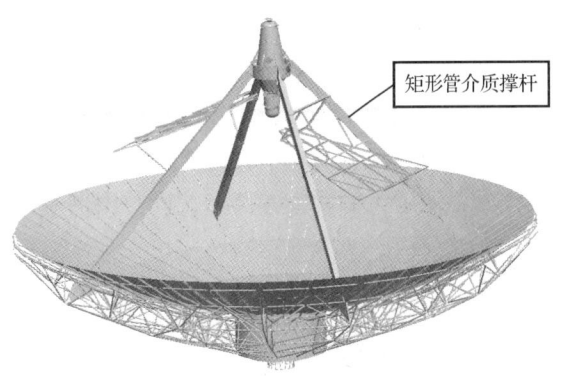

图 7-66　圆管介质撑杆结构　　　　　　图 7-67　矩形管介质撑杆结构

介质撑杆一般选用低损耗的玻璃纤维复合材料，相对于金属和碳纤维，玻璃纤维的弹性模量低，撑杆设计时要考虑由此带来的刚度降低影响，通过仿真分析确定撑杆的截面参数。

2. 介质筒结构

对于可折叠、展开的特殊天线，在天线收藏或展开过程中，馈源或副反射面与天线主反射面之间可能会产生相对运动，上述撑杆结构不再适用。此时会采用馈源自支撑结构，即通过反射面中心轴位置的支撑结构将馈源、副反射面固定。

介质筒支撑结构与夹层天线罩结构相似，介质材料应具有较高的透波系数，保证结构的强度和较低的插入损耗。介质筒的两端有金属法兰分别与反射面中心体及馈源或副反射面连接。

介质筒体夹层厚度对透波和强度影响较大。根据等效传输线理论计算平板透波性能，用有限元法计算筒体力学性能，以透波系数为优化目标，以力学性能指标为约束，进行介质筒体厚度参数优化。以某 L/S 频段天线为例，馈源辐射的电磁波经过筒体的最大入射角约为 70°，遗传算法的优化目标为在工作频率为 1.5～2.5GHz、入射角 0°～70° 范围内，其最小透波率 T_{min} 最高，力学性能约束条件为在极限载荷作用下，支撑筒的最大变形量 $d_{max} \leq 1mm$。设计变量如下：

（1）为保证结构的对称性，内外蒙皮厚度相同，设为 d_1，取值范围为 0.5～1.4mm；

（2）筒体蒙皮壁厚取值范围为 1～2mm，考虑铺层材料单层厚度为 0.2mm，确定变量间隔为 0.2mm；

（3）Nomex 纸蜂窝夹芯厚度为 d_2，取值范围为 10～20mm，变量间隔为 0.5mm。

介质筒体优化数学模型可用式（7-2）表示

$$\text{s.t.} \begin{cases} \max\{T_{min}\} \\ d_{max} \leq 1mm \\ d_1 \in [0.5, 1.4]mm, d_2 \in [10, 20]mm \end{cases} \quad (7\text{-}2)$$

经过优化设计，适应度值最优时的 T_{min} 为 81.5%，平均透波率为 89.2%。此时，在 20kg 最大载荷作用下，介质筒最大变形量为 0.8mm。对应于此适应度值，筒体蒙皮厚度 d_1 为 1mm，Nomex 纸蜂窝夹芯厚度 d_2 为 18mm。

对采用以上设计参数的介质筒进行性能仿真分析，建立相同厚度参数的介质平板模型计算电磁性能，在 0°～70° 入射角条件下，整个工作频段透波系数在-0.9dB 以内，最小透波率约为 81.3%，与优化结果一致。

进一步分析介质筒力学性能，建立有限元模型，采用六面体实体单元，将筒体下端基座点固定，其他各部分结构的连接施加绑定约束，载荷包括结构重力载荷、转动加速度 20°/s^2 的惯性载荷和馈源质量载荷等。计算出介质筒最大变形为 0.91mm，位于筒体上端连接法兰处，最大应力为 130MPa，位于筒体下端连接法兰处。

介质筒结构损耗小、强度高、结构紧凑、占用空间小，且具有防沙尘和防水功能，环境适应性好，适用于馈源支撑部分空间受限的可展开反射面天线。

7.4 复合材料在天线罩中的应用

天线罩的作用是保护天线系统免受外界恶劣环境，如风沙、雨雪、冰雹、盐雾、尘土、昆虫及高低温天气的影响，同时给天线系统提供了透明电磁窗口。天线罩通常由天然或者人工合成的复合材料制作成，如图 7-68 所示。

图 7-68 天线罩

不同的天线系统指标与使用环境存在差异，导致对天线罩的要求不同，因此产生了各种不同用途的天线罩。探测天线关注探测距离，对天线罩的插损性能要求高；电子对抗天线由于发射功率较大，要求天线罩耐受大功率性能高；战场环境要求天线罩具有防弹和隐身等功能。

天线罩采用复合材料制造，其电性能、结构性能受材料、工艺影响较大，设计时需要统筹考虑、综合分析各种性能要求和影响因素。常用的天线罩按照结构形式可分为层合板结构、A 夹层结构、C 夹层结构，如图 7-69 所示。

层合板结构为实心结构，多用于低频天线上的半波壁（含多阶半波壁）和薄壁天线罩。半波壁天线罩的壁厚为介质内波长一半的整数倍，利用电磁波在罩的正反表面反射产生等幅反相波来实现高透波，适用于入射角范围大、工作带宽窄的天线，其传输性能好，刚性强，但用于低频天线时，天线罩重量较大。薄壁天线罩是指壁厚小于等于天线工作波长 1/20 的层合板结构天线罩，该类天线罩具有壁厚薄、重量轻、对电性能的影响小等特点，还具有频带宽、透波率高、对极化和入射角变化响应不敏感等优点，图 7-70 为采用该结构的机载刀形天线罩。

图 7-69 常用的天线罩结构形式

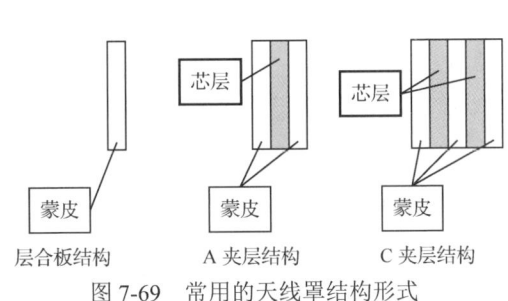

图 7-70 机载刀形天线罩

与层合板结构不同，夹层结构采用了不同介电常数的介质层叠加而成的组合结构，常用结构分为 A 夹层结构和 C 夹层结构。A 夹层结构由两层介质层和中间夹芯层构成，内外介质层材料的介电常数通常比芯层材料高；内外介质层的层间距（即夹芯层厚度）近似为 1/4 波长，类似于 1/4 波长阻抗变换器。介质层蒙皮可抵抗冲击，芯层起到抗扭转作用，因此 A 夹层结构具有优良的力学性能，是天线罩的首选结构（如图 7-71 所示）。

C 夹层结构由内、中、外三个介质层和两个中间芯层组成，可以看作是由两个 A 夹层背靠背组合而成（如图 7-72 所示）。其功能原理和 A 夹层类似，可进一步抵消单个 A 夹层结构的残余反射，拓展入射角和频带宽度。电磁波相位随入射角度不同会出现明显偏移，因此多用于对相位一致性要求不严格、频带比较宽的天线罩。

图 7-71　A 夹层天线罩

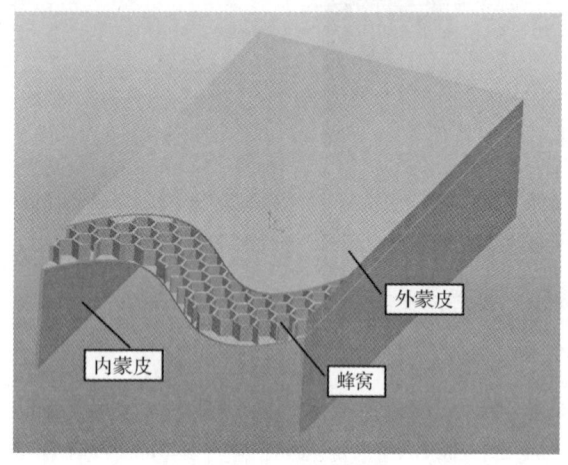

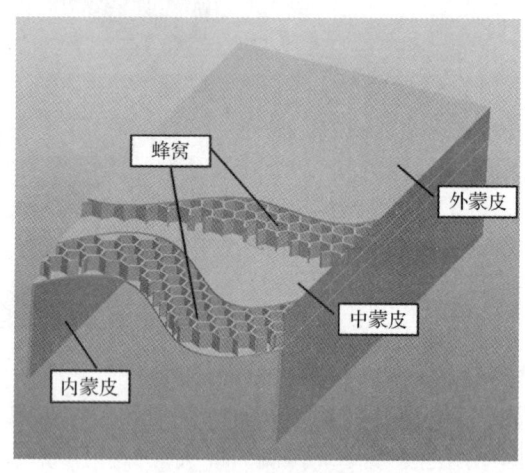

图 7-72　C 夹层天线罩

随着技术和需求的不断发展，具有特殊用途和性能的天线罩得到更多的应用。后续通过工程案例分别介绍低插损天线罩、耐大功率天线罩、防弹天线罩、隐身天线罩等几类天线罩的结构与材料设计。

7.4.1　低插损天线罩结构与材料设计

7.4.1.1　概述

电磁波通过天线罩时产生的吸收、反射、折射、散射等会引起传输损耗、波束偏移和相位变化，造成天线的辐射方向图改变，如主瓣宽度变宽、副瓣电平增加、零点深度抬高等。

透波率是衡量天线罩的重要指标，直接影响通信或探测距离。透波率是指在给定的工作状态下，天线辐射场远区空间一点在有罩和无罩状态下所接收的功率比值。美国航空无线电技术委员会根据透波率性能将天线罩分为 5 级，如表 7-8 所示。本书所指的低插损天线罩是指 A 级和 B 级天线罩，又称为高透波天线罩。

表 7-8　天线罩等级划分

级　别	平均透波率/%	最小透波率/%
A	90	85
B	87	82
C	84	78
D	80	75
E	70	55

7.4.1.2　影响因素

天线罩的透波率主要取决于天线罩的结构形式、材料介电性能、涂层性能等因素。

天线罩设计时需要兼顾电性能和力学性能。电性能的研究一般可以简化为对平面波入射多层介质平板的传输性能研究，可以用四端口网络理论进行描述。根据该理论，多层介质平板的电参数结构可视为 N 个四端口网络的级联，如图 7-73 所示，总转移矩阵为各分网络转移矩阵的乘积。

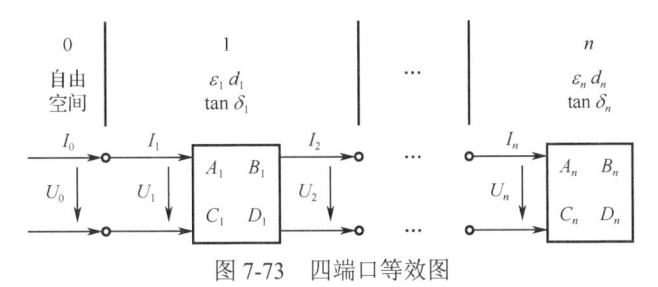

图 7-73 四端口等效图

多层介质平板的转移矩阵为

$$\begin{bmatrix} A & B \\ C & D \end{bmatrix} = \begin{bmatrix} A_1 & B_1 \\ C_1 & D_1 \end{bmatrix} \begin{bmatrix} A_2 & B_2 \\ C_2 & D_2 \end{bmatrix} \cdots \begin{bmatrix} A_n & B_n \\ C_n & D_n \end{bmatrix} \quad (7\text{-}3)$$

式中，n 为多层介质板的总层数，$n=1, 2, \cdots, N$；图 7-73 中的 d_n 为第 n 层介质板的厚度；$\tan\delta_n$ 为第 n 层介质板的损耗角正切，当 $n=0$ 时，即为自由空间。在天线罩设计中，多层介质板两边都是自由空间，据此可得出多层介质板的透波率。

采用低介电损耗的材料可以有效地提高天线罩的透波率，降低反射率和吸收率。材料介电损耗可由复介电常数 ε_r 衡量，表示为

$$\varepsilon_r = \varepsilon_r' - j\varepsilon_r'' \quad (7\text{-}4)$$

其中，ε_r'、ε_r'' 分别对应测试结果中复介电常数的实部与虚部。工程中常用的材料介电常数 ε 是指复介电常数的实部，损耗角正切 $\tan\delta$ 为复介电常数的虚部与实部的比值，表示为

$$\varepsilon = \varepsilon_r' \quad (7\text{-}5)$$

$$\tan\delta = \varepsilon_r''/\varepsilon_r' \quad (7\text{-}6)$$

介电常数和损耗角正切是天线罩设计的基本参量。介电常数反映了介质储存电能的能力，影响因素包括结构因素及环境因素，结构因素包括电子极化、原子极化、取向极化和界面极化等，环境因素有温度、湿度、频率等；损耗角正切表示为获得给定的存储电荷所要消耗的能量大小，表征了在外电场作用下，介质将部分电能转化为热能的物理过程，它与材料本身和外界环境（频率、温度、湿度等）等因素有关。材料的介电常数和损耗角正切值通常采用波导法测试获得。

图 7-74 显示了波导法测试的原理，根据传输线理论，均匀传输线的特性阻抗 Z_c 及传播常数 γ 由填充材料的介电常数 ε 和磁导率 μ 确定，一段介质全填充的波导传输线在空波导传输线测试系统中可等效为一个对称、互易的二端口网络，该网络的散射参数 S 可表示为

$$S_{11} = \frac{\Gamma(1-T^2)}{1-\Gamma^2 T^2} \quad (7\text{-}7)$$

$$S_{21} = \frac{T(1-\Gamma^2)}{1-\Gamma^2 T^2} \quad (7\text{-}8)$$

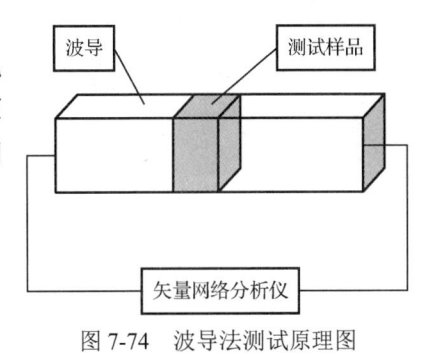

图 7-74 波导法测试原理图

式中，Γ 为电磁波从空气入射样品的反射系数，T 为电磁波穿过样品介质透射系数，S_{11} 为两个端口的反射系数，S_{21} 为两端口之间的传输系数。

$$\Gamma = \frac{Z_c - 1}{Z_c} \tag{7-9}$$

$$T = e^{-\gamma d} \tag{7-10}$$

$$\gamma = \gamma_0 \sqrt{\mu \varepsilon} \tag{7-11}$$

$$Z_c = \sqrt{\mu/\varepsilon} \tag{7-12}$$

式中，γ_0 表示真空环境下的传播常数；γ 表示介质下的传播常数；d 为样品厚度。

根据式（7-5）～式（7-10），可计算出 Γ、T：

$$\Gamma = K \pm \sqrt{K^2 - 1} \tag{7-13}$$

$$K = \frac{S_{11}^2 - S_{21}^2 + 1}{2S_{11}} \tag{7-14}$$

$$T = \frac{S_{11} + S_{21} - \Gamma}{1 - (S_{11} + S_{21})\Gamma} \tag{7-15}$$

根据式（7-14）、式（7-15）可以计算出介电常数 ε

$$\varepsilon = \frac{\gamma}{\gamma_0} \left(\frac{1 - \Gamma}{1 + \Gamma} \right) \tag{7-16}$$

$$\gamma = \frac{\left[\ln\left(\frac{1}{|T|}\right) \right]}{d} + j\left[\frac{2\pi n - \phi}{d} \right] \tag{7-17}$$

从中可以看出，介电常数 ε 由特性阻抗 Z_c 以及传播常数 γ 决定，通过测试获得 S 参数，就可确定填充材料的介电常数 ε。

测试过程见图 7-75，在波导腔内插入待测试样品块，从矢量网络分析仪获得端口的 S_{11}、S_{21} 等参数，通过上述公式获得材料的介电常数和损耗角正切。

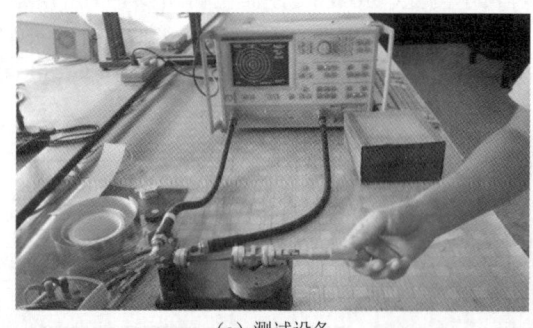

(a) 测试设备   (b) 计算结果

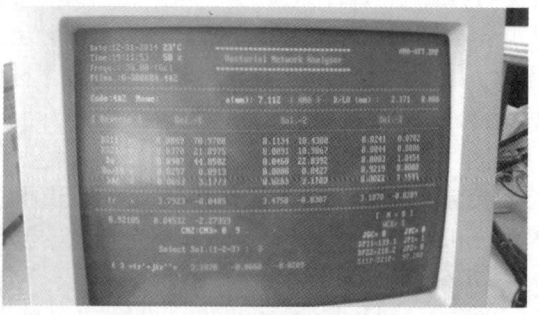

图 7-75 波导法测试介电常数

常用的天线罩透波蒙皮材料为树脂基纤维增强复合材料，主要由增强纤维和树脂组成，其中增强纤维包括石英纤维、S-玻纤、E-玻纤和芳纶纤维，其性能见表 7-9。

表 7-9 几种常见透波纤维的性能比较

材　料	密度/(g·cm^{-3})	拉伸强度/MPa	弹性模量/GPa	介电常数（10GHz 下）	损耗角正切（10GHz 下测试）
石英纤维	2.2	1770～3600	78	3.78	0.0002
E-玻纤	2.54	3100～3800	72.5～75.5	6.13	0.0039
S-玻纤	2.48	4020～4650	86	5.21	0.0068
芳纶纤维	1.45	2900～3400	126	3.85	0.0010

常用树脂体系包括环氧树脂和氰酸酯树脂，性能见表 7-10。环氧树脂具有黏性强、耐化学腐蚀性、介电性能好、固化收缩小以及成型工艺性好等优点；氰酸酯树脂的三嗪环交联结构高度对称，分子偶极矩达到平衡，极性很弱，因此具有优异的介电性能。

表 7-10 两种树脂的性能对比

性　能	环氧树脂	氰酸酯
介电常数（60Hz 下测试）	4.0～4.8	2.7～3.2
介质损耗（60Hz 下测试）	0.005～0.038	0.001～0.005
固化温度/℃	<150	>170
使用温度/℃	<130	>200

天线罩外表面的保护涂层材料对天线罩的电性能也有很大影响，不当的涂料和涂层厚度会导致透波率下降 10%～20%。通常使用树脂涂层或弹性聚氨酯漆防护体系，涂层厚度、天线罩外部腻子的材料和厚度等因素也要在设计时加以考虑。

7.4.1.3 低插损天线罩设计案例

为获得较高的透波率，低插损天线罩需要进行选材和结构设计，设计流程如图 7-76 所示。

首先，根据天线设备尺寸及外形要求，初步设计天线罩外形结构，据此进行电气设计，主要包括原材料选择、铺层结构、外形设计修正等；随后进行天线罩力学性能仿真校核，满足设计要求后，根据产品形状、使用环境、工艺方法等设计模具；最终，确定工艺参数，完成工艺方案设计。

某工程车载天线罩工作频段为 Ku 频段，透波率要求优于 85%，其外形为正方形壳体，边长为 990mm，高度为 245mm，如图 7-77 所示。

天线罩采用 A 夹层结构设计，内外蒙皮为高强玻纤增强环氧树脂复合材料，芯层为 Nomex 纸蜂窝，蜂窝和蒙皮采用胶膜胶黏。根据电性能指标要求，计算确定罩体结构参数为：内外蒙皮厚度 0.3mm，蜂窝厚度 5.8mm，胶膜层厚度 0.2mm，夹层结构总体厚度 6.6mm。

图 7-78 为不同入射角度时，天线罩插损随频率变化的仿真计算结果，在 12～18GHz 频段内，插损优于-0.2dB，即透波率优于 95%。

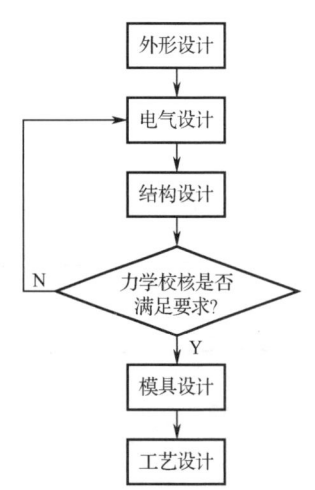

图 7-76 天线罩设计流程

天线罩制作采用热压罐成型技术，工艺流程如图7-79所示。

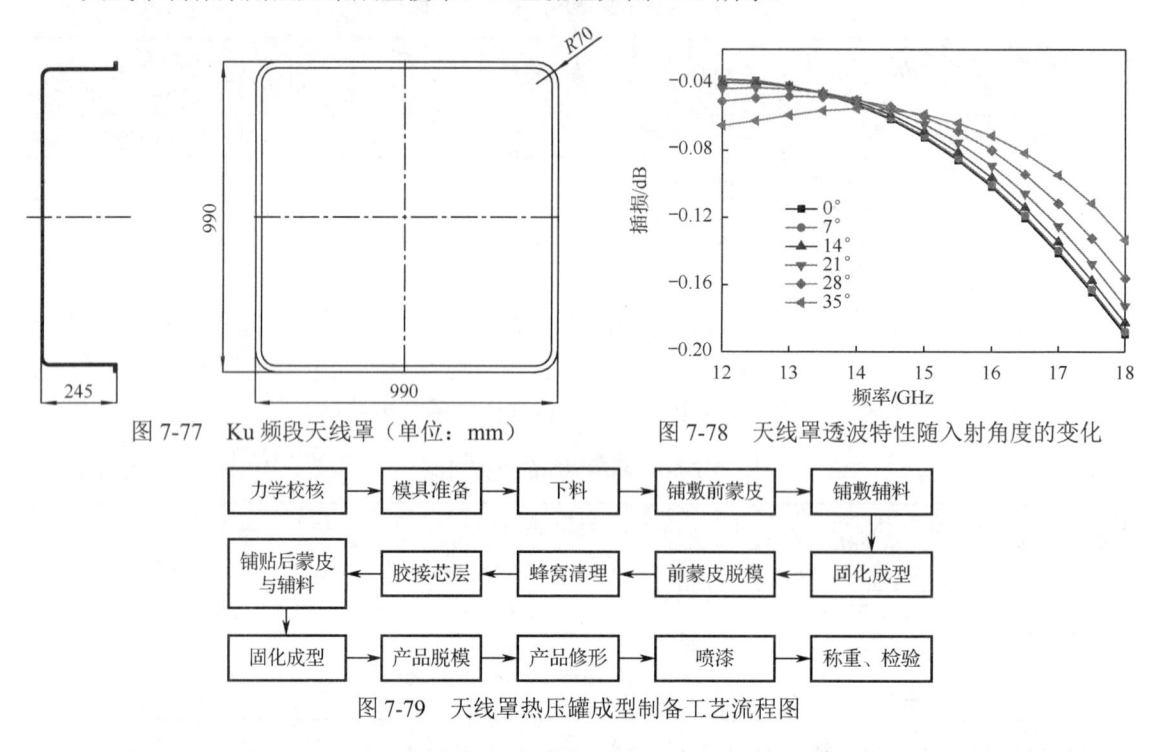

图7-77　Ku频段天线罩（单位：mm）

图7-78　天线罩透波特性随入射角度的变化

图7-79　天线罩热压罐成型制备工艺流程图

制作过程中，通过严格控制蒙皮和蜂窝铺贴角度和排布方式，保证罩体结构均匀性和尺寸准确性。蒙皮铺层依据"低线胀系数"和"各向同性"的设计原则，采用角度间隔"旋转式"铺层方案；芯材与蒙皮采用同一模具预固化成型，保证与蒙皮良好贴合，圆角和平面过渡自然。将蜂窝和后蒙皮的胶黏工序合并，采用两步法成型，提高了生产效率。在芯材上铺设预浸料，固化过程中芯材能够承受预浸料固化的压力，保证了天线罩表面的平整度。

7.4.2　耐大功率天线罩结构与材料设计

7.4.2.1　概述

随着雷达与电子对抗技术的发展，天线发射功率不断增大，达到几百瓦甚至上千瓦，另外，由于设备尺寸限制，尤其是机载设备的外形要求，导致天线罩和天线之间距离较小，电磁波到达天线罩时，空间衰减很少，内部损耗引起罩体产生大量的热量，复合材料组成罩体本身热导率低，热量不断积累造成材料温度升高，出现鼓包、脱胶甚至基材烧穿等现象（如图7-80所示），造成天线罩破坏。

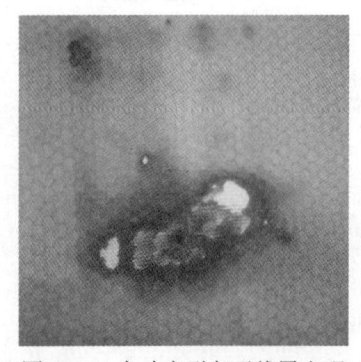

图7-80　大功率引起天线罩出现的蒙皮烧毁

7.4.2.2　影响因素

天线与天线罩距离较小时，不满足远场条件，入射到天线罩表面的电磁波不是简单的平面波，需根据近场理论计算出天线的功率密度。图 7-81 给出了某矩形喇叭天线的轴向功率密度曲线，可以看出，功率密度随着距离的增加呈现振荡变化。与距离为 $2D^2/\lambda$ 处的功率密度相比，近区内某些位置上功率密度要高出几十倍。若天线罩位于近场功率密度振荡高峰区，必须具有足够的耐功率能力。

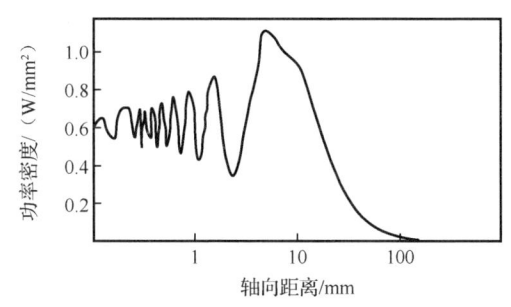

图 7-81 矩形喇叭天线的轴向功率密度曲线

天线罩材料耐功率能力与介质总衰减能量 L 密切相关。根据能量守恒定律，电磁波穿过介质材料，其能量可以表示为

$$|T|^2 + |R|^2 + L = 1 \tag{7-18}$$

式中，$|T|^2$ 为功率透波系数，$|R|^2$ 为功率反射系数。

介质总衰减能量 L 与材料的损耗正切、厚度、介电常数和入射角密切相关，可表示为

$$L = 1 - e^{\frac{2\pi h}{\lambda} \frac{\varepsilon_r \tan\delta}{(\varepsilon_r - \sin^2\theta)^{1/2}}} \tag{7-19}$$

总衰减能量是一种热耗，其发热机理是：当电磁波在介质中传播时，波振荡使分子的极化趋同，分子同步振荡产生热量。材料吸收的能量转化为热能，一部分热能使材料温度升高，另一部分热能扩散。初始时，材料温度升高速度快，到达某一温度范围时，热辐射和热对流的散热量加大，温升速度减慢，经过一段时间后，最终达到热平衡。因此，天线罩的耐功率能力也表现为热平衡时材料的耐温能力。

天线罩常用的复合材料由增强纤维和树脂基体构成，树脂基体起胶黏剂作用，是决定复合材料耐热性的关键因素。耐大功率天线罩设计时应考虑如下因素：

（1）天线罩一般选用 A 夹层结构或 C 夹层结构。蒙皮采用纤维增强树脂基复合材料，如玻璃纤维环氧树脂复合材料，厚度通常为 0.2~0.6mm。大功率辐照时，天线罩内表面能流密度大，温度高，外表面温度相对低一些；蒙皮损耗正切值大，温度高，夹层温度相对较低，因此内蒙皮温度相对最高。设计时可适当牺牲天线罩的透波率，做成非对称夹层结构，减小天线罩内蒙皮厚度，降低温度。

（2）蒙皮应选择低损耗材料，损耗正切越小越好，所用树脂和涂层应选用合适的耐高温树脂体系。

（3）泡沫材质可以分为环氧、聚氨酯和聚甲基丙烯酰亚胺等类别，其耐热性较差，不宜作为夹层材料，可选用蜂窝作为夹层结构材料。

（4）夹层结构与内外蒙皮通过胶膜进行胶黏，应选用合适的耐高温胶膜。

（5）天线近场能流密度过大，在条件容许时，适当增加天线罩与天线的距离或采用通风散热措施降低天线罩内的环境温度。

（6）严格控制制造工艺，保证蒙皮、胶膜、漆层的厚度均匀。

7.4.2.3 耐大功率天线罩设计案例

某天线罩最大外形尺寸为 355mm×136.6mm×89.9mm，其结构如图 7-82 所示，其工作频段为 2~18GHz，透波率要求优于 85%，最大耐受功率为 5W/cm²。

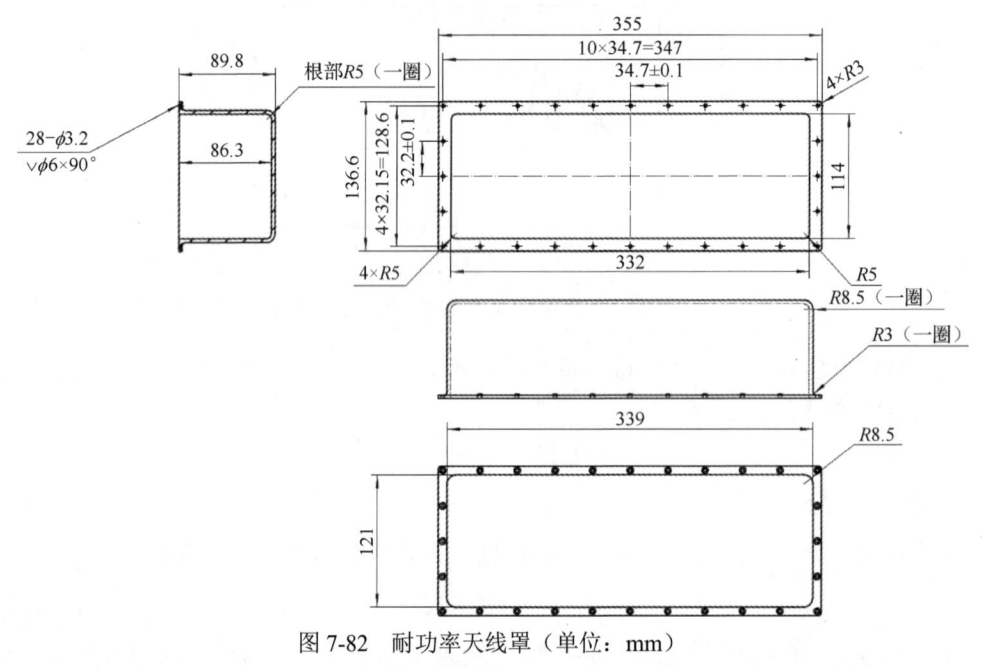

图 7-82 耐功率天线罩（单位：mm）

首先进行透波率仿真计算，优选得到天线罩最佳罩壁厚度，其透波率优于-0.4dB，仿真结果如图 7-83 所示。

假设天线罩不存在反射，总衰减 L 全部由天线罩内部损耗产生。根据耐受功率要求，在无风情况下，初始温度设定为 70℃，频段为 2~18GHz，在此条件下进行仿真计算，天线罩最高温度不超过 122.9℃，如图 7-84 所示。

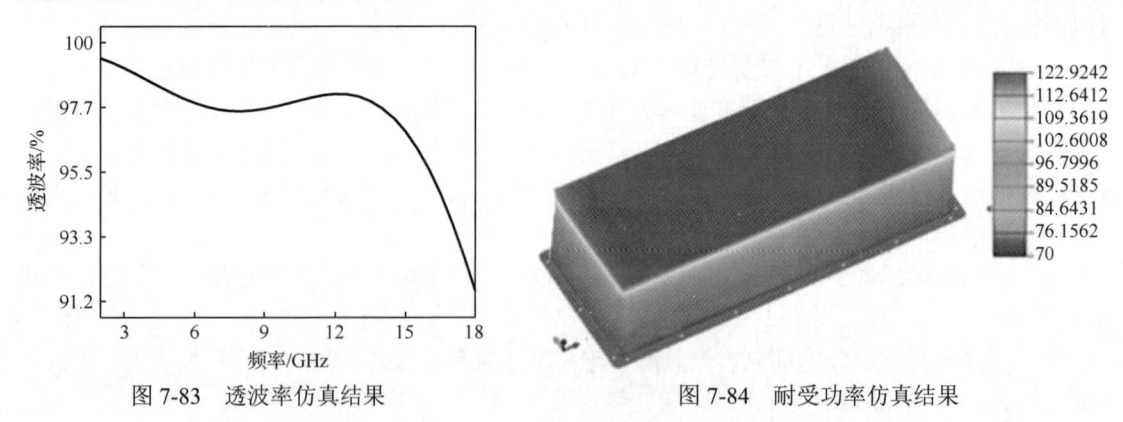

图 7-83 透波率仿真结果

图 7-84 耐受功率仿真结果

在有风的情况下，会加速天线罩表面的热传导和热对流，罩体温度相对无风状态会降低。根据以上计算获得的天线罩耐受温度要求选用各部分材料，见表 7-11。

表 7-11 天线罩各部分材料

组　成	原材料
蒙皮材料	石英纤维氰酸酯复合材料
胶膜	J-284PD 树脂
蜂窝	Nomex 纸蜂窝
涂层	丙烯酸聚氨酯面漆

蒙皮所用石英纤维氰酸酯复合材料实测性能见表 7-12，T_g 为 232℃。

表 7-12 石英纤维氰酸酯复合材料实测性能

性　能	结　果	备　注
密度	1.821g/cm³	
耐热性能	（DMA）T_g=232℃	固化条件：130℃×3h+180℃×2h

胶膜所用 J-284PD 树脂性能如表 7-13 所示，T_g 为 236℃。

表 7-13 J-284PD 树脂性能

项　目	固化条件	
	135℃×4h	135℃×3h+180℃×1h
拉伸强度/MPa	63	61
拉伸模量/GPa	3.3	3.4
断裂伸长率/%	2.1	2.4
冲击强度/（kJ/m²）	15.0	14.3
T_g/（DMA 法，℃）	153（5℃/min，10Hz）	236
介电常数（10GHz 条件下测试）	3.04	2.89
介电损耗（10GHz 条件下测试）	0.011	0.0079

选用的蜂窝材料为 Nomex 纸蜂窝，该材料在 200℃温度条件下性能无明显变化。

上述分析表明，天线罩所用的材料耐温性能均远超过无风条件下仿真计算的罩体温升结果（122.9℃），可满足大功率使用要求，最终所研制的天线罩通过了功率试验测试验证。

7.4.3　防弹天线罩结构与材料设计

7.4.3.1　概述

现代战争对具备防弹功能的天线罩的需求越来越迫切。据报道，海湾战争中伊拉克的每部雷达平均承受 4~8 枚的反辐射导弹攻击，对雷达构成了严重威胁。反辐射导弹为了扩大杀伤范围，多采用近炸引信，通过预制破片和爆炸冲击波摧毁雷达。此外，各类炮弹爆炸引起的飞溅物、碎片等会对雷达造成损坏。

新型轻质高性能树脂基复合材料在防弹装备和雷达天线罩领域均已得到了广泛应用，防弹复合材料领域中大量使用的增强纤维，如芳纶纤维和超高分子量聚乙烯纤维（UHMWPE），均具有优良的介电性能，满足天线罩透波性能要求。借鉴防弹设计理念，选择透波性能良好的纤维增强树脂原材料，通过罩体结构优化设计，有望实现雷达天线罩的防弹、透波性能一体化。

国外研究文献表明，防弹天线罩一般采用多种材料的层合板结构。Avraham Frenkel 公开了一种防弹天线罩专利，其防护层由阵列柱状陶瓷颗粒及颗粒间隙中填充的介电材料构成，防护层两侧辅以 Kevlar 纤维或 UHMWPE 纤维制成的介电层，为天线罩提供了较高的透波率和防弹性能。Pierre-Henry 发明了一种用于卫星天线的防弹天线罩，其外形为筒状，由三层材料构成，中间层为 UHMWPE 纤维织物，两侧面为 8mm 厚的高密度聚氨酯泡沫（介电常数为 1.7，密度为 400kg/m^3），该天线罩能有效抵御 AK47 步枪发射的 7.42mm 口径子弹或者质量为 80g、速度为 600m/s 的弹片，在 8GHz 频段具有很好的透波率。Mark Hawthorne 发明了一种三频段低损耗防弹天线罩，表层为坚硬的高分子量聚碳酸酯基板材，中间层由 UHMWPE 纤维制成，内层为低密度泡沫，天线罩在 X、Ku、Ka 波段的衰减不超过 1dB（透波率为 79.4%），能有效抵御手枪子弹的袭击。在透波材料研究方面，20 世纪 80 年代，Lindsey 等人就对 UHMWPE 在防弹天线罩上的应用进行了研究，结果显示，UHMWPE 织物增强复合材料板在 X 波段的透波率为 92%～98%，防弹性能高于芳纶复合材料。国外的一些专利也提出了以陶瓷和 UHMWPE 为防弹材料的天线罩结构，但具体的应用情况还未见报道。

国内也有许多相关文献，朱江等人将纤维（芳纶、连续玄武岩纤维、UHMWPE）制成有特殊经纬结构的增强网络，通过注塑成型工艺得到防弹性能优异的有机玻璃制品，但未对制品进行透波性能测试。海军工程大学陈昕等人将厚度为 31mm 的 UHMWPE 层合板作为夹芯结构，实现 S 波段的透波率大于 97.8%，能够防御某型反辐射导弹在 15m 处爆炸产生的破片冲击。中国电子科技集团第五十四所董长胜等人研制出 Ku/Ka 双频段防弹天线罩，防弹等级满足《军用防弹衣安全技术标准》一级标准，Ku 频段插损优于 1.5dB，Ka 频段插损优于 2dB。

7.4.3.2 影响因素

天线罩的防弹性能与透波性能主要取决于材料性能和结构壁厚，壁厚越厚，防弹性能越好，但透波率会降低。防弹性能与透波性能的相互制约是设计要解决的主要矛盾。

透波性能与材料的介电性能、结构外形、均匀性以及工作频率相关。材料的介电性能主要包括介电常数和损耗角正切。介电常数越大，电磁波在空气与天线罩壁分界面上的反射就越大，会增加镜像波瓣电平并降低传输效率。损耗角正切越大，电磁波能量在透过天线罩过程中转化的热量就越多，损耗掉的能量就越大，透波率就越低。因此，要求天线罩材料的损耗角正切和介电常数尽可能低，以达到最大传输和最小反射的目的。低介电常数的材料还能带来宽频带响应，放宽对壁厚公差的要求，从而降低制造成本。

高性能纤维增强树脂基复合材料具有硬度低、韧性好的优点，属于吸收能量型的防弹材料。子弹在侵彻的过程中，不断施加冲击波并以脉冲的形式通过纤维、树脂和界面在复合材料中传播，子弹的动能转换为罩体的势能。纤维作为各向异性材料，冲击波主要沿纤维轴向传播；树脂固化后可以看作均质材料，冲击波向四周扩散式传播，纤维和树脂间的冲击波传播主要通过界面来实现。按介质质点的运动方向可以将冲击波分为纵波和横波。纵波是指介质质点的运动方向平行于波的传播方向，当纵波沿复合材料厚度方向传播时，会在纤维和树脂之间的界面产生反射波，将压应力转变成层间拉应力，如果层间拉应力大于纤维和树脂之间的黏结强度，靶板将发生分层。横波是指介质质点的运动方向垂直于波的传播方向，当横波沿复合材料厚度方向传播时，沿纤维轴向产生拉应力，纤维因受拉伸而变形，如果变形超过极限应变，纤维将发生断裂。

子弹侵彻靶板后，靶板迎弹面的主要破坏方式为纤维剪切破坏和冲塞，背弹面为纤维拉伸变形断裂并形成背凸，沿子弹侵彻弹道存在子弹与复合材料摩擦破坏和基体碎裂。破坏方式可分为三类：增强体结构破坏、树脂基体碎裂、纤维和树脂之间界面破坏。因此，材料防弹性能与纤维增强体的强度、模量、断裂延伸率及层间结合力密切相关。

防弹性能测试主要采用 V50 法，V50 是指模拟子弹在规定弹速范围内，对受试样品形成穿透概率为 50%的极限速度。凹陷深度是衡量防弹性能的重要指标，是试样在弹头有效命中且非穿透条件下，受试样品背弹面背衬材料所产生的最大凹陷深度，如图 7-85 所示。

防弹性能测试原理如图 7-86 所示，通过弹速测试仪测定子弹或破片的速度，通过测量背衬材料最大变形深度确定凹陷深度。

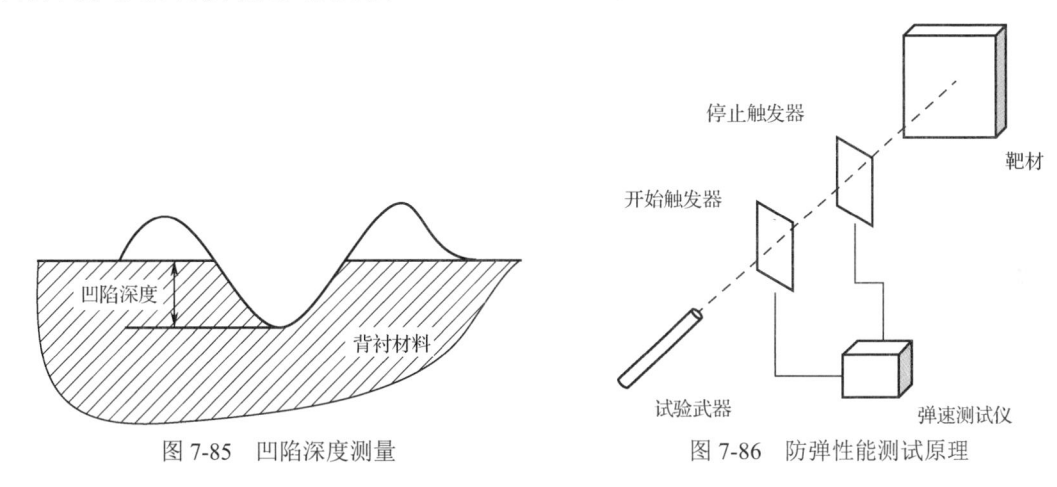

图 7-85 凹陷深度测量

图 7-86 防弹性能测试原理

7.4.3.3 防弹天线罩设计案例

下面以某 Ku/Ka 双频段防弹天线罩为例介绍设计研制过程。

在材料选用方面，对超高分子量聚乙烯/聚氨酯（UHMWPE）、芳纶/环氧（AF-E）、高强玻纤/环氧（HSGF-E）、石英/氰酸酯（QF-C）、石英/环氧（QF-E）五种复合材料体系进行测试。介电常数和损耗角正切测试试样采用同一个试样，为长方形小平板，采用热压罐工艺成型，其中 AF-E、HSGF-E、QF-C、QF-E 成型温度为 130℃，保温 3h，UHMWPE 成型温度为 140℃，保温 3h。固化成型后，采用水切割完成试样的制备，Ku、Ka 两个频段试样尺寸分别为 15.8mm×7.9mm×2mm、7.1mm×3.6mm×2mm。

图 7-87 显示了五种材料试样的介电常数测试结果，其中 UHMWPE 的介电常数最小，在 26.5GHz 频点处为 2.09，其余四种材料的介电常数随着频率的升高呈下降趋势。

图 7-88 显示了五种材料的损耗角正切的测试结果，UHMWPE 损耗角正切在整个频段上最小。与介电常数类似，多数材料损耗角正切随着频率的升高有下降趋势，表现程度略有不同。损耗角正切越低，信号衰减越小，因此 UHMWPE 材料更适合用于制作天线罩。

采用仿真软件分析板材透波率在 12～15GHz 频率范围内随厚度的变化，如图 7-89 所示，对于 12GHz 频率，板材厚度为 4.2mm 时插损最大，为-0.69dB；厚度为 8.3mm 时插损最小，为-0.06dB。插损随板材的厚度增加呈近余弦的关系。其他频率下，变化趋势与 12GHz 类似。但随着频率的增高，信号衰减的周期逐渐变小（由 12GHz 的 8.3mm 减少至 15GHz 的 6.6mm）。

因此，在 12～15GHz 频率范围内，板材厚度在 6.6～8.3mm 之间时透波率较高。

图 7-87 五种材料的介电常数

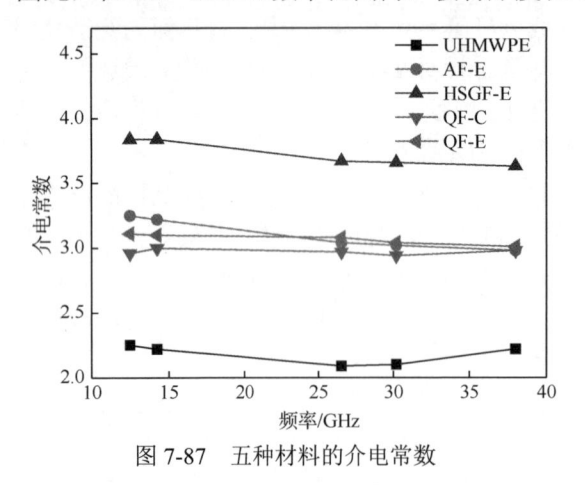

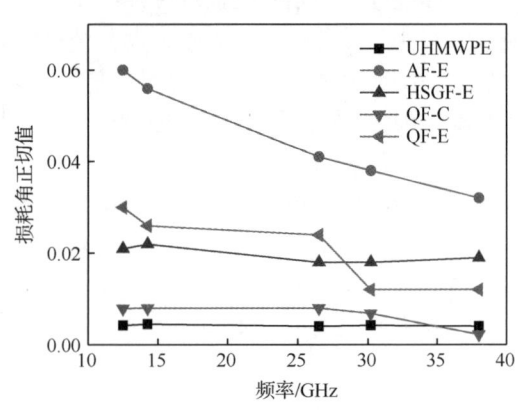

图 7-88 五种材料的损耗角正切值

按照无损耗材料半波长壁厚设计，介质板材透波率最优时，板材厚度 d 须满足：

$$d = \frac{n\lambda}{2\sqrt{\varepsilon}} \tag{7-20}$$

式中，λ 为电磁波在真空中的波长，ε 为介质的介电常数，n 为 1，2，3，…。

将 λ 用频率 f 和光速 c 表示，式（7-20）可写成

$$d = \frac{nc}{2f\sqrt{\varepsilon}} \tag{7-21}$$

介质板材透波率最优时，板材厚度与频率和介电常数成反比，理论计算结果与仿真结果比较接近，如图 7-90 所示。

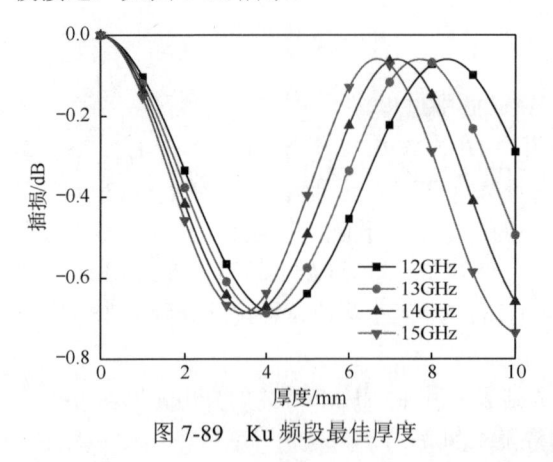

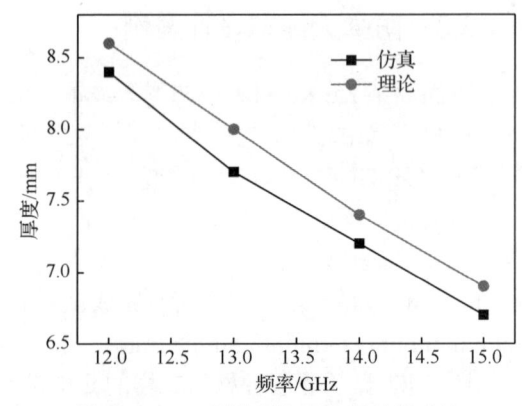

图 7-89 Ku 频段最佳厚度

图 7-90 Ku 频段理论和仿真结果对比

图 7-91 显示了防弹板材在 Ku 频段的透波率，最小透波率为 94.6%（插损为-0.24dB），对应频率为 12.3GHz，最大透波率为 99.7%（插损为-0.01dB），对应频率为 13.9GHz，测试结果相对于仿真结果有上下波动，误差小于 0.08dB，这与系统误差、样品制造有关。

图 7-92 显示了防弹板材在 Ka 频段的透波率，最小透波率为 81.8%（插损为-0.87dB/33.7GHz），最大透波率为 99.3%（插损为-0.03dB/38.6GHz）。在 24GHz 以下，测试结果与仿真结果比较接近；频率大于 24GHz 后，与仿真结果相比，测试结果的峰值出现左移的现象，原因有两方面，一是材料的介电常数和损耗角正切随频率发生变化，而仿真计算中，这

两个参数通常按照固定频点数值进行等效计算，未随频率发生变化；二是在高频时，电磁波波长变短，穿过相同厚度板材的周期变大，在多层界面间的反射次数增多，能量损耗会增加，从而产生一定误差。

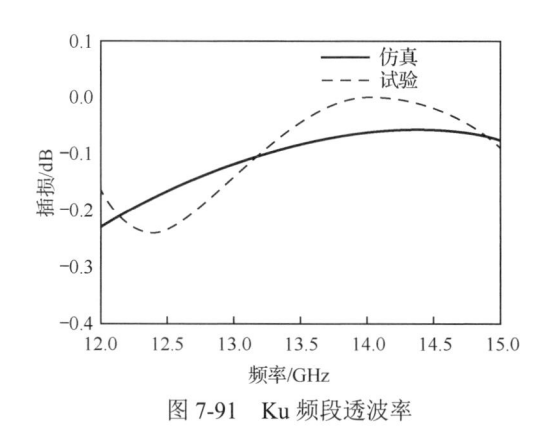

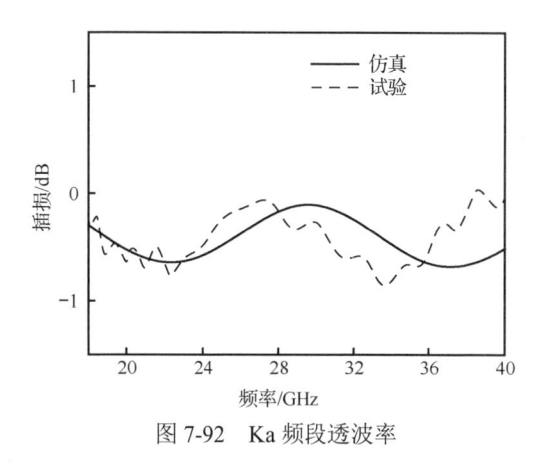

图 7-91 Ku 频段透波率

图 7-92 Ka 频段透波率

确定了板材厚度，对其进行防弹性能测试，结果如图 7-93 和表 7-14 所示，子弹镶嵌在板材内部，未穿透板材，防弹效果良好，等级优于 1 级。

（a）迎弹面　　　　　　　　　　　　（b）背弹面

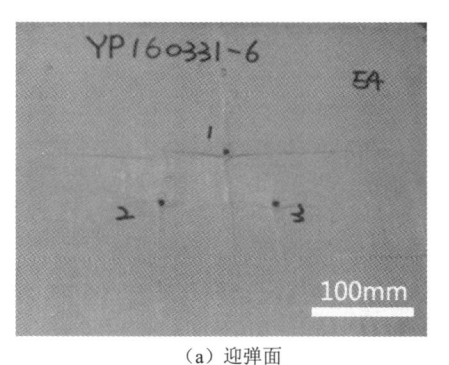

图 7-93　板材防弹测试

表 7-14　板材测试结果

	弹头速度/（m/s）	正面侵彻深度/mm	背面弹痕高度/mm
1	437	10.0	11.0
2	443	7.8	14.2
3	446	7.3	10.0

图 7-94 为层合板被子弹击穿的状态，层合板由 10 层 UHMWPE 材料经热压罐成型，可看到纯剪切破坏、拉伸破坏和凸包形成 3 个现象。迎弹面开孔与子弹尺寸相当，纤维表现为剪切和熔断破坏，产生机理是靶材在弹体冲击和背后约束下，尚未分层即发生剪切破坏；另外，弹头与靶材接触产生高温造成材料熔断，纤维出现拉伸甚至断裂情况。UHMWPE 复合材料纤维与树脂基体间的结合力弱，纤维与树脂基体间、每层复合材料之间容易产生相对滑动，出现分层和变形凸起。纤维复合材料受到弹丸侵彻时，一般经过基体的变形和破裂、界面的脱胶、纤维的断裂及抽拔等变化阶段，复合板在弹体冲击时主要的吸能形式是增强纤维的变形与断裂、

基体的变形与碎裂，以及材料的局部变形与破坏。弹丸的动能转变为层压板的应变能降低甚至完全吸收弹丸的动能，阻挡弹丸的前进，从而起到防护的作用。

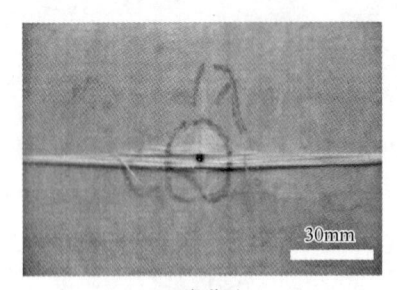

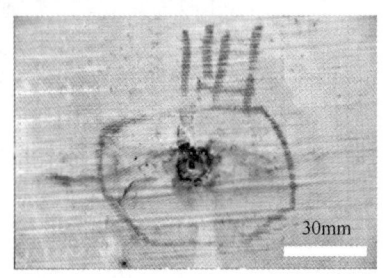

(a) 迎弹面　　　　　　　　(b) 背弹面

图 7-94　板材防弹试验

层压板受到弹体冲击时，会产生相互垂直的横向应力波和纵向应力波，纵向波速 c 可表示为

$$c = \sqrt{\frac{E}{\rho}} \tag{7-22}$$

式中，E 为复合材料的弹性模量，ρ 为材料的密度。纤维的模量越高，密度越小，纵向波速就越大，参与冲击面内能量吸收的区域就越大，防弹性能也就越好。

国际上，采用比吸能 SEA（Specific Energy Absorption）数值定量衡量防弹材料防弹性能，表示为

$$\text{SEA} = \frac{\frac{1}{2}mV_{50}^2}{S} \tag{7-23}$$

式中，m 为子弹弹头的质量，V_{50} 为穿透概率 50%时模拟破片或特定弹丸的平均着靶速度，S 为纤维防弹材料的面密度。SEA 值越高表示材料吸收弹头动能越高，防弹性能越好。

试验选用的子弹为 51 式 7.42mm 手枪子弹，弹头质量 0.0056kg，对于 UHMWPE 材料，SEA 值不低于 130Jm^2/kg，选用的板材面密度为 5.6kg/m^2，通过计算可知本防弹板材的 V_{50} 值不低于 510m/s，实测 V_{50} 值为 546m/s，与理论计算比较接近。

图 7-95 为 Ku/Ka 双频段防弹天线罩样机的防弹测试过程，说明该天线罩具有良好的防弹效果。

(a) 防弹测试设备　　　　　　　　(b) 完成打靶试验的天线罩

图 7-95　防弹天线罩防弹试验

7.4.4 隐身天线罩结构与材料设计

7.4.4.1 概述

隐身技术又称为低可探测技术或者目标特征控制技术,通过改变或者减少目标的可探测信息,从而降低其被敌方探测系统发现的概率。德国在第二次世界大战期间将吸波材料用于潜艇和飞机表面,是隐身技术的早期应用。

传统天线罩的主要功能是保护天线免受恶劣环境的影响,在工作频带内和频带外电磁波都可以透过,不具备隐身防御和抗干扰能力。隐身天线罩的特点是在天线的工作频段内电磁波可自由透过,不影响天线内的正常工作;在工作频带外,电磁波可吸收外来探测信号或将其反射到其他方向,从而提高自身设备的隐身效果。

7.4.4.2 影响因素

目前,国内外隐身天线罩的研究主要集中在频率选择表面(Frequency Selective Surface,FSS)技术、有源频率选择表面(Active Frequency Selective Surface,AFSS)技术和吸波透波一体隐身天线罩技术。

FSS 是目前应用最广泛的实现天线罩隐身的功能性材料,其本质是一种对电磁波具有频率选择功能的空间滤波器,对不同频率、入射角和极化状态下的电磁波呈现滤波特性,实现通带内透波、通带外反射。Kieburtz 团队通过对矩形槽 FSS 求解方法的简化,提出了频率选择表面雷达天线罩设计的相关理论,为后来该方向的发展奠定了理论基础。随后,Munk 团队总结了频率选择表面关于十字形、圆形等结构的理论。FSS 单元可分为两类,一类是金属贴片型,另一类是缝隙型。当单元处于谐振状态时,贴片型单元电磁波被全反射,缝隙型单元电磁波全透射。根据其滤波特性,可以分为低通、高通、带阻和带通四种类型(如图 7-96 所示)。采用 FSS 的天线罩不仅可以降低雷达天线的带外 RCS,还可以提高设备的电磁兼容性。

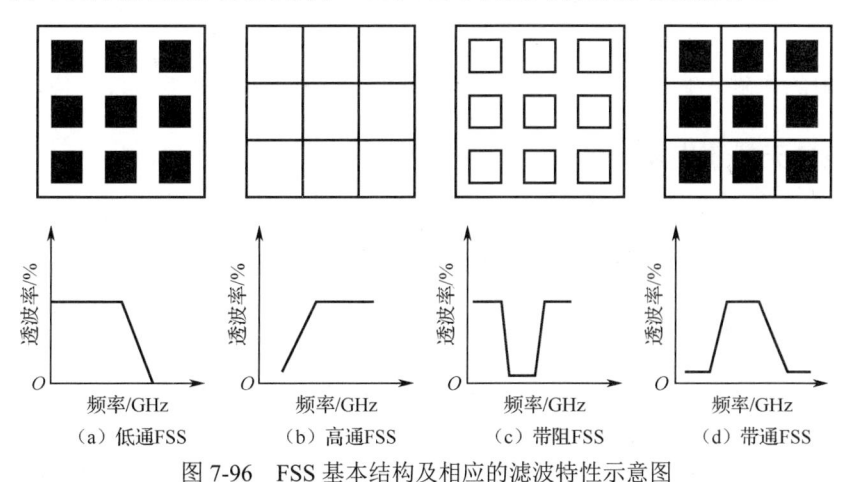

图 7-96 FSS 基本结构及相应的滤波特性示意图

传统的 FSS 结构固定,因此其工作带宽、谐振频率等参数也是固定的。相较于传统的 FSS,有源频率选择表面(AFSS)能主动改变自身的电磁特性,从而适应外部环境的变化。AFSS 可以通过阻抗元件（如贴片电阻、贴片电感、贴片电容、PIN 二极管、变容二极管等）来实现电磁特性的动态调节，与采用微机电系统工艺或液晶材料等方式制作的可调 FSS 不同，它通常是在传统 FSS 单元图形间焊接一系列有源元件并布置相应的偏置控制线路制成的。AFSS 可以实现特定频带滤波特性的开关控制、滤波频带的移动、滤波强弱的控制。

FSS 隐身天线罩在设计和应用中存在以下问题尚需解决。

（1）宽带宽角范围内的性能稳定性差。现代雷达天线正在朝着宽频带方向发展，相应的天线罩也必须是宽带透波的，而 FSS 的局域谐振特性本身是窄带的，且天线波束扫描会在天线罩壁形成较大的入射角变化范围，对两种极化波的响应存在差异，随着入射角及其引起的入射电磁波极化分量发生变化，天线罩的透波特性也会发生变化。通过设计合适的单元结构、多屏结构和减小单元间距可增加 FSS 带宽和角度稳定性，这种改进目前还处在研究阶段。

（2）陡截止滤波特性弱。理想的 FSS 频率响应具有通带内平顶、带外陡截止的"矩形化"滤波特性，增加 FSS 层数可以改善平顶、陡截止滤波特性，但会增加结构复杂度与损耗，增大通过结构调整满足传输特性的难度，加工难度和成本也会增加。

（3）馈电网络影响大。AFSS 实现的难点之一在于馈线的排布，不合理排布会改变原有 FSS 的频响特性失去原有良好的选频特性。

目前国内外关于传统的频率选择表面天线罩的理论以及相关的设计已经非常成熟，FSS 天线罩利用阵列排布的单元改变电磁波反射的方向，但不能吸收入射电磁波能量，只能够将非天线工作频段的电磁波沿着天线罩的形状向两侧反射到非来波方向，因此只能减小单站 RCS。对于双（多）站雷达天线系统，这种设计可能会加大我方设备暴露的危险。新型的频率选择表面吸波天线罩（Frequency Selective Rasorber, FSR）为解决这一问题提供了思路，其原理是将具备衰减特性的吸波结构下层的金属板设计成周期性结构的 FSS，通过阻抗匹配使来波进入吸波体内部并损耗其能量。FSR 具备两个功能，一是能够实现天线带内透波，二是能够在宽带条件下，大角度、高效稳定地吸收外来探测信号，具备带外吸波功能，降低了双（多）站系统 RCS，实现系统带外隐身。

FSR 结构存在以下问题尚需解决：
- 透波频段总是在吸波频段之下，即仅能够在通带以上一定频率范围内实现较强的吸波性能，在通带以下频带内反射性能仍然较强；
- 对入射的电磁波能量吸收强度低，并且透波和吸波带宽小，难以满足应用要求。

7.4.4.3 隐身天线罩案例

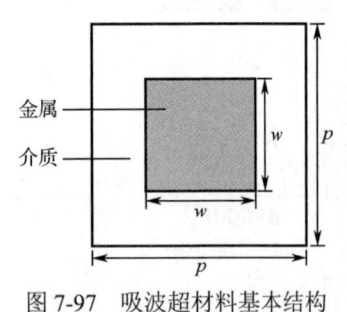

图 7-97 吸波超材料基本结构示意图

本节介绍一种宽带吸波的隐身天线罩设计，其功能层由金属层和介质层组成，均为正方形薄板结构，吸波超材料基本结构示意图如图 7-97 所示。金属层为铜皮，厚度为 0.017mm，介质层为 FR4 介质基板，介电常数为 4.3，损耗角正切值为 0.025，厚度为 0.2mm。天线罩的单元组阵周期 p 是 5.9mm，正方形金属结构的边长为 w。

基于金属-介质薄膜交替构成的电磁响应可以用等效介质理论来描述。通过 S 参数可反演出其等效介电常数和有效磁导率，如图 7-98 所示，给出了金属贴片边长 w 为 3mm、3.5mm、4mm 情况下的等效参数的计算结果，图 7-98（a）中实线为有效介电常数实部，虚线为虚部，图 7-98

（b）中实线为有效磁导率实部，虚线为虚部。

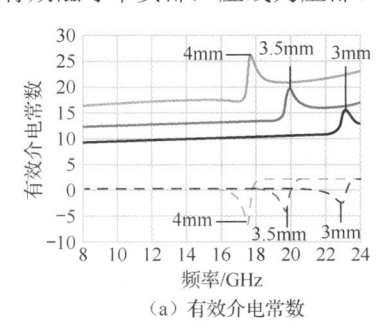

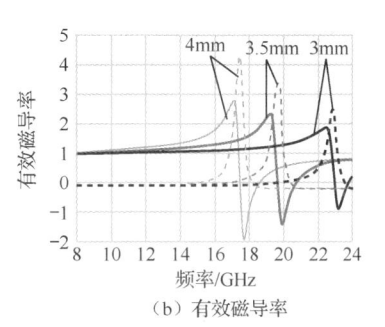

（a）有效介电常数

（b）有效磁导率

图 7-98 金属贴片宽度为 3mm、3.5mm 和 4mm 时的有效介电常数和有效磁导率计算结果

从图中计算结果可以看出，功能层电磁响应特性与普通介质材料不同，介电常数和磁导率随频率而改变。当 w 为 4mm 时，介电常数和磁导率在 17.7GHz 频点产生奇变，说明材料在该频点发生谐振，对电磁波将产生强烈吸收。在远离谐振频点的频率范围，功能层的介电常数约为 17，磁导率约为 1。当 w 为 3.5mm 和 3mm 时，谐振频点移至 19.9GHz 和 23.1GHz，说明通过改变 w 可控制超材料的吸收频带。

为实现隐身天线罩宽带吸波性能，设计了如图 7-99 所示的功能层单元，该功能层单元由 8 对金属层-介质层堆叠而成，金属层的宽度 w 从上到下依次减小，底层金属宽度为 4mm，最上层金属宽度为 2.9mm（如表 7-15 所示），总厚度为 1.74mm，单元组阵周期为 5.9mm。

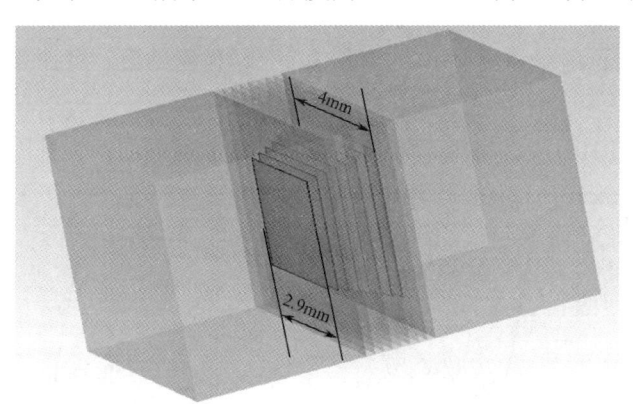

图 7-99 隐身天线罩的功能层单元结构示意图

表 7-15 金属层宽度

序 号	金属层宽度/mm
1	4
2	3.85
3	3.68
4	3.52
5	3.38
6	3.2
7	3.06
8	2.9

计算功能层单元对电磁波的反射透射特性，结果如图 7-100 所示，其滤波特性不够理想。第一，在工作频带外（17～22.5GHz），功能层对电磁波能量的反射系数（S_{11}）约为-5dB，说明电磁波并没有被有效吸收，这会影响天线隐身性能；第二，在工作频带内（10～16GHz），功能层对电磁波能量的透射（S_{21}）约为-5dB，透射率低，影响天线增益。

解决方法是在功能层外部加载阻抗匹配层，用于改善带外的吸波特性和带内的透波特性，如图 7-101 所示，匹配层材料选用介电常数为 2.1 的 PTFE，厚度为 4.2mm。

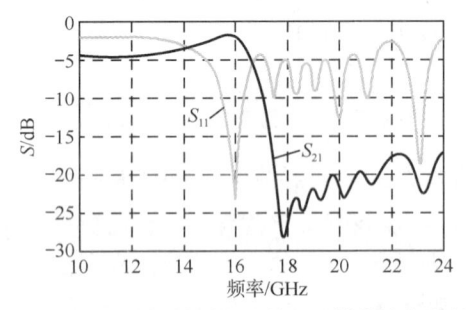

图 7-100　吸波超材料的反射和透射特性仿真结果

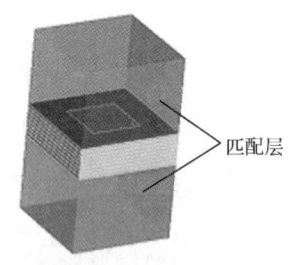

图 7-101　加载匹配层的超材料结构示意图

加载匹配层的功能层反射透射特性仿真结果如图 7-102（a）所示，可以看出，加载匹配层后，在 10～15.5GHz 带宽内，隐身天线罩的 S_{21} 由-5dB 提高至-1dB。

隐身天线罩对电磁波的吸收率满足

$$A_w = 1 - T_w - R_w \tag{7-24}$$

式中，T_w 和 R_w 分别为透射率和反射率。借助 S_{11}、S_{21} 仿真结果，可计算出超材料的吸收率，如图 7-102（b）所示，在 17.1～22.7GHz 带宽内，大部分频点的吸收率高于 80%，透射率几乎为 0，平均反射率仅约 10%，这将极大减小天线的雷达散射截面，提升隐身特性。

（a）S_{11}、S_{21} 仿真结果

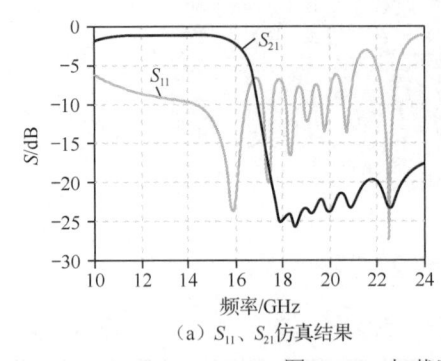

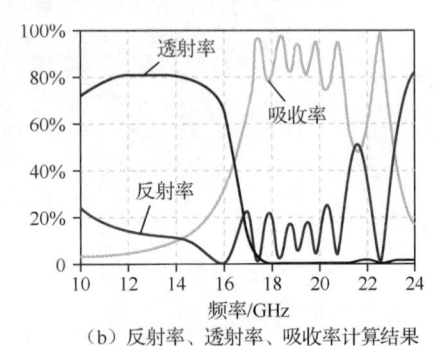

（b）反射率、透射率、吸收率计算结果

图 7-102　加载匹配层的功能层单元

图 7-103 是入射角度为 0°、15°、30°、45°时功能层的吸收率和透射率仿真计算结果，可以看出，吸收率和透射率对入射角并不敏感，且 TE 极化和 TM 极化电磁波的响应特性基本一致，说明其具有较好的宽角吸波、透波性能和较好的极化稳定性。

采用印制板工艺加工八层铜箔/玻璃钢介质薄膜结构，利用玻璃钢介质半固化片将 8 层印制板进行对准和黏合，得到实验样件如图 7-104 所示，四周加工的通孔用于功能层与匹配层的固定装配。

在暗室环境中对超材料天线罩平板实验样件进行传输特性测试，如图 7-105 所示。采用对比法进行测试，测试系统主要包括矢量网络分析仪、发射喇叭和接收喇叭等。被测天线罩放置

在暗室吸波墙预留的透波窗口处,且位于喇叭天线的远场区域。分别测试喇叭发出的信号对空气的透射能量、对金属板的反射能量以及通过天线罩的透射能量和反射能量。通过比较实验样件和金属板的反射能量,得到反射率的测试值,通过比较实验样件和空气的透射能量,得到透射率的测试值。

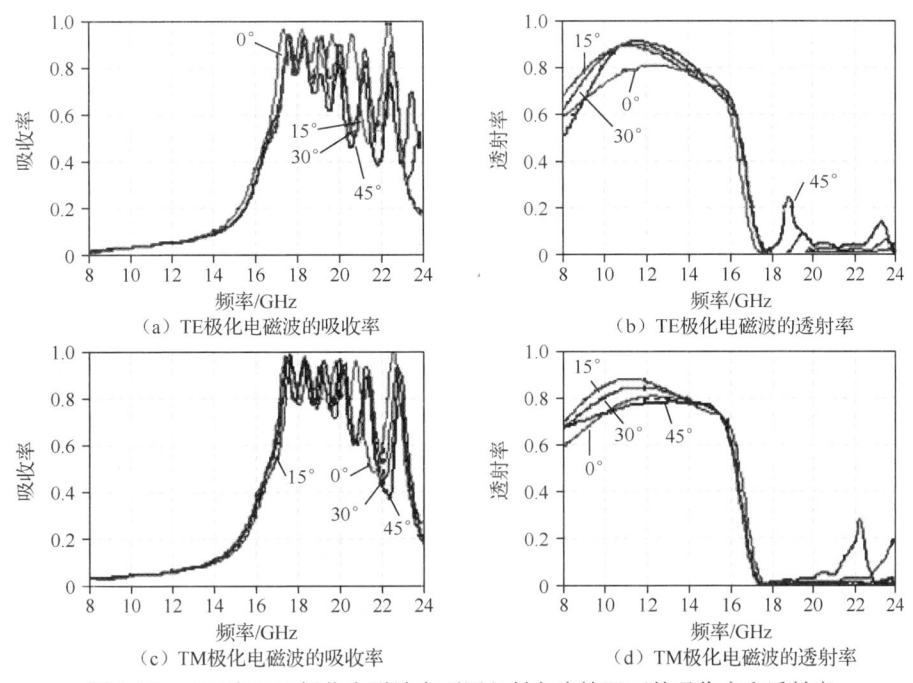

图 7-103　TE 和 TM 极化电磁波在不同入射角度情况下的吸收率和透射率

图 7-104　超材料天线罩实验样件

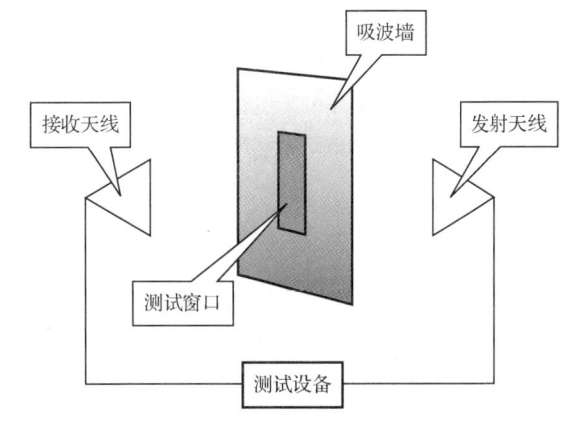

图 7-105　超材料天线罩样件测试系统

图 7-106 为隐身天线罩实验样件的反射率和透射率测试结果。

对比样件的测试结果和仿真结果,可以看出二者吻合较好,样件的测试曲线不够平滑,这是由于测试环境不够理想以及测试误差导致的结果。

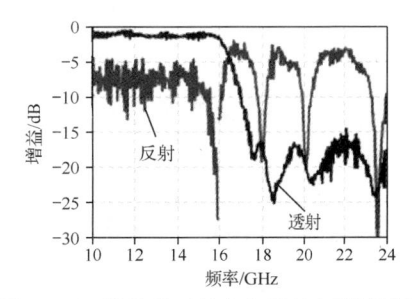

图 7-106　样件的反射率和透射率测试结果

第 8 章 天线系统结构测量与标校

8.1 结构谐振频率测量

天线系统包括馈电网络、机械结构和伺服驱动等分系统，是一个复杂的弹性系统。谐振频率是弹性系统的重要性能之一，影响到系统的动力学性能，也是天线伺服系统设计最为关注的指标。

天线运动本质为电动机通过减速器带动反射体进行运动，因此其模型可简化为两个转动惯量分别为 J_1 和 J_2 的物体通过弹性轴相连，双惯量振动系统简图如图 8-1 所示，弹性轴的刚度为 K。

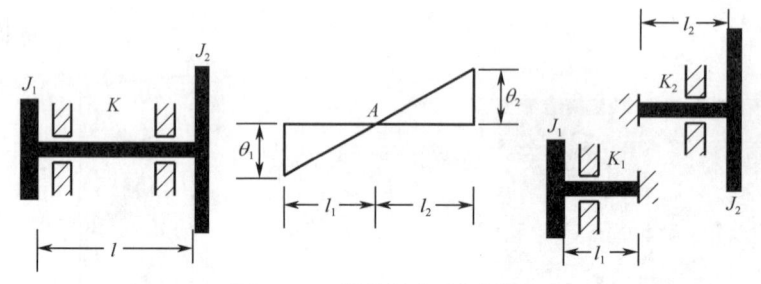

图 8-1 双惯量振动系统简图

若忽略支撑轴承摩擦，则从静止状态使轴扭转而产生无阻尼自由振动时，两惯性体的扭转方向相反，整根轴各截面的扭转角是变化的，其中有一个截面 A 并不运动，A 即节点，它把系统分成了两个单惯量扭转振动系统，且单惯量扭转系统的固有频率分别为

$$\omega_{01} = \sqrt{\frac{K_1}{J_1}}, \quad \omega_{02} = \sqrt{\frac{K_2}{J_2}} \tag{8-1}$$

由于弹性轴和两惯量在振动过程中动量矩保持守恒，故这两个固有频率必须相等，即

$$\frac{K_1}{J_1} = \frac{K_2}{J_2} \text{ 或 } \frac{K_1}{K_2} = \frac{J_1}{J_2} \tag{8-2}$$

又因为扭转刚度与轴长度成反比，故

$$\frac{K_1}{K_2} = \frac{J_1}{J_2} = \frac{l_2}{l_1} \tag{8-3}$$

由于 $l_1 + l_2 = l$，所以 $l_1 = l\dfrac{J_2}{J_1+J_2}$，$l_2 = l\dfrac{J_1}{J_1+J_2}$，对于圆形实心轴，有下式成立：

$$K_1 = \frac{\pi d^4 G}{32l}\left(\frac{J_1+J_2}{J_2}\right) \tag{8-4}$$

其中，d 为实心轴的直径，G 为材料的剪切模量。因此有

$$\begin{aligned}\omega_{01}^2 &= \frac{K_1}{J_1} = \frac{\pi d^4 G(J_1+J_2)}{32lJ_1J_2} = \frac{\pi d^4 G}{32lJ_1}\cdot\frac{J_1+J_2}{J_2}\\ &= \omega_L^2 \cdot \frac{J_1+J_2}{J_2}\end{aligned} \tag{8-5}$$

其中，

$$\omega_L^2 = \frac{\pi d^4 G}{32lJ_1} = \left(\sqrt{\frac{K}{J_1}}\right)^2 \tag{8-6}$$

ω_L 为 J_2 锁定情况下 J_1 的固有频率，称为锁定转子谐振频率，而 ω_{01} 称为自由转子谐振频率。所谓自由转子，就是在两惯量上不加任何约束；自由转子谐振频率，就是两惯量上不加任何约束时系统振动的固有频率。锁定转子，就是把电动机对应的转动惯量与大地（或座架）固定在一起。被固定的惯量不参与振动，而另一惯量做自由振动，此振动频率称为锁定转子谐振频率。由于锁定的是电动机转子，所以又称为锁定电动机转子谐振频率。在一般情况下，如无特殊说明，我们说的谐振频率就是指系统的锁定转子谐振频率。精确计算一个实际系统的自由转子谐振频率和锁定转子谐振频率是一个复杂的问题。

由式可知，自由转子谐振频率为锁定转子谐振频率的 $\sqrt{(J_1+J_2)/J_2}$ 倍，由于 $\sqrt{(J_1+J_2)/J_2}\geq 1$，因此自由转子谐振频率通常比锁定转子频率高。

8.1.1 模态测试法

模态测试是结构力学测试领域常用的一种确定结构固有特性的手段。实验模态分析通过对结构施加一定形式的激励，测量结构响应，结合参数辨识方法得出结构固有特性。对天线系统而言，静止状态时驱动电机处于抱闸状态，此时对结构进行模态测试，可以得到锁定转子谐振频率。

结合天线系统结构特性，通常可以采用加速度传感器作为结构响应设备。加速度传感器具有频响范围广、动态范围大、安装方便、应用广泛等特点。如果需要测量大型天线的谐振频率，要充分考虑加速度传感器的频响范围，尤其是低频截止频率，应尽量选择灵敏度较高的型号。

对于大型天线激励，可以采用悬吊重物的方式。由于通常情况下需要对天线结构的谐振频率做快速测试，因此可以不测量激振力。在识别谐振频率时，可以采用峰值点拾取法、子空间方法等，识别结果示意如图 8-2 所示。如果需要得到结构振型和传递函数等信息，则应尽量采用测力法。采用测力法时需要考虑激励施加位置、激励方向等问题。无论是测力法还是不测力法，都需要考虑激励大小，应能够充分激励天线，并且不会对天线造成损伤。

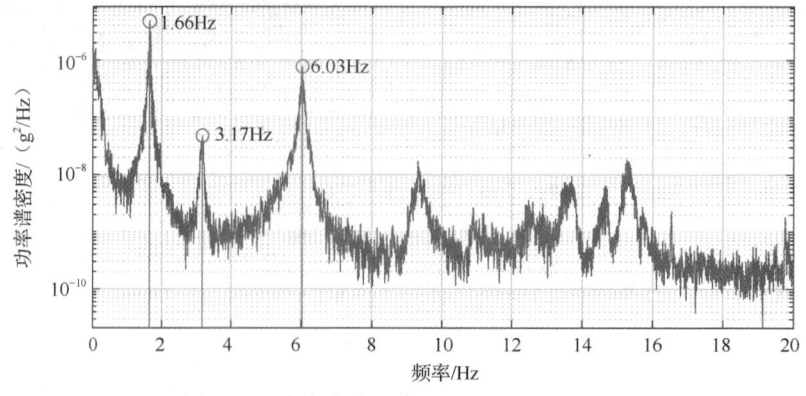

图 8-2 峰值点拾取法提取谐振频率示意图

8.1.2 扫频法

频率响应特性是对一个系统输入不同频率的正弦信号后的响应特性。给被测线性系统输入频率为 ω、幅值为 A_1 的正弦信号，其稳态输出将是频率 ω 不变、幅值为 A_2、相位为 ϕ 的正弦信号。增加频率可获得一组输入、输出数据。将输出的幅值比上输入的幅值，其结果 $A(\omega)$ 与 ω 的关系曲线称为该系统的幅频特性曲线。幅频特性描述系统对于不同频率的输入正弦信号在稳态情况下的衰减或放大特性；输出对输入的相位差 $\phi(\omega)$ 与 ω 的关系称为该系统的相频特性。相频特性描述系统的稳态输出对于不同频率的正弦输入信号的相位滞后或超前的特性。

采用这种方法测量时，测试频率的变化范围应包括主要的结构谐振频率；在谐振点和反谐振点附近，幅度变化较大，为了提高测量的准确性，频率改变的间隔应适当减小，详细地观察和记录谐振点附近的输出响应。这种方法实施中有两点困难：一是频率高时，幅频特性下降较快，影响测量精度，如果提高输入信号的幅度，在谐振点附近又可能使结构的负荷过大，因此信号的幅度要妥善选择，一般在测量时应逐步地增大输入信号的幅度；二是高频区角位移的振幅很小，齿隙的影响将显著增大。解决的方法是在输入信号上附加一个直流信号，使负载始终朝着一个方向转动，只要保证超低频信号的振幅低于直流信号，当负载摩擦力矩较大时，就能使齿轮始终在同一侧啮合，从而消除齿隙的影响。

在天线伺服系统的控制过程中，采用的是电流反馈环、速度反馈环、位置反馈环三环闭环反馈控制。而在谐振频率测试过程中，为了避免控制系统的电学特性影响伺服机构的机械特性，需将控制系统的速度反馈环、位置反馈环开环，在仅电流反馈环闭环的情况下对该伺服机构进行扫频测试。扫频测试结果如图 8-3 所示。

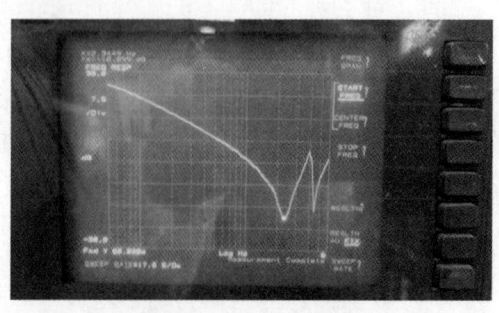

图 8-3 扫频测试结果

8.2 反射面结构测量

反射面结构的精度要求与天线工作频段密切相关，跨度从厘米级至微米级，对应的测量方法很多，主要包括机械原理测量法、光学原理测量法和电原理测量法。

机械原理测量法主要是样板测量法，根据天线反射面的曲面数据制造相应的平面样板，用样板与曲面进行对比测量，获得误差数据。样板法一般适用于中小型天线反射面面形检测，测量精度取决于样板和测量工装，一般为 0.3～0.5mm。随着工业测量仪器的发展与普及，样板测量法基本不再使用。

光学原理测量法包括经纬仪钢带尺法、五棱镜法、全站仪测量法、工业数字摄影测量法、激光跟踪测量法和工业三坐标测量法等。经纬仪钢带尺法与五棱镜法由于需要专用工装且测量效率低，已经被其他测量法取代。

传统的经纬仪、全站仪利用反射面上被测目标点到天线中心距离已知的条件，通过高精度角度测量方法，将被测点的三维空间位置测量转换为一维角度测量，可以实现基于单点的天线面形调整。由于测量仪器工作时有严格的水平度要求，难以实现天线在多个姿态下的测量，测量速度较慢。全站仪的测量范围一般不大于 200m，当测量范围小于 30m 时，测量精度可达 0.25mm。测量时需在被测物体表面粘贴一定数量的反射片或放置靶球完成测量。

激光跟踪仪相当于单频干涉测距、高速光栅测角的全站仪，根据极坐标测量原理得到被测点的三维坐标，需要球棱镜等合作目标配合，属于接触式测量。激光跟踪仪距离测量精度高，可达到（15±6）μm/m，采样频率可以达到 3000 点/秒，适用于静态测量和动态测量，测量范围 0～160m，但其对环境的要求比全站仪要苛刻，一般不适合野外环境使用。

工业数字摄影测量也称为计算机视觉测量，通过对被测目标拍摄获得的图像进行处理，得到点的三维坐标，其原理是三角形交汇法，与经纬仪相同。摄影测量法自动化程度高，能对被测物体进行快速无接触测量，测量相对精度为 1∶100000，测量范围 0～100m。

三坐标测量法是通过三个相互垂直的轴向移动，以接触方式确定被测点的三维坐标，属于正交坐标测量系统。三坐标测量法通用性强，测量精度高，其精度取决于三坐标机本身的行程测量精度。受限于导轨精度和工作平台的尺寸，其测量范围较小，对测量环境要求很高。

电原理测量法是指全息测量法，通过已知天线近场或远场幅值方向图、相位方向图，经过傅里叶变换得到被测天线口径面上的幅值或相位分布，进而求解得到反射面天线的面形误差分布。全息测量法具有测量范围大、环境适应性强等优势，已逐渐成为大中型高频段天线反射面精度测量的主要方法。

8.2.1 面形精度测量

天线反射面的尺寸从数十毫米到数百米，面形精度的测量方法要结合反射面尺寸、精度及测量环境条件选择。对于常用的反射面天线，目前大多采用数字工业摄影测量法、激光跟踪仪测量法和工业三坐标测量法。

8.2.1.1 工业摄影测量

数字工业摄影测量系统由一台或多台高精度工业相机、图形处理软件、编码标志、定向靶、基准尺、测量标志等组成，如图 8-4 所示。其工作原理为三角形交汇法，如图 8-5 所示。

图 8-4 数字工业摄影测量系统

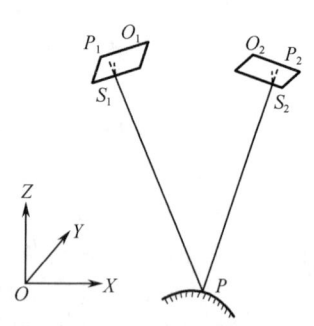

图 8-5 三角形交汇法示意图

摄影测量基本的数学模型是共线方程：

$$\begin{cases} x - x_0 = -f \dfrac{a_1(X-X_S)+b_1(Y-Y_S)+c_1(Z-Z_S)}{a_3(X-X_S)+b_3(Y-Y_S)+c_3(Z-Z_S)} \\ y - y_0 = -f \dfrac{a_2(X-X_S)+b_2(Y-Y_S)+c_2(Z-Z_S)}{a_3(X-X_S)+b_3(Y-Y_S)+c_3(Z-Z_S)} \end{cases}$$

式中，(x, y) 为被测物体的像点在像平面坐标系中的平面坐标，(x_0, y_0) 为像主点在像平面坐标系中的平面坐标，f 为相机的焦距，(X, Y, Z) 为被测物体在物方空间坐标系中的坐标，(X_S, Y_S, Z_S) 为镜头中心在物方空间坐标系中的坐标。

像空间坐标系相对物方空间坐标系的旋转矩阵为

$$\boldsymbol{M} = \begin{pmatrix} \cos R_y \cos R_z & -\cos R_y \sin R_z & \sin R_y \\ \sin R_x \sin R_y \cos R_z & -\sin R_x \sin R_y \sin R_z + \cos R_x \cos R_z & -\sin R_x \cos R_y \\ -\cos R_x \sin R_y \cos R_z & \cos R_x \sin R_y \sin R_z + \sin R_x \cos R_z & \cos R_x \cos R_y \end{pmatrix}$$

(x_0, y_0, f) 称为内方位元素，用来确定像点的投影中心在像空间坐标系中相对相片的位置；$(X_S, Y_S, Z_S, R_X, R_Y, R_Z)$ 称为相片的外方位元素，又称为摄站参数，用来确定相片和投影中心在物方坐标系中的位置。

摄影测量一般选择在光线较暗的环境下对被测天线进行摄影拍照，拍照前需要在被测天线面表面均匀粘贴摄影测量反射标志、编码标志，并固定好基准尺。以某 9m 口径抛物面天线为例，其反射面由两环面板组成，内环 12 块面板，外环 24 块面板，共计 36 块面板，反射标志、编码标志布置如图 8-6 所示。合理的摄站位置对提高摄影测量精度至关重要，测量控制网如图 8-7 所示，拍摄时相机距离被测天线 3~5m 距离，且保证每张相片至少包含 4 个编码标志。面形精度测量及调整步骤如下：

（1）将相机中相片从相机内存卡导入图形处理软件中。

（2）在软件中新建图形处理文件，导入基准尺、定向靶、相片等。

（3）通过相片扫描、相片定向、相片匹配、光束法平差处理得到被测天线测量标志三维坐标。

（4）在面板上测量调整点按手动规则命名，命名原则：易理解、易操作，全部测量调整点命名完成后，导出全部测量点坐标值文本文件。

（5）在计算软件中，新建工程，导入全部测量点坐标值和理论天线主反射面数学模型。

（6）将实测点云转换到天线主反射面设计坐标系下，选中所有主反射面测量标志点，固定 X、Y、R_x、R_y、R_z 5 个参数，固定拟合计算主反射面法向精度，得到首次主反射面拼装法向精度。

（7）按照测量调整点的命名顺序，对首次计算得到的调整点进行法向调整。

（8）重复步骤（1）～（7），直至满足主反射面拼装精度设计指标。

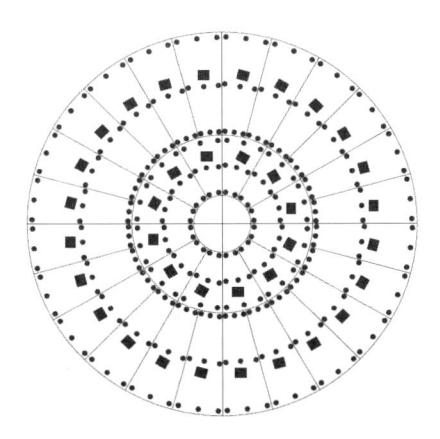

图 8-6 反射标志和编码标志布置图

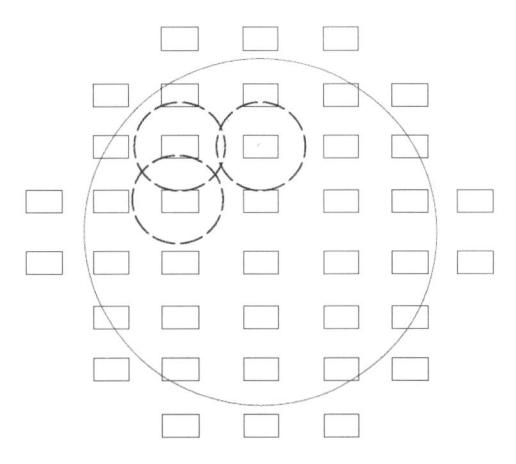

图 8-7 测量控制网布置图

8.2.1.2 三坐标测量

三坐标测量法使用三坐标测量机进行测量，其特点是测量精度高，测量范围小，测量环境要求高。因此，其主要用于小尺寸高精度的反射面面形测量，也包括拼装反射面面板单元的精度测量。

对双反射面天线，副反射面面形精度要求一般比主反射面高 3 倍以上，当副反射面尺寸不是很大时，一般采用工业三坐标测量法进行精度测量。

三坐标测量机工作时处于恒温恒湿环境，如图 8-8 所示。测量时将反射面固定于三坐标测量平台，测量人员手持操作手柄，控制三坐标测量探头与反射面表面接触测量，如图 8-9 所示。根据反射面外形尺寸，三坐标测量机对反射面表面均布采点，测量点采集完成后，将所有测量点坐标导入计算程序，与理论反射面数学模型进行最佳拟合计算，得到反射面面形精度。

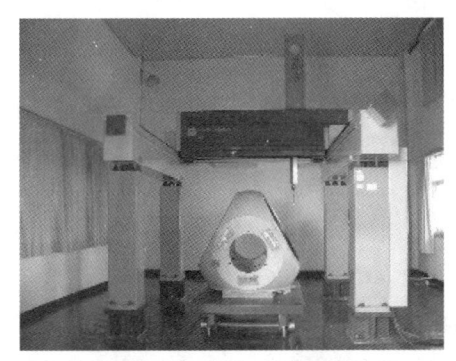

图 8-8 某型号三坐标测量机

图 8-9 副反射面精度测量

8.2.1.3 微波全息测量

微波全息测量法是天线面形精度检测的一个重要方法,可以采用卫星或射电源作为观测目标,实现不同俯仰角度时天线的面形误差测量,给出每块面板的调整量。在通常情况下,采用同步卫星实现最佳预调俯仰角状态反射面精度测量;采用射电源或轨道卫星实现任意俯仰角下测量。采用全息法测量天线面精度的原理如下。

电磁理论:天线的远场和口径场存在对应关系,通过测量复数平面内天线辐射场(远场)的幅度和相位,利用二维傅里叶变换可推出天线口径场的幅度和相位分布,然后根据抛物面与口径面的几何关系就可以获得天线表面面形偏离抛物面的误差。图 8-10 左图是一个理想的圆形等相位口径面,右图是其远场辐射幅度图,通过二维傅里叶变换建立两者的关系,获得其中一个场分布就可以推出另一个场分布。

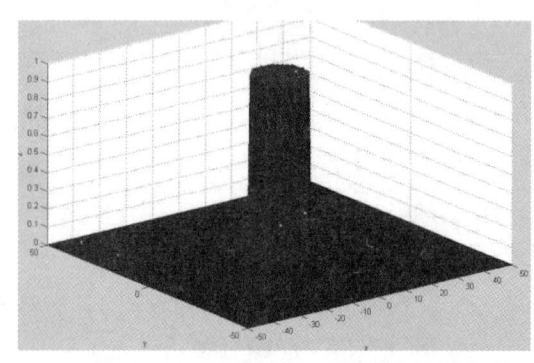

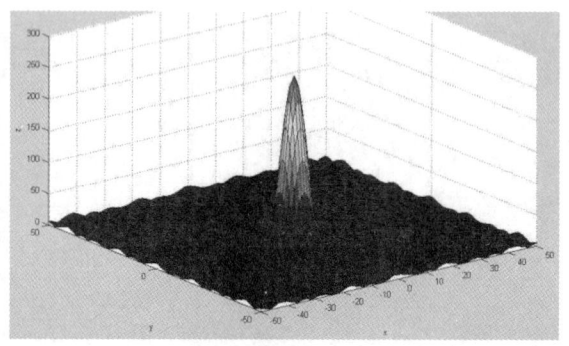

图 8-10 理想的圆形等相位口径面(左);场辐射幅度图(右)

几何事实:对于理想抛物面,从焦点上发出的信号经过抛物面反射,在口径平面上的波前相位值将处处相等。实际天线表面不会是完全理想的抛物面,造成从焦点到口径平面的光程距离不相等,电磁波在口径平面上的相位不相同。在波长已知的情况下,通过检测相位差,可以获得光程差,从而确定天线表面与理想抛物面之间的微小差别,如图 8-11 所示。

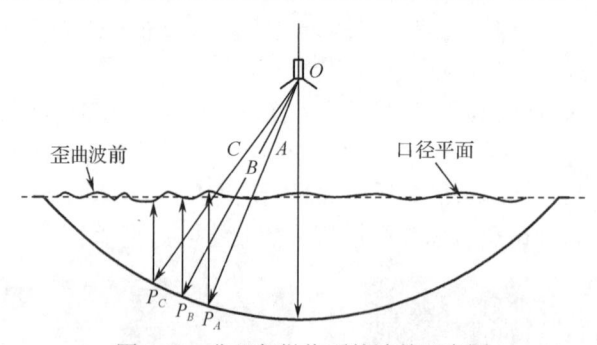

图 8-11 非理想抛物面的波前示意图

全息测量的理论基础是抛物面天线的口径场和远场存在二维傅里叶变换关系,天线的远场辐射 $T(u,v)$ 和微小表面形变误差 ε 的关系如下:

$$\varepsilon(x,y) = \frac{\lambda}{4\pi}\sqrt{1+\frac{X^2+Y^2}{4F^2}}\text{Phase}\{e^{j2kF}F^{-1}[T(u,v)]\} \tag{8-7}$$

式中,X、Y 是抛物面上的坐标,F 是抛物面天线的等效焦距,$F^{-1}[...]$ 指二维逆傅里叶变换。

式(8-7)是全息测量的数学模型,关键是获取准确的相位差。这一方法的理论测量精度

可以由互相关后的信噪比来评估

$$\varepsilon_a = \frac{N\lambda}{2\pi \text{SNR}(O)} \tag{8-8}$$

式中，N 为天线网格扫描的点数的平方根，λ 为信号波长，$\text{SNR}(O)$ 为主天线和参考天线同时指向信号时的互相关输出信噪比。

在实现手段上，采用了软硬件相结合的方法。利用硬件的高速处理性能，实时地得到远场的信息，然后通过软件手段对数据进行校准和补偿，再对这些数据做二维傅里叶逆变换，获得口径场相位和能量分布，最后通过抛物面和口径面之间严格的几何关系，利用最佳抛物面拟合手段，推出天线面形偏离理想抛物面的偏差。

全息测量系统包括测量天线、Ku 波段接收机、氢原子钟、基带信号转换器及用于天线控制和数据记录的通用计算机。在测量的时候，参考天线始终对着卫星或射电源，而天线则围绕信号源做扫描。图 8-12 为全息测量数据处理流程框图，其中数据校准在很大程度上将影响最终的面形计算精度。而相关后数据信息就是互相关后的相位和幅度，天线指向数据来自天线控制计算机。

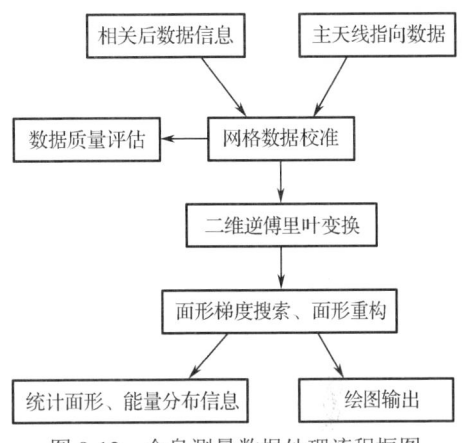

图 8-12 全息测量数据处理流程框图

8.2.2 位置精度测量

反射面面形误差造成电波传播路径长度改变，影响天线电性能，导致天线辐射方向图劣化、天线效率降低。同样，主反射面、副反射面与馈源三者之间的位置关系偏离理论设计值，也会造成电波路径变化，对电性能产生影响。这种偏差来自加工、安装和工作环境下结构的变形。因此需要对三者之间位置关系进行测量调整，以保证天线性能指标。

通常情况下，天线主反射面背架结构中心体刚性较大，中心体上部有平面法兰，由法兰向上伸出的刚性结构用于支撑馈源；同时，主反射面面形精度也是以该中心法兰平面为基准进行拟合计算的，这样，通过中心法兰平面建立了馈源与主反射面的位置关系。当馈源支撑结构刚度和加工精度满足要求时，可以不设置馈源位置调整机构。对于大型天线和一些偏置天线，馈源支撑结构的刚性不足以满足精度要求，还需考虑馈源位置的调整设计。

副反射面距离天线主反射面较远，一般由四根支撑杆支撑，总体刚度较弱，安装精度也难以保证，因此，需要调整机构对副反射面位置进行调整。

在测量调整主反射面、副反射面、馈源三者位置关系之前，一般先对主反射面精度进行测量调整，当其满足指标要求后，再确定副反射面和馈源相对主反射面的位置关系，通过调整馈源和副反射面实现三者相对位置要求。

采用摄影测量方法能够同时对主反射面、副反射面、馈源进行拍照，并计算出三者之间的位置关系，下面以某 13.2m AE 型双反射面天线为例介绍其测量方法。

如图 8-13 所示，选择天线理论设计坐标系作为主反射面、副反射面、馈源三者之间位置精度的测量坐标系，采用实测方位轴与俯仰轴建立最佳拟合轴，通过最佳拟合轴与最佳拟合顶点建立最佳拟合坐标系,将此坐标系作为实际天线设计坐标系。采用六连杆并联机构实现副反射面位置的精确调整,并联机构一端与副反射面连接,形成动平台,另外一端安装在四根支撑杆组成的十字结构上,形成定平台,如图8-14所示。

图8-13 13.2m双反射面天线

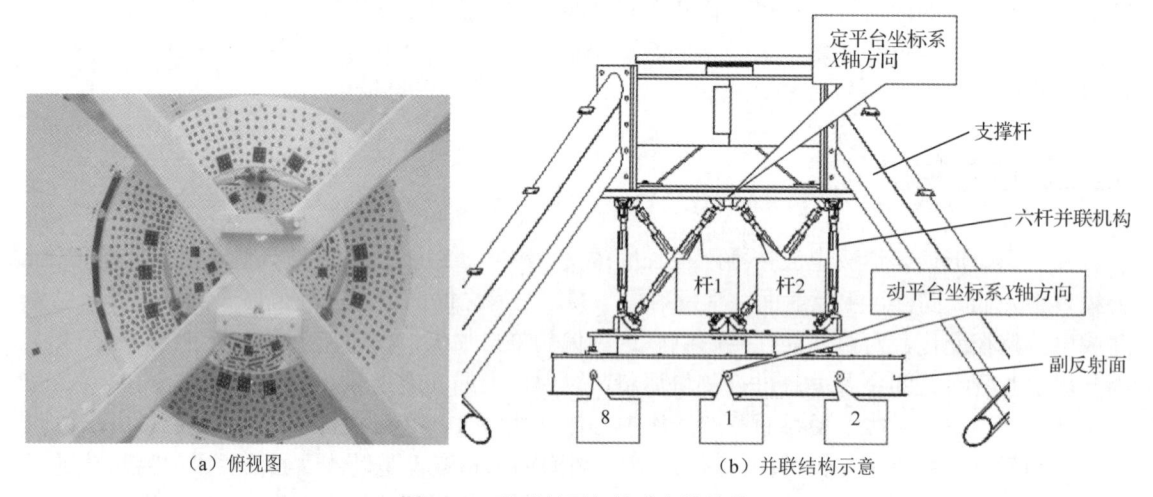

(a) 俯视图　　(b) 并联结构示意

图8-14 副反射面与并联支撑结构

副反射面位置精度测量调整步骤如下。

(1) 在定平台、动平台、四根支撑杆上粘贴测量工装、编码标志等。

(2) 将六根伸缩杆调整到设计初始值 L_u+L_d,如图8-15所示。

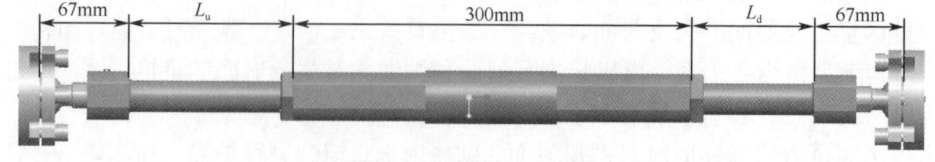

图8-15 伸缩杆示意图

(3) 在计算软件中,导入副反射面理论数模,并对六根伸缩杆进行编号。

(4) 测量定平台、动平台工装点,以定平台的工装点作为公共点,将动平台工装点转换到实际天线设计坐标系中。

（5）建立定平台、动平台坐标系：以定平台 8 个工装点拟合平面，以投影点拟合圆心为原点，以平面法线为 Z 轴建立定平台坐标系，将定平台坐标系沿 Z 轴向下平移理论距离，得到动平台坐标系，如图 8-16 所示。

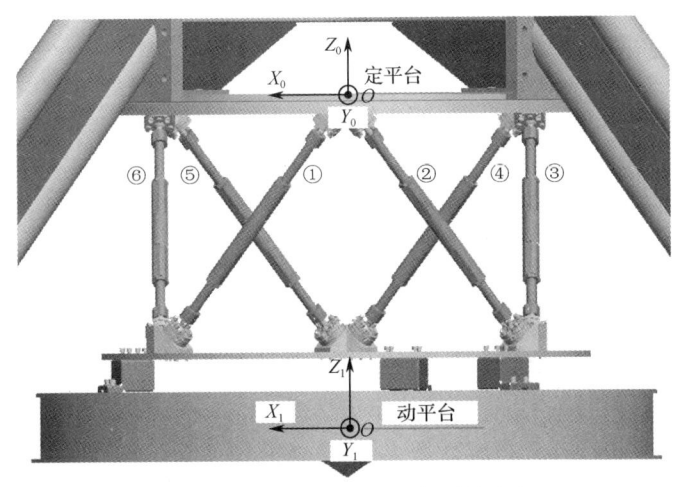

图 8-16 定坐标系、动坐标系的建立

（6）将之前测量获得的副反射面 8 个工装点与副反射面曲面点云数据导入计算软件中，通过公共点转换，将副反射面曲面点代入到实际天线设计坐标系中。

（7）通过副反射面 8 个工装点建立副反射面坐标系 1，方法与定平台坐标系的方法相同。

（8）将副反射面坐标系 1 作为当前坐标系，查看动平台坐标系 1，将两者相对位姿关系保存，即为初始杆长条件下，定平台与动平台由于加工安装等误差带来的位置误差。

（9）激活定平台坐标系，将副反射面点云与副反射面理论模型做模型比对，再次建立副反射面坐标系，根据上一步骤中副反射面坐标系和动平台坐标系的相对位姿，建立动平台坐标系，即为动平台的期望位姿。

（10）将上面计算出的动平台期望位姿值 (X, Y, Z, R_X, R_Y, R_Z) 输入计算软件中，得到各杆杆长调整量，据此对杆长进行调整。

（11）重复步骤（4）～步骤（11），直至满足副反射面实际位置精度指标。

8.3 天线座结构测量

8.3.1 轴系精度测量

前面已经对 AE 型天线座结构形式进行了介绍，并对轴系精度的概念及其对天线指向精度的影响进行了探讨，下面重点对轴系精度的测量进行详细描述。

传统的光学测量仪器，如用于测量工件表面与大地水平面平行度的合像水平仪的测量精度为 2″，用于测量工件表面与大地水平面垂直度的框架式水平仪的测量精度为 5″，用于测量轴线平行度、同轴度的平行光管望远镜的准直度误差小于 1″。现代电子测量技术飞速发展，采用电子水泡自整平的电子经纬仪和工业全站仪的回测角中误差已经达到±0.5″，典型的激光跟踪仪的测距误差已经达到±10μm。根据仪器设备的使用范围，选择合适的测量仪器设备进行组合，验证仪器精度是否满足被测轴系精度的指标，然后规划好相应的测量顺序，注意分辨测量系统中包含的其他误差源，适当地进行排除或补偿，即可以完成天线座轴系精度测量。

8.3.1.1 方位轴铅垂度测量

天线方位轴铅垂度表征了方位转盘的不水平度，对于地面固定站天线，是指方位转盘平面和地理平面的不平行度，对于船载移动站天线，是指方位转盘平面和惯导测量平面的不平行度。方位轴铅垂度误差测量一般使用水平仪。水平仪的种类主要有普通水平仪、方框水平仪、合像水平仪和电子水平仪，可根据不同的测量需求选用。

普通水平仪刻度值为 0.02~0.05mm/m，在密封透明管内装乙醚或酒精，留一个气泡，气泡移动一格时，表示被测对象在 1m 长度的两端高度相差 0.02~0.05mm，折算角度值为 4″。方框水平仪的刻度值也是 0.02mm/m，在方框的两个直角边上都有水泡，能够测量平面的水平度和垂直度。合像水平仪利用光学原理将气泡的像复合放大，提高读数精度，通过杠杆机构提高读数灵敏度，增大测量范围，其刻度值为 0.01mm/m。电子水平仪通过晶体管电路，把气泡的窜动量放大后转换成电信号给出读数，精度可达 1″。

天线方位轴铅垂度测量使用较多的是合像水平仪，主要由测微螺杆、杠杆系统、水准器及光学合像棱镜等组成，如图 8-17 所示。水准器安装在杠杆架的底座上，旋转微分盘旋钮带动测微螺杆与杠杆系统实现水平位置调整。水准器内的水泡圆弧用 3 个不同位置的棱镜反射至观察窗口，继而被分成两个半像，再利用光学原理把气泡复合并放大，便于测量人员观察。

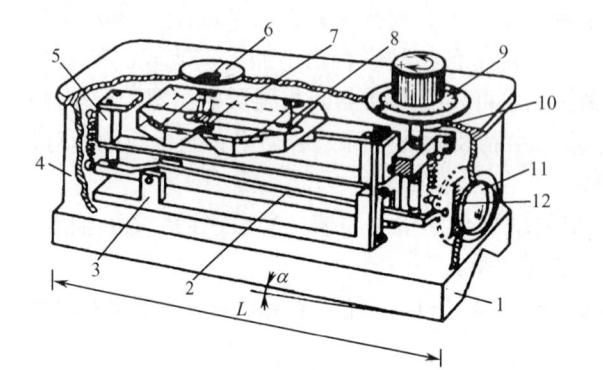

1—底板 2—杠杆 3—支承 4—壳体 5—支承架 6—放大镜 7—棱镜
8—水准器 9—微分筒 10—测微螺杆 11—放大镜 12—刻线尺

图 8-17 合像水平仪结构原理

测量时将水平仪稳定地放置在天线座上一处大致水平的面上，保证方位转动时水平仪相对于座架不动，如图 8-18 所示。均匀设定 n 个方位测试角度，转动天线方位，在测试角度位置分别记录水平仪读数，记作 $\alpha_x(x=1,2,\cdots,n)$，单位为角秒。在 α_x 中找到最大值，记为 α_{max}，将与其相隔 180°的值记为 α_{min}，则方位轴的铅垂度为 $(\alpha_{max}-\alpha_{min})/2$。

实际测量过程中，测试角度越多，得到的结果越精确，n 超过一定值时，结果趋近于稳定。测量过程要考虑风、温度等环境因素的影响，减小误差项的引入，提高测量的可信度。

理想的方位轴是一条垂直于大地的直线，任何绕其回转的点的轨迹都是一个平行于大地水平面的圆，但在实际天线座中，由于加工误差、轴承的跳动、地基支撑的调整误差等各种因素的影响，这条理想的轴线并不存在。天线座上任何一点随方位轴回转形成的轨迹是一条近似于圆形的不规则曲线，该曲线无论在法向还是周向上均包含有一定的偏差，如图 8-19 中实线部分。

图 8-18　水平仪测量方位轴铅垂度

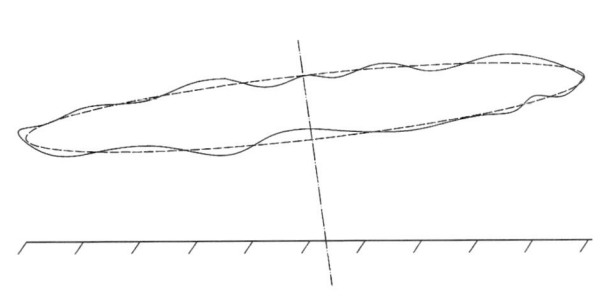

图 8-19　实际方位轴测量

为了获取到一条能够表示方位轴的直线，通常会将上述测量结果进行一定形式的数学计算，拟合出一个标准的圆形，通过圆心并与其所在平面垂直的直线被视为是天线座的方位轴。借助这个圆，可以计算出方位轴的铅垂度大小和偏差方向。

轴承跳动对方位轴铅垂度的影响一般没有规律可循，可以视为随机误差；地基支撑等误差对测量值的影响是有规律的，属于系统误差。一般测量结果可拟合为正弦曲线，将测量值与正弦曲线进行比较，即可剥离出随机误差的影响。对于大型天线座架，系统误差往往是误差的主要来源。

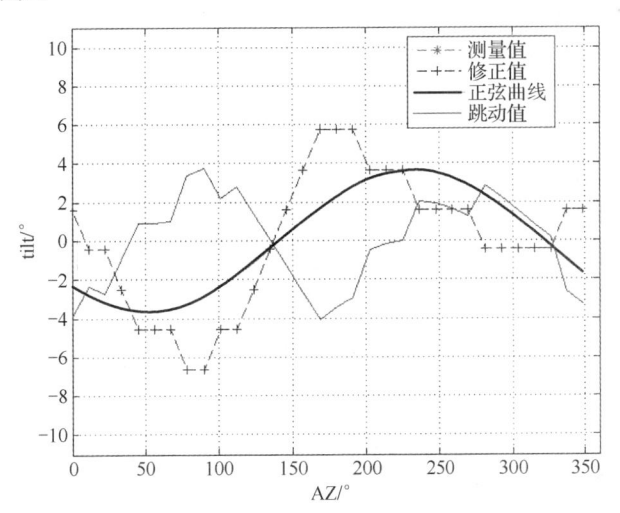

在某 13m 天线座的方位轴精密测量中，根据上述思路对 36 组水平仪测量值进行了拟合计算，结果如图 8-20 所示。

图 8-20　某 13m 天线座的方位轴精密测量

8.3.1.2　方位轴与俯仰轴垂直度测量

在测量两轴正交度前，一般先将方位轴调整到尽量铅垂，再测量俯仰轴与水平面之间的倾斜角，如果方位轴调到完全铅垂，则俯仰轴的不水平度就反映了俯仰轴与方位轴的不垂直度。

实际上方位轴不可能完全铅垂,在这种情况下,可以采用方位反向测量方法获得二轴的垂直度。

设方位轴的铅垂度误差为 α,俯仰轴与方位轴的垂直度误差为 β。在方位角为 0° 时,测得俯仰轴不水平度 $\delta_{0°}$ 为

$$\delta_{0°} = \beta + \alpha \tag{8-9}$$

旋转方位角至 180°,测得俯仰轴不水平度 $\delta_{180°}$ 为

$$\delta_{180°} = \beta - \alpha \tag{8-10}$$

将方位角 0° 和 180° 两次读数(取代数值,规定某一方向为正)相加,就可以抵消调平误差 γ,而求出俯仰轴与方位轴的垂直度误差为

$$\beta = \frac{\delta_{0°} + \delta_{180°}}{2} \tag{8-11}$$

两次读数(代数值)相减,得到方位轴的铅垂度误差为

$$\alpha = \frac{\delta_{0°} - \delta_{180°}}{2} \tag{8-12}$$

俯仰轴水平度的测量方法很多,传统的方法有水平仪测量、棱镜测量和自准平行光管测量等,使用较多的是水平仪测量方法,测量时应将水平仪安装在与俯仰旋转轴线平行的位置,通常是加装一个与俯仰轴垂直的基准面,在基准面上安装水平仪。传统测量方法的具体描述可参见天线座结构设计等相关文献。

随着工业测量技术的发展,使用全站仪或者激光跟踪仪(见图 8-21)可以直接测量方位轴与俯仰轴的垂直度。其方法是分别测量天线座上某一点沿方位轴和俯仰轴回转所形成的轨迹,然后通过拟合方法找到相应的方位轴和俯仰轴,进而计算方位轴和俯仰轴的空间几何关系,得到方位轴和俯仰轴的垂直度,如图 8-22 所示。

图 8-21 工业全站仪与激光跟踪仪

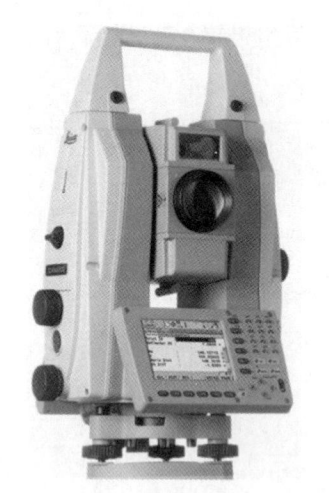

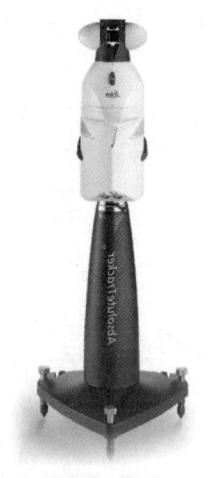

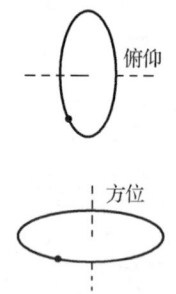

图 8-22 方位轴俯仰轴拟合计算

8.3.1.3 电轴、光轴与机械轴的一致性测量

天线电轴是指天线在特定频段内的最大增益方向,对于跟踪雷达天线,一般用差波束零值方向表示。天线机械轴是指通过天线反射面口径面中心并垂直于口面的轴线。理想情况下,天线电轴应与机械轴重合,这样可将电轴与天线座架转动轴的关系转换到机械轴上。对于方位俯仰型天线,通常要求机械轴与俯仰轴垂直,并与方位轴、俯仰轴交于一点,该点称为三轴中心。

实际上，无论是天线电轴还是机械轴，其与座架转动轴的空间位置的关系都难以直接检测，通常需要借助光学望远镜进行测量，因此引入了光轴的概念，望远镜的光学中心视线定义为光轴。

电轴、光轴与机械轴一致性测量主要包括光轴与俯仰轴的垂直度测量和电轴与光轴的一致性测量。一般将望远镜安装在靠近俯仰轴且随俯仰转动的刚度较大的结构上，先测量调整光轴与俯仰轴的垂直度，再测量调整光轴与电轴的一致性，光轴起过渡作用，从而建立了电轴与俯仰轴的关系。此外，光轴还可以用来标定天线的方位角和俯仰角。

8.3.1.4 光轴与俯仰轴垂直度测量

光轴与俯仰轴的垂直度测量与调整方法主要有基准望远镜法、正倒镜法等。

1. 基准望远镜法

如图 8-23 所示，在俯仰轴端装一基准面，将其调整到与俯仰旋转轴线垂直，在基准面上装一台基准望远镜，此望远镜自带安装调整装置，可预先校正，使其光轴与基准面平行，与俯仰轴垂直。

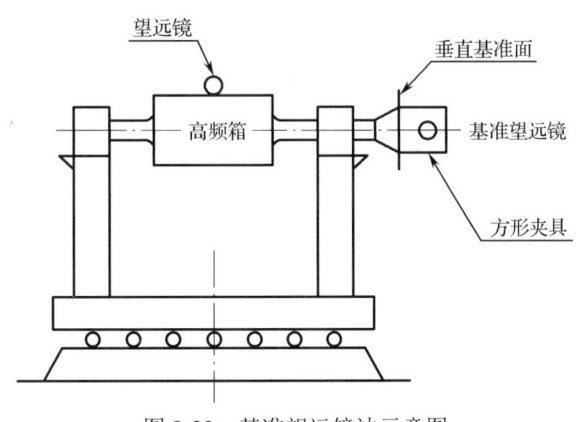

图 8-23 基准望远镜法示意图

在距离天线 R 处设定一个固定目标，转动天线，使基准望远镜中十字线的垂直线对准目标，调整天线座上观测用望远镜的垂直线，也对准此目标，观测望远镜与基准望远镜之间的距离为 L，则两台望远镜光轴之间的角度差为 L/R，当 R 足够大时，这一角度差可以忽略，否则需对观测望远镜进行调整补偿，以提高光轴与俯仰轴的垂直度。

2. 正倒镜法

正倒镜法适用于能够俯仰转动 180°的天线。使用该方法时，需保证望远镜与安装基座具有较高的配合精度。

如图 8-24 所示，在远离天线处设定一个固定目标，在仰角 0°时，转动方位使望远镜对准目标，然后将天线仰角转 180°，倒插望远镜观测目标，测得望远镜偏离目标的角度为 δ，望远镜与俯仰轴的垂直度误差即为 δ 的二分之一。根据此方法，可修正垂直度误差，精度取决于望远镜的分辨率。

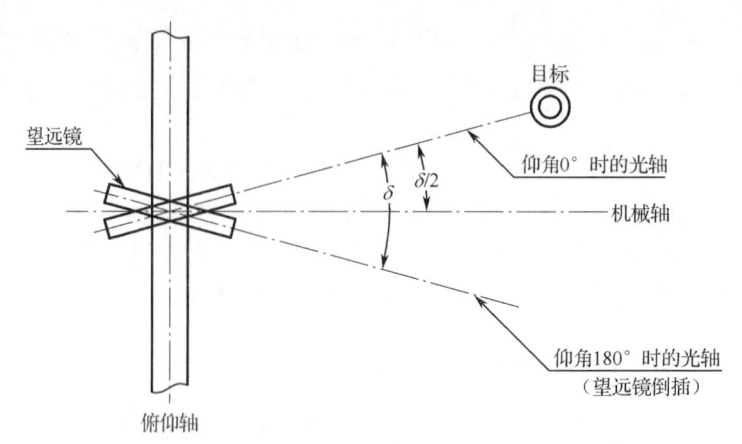

图 8-24　正倒镜法原理图

8.3.1.5　电轴与光轴一致性测量

电轴与光轴的一致性测量需借助标校塔完成，标校塔的描述见 8.4.2 节。在远离天线的校准塔上安装发射信标作为天线的跟踪目标，在信标旁有光学标记作为望远镜的观测目标。

测量时先手控转动天线，使望远镜对准光标，然后由手控转入自动跟踪模式，如果电轴与光轴不一致，误差信号会使天线转动，直至电轴对准目标，天线才停止转动。此时光标已偏离望远镜的十字线中心，根据偏离量可计算出两轴的不一致性误差。误差调整时应注意，望远镜对俯仰轴的方位位置不能动，否则就破坏了光轴与俯仰轴的垂直度。

8.3.2　轴角精度测量

在全闭环伺服系统中，设备的轴角需要通过一套轴角传感器进行测量，对采集到的角度进行微分，可以得到当前轴的运动角速度，对角速度进行微分，可以得到当前轴的角加速度。相比于开环或者半闭环伺服系统，全闭环伺服系统的结构更复杂，因为它不仅增加了轴角传感器，而且对轴角传感器的安装精度要求也很高。常见的问题是，受机械加工误差和装配误差的影响，轴角传感器的回转轴会与天线座对应的轴之间存在空间位置上的偏差，两轴之间的同轴度误差导致轴角传感器数据与天线实际运动角度有偏差，影响到天线的指向精度和跟踪精度。此外，轴角传感器装配产生的应力也会影响到轴角传感器的寿命，对轴角精度的测量有助于对装配质量的检验。

1. 方位轴角精度测量

早期的方位轴角精度测量大多采用经纬仪完成，利用光学或电子经纬仪测量天线方位机构的转动角度，并与当前轴角传感器采集到的方位角度进行比较来获取轴角偏差。将经纬仪读取的方位角度值记为 A，将轴角传感器采集到的角度值记为 B，测量步骤如下。

（1）在方位转动范围内均匀地规划若干位置作为角度测量点。
（2）调整方位轴铅垂度。
（3）在方位旋转结构中心部位安装经纬仪并调平、对中。
（4）在距离天线较远的位置设置一个稳定的瞄准目标，调整经纬仪精确照准目标，记录当前方位角度值，记作 A_0。

（5）记录采集到的轴角传感器的角度值，记作 B_0。

（6）转动天线方位至下一规划位置，调整经纬仪再次精确照准目标，并记录方位角度值，记作 A_1。

（7）记录采集到的轴角传感器的角度值，记作 B_1。

（8）重复步骤（6）和（7），完成规划位置的全部测量。

（9）对采集到的 A 和 B 进行数据处理，得到方位轴的轴角偏差。

以上测量方法中，轴角误差不仅包含了轴角传感器的安装误差，也包含了经纬仪的调平和对中误差。为减小经纬仪的调平和对中误差，通常需要将瞄准目标布置在足够远的位置，这对测量场地条件要求较高，给测量带来不便。因此，目前工程上一般采用全站仪或者激光跟踪仪测量方法，通过测量天线上一个固定点的运动轨迹，可以精确获取天线方位转动角度，将其与轴角传感器的方位角度进行比较，得到轴角偏差。这种测量方法消除了方位轴铅垂度的误差和经纬仪的安装误差，对场地要求不高，数据采集、记录和计算可自动完成，测量精度和效率高。

全站仪或者激光跟踪仪测量步骤如下。

（1）在方位转动范围内均匀地规划若干位置作为角度测量点。

（2）在尽量远离方位轴的天线结构上某一位置固定一个球形棱镜磁力座。

（3）用全站仪或激光跟踪仪采集棱镜坐标点。

（4）记录轴角传感器采集到的角度值，记作 B_0。

（5）转动天线方位至下一规划位置，全站仪或激光跟踪仪采集棱镜坐标点。

（6）记录轴角传感器采集到的角度值，记作 B_1。

（7）重复步骤（5）和（6），完成规划位置的全部测量。

（8）对采集的棱镜坐标点进行处理，得到天线的方位角度值 A。

（9）对采集到的 A 和 B 进行数据处理，得到方位轴的轴角偏差。

对数据进行处理后获取的轴角误差通常遵循正弦曲线分布，根据正弦曲线的波峰波谷位置，分析判断轴角传感器的空间位置偏差，指导精度调整，可以大幅消除轴角误差。

2．俯仰轴角精度测量

早期的俯仰轴角精度测量一般使用倾角仪进行，它是一种可以连续测量某一平面水平角的仪器，其测量原理与经纬仪测量方位轴角精度类似。目前工程中基本采用全站仪或者激光跟踪仪测量，测量方法与方位轴角精度测量相近。

8.4 天线系统标校

标校是为确定测量设备的误差模型参数和坐标系取齐而组织的测量设备、标校设施和大地测量的协同工作实施过程。系统标校包括标定和校正两部分工作，通过标定给出系统误差函数，通过校正减小或消除系统误差。参照 GJB 3153—1998（《精密测量雷达标定与校正》）的定义，标定是利用专用设备对天线的参数进行测定的过程，校正是利用标定的数据对天线参数进行修正，提高天线精度的过程。

天线系统标校的主要目的是完成系统 G/T 值（天线的接收增益与系统噪声的比值）的测量和指向精度的标校。系统 G/T 值的测量方法主要有射电天文法、卫星载噪比法和间接法，属于天线电性能测量范畴；系统的指向精度标校与天线结构及控制系统性能密切相关。因此，本书主要论述指向精度标校的相关内容，对于 G/T 值的测量方法不做介绍，具体内容可参见相关文献。

8.4.1 指向精度及误差源分析

天线指向精度是输入方向与天线电轴之间的空间角度值，是伺服系统人工或程序控制天线工作状态的性能指标。天线指向精度标校是通过已知量或精确量相对于测量值的差值，依据特定计算公式，对特定的系统误差进行标定和校正，以达到精确测量和控制天线电轴空间指向的目的，引导天线对准各种静止或运动目标，实现对目标的准确定位与跟踪。

天线电轴是指天线在特定频段内的最大增益方向，一般用方位地理角和俯仰地理角表示，如图 8-25 所示，天线电轴在地理平面投影与正北的顺时针夹角为方位地理角，天线电轴与地理平面夹角为俯仰地理角。天线指向标校的目的就是提高系统表示这两个角度的准确度。

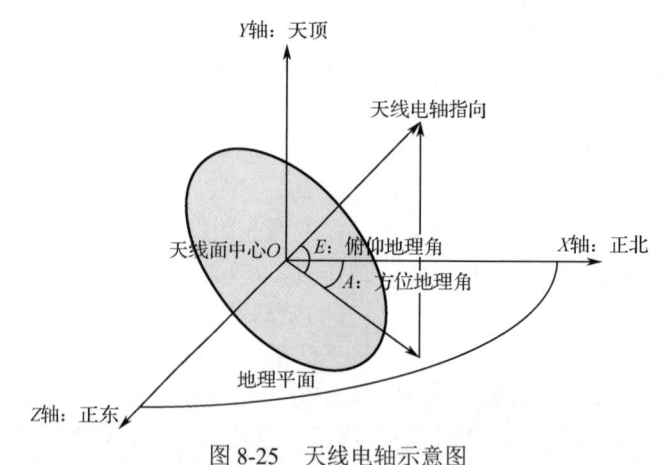

图 8-25 天线电轴示意图

影响天线指向精度的误差按照误差来源可以分为伺服误差、机械结构误差、环境影响误差三类，按照误差性质可以分为系统误差和随机误差。

伺服误差主要来自于伺服控制误差、驱动误差和轴角误差。控制误差包括动态滞后、非线性和量化误差，驱动误差包括传动系统齿隙、静摩擦、驱动不平衡、零偏和噪声，轴角误差包括轴角元件误差和轴角零位误差。

机械结构误差主要是指天线的轴系误差，轴系包括电轴和机械轴。天线电轴是天线最大增益方向，即波束方向图中主波束的方向。不同类型的天线，引起电轴偏移的结构因素略有不同，如双反射面天线，主、副反射面面形及馈源的位姿误差对电轴方向都会产生影响。天线转动的机械轴，可以是单轴、双轴或多轴，取决于天线转动的性能要求，对于常用的方位俯仰型天线，机械轴包括方位轴和俯仰轴。

轴系误差是指天线的轴与轴之间、天线机械轴与大地之间不平行或不正交的偏差，如方位轴相对大地的不铅垂误差（也称为方位转盘不水平误差）、方位轴与俯仰轴、电轴与俯仰轴不正交误差等。天线结构的装配误差、轴承的跳动及结构变形等会带来机械轴的轴系误差。轴系误差对天线指向的影响具有规律性，是指向标校的重点校正的因素。

环境影响误差主要是指天线因重力、风、温度等环境载荷引起的结构变形、伺服扰动及大气扰动等影响带来的指向误差，结构变形会引起电轴和机械轴的变化，伺服扰动会在控制、驱动和轴角环节产生影响，大气扰动会造成天线波束方向的变化。

天线指向各种误差中，有些相互独立，有些是相关的，误差的综合分析与修正是一个复杂的过程，通常基于设计仿真与经验进行综合分析评估。表 8-1 给出了某双反射面天线的指向误差的估算结果。

表 8-1 某双反射面天线指向误差估算结果（单位：角秒）

误差源		初始方位误差	初始俯仰误差	修正后方位误差	修正后俯仰误差
环境误差	重力变形	0.24	30.48	0.02	3.05
	温度变形	1.44	3.84	1.44	3.84
	稳态风变形	0.96	6.57	0.96	6.57
	馈源变形	0.64	0.64	0.64	0.64
	阵风对伺服扰动	1.04	0.60	1.04	0.60
结构误差	方位轴不铅垂	10.00	10.00	1.00	1.00
	方位俯仰不正交	10.00	10.00	1.00	1.00
	方位轴承径跳	0.83	0.83	0.08	0.08
	俯仰轴承端跳	1.00	0	0.1	0
	副反射面调整误差	8.3	8.3	0.83	0.83
	馈源调整误差	3.33	3.33	0.33	0.33
伺服误差	动态滞后	0.10	0.10	0.10	0.10
	齿隙	0.10	0.10	0.10	0.10
	零偏和噪声	0.05	0.05	0.05	0.05
	摩擦与非线性	0.05	0.05	0.05	0.05
	时间同步	0.01	0.01	0.01	0.01
	轴角编码	2.00	2.00	0.20	0.20
均方根值		—	—	2.71	8.41
指向误差		—	—	8.84	

根据误差在测量过程中表现出的特性，可分为系统误差和随机误差。系统误差是指在一定条件下进行多次重复测量或在时间序列上测量天线指向时，测量数据中存在量值和符号保持常值或按照一定规律变化的误差。系统误差的特征是可以预知和修正的。在天线的设计制造与安装调试过程中，可将系统误差控制在设计限值内；天线工作时，可根据对已知误差及其变化规律的分析，通过对天线参数的预先标定和实时调整，大幅消除系统误差的影响。对系统误差修正后剩余的残差虽然仍具有系统误差的性质，短时间内不会发生变化，但限于技术手段无法消除，作为随机误差处理。

随机误差是指在一定观测条件下进行多次重复测量或在时间序列上测量时，量值、符号以及变化规律都不固定，但总体上又服从一定统计特性的误差。

所有系统指向误差都可以进行修正，而随机误差中，只有随天线姿态变化的（例如，重力下垂、温度变形等）可以修正，随时间快速变化的（例如阵风扰动、伺服误差等）则不可修正，在一定时间内慢速变化的（例如，稳态风变形，馈源变形等）可以通过相对指向标修正，在一定工作范围和时间内有效。

以上这些误差的分布符合标准的正态分布模型，其峰值（Peak）Δ 与 95%分布圆（95% Error Circle）、半径 R 和误差均方根值 σ（rms）之间的关系如图 8-26 所示，由图可知，$\Delta=3\sigma$，$R=2\sigma$。

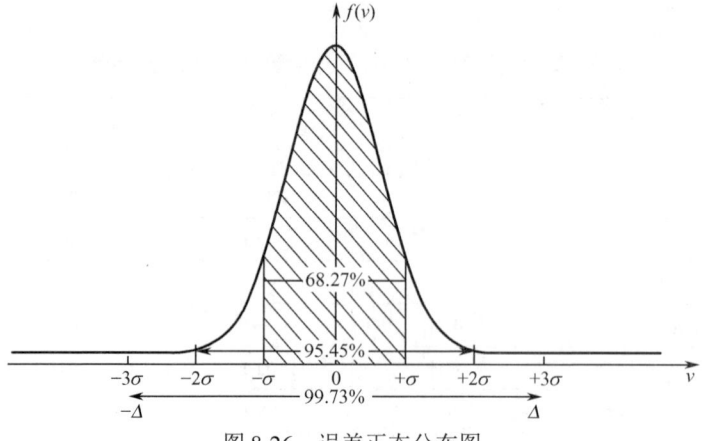

图 8-26　误差正态分布图

综上所述，给出误差估算与修正规则作为指向精度估算的依据。其中，环境误差数据主要来源于仿真结果，结构误差和伺服误差数据主要来自于经验值。大量指向修正实践表明，经典指向模型和相对指向模型等指向修正方法，均可以将 90%以上系统误差加以修正，修正后，剩余残差为初始误差的 10%以下。

在 8.1.1 节中介绍了天线座轴系误差及轴角误差的测量方法，这些工作很多是在工厂内安装调试过程中完成的，其误差量可作为天线指向修正过程的初始参考值。对于大多数天线，例如雷达测控天线、射电望远镜天线等，指向标校通常是在室外场地下进行的。标校的方法按照目标参考源的来源可以分为标校塔法、射电源法等。

8.4.2　标校塔法指向标校

标校塔法技术成熟，在雷达系统、测控系统标校中较为常用，可以完成系统的角度测量、距离测量的标校。通常在标校塔端配置应答机、变频器、信标机、天线及馈线、接口设备、电源及辅助设备等，通过被测系统对应答机或信标机的跟踪测量，对系统的各项误差逐一测试，经数据处理分析给出系统的标校参数。标校塔法操作方便，但其顶部信标与天线的距离需满足远场条件，还要避免测试场地内树木及建筑物等对电磁波传播的影响。因此，标校塔法一般适用于小尺寸天线系统的标校。此外，该方法中对各误差项的测量标定通常要用到反向法和正倒镜法，因此被测天线俯仰转动范围要求达到 0~180°。

对于被测系统中的天线，主要是角度测量标校，因此后文对雷达系统测距标校不做描述。

8.4.2.1　标校系统组成

标校塔法的系统设施主要包括方位标、校准塔、光轴标校板等，标校测量工具包括合像水平仪、电子水平仪、T3A 经纬仪等。

方位标是为精确测量天线方位角度设置的标志，在以天线为中心、半径为 R 的圆周内均匀布设若干标志，如图 8-27 所示。方位标与天线之间要能够通视，根据环境条件，距离 R 一般不小于 500m，距离越大，精度越高。每个方位标上有独立点光源供望远镜瞄准，望远镜瞄准方位标时的俯仰角一般在 2°以内。

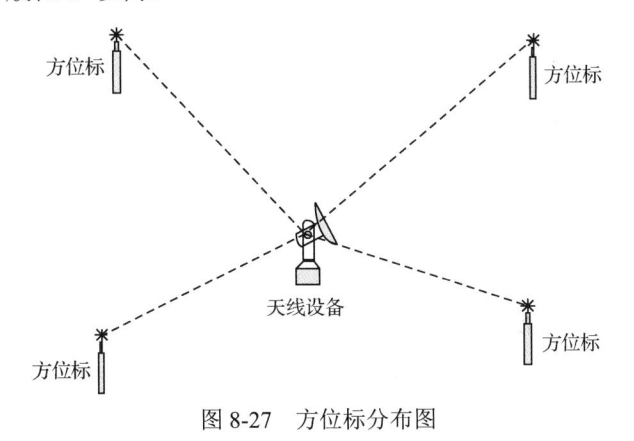

图 8-27 方位标分布图

标校塔塔顶设置有信标和标校板，用于标定天线定向灵敏度和光电轴匹配度。根据被测天线的尺寸和工作频段，信标与被测天线的直线距离 R 应满足：

$$R \geqslant 2D^2/\lambda$$

式中，D 为被测天线直径，λ 为工作波长。

为减少地面反射影响，标校塔高度应满足被测天线对准信标时的俯仰角不低于 3°，如图 8-28 所示。

水平仪用于检测天线方位转盘的不水平度以及方位轴与俯仰轴的正交度，经纬仪用于测试天线的方位大地角和俯仰大地角，可采用光学经纬仪或电子经纬仪，如图 8-29 所示。

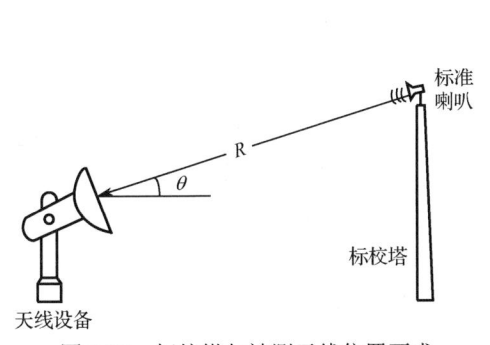

图 8-28 标校塔与被测天线位置要求

图 8-29 光学经纬仪

对天线标校前，应对系统做大地测量，获得被测天线坐标（三轴中心）经纬度、大地高度和垂线偏差及其与各方位标的大地方位角和俯仰角。

8.4.2.2 标校流程

天线角度标校先标定光轴与机械轴的一致性，再标定光轴与电轴的一致性，标校的主要项目为：

- 方位轴铅垂度；

- 光轴与机械轴一致性；
- 方位轴与俯仰轴垂直度；
- 方位角零值与俯仰角零值；
- 光轴与电轴一致性；
- 天线重力下垂；
- 定向灵敏度。

1. 方位轴铅垂度

方位轴铅垂度一般采用水平仪检测（见 8.3.1.1 节），检测时水平仪的测量轴通过方位转盘中心，从方位角 0°开始，每转一定角度测试记录一次水平角，利用最小二乘法拟合出方位角与倾斜角的曲线，可以获得最大的倾斜角 γ_m 和对应的方位角 A_m。运用球面直角三角形公式（见 3.3.1 节），可以得出方位轴铅垂度误差引起的天线方位角和俯仰角的误差 ΔA_1 和 ΔE_1，计算公式如下：

$$\begin{cases} \Delta A_1 = \gamma_m \sin(A - A_m)\tan E \\ \Delta E_1 = \gamma_m \cos(A - A_m) \end{cases}$$

式中，A、E 分别为天线的方位角和俯仰角。

2. 光轴与机械轴的一致性

由于机械轴难以测量，一般用光轴与俯仰轴的垂直度来表示光轴与机械轴的偏差，其测量方法前文已有描述。将光机偏差记为 ΔA_{gj}，其引起的方位角误差 ΔA_2 为

$$\Delta A_2 = \Delta A_{gj} \sec E$$

式中，E 为目标俯仰角测量值。

俯仰角的光机偏差已在方位铅锤度和俯仰角零值中反映，不用单独标定。

3. 方位轴与俯仰轴的垂直度

前文已对方位轴与俯仰轴垂直度误差的测量方法做了描述，这些方法多用于在厂房内对已安装完成的天线座轴系精度进行检测。对于室外场地安装完成的天线，还可以采用光学望远镜反向法，通过测量北极星大距时刻的天文方位角变化，获得两轴的垂直度误差 δ_m。

通过球面直角三角形公式，可以求得因两轴垂直度误差引起的天线方位角误差 ΔA_3 和俯仰角误差 ΔE_3 为

$$\Delta A_3 \approx \delta_m \tan E$$

$$\Delta E_3 \approx \frac{\delta_m^2}{2} \tan E$$

由于俯仰角误差为二阶微量，通常可以忽略不计。

4. 方位角零值与俯仰角零值

天线方位角零值是指天线机械轴对准大地正北时方位轴角编码器的输出值，俯仰角零值是指天线机械轴与大地水平时俯仰轴角编码器的输出值。

通过天线上的望远镜或标校电视对准方位标观测可标定方位角和俯仰角零值。方位标经过大地测量可获得其在天线坐标系下的方位角和俯仰角,将第 i 个方位标的方位俯仰角分别记为 A_{ei}、E_{ei}。转动天线,使天线上望远镜对准方位标的十字线,读取天线的方位轴角、俯仰轴角编码器的输出值 A_{ai}、E_{ai}。

设望远镜与天线机械轴的水平和垂直距离分别为 D_x、D_y,第 i 个方位标与天线的距离为 R_i,则天线观测值与大地测量值之差为

$$\Delta A_{ai} = A_{ai} - A_{ei} - \frac{D_x}{R_i} \tag{8-13}$$

$$\Delta E_{ai} = E_{ai} - E_{ei} - \frac{D_y}{R_i} \tag{8-14}$$

按照以上方法对 n 个方位标进行观测,取平均值即可求出天线的方位角零值和俯仰角零值

$$A_0 = \frac{1}{n}\sum_{i=1}^{n}\Delta A_i \tag{8-15}$$

$$E_0 = \frac{1}{n}\sum_{i=1}^{n}\Delta E_i \tag{8-16}$$

5. 光轴与电轴一致性

采用光轴标定天线座的机械指向后,需利用标校塔标定光轴和电轴的一致性,标定过程如下。

将被测天线电轴在俯仰上对准校准塔上喇叭中心(简称归零),望远镜在方位上对准校准塔上井字形标板左下角十字标。

使天线电轴在方位上对准校准塔上发射信号源信号,在望远镜中读取方位偏差值 ΔA_{Li},重复测量 n 次($n>5$),计算左下角测量时俯仰上光电偏差如下:

$$\Delta A_L = \frac{1}{n}\sum_{i=1}^{n}\Delta A_{Li} \tag{8-17}$$

按照以上方法,将天线方位归零,望远镜在俯仰上对准校准塔上井字形标板左下角十字标;使天线电轴在俯仰上对准校准塔上发射信号源信号,在望远镜中读取俯仰偏差值 ΔE_{Li},重复测量,计算左下角测量时方位上光电偏差如下:

$$\Delta E_L = \frac{1}{n}\sum_{i=1}^{n}\Delta E_{Li} \tag{8-18}$$

将天线方位旋转 $180°$,俯仰旋转 $180°-2E$(E 为标校塔上电标相对天线的俯仰角),将天线电轴在方位和俯仰上对准标校塔上信号,在望远镜中读取井字形标板右上角十字线偏差 ΔA_{Ri}、ΔE_{Ri},重复对准信号测量,计算右上角测量时方位上光电偏差如下:

$$\Delta A_R = \frac{1}{n}\sum_{i=1}^{n}\Delta A_{Ri} \tag{8-19}$$

$$\Delta E_R = \frac{1}{n}\sum_{i=1}^{n}\Delta E_{Ri} \tag{8-20}$$

根据下式计算天线的光电偏差

$$\Delta A_{gd} = \frac{1}{2}(\Delta A_L - \Delta A_R) \tag{8-21}$$

$$\Delta E_{gd} = \frac{1}{2}(\Delta E_L - \Delta E_R) \tag{8-22}$$

方位、俯仰指向修正量分别计算如下：

$$\Delta A_5 = \Delta A_{gd}\sec E, \quad \Delta E_5 = \Delta E_{gd}$$

6. 天线重力下垂

重力下垂误差主要是指静态条件下天线结构受重力影响产生的变形误差，它主要使电轴发生俯仰方向的偏移，误差大小与天线口径和结构设计相关。

重力下垂误差 ΔE_g 检测方法与光电偏差检测方法一致，计算公式如下：

$$\Delta E_g = \frac{1}{2}(\Delta E_L + \Delta E_R) \tag{8-23}$$

重力下垂误差只对俯仰角度有影响，修正量计算如下：

$$\Delta E_6 = \Delta E_g \cos E \tag{8-24}$$

7. 定向灵敏度

在电跟踪条件下，偏离目标一定角度，产生的误差电压与偏离角度比值即为定向灵敏度。一般通过天线对校准塔或同步卫星进行检测。

以电零点为中心，分别在方位和俯仰上偏开天线，使误差电压达到伏级，记录光轴标校板的偏差值 ΔA_i、ΔE_i 和方位、俯仰的角误差电压 ΔU_{Ai}、ΔU_{Ei}，重复测试 n 次（一般 n 大于5），取 n 次测量的平均值，记为 ΔA、ΔE、ΔU_A、ΔU_E。根据公式计算天线的方位和俯仰定向灵敏度 C_A、C_E。

$$\begin{aligned} C_A &= \Delta U_A/(\Delta A + \Delta A_{gd}) \\ C_E &= \Delta U_E/(\Delta E + \Delta E_{gd}) \end{aligned} \tag{8-25}$$

综合以上7项误差的修正量，得出总的指向修正计算公式

$$\begin{aligned} A &= A_c - A_0 - \gamma_m \sin(A_c - A_m)\tan E_c - \delta_m \tan E_c - [\Delta A_{gj} + \Delta E_{gd} + (\Delta U_A/C_A)]\sec E_c \\ E &= E_c - E_0 - \gamma_m \cos(A_c - A_m) - \Delta E_{gd} - \Delta E_g \cos E_c - (\Delta U_E/C_E) \end{aligned} \tag{8-26}$$

式中，A、E 为轴系误差和零位修正后的方位角、俯仰角；A_c、E_c 为天线方位、俯仰轴角输出值；A_0、E_0 为天线方位、俯仰零位；γ_m、A_m 为天线方位转盘最大倾斜量和最大倾斜方向方位角；δ_m 为方位、俯仰两轴不正交误差；ΔA_{gj} 为光轴与机械轴（俯仰轴）偏差；ΔA_{gd}、ΔE_{gd} 为天线方位、俯仰光电偏差；ΔE_g 为天线重力下垂误差；ΔU_A、ΔU_E 为天线的方位、俯仰误差电压；C_A、C_E 为天线的方位、俯仰支路定向灵敏度。

8.4.3 射电源法指向标校

前文介绍了影响天线指向精度的各种误差以及各单项误差的测量与校正方法。对于外场天线标校，采用标校塔方法受到环境条件制约，尤其是天线和标校塔的距离要求通常因场地限制难以满足。此外，标校塔无法实现天线对于多目标、全天区的标校需求，标校精度也难以满足高频段大尺寸天线的要求。工程中，对于指向精度要求较高的天线，通常采用射电源法指向标

校，可以很好地解决场地限制、标校目标少等问题。

射电源法是通过对已知射电源的观测，利用最小二乘法确定天线指向误差修正模型中的相关参数，实现天线指向标校。基于前文对指向误差源的分析，需要修正的误差项包括电轴与俯仰轴不正交、俯仰轴与方位轴不正交、方位轴不垂直、重力变形、轴角编码零点误差、大气折射等，据此建立以下天线的指向误差修正模型，模型中 8 个参数分别代表了天线各项误差系数。

$$\Delta A = C_1 + C_3 \cos A \tan E + C_4 \sin A \tan E + C_5 \tan E + C_6 \sec E \quad (8\text{-}27)$$

$$\Delta E = C_2 - C_3 \sin A + C_4 \cos A + C_7 \cos E + C_8 \cot E \quad (8\text{-}28)$$

式中，C_1 为方位零位误差；C_2 为俯仰零位误差；C_3 为南北倾斜误差；C_4 为东西倾斜误差；C_5 为俯仰方位不正交误差；C_6 为电轴不准直误差；C_7 为重力变形误差；C_8 为电波折射误差。

射电源法指向标校的原理是根据天线地理位置和拟选择观测的已知射电源数据，计算当前天线方位、俯仰值，引导天线完成对射电源的跟踪、偏开、扫描等观测，同时记录当前射电源理论位置、天线实际指向和功率计输出的信号幅度。根据射电源扫描观测数据完成天线指向误差测量，并计算出指向误差修正模型中各项修正参数，完成天线系统标校。标校系统原理如图 8-30 所示。

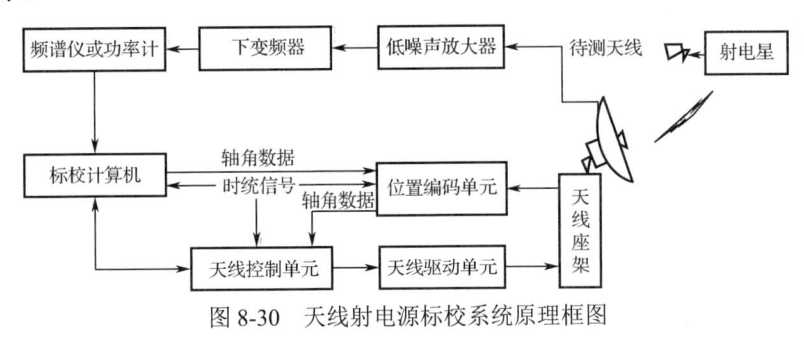

图 8-30 天线射电源标校系统原理框图

8.4.3.1 标校系统组成

射电源标校，需要将射频信号变频至中频信号，通过功率计进行信号解析，由标校计算机联合天线控制单元一并进行信息处理。标校系统由变频器、中频切换开关、均衡器、功率辐射计、标校计算机、标校机柜远程加电单元等组成，标校分系统组成框图如图 8-31 所示。

为了优化系统设计，射电源标校系统借用天线控制单元（ACU）备机作为标校计算机，标校分系统软件与天线控制软件同时运行在天线控制单元内，具有较强的通用性，通过网络接口与天线控制软件同时进行数据交互，能够满足天线的标校需求。

系统的外部接口主要包括：
- LNA 与下变频器接口；
- 角度编码/时码单元与标校计算机接口；
- 标校计算机与 ACU 接口；
- 下变频器与时频分系统接口；
- 标校计算机与倾斜仪、温度采集单元、气象站的接口。

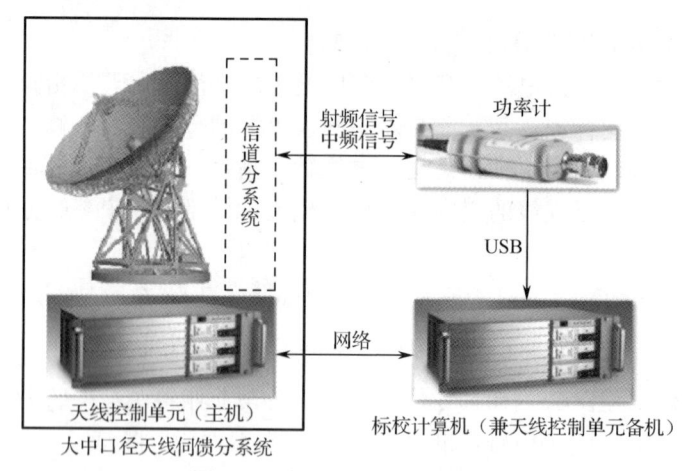

图 8-31 标校分系统组成框图

标校系统的基本功能如下：
- 建立射电源的数据库，根据频段手动或自动选择数据库内的射电源；
- 生成射电源规划，绘制轨迹分布图，便于制作观测规划；
- 实时计算选定射电星方位及俯仰角度，向天线控制单元发送引导数据；
- 实时显示辐射计输出电压曲线、射电星理论角度、天线实时角度、时间等信息；
- 实时存储射电星理论角度、观测时间、天线实时角度、辐射计输出电压等数据；
- 根据所观测的误差角度数据，自动扣除大气折射影响，计算出天线轴系误差修正参数；
- 采集接收气象站、天线上倾斜仪等传感器的数据，配合完成修正数据的实时计算，送给天线控制单元。

1. 标校计算机

标校计算机采用通用主流工业控制计算机作为操作平台，安装有射电星角度标校软件，可实现标校自动化。主机将鼠标、键盘和显示器进行一体化设计，实物图如图 8-32 所示。标校计算机独立于天线控制系统之外，并通过网络接口与天线控制单元进行数据交互，能够适用于各种口径天线的标校需求，具有较强的通用性。

图 8-32 标校计算机实物图

2. 功率计

标校设备通过功率计完成对天线接收信号的采集和解析，图 8-33 为 NRP-Z211 型功率计实物图，其体积小，携带方便，接收灵敏度高（-60～+20dBm），接收频率范围宽，可以满足从 10MHz～8GHz 各种频段天线的测试要求。

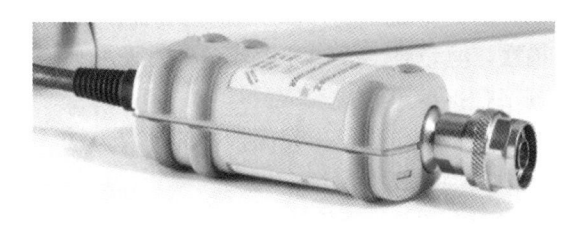

图 8-33　功率计实物图

3．标校软件

射电星标校软件主操作界面如图 8-34 所示，主要包括以下几个功能模块。

- 参数设置模块用于天线位置的预修正，保证天线对准所测目标；
- 轨道预报模块用于星体位置的预报，包括天线扫描方式控制、预报方式选择、大气修正参数以及站址坐标的输入等；
- 综合计算模块用于对单次测量的天线误差信息进行计算，包括测量数据的预读取、数据上下界范围选取、测量信号和差通道与旋向的识别以及指定探头；
- 系数解算模块完成对天线轴系误差的系数最小二乘解算；
- 自动化运行模块负责完成自动化标校过程的规划设计。

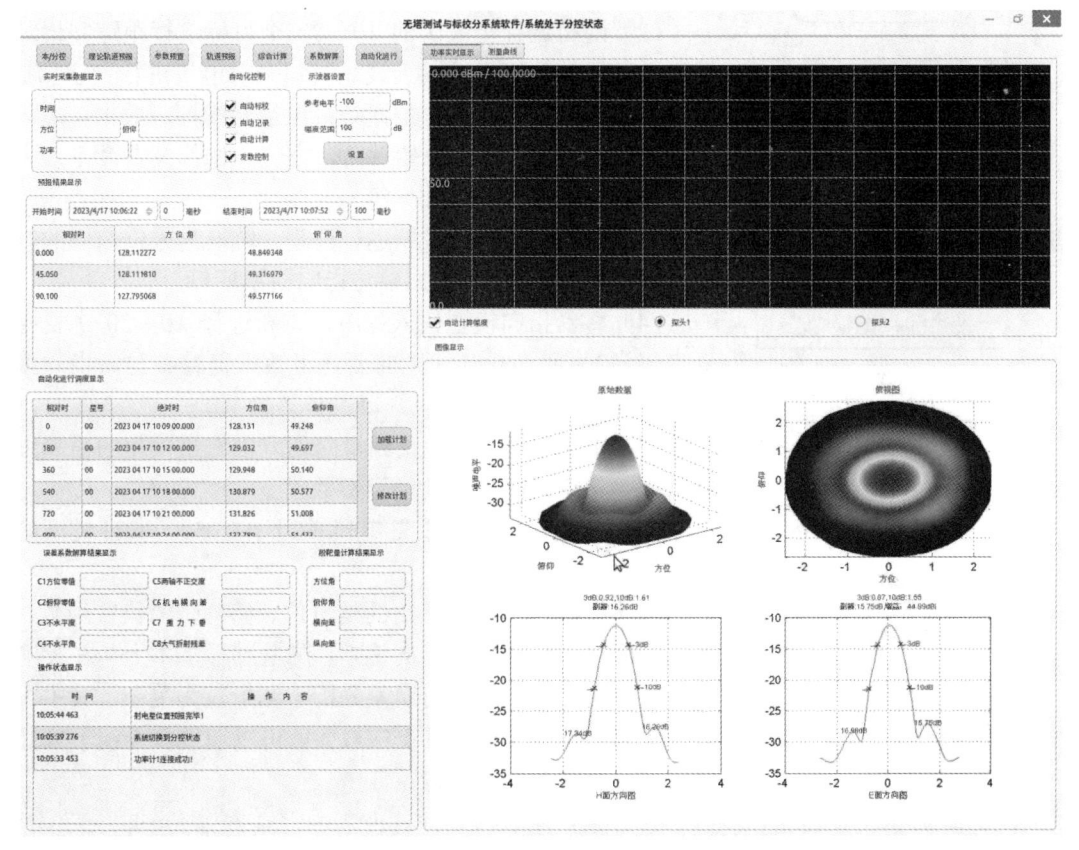

图 8-34　射电星标校软件主操作界面

8.4.3.2 标校流程

在标校过程中，波束中心确定方法一般可以采用十字扫描法和光栅扫描法。对于波束宽度较宽的，可以采用十字扫描法，但是对于天线波束较窄的，采用十字扫描法很可能出现目标漏捕的问题，一般建议采取栅格扫描的方法，获取目标中心点。

对射电星位置进行精确预报后，通过使用光栅扫描的计算方法，生成引导数据控制天线对射电星周边整个空域进行光栅扫描，获得整个空域的功率谱密度图形。

对于部分角径比较宽的射电源来说，直接获取信号最大值所对应的方位俯仰角度存在一定难度，并且会引入较大的观测误差。为了解决这个问题，软件通过设置阈值门限，选取功率在一定范围内的观测数据（通常选取 0.4~0.5 较理想），对所有数据滤波后进行高斯拟合计算，从而获得波束中心测量值，尽可能减小观测误差的引入。

对射电源进行扫描并记录功率值和天线方位/俯仰角，将其与由精密星历计算得到的命令方位/俯仰角分别求差，得到单点误差值，并计算得到修正模型数值，加入修正模型后再次进行测试。

在完成全天区所有单点指向检测后，就可以采用最小二乘法对所有的数据进行拟合。在方位范围为 360°，俯仰范围近 90°的全天区空域内，单点目标源的分布应尽量均匀覆盖，参与拟合计算的数据量足够多，条件具备时可选 90~120 个，以获得理想的标校结果。

标校流程如图 8-35 所示，主要操作步骤如下。

（1）记录气象站数据。

（2）随机选择全天区的 10~20 个目标进行跟踪并记录数据，通过标校计算机控制天线，对每个射电星进行十字扫描。同时记录天线控制数据，数据条目包括天线控制数据（采样频率 10Hz）、方位、俯仰原始轴角，方位、俯仰位置命令，大气折射修正，功率计测量数据等。

（3）对功率计测量数据进行处理，转换为方位俯仰的脱靶量（误差），并用这组数据参与指向模型解算。

（4）将新指向模型代入程序，重新选择 10~20 个目标重复步骤（2）和（3）（注意前面几组数据仍将参与新指向模型的结算）。

（5）重复步骤（4），直到指向均方根修正残差的值趋近于要求，并记录此时的指向模型参数。

（6）另选一个时间重复步骤（2）~（5），验证模型的稳定性。

上述指向修正方式采用的是方位、俯仰轴的位置函数，未考虑温度等因素导致的指向偏差，测量过程基本上是在夜晚进行。温度变化引起的指向误差分析与测量较为复杂，其中天线座轴系因温度变化产生的影响较大，可以通过在天线上安装倾斜仪进行实测和修正补偿。

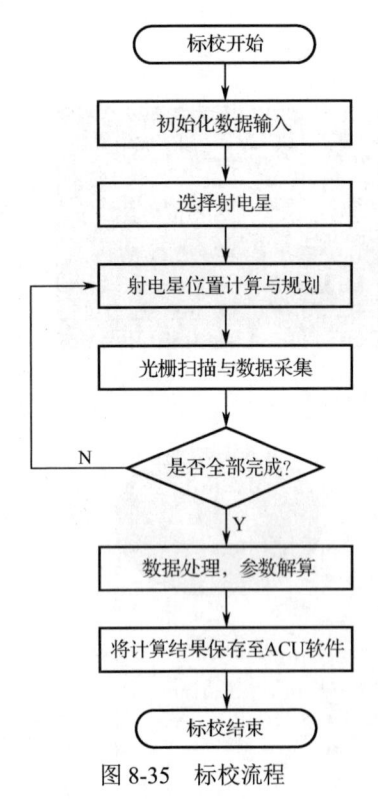

图 8-35 标校流程

8.4.3.3 光学方法指向标校

在大气透明度条件具备的情况下，可通过光学望远镜对已知星源进行观测，实现天线指向标校，也称之为光学标校，其原理及过程与上述射电源法标校近似。

光学法标校仍然采用式（8-27）、式（8-28）给出的模型，只是其中的参数 C_6 不再是天线的电轴不准直误差，而是表征观测用望远镜的光轴不准直误差。因此，望远镜安装过程应尽量减小光轴与电轴的误差。

随着光学仪器技术的发展，微光电视系统在光学指向标校中得到广泛应用，其图像信号由一个图像中心点追踪器处理，该追踪器可产生基于时间序列的跟踪误差信号，用于评估天线的跟踪性能。

测试过程包括光学静态指向模型的标校，在夜间进行各种光学指向和跟踪测试。测试前应进行预测试，以描述光学指向相机对地面稳态目标的稳定性。预测试时应监视超过一个夜晚时间的热稳定性及重力载荷循环作用下的可重复性（俯仰运动）。

测试时，如果天线未安装馈源且馈源自重较大，应安装相应虚拟配重模块代替以保证天线承受的载荷与实际工作状态一致。

光学法进行测试时，一般使用专门的测试软件通过以太网接口连接和控制天线。相机的前反射板应暂时移除，防止挡住相机的照射光线。同时，测试前应对相机的指向进行标校，机械方向与测试的天线平行，并将误差控制在 0.5° 以内。

某 15m 天线光学指向测试系统如图 8-36 所示，测试所需设备如表 8-2 所示。

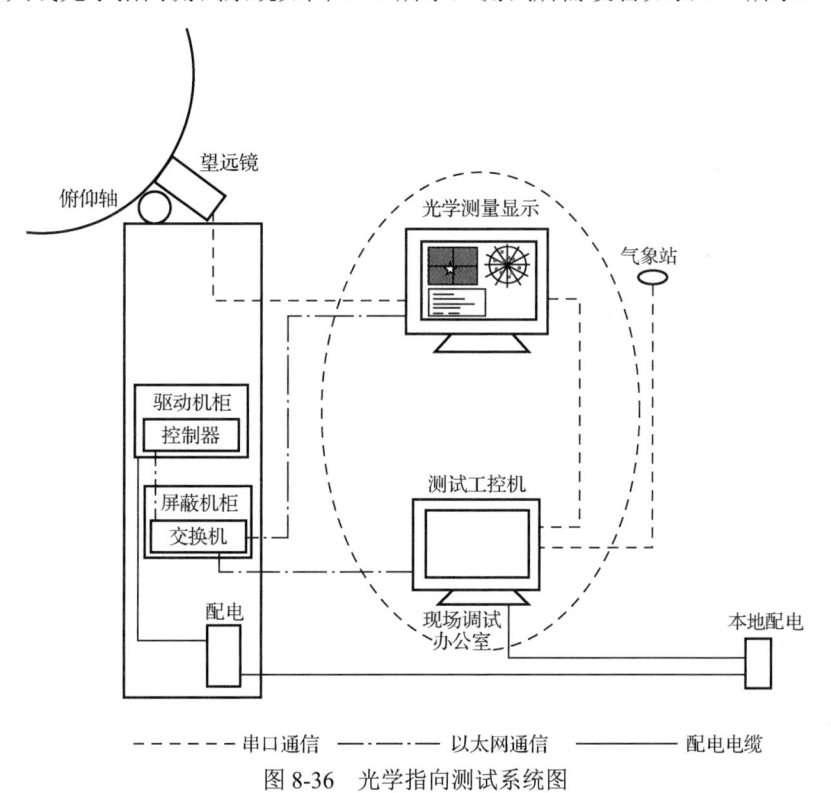

图 8-36 光学指向测试系统图

表 8-2　光学指向测试设备列表

序　号	设　备　描　述	设　备　型　号
1	光学指向设备	CIOMPTV100-1200
2	OCS 计算机	
3	图形显示器	
4	903 相机系统	
5	转换盒	
6	线缆	
7	设备容器（靠近座架）	N/A
8	相机操作软件	N/A
9	测试用工控机	610H
10	以太网连接设备 电磁兼容屏蔽转换器 光纤（25m） CAT 5 型网线（2m）	N/A
11	气象站数据	风途 CQX6
12	温度传感器（iButtons）	RS-WS-N01-2

系统主要由微光电视光学镜头（包括调焦、变倍机构和镜头保护盖、CCD 摄像机、调焦变倍电控系统、机上电源、电源滤波器）、电视跟踪系统［包括图像跟踪器、计算机主板、CPCI 通信卡、图像采集卡、DA 卡（可选，用于输出模拟脱靶量）］组成，所有机下控制板卡均插入计算机箱内。其中微光电视光学镜头对外有 3 个接口，分别为电源接口、视频接口、通信接口。电源接口接 220V 交流电，视频接口输出 CCIR 制式的视频，通信接口为 RS422 接口，用于同 CPCI 计算机进行通信。相机、相机控制模块、光学镜头、光学镜头控制模块组成电视光学镜头部分。

校准过程中的环境条件非常重要，应通过气象站获取和记录当前的天气状况。测试应在夜间进行，此时环境温度稳定、风速低、座架结构温度稳定且热梯度可忽略不计。一般环境条件要求如下：

- 风速（1000s 平均）：≤3m/s；
- 环境温度：5～25℃；
- 环境温度变化率：≤2℃/10min；
- 座架结构温度变化率：≤2℃/10min；
- 座架结构热梯度：≤1℃。

上述环境条件一般被定义为天线高精度的工作环境，对于更恶劣的环境条件，需在采用上面标校方法的基础上，开展动态实时指向标校，通过设置温度传感器、倾斜仪和气象站等传感器的配置并合理布局，采用多传感器数据融合的方法，实时修正不均匀温度、不均匀日照和阵风带来的天线指向偏差，进而可以建立模型或查表加以修正，从而实现天线的高精度动态指向的实时修正。由于实时修正模型比较复杂，需要通过现场长期观测才能达到效果，因此，指向估算时暂不考虑此项修正对指标的贡献，仅认为传感器修正为指向精度预算提供一些裕量。

第 9 章
天线系统结构状态监测与故障诊断

天线结构的状态监测与故障诊断是天线系统的重要组成部分。一方面，天线结构是保证天线性能的基础，天线结构的健康状态监测和故障诊断对于保障天线平稳运行、减少停机损失、避免事故发生具有十分重要的意义。另一方面，受限于环境、人员等诸多因素，某些大型天线往往位于高海拔或偏远的环境恶劣的地区，导致现场无法长期驻扎专业维保人员。因此天线结构的状态监测与故障诊断成为天线系统必不可少的一项组成部分。本章对天线结构常见的故障、天线结构状态监测相关技术以及故障诊断技术进行介绍。

9.1 常见故障与典型案例

天线结构与其他机械结构有相似的地方，但也有一些独特的故障现象和特征，本节对天线常见的故障进行介绍。

9.1.1 驱动传动系统故障

驱动传动系统是天线结构中的关键环节，驱动传动系统也是天线系统中的主要活动组件。天线传动系统中常见的部件主要包括减速器、回转轴承、电机等。一般而言，天线反射体作为负载，通过回转轴承与支撑结构相连，由电机-减速器组合驱动。驱动传动系统也是天线系统中相对容易发生故障的子系统，本节总结了驱动传动系统中常见的故障。

9.1.1.1 减速器故障

减速器主要由轴、齿轮、轴承和壳体组成，一般为密封结构，内部填充润滑油或润滑脂。

（1）齿轮故障。齿轮故障常见形式包括齿断裂、齿面磨损、齿面腐蚀与齿面剥落。当齿断裂故障发生时，齿轮箱振动信号会产生明显的幅值和频率成分变化，且有异常的故障声音。齿面故障的表现包括齿轮游隙不稳定、齿轮径向间隙过大。对应的减速器振动信号表现为齿轮啮合频率及其高次谐波成分幅值增大，时域波形中存在调幅调制现象，以齿轮的啮合频率或固有频率及其谐频为载频，齿轮所在轴转频及其倍频为调制边频，同时可能伴有温升现象。

（2）轴的故障。常见的轴的故障是不平衡和不对中。不平衡故障发生时，减速器振动信号中1 倍频谐波成分幅值变化明显，当轴转速增大时，幅值增加很快；当转速下降时，若处于共振范围外，则幅值可能趋近于零。不对中故障发生时，轴运行频率的 2 倍频幅值会突出，有时也伴随较为清晰的 3 倍频或更高倍频。与不平衡故障相比，不对中故障的振动信号幅值与转速关系不大。

（3）轴承故障。轴承故障的主要形式包括磨损、点蚀、裂纹、表面脱落等。这些故障发生时，轴承振动信号都会呈现周期性特征。轴承故障一般发生在内圈、外圈、滚动体、保持架等位置，不同位置发生故障时振动信号中不同频率成分幅值会增大，该频率被称为故障特征频率，故障特征频率与当前轴承转速和各部件几何尺寸有关。

9.1.1.2 回转轴承故障

反射面天线各轴系一般通过回转轴承支撑，此类回转轴承有转速慢、承载载荷大等特点，其容易出现的故障主要有两类，一类为磨损类故障，另一类为表面损伤类故障。

（1）磨损类故障。在正常使用和保养维护的情况下，大型回转轴承的磨损是一个周期较长的过程，所以这类磨损故障是一个渐进性的故障。磨损故障发生时，大型回转轴承的振动特征与正常轴承的振动特征没有明显区别，均为随机性振动，但故障轴承的振动幅度较正常轴承更大。因此在诊断此类故障时，主要依赖振动信号的有效值和峰峰值。在建立轴承监测系统时，要考虑到此类渐进性故障，应长期保留轴承运行状态数据，可以与历史状态数据比对来判断轴承状态。

（2）表面损伤类故障。与磨损类故障相比，表面损伤类故障对回转轴承的危害更大，并且可能很快对轴承造成破坏，威胁到天线结构的安全，应予以充分重视。回转轴承滚子经过损伤点时会产生冲击，反映在振动响应中为突变的脉冲信号。这种振动信号可以分成两部分：第一部分是滚子经过损伤点表面时产生的周期性低频冲击成分。这类振动成分是周期性的，对应的频率值与回转轴承运行转速和几何尺寸有关，被称为特征频率。表面损伤发生在回转轴承的不同部位时，对应的特征频率也不相同，因此可以通过特征频率判断故障来源是内圈、外圈还是滚子。第二部分是冲击激励造成的回转轴承自由振动。当滚子经过损伤位置时，相当于对回转轴承施加了冲击载荷，该冲击激励不是持续性的，因此冲击激励后回转轴承系统做自由衰减运动，产生自由振动。该振动的频率对应了回转轴承系统固有频率。固有频率包括了轴承内、外圈的径向弯曲振动和滚子的自由振动。这些振动频率均会反映在振动传感器测量的信号中。与第一类振动成分相比，第二类振动，即轴承系统自由振动频率相对较高。

9.1.1.3 电机故障

天线系统一般采用伺服电机驱动，伺服电机主要包括转子、定子、轴承、转轴以及电机壳体等部件，容易出现故障的部件主要是定子、转子和轴承。对于这些部件的故障，可以通过驱动电流、转速、振动等状态参数进行评估。常见的故障类型如下：

（1）定子绕组匝间短路。定子绕组匝间短路故障发生时，定子电流中的高次谐波成分明显增强，绕组的自感、互感等参数也会发生变化，这些变化会导致三相电流的相位差发生变化，因此可以根据驱动器三相电流之间的相位关系判断此类故障。

（2）转子断条。此类故障发生时，定子绕组电流会出现相应的负序电流、高次谐波分量等，但一般故障信号较弱，需要通过高分辨率方法对电信号加以处理。

（3）转子偏心。由于转子偏心会产生机械振动，也会在定子绕组电流中产生相同频率的谐波电流；如果是由于外部螺栓松动等原因导致的机械振动，则会引起绕组电流有效值的变化。机械振动幅度越大，谐波电流的有效值也越大，可以根据这种关系来判断电机是否存在偏心。

另外也可以通过安装在电机上的振动传感器判断故障的发生。

（4）绕组电流、电压等信号可以通过驱动器直接采集，目前市面上常见的驱动器一般均带有故障报警功能。除了以上常见的电信号，电机或传动润滑部分出现异常后也往往伴随着电机温度的异常，监测电机的温升也是故障监控的一种重要手段。

除以上故障外，电机轴承的故障类型与减速器中轴承的类似，这里不再赘述。

9.1.2 轴角系统故障

天线系统的轴角信息一般通过轴角编码器获得，编码器为伺服控制系统位置环路提供位置信息，直接影响天线的指向。编码器出现故障会导致系统控制失灵，甚至带来灾难性的后果。

天线系统中可能出现的轴角系统故障主要有轴角反应滞后或者回差大、编码器丢码、编码器失灵等。通常情况下，轴角编码器不直接与天线轴相连接，而是通过一个由齿轮、轴等组成的机构实现连接和转动传递，这样不可避免会带来摩擦和啮合问题。当摩擦力过大时，轴角反应会出现滞后；当齿轮啮合出现故障时，编码器输出的角度值无法真实反映天线轴角。编码器的老化、外部碰撞以及强烈干扰的影响都可能使其进入故障状态。具体表现为丢码和完全失灵两种情况。一般情况下，编码器在完全失灵前会出现丢码现象。编码器完全失灵时，伺服驱动器就会保护性地关闭输出，进入报警状态；而对于丢码现象，则不能进行准确诊断和保护，影响天线系统的精度和可靠性。

除了位置环路，天线伺服控制系统还设置了速度控制环路，速度反馈的来源是安装在电机轴上的编码器或旋转变压器。该速度信号与天线轴角反馈的角度高度相关，可以利用这种相关性对轴角系统故障做出诊断。针对轴角系统的故障诊断方法主要有主元分析方法、基于机器学习的诊断方法等。

9.1.3 构件失效故障

天线构件涵盖了除驱动传动子系统外的其他结构件，这部分结构件受载荷工况影响比较小，发生故障的概率较小。本节主要对螺栓、轮轨、齿条等相对容易发生故障的构件进行介绍。

9.1.3.1 连接螺栓失效

连接螺栓可能发生的主要故障形式有疲劳破坏、螺栓松动等。天线驱动部分连接螺栓在正常工作状态下内部会产生随驱动力变化的周期性应变，如果监测到周期外的异常应变信号（应变显著增大），意味着连接螺栓可能发生了故障。除了根据应变进行诊断，还可以通过超声波无损监测、图像识别、加装拧紧力矩传感器等方式识别螺栓失效。

9.1.3.2 轮轨故障

轮轨故障主要是磨损故障和锈蚀故障。有文献记录，利用在线图像监测工具可以对轮轨表面进行实时检测。当表面发生磨损时，所提取到的图像边缘信息会与历史图像信息存在显著差别，通过对比，可检测出磨损程度。

9.1.3.3 齿条故障

齿条一般应用于大型天线的俯仰驱动上。齿条的故障形式主要有齿面磨损和疲劳破坏。工作状态下的齿条受周期载荷作用，可通过应变的变化监测齿条是否发生疲劳破坏。齿面的磨损则可以利用图像信息加以识别，发生磨损故障时往往会伴随异响，通过噪声监测等手段也可以达到识别齿面磨损故障的目的。

9.2 状态监测系统

天线状态监测系统的主要任务是对天线系统部件状态、工作参数、工作环境、电机振动、地基沉降等参数进行采集、监测、处理分析，实现自动故障告警、定位和诊断，系统健康评估，系统日志管理。

9.2.1 监测系统组成与原理

9.2.1.1 硬件组成

为实现以上天线状态监测任务，除了充分利用天线控制单元（Antenna Control Unit，ACU）上报的伺服驱动状态，还需要在天线关键位置加装监测传感器，通过专用采集设备采集传感器输出数据，对天线状态进行实时监控。以某型俯仰-方位座架天线为例，状态监测系统硬件基本组成如图 9-1 所示。

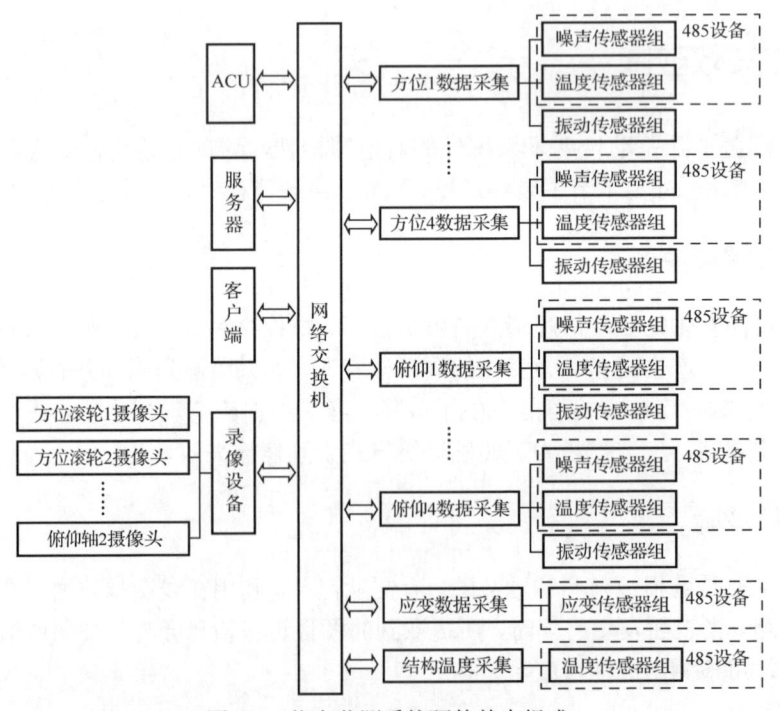

图 9-1 状态监测系统硬件基本组成

9.2.1.2 工作原理

天线状态监测系统从功能上可以分为在线实时监测部分以及离线检测部分。实时监测部分的工作模式是不干扰天线正常运行，实时采集天线运行信息并进行状态评估与诊断。由于实时监测数据量大，因此对于实时数据的管理及分析工作基本由系统自动完成。离线检测部分的工作模式是通过 ACU 发送指令使天线进入离线检测模式，以特定形式进行运动并采集相关信息，对天线进行状态评估和诊断。该模式的目的是排除因天线运行状态不同而带来的监测数据差异。通过离线检测，可以获得较为精确的天线状态变化规律，并对天线状态进行精细化分析。

天线系统结构状态监测流程如图 9-2 所示。天线状态监测系统的工作过程如下：

（1）安装在天线不同结构部件上的数据采集单元，通过传感器实时采集天线各类状态，对数据进行解析处理后经网络交换机发送至服务器。

（2）安装在服务器上的健康监测服务模块将采集到的数据进行汇集、存储，同时对数据进行预处理，按照不同数据类型进行特征提取，根据特征信息监测天线各部件运行状态，并检测是否存在异常。如果出现异常情况，则立即进行报警。

（3）天线运行状态评估模块根据健康监测服务模块提供的各类特征数据判断天线整体运行状态，并进行综合评估。如果发现存在故障，则转入故障处理程序；如果没有故障，则根据天线运行状态给出天线维护建议。

（4）故障诊断模块根据存在数据库中的状态原始记录进行故障诊断，如遇到专家库内无记录的故障类型，则转入远程会商模块进行远程故障诊断。

（5）给出整体诊断结果，给出天线故障定位以及维护保障建议。

（6）维修完成后，天线经过验证可以正常使用，将故障现象、定位以及维修过程录入专家库，完成历史数据积累。

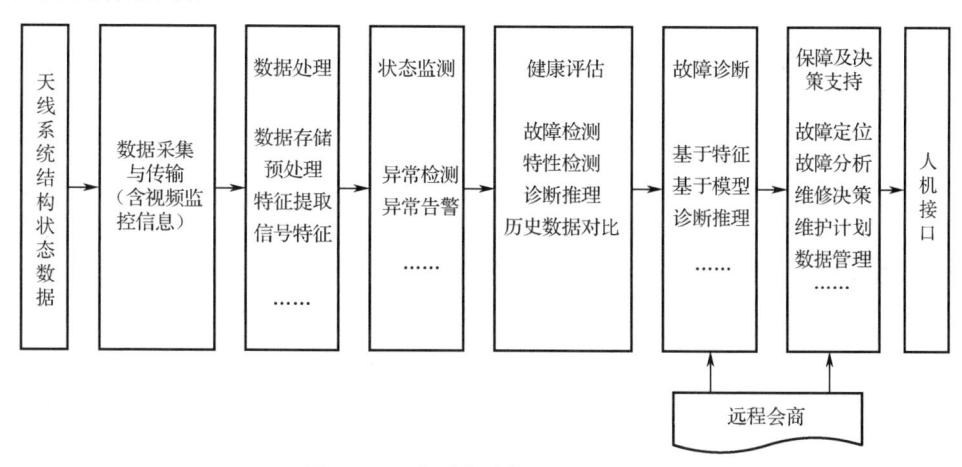

图 9-2 天线系统结构状态监测流程

9.2.2 关键技术

9.2.2.1 状态评估技术

天线状态评估技术通过选取天线系统中某些部件的特征项，结合设计指标、历史数据与工程经验，进行状态评估。

天线的运行状态是通过多个不同部件、多种不同类型数据综合表征的，因此在运行状态评估时，需要对各种不同数据表征的状态进行评估，确定其状态。根据运行状态等级分类可知，对单独一项特征进行评估时应首先判断该特征参数是否超过阈值，如果超过阈值说明该参数不合格，可直接判定天线系统结构处于故障状态；参数值在合格范围内时，则进行进一步的分析。以下描述中的"参数"均指判定合格的参数。

状态评估技术主要依据 D-S 证据理论。不同来源的参数对应的技术要求、数据类型、数据范围不尽相同，为了使不同来源的状态数据具有可对比性，需要将参数测试数据归一化处理，用归一化后的参数表征该特征的健康状态。

假设天线共有 n 个参数（状态类型），第 i 个参数的实测值为 x_i，对应的标准值为 x_s，上下阈值分别为 x_u 和 x_1，那么本次测试的测试值和标准值的偏差为 $\Delta = |x_i - x_s|$，该参数的上最大允许误差为 $\delta_1 = |x_u - x_s|$，下最大允许误差为 $\delta_2 = |x_1 - x_s|$，由此，参数的归一化值 λ_i 可定义为

$$\lambda_i = \begin{cases} \dfrac{\delta_1 - \Delta}{\delta_1}, & x_s \leq x_i \leq x_u \\ \dfrac{\delta_2 - \Delta}{\delta_2}, & x_1 \leq x_i \leq x_s \end{cases} \tag{9-1}$$

从式（9-1）中可以看出，当某参数实测结果等于标准值时，其归一化后的值为 1，这表示该参数的健康状态最好；当实测值与标准值差值增大时，归一化值也随之减小，特别地，当某参数的实测值等于上下阈值时，其归一化后的值为 0，说明此时该参数对应的特征健康状态最差。

为了方便，将天线健康状态分为优、良、中、差 4 个等级。实际上这四种健康状态没有明确界限，4 个等级具有一定的模糊特性，这种特性可以用模糊集合理论来表示。模糊集合的基本思想是把经典集合概念中的绝对隶属度关系进行模糊处理，使元素对集合的隶属程度不再局限于取 0 或 1 两个数值，而是可以取区间 [0,1] 上的任一数值，这一数值反映了元素隶属于集合的程度。

模糊集合完全可以由隶属度函数刻画。对于任意 $x \in X$，都有唯一的隶属度函数 $\mu_A(x) \in [0,1]$ 与之对应。$\mu_A(x)$ 越接近于 1，说明 x 隶属于 A 的程度越高，$\mu_A(x)$ 越接近于 0，则表明 x 隶属于 A 的程度越低。常见的隶属度函数有正态型、柯西型、三角型和降 Γ 分布等。

将天线全部参数的集合定义为域 X，将优、良、中、差等状态等级看作模糊集合 A_i（i=1，2，3，4），这样天线的任意一个参数均可用隶属度函数来描述其与四种状态等级之间的隶属关系。由于单一参数的健康程度可以用参数归一化值来表示，因此，可以利用参数实测数据的归一化值来确定该参数的隶属度函数。根据天线状态退化情况和专家经验，定义参数三角型隶属度函数如图 9-3 所示。三角型隶属度函数构造计算简单，与其他形式的隶属度函数得出的结果差别较小。

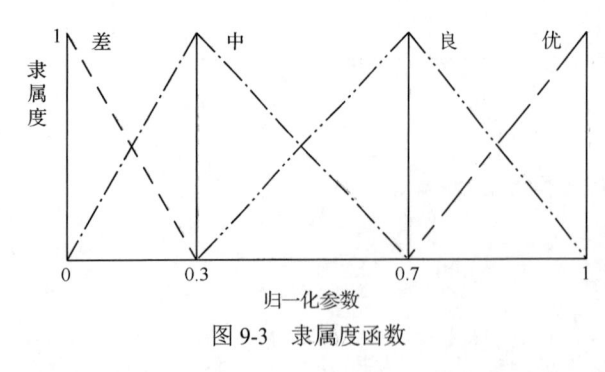

图 9-3 隶属度函数

从图中可以看出，每一个归一化参数都隶属于两个相邻的健康等级，也就是说当前参数可以属于两个健康状态等级的任何一个，只是隶属度不同。从图中曲线也可以看出，同一参数两

个不同等级隶属度之和为 1。

为了准确评估天线的健康状态，需要对各参数权重进行调整。由于实测数据的归一化值表征了参数的健康状态，归一化值越小，说明参数偏离标准值的程度越大，其健康状态越差。在实际应用中，为了能够突出健康状态较差的参数，需要对参数的权重进行调整：参数的健康状态越差、归一化值越小，则权重越大。一种可行的权重计算方式是对每一个参数的归一化值取倒数，并除以全体参数归一化值倒数之和。假设天线有 n 个状态参数，第 i 个参数的归一化值为 λ_i，则该参数的权重可表示为

$$w_i = \frac{\dfrac{1}{\lambda_i}}{\sum\limits_{k=1}^{n}\dfrac{1}{\lambda_k}} \tag{9-2}$$

从式（9-2）中可以看出，参数的归一化值越小，其权重越大；当某一参数的测试结果接近规定的上下限值时，该参数的归一化值趋向于 0，通过上式可以确定该参数的权重趋向于 1，而其他参数的权重则趋向于 0。这表明天线整体的健康状态受该参数影响最大，这与实际应用场景也是相符合的。

如果直接应用 D-S 证据理论对天线多个参数的健康状态进行合成，则所有参数所提供的证据在合成过程中的重要程度是相同的。在实际天线系统中，随着某些参数健康状态的恶化，整个天线系统的健康状态会急剧下降，此时天线系统的健康状态受这些状态较差的参数影响较大，即实际上各参数提供的证据在合成过程中的重要程度是有区别的，因此这里引入一种加权机制，用于描述证据的重要程度。

（1）根据证据源提供的证据确定识别框架内各命题的基本概率赋值，并建立证据源的权重向量：

$$\boldsymbol{w} = [w_1 \quad w_2 \quad \cdots \quad w_n] \tag{9-3}$$

（2）设 $w_{\max} = \max(\boldsymbol{w})$，引入折扣率 $\alpha_i = \dfrac{w_i}{w_{\max}}, i = 1, \cdots, n$ 对识别框架内的所有命题的基本概率赋值进行调整，调整后的基本概率赋值为

$$m_i^*= \alpha_i m_i(A_k) \tag{9-4}$$

式中，$k = 1, 2, \cdots, d_i$，d_i 为第 i 个证据提供的识别框架内的非 U 焦元个数。调整后的基本概率赋值函数不满足和为 1 的条件，补充定义：

$$m_i^*(U) = 1 - \sum_{i=1}^{d_i} m_i^*(A_k) \tag{9-5}$$

式（9-4）和式（9-5）共同构成了新的基本概率赋值函数。

（3）D-S 证据合成。

定义 X 全域：{优、良、中、差}；

识别框架（假设空间）：2^X：{优，良，中，差，Null，优或良，优或中，$\cdots$，Any}。

D-S 证据理论针对识别框架中的每一个假设都分配了概率，称为基本概率分配（Basic Probability Assignment，BPA）或是基本置信分配（Basic Belief Assignment，BBA）。这个分配概率的函数称为 mass 函数。每个假设的 mass 函数值或置信度都在 0~1 之间。空集的 mass 函数值为 0，即 $m(\varnothing) = 0$，其他假设的 mass 值的和为 1，即 $\sum\limits_{A \subseteq X} m(A) = 1$。使得 mass 值大于 0 的

假设 A 称为焦元。

两个 mass 函数的合成规则为

$$m_{1,2}(A) = (m_1 \oplus m_2)(A) = \frac{1}{K} \sum_{B \cap C = A \neq \varnothing} m_1(B) m_2(C) \qquad (9\text{-}6)$$

其中 K 为归一化常数

$$K = \sum_{B \cap C \neq \varnothing} m_1(B) m_2(C) = 1 - \sum_{B \cap C = \varnothing} m_1(B) m_2(C) \qquad (9\text{-}7)$$

多个 mass 函数的合成规则为

$$(m_1 \oplus m_2 \oplus \cdots \oplus m_n)(A) = \frac{1}{K} \sum_{A_1 \cap A_2 \cap \cdots \cap A_n = A} m_1(A_1) m_2(A_2) \cdots m_n(A_n) \qquad (9\text{-}8)$$

其中归一化常数取值:

$$\begin{aligned} K &= \sum_{A_1 \cap \cdots \cap A_n \neq \varnothing} m_1(A_1) m_2(A_2) \cdots m_n(A_n) \\ &= 1 - \sum_{A_1 \cap \cdots \cap A_n = \varnothing} m_1(A_1) m_2(A_2) \cdots m_n(A_n) \end{aligned} \qquad (9\text{-}9)$$

(4) 健康等级决策

利用 D-S 证据理论对各参数的健康状态进行合成后,可以利用基本概率赋值的决策方法对天线整体的健康状态合成结果进行决策。

假设 $\exists A_1, A_2 \subset U$ 为天线系统的两个状态等级,满足

$$\begin{aligned} m(A_1) &= \max\{m(A_i), A_i \subset U\} \\ m(A_2) &= \max\{m(A_i), A_i \subset U, A_i \neq A_1\} \end{aligned} \qquad (9\text{-}10)$$

对于预先设定的阈值 ε_1 和 ε_2,若式(9-10)成立,则认为天线状态为 A_1 的可能性大于 A_2,即最终决策为天线健康状态为 A_1。

$$\begin{cases} m(A_1) - m(A_2) > \varepsilon_1 \\ m(U) < \varepsilon_2 \\ m(A_1) > m(U) \end{cases} \qquad (9\text{-}11)$$

9.2.2.2 寿命预测技术

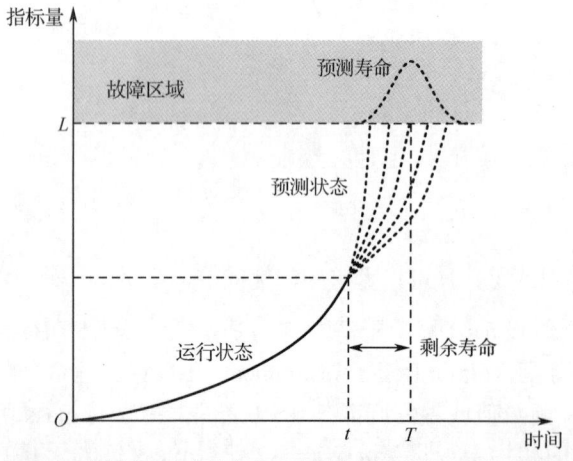

图 9-4 剩余使用寿命的定义以及剩余使用寿命分布的示意图

天线部件的剩余使用寿命(Remaining Useful Life,RUL)是指天线部件从当前至发生故障的预计可持续正常工作时间。图 9-4 给出了剩余使用寿命的定义以及剩余使用寿命分布的示意图。图中 t 表示当前天线部件的运行时长,在 t 时刻之前天线部件处于正常运行状态。在天线部件正常运行阶段,监测能够反映天线部件运行状态的指标量,并定义故障状态阈值 L,通过预测算法即可获得剩余寿命估计值 $T\text{-}t$。

以天线驱动齿轮箱为例,在天线反射体偏心载荷以及风载荷的作用下,齿轮箱内部齿轮、轴、轴承等组件会出现磨损、

润滑不良等问题。这些轻微故障会反映在齿轮箱性能表现中，选定合适的指标量，可以得到如图 9-5 所示的齿轮箱性能退化图。

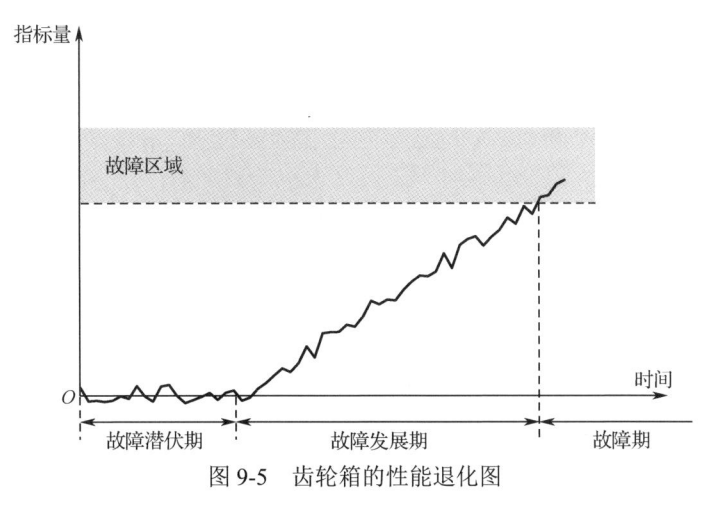

图 9-5　齿轮箱的性能退化图

从图中容易看出，齿轮箱的性能退化历程分为 3 个阶段。首先是故障潜伏期，在这个阶段反映齿轮箱运行状态的指标量无明显变化；第二个阶段是故障发展期，在经历一段时间的正常运行后，指标量呈现清晰的逐渐增大的趋势，齿轮箱内部故障处于扩展和发展阶段；在故障发展到一定程度时，天线部件进入故障期，无法满足正常运行要求。

齿轮箱在故障潜伏期性能退化的趋势相对较小，且指标量稳定，通常采用基于 Wiener 过程的概率统计模型对天线结构的退化过程进行预测。

随着天线部件故障发展，反映天线部件性能状态的指标量数据呈现逐渐上升的变化趋势，并且受天线运行工况、外载荷的影响而表现出一定的随机波动。定义天线部件在 t 时刻的性能退化指标量 $X(t)$ 为

$$X(t) = c + \mu t + \sigma B(t) \tag{9-12}$$

式中，c 为天线部件性能退化指标量的初始值；μ 是反映天线部件性能退化趋势的漂移参数；σ 为描述误差或外界干扰等因素对模型退化趋势造成影响的扩散参数；$B(t)$ 是标准的布朗运动。那么式中的天线部件性能退化指标量服从正态分布 $N(c+\mu t, \sigma^2 t)$。当测量数据经过验证符合 Wiener 过程后，可以利用极大似然估计等方法对扩散参数和漂移参数进行计算。对于同一周期内的性能退化指标量 x_j 和 x_{j+1}，性能退化指标量的增量 δ_{x_j} 可以表示为

$$\delta_{x_j} = \mu \delta_{t_j} + \sigma \delta_{B(t_j)} \tag{9-13}$$

式中，$\delta_{x_j} = x_{j+1} - x_j$，$\delta_{t_j} = (t_{j+1} - t_j)$，$\delta_{B(t_j)} = B(t_{j+1} - t_j)$。由于 $X(t)$ 服从正态分布 $N(c+\mu t, \sigma^2 t)$，那么退化指标量的增量 δ_{x_j} 也服从正态分布 $N(\mu \delta_{t_j}, \sigma^2 \delta_{t_j})$，其概率密度函数为

$$f_{\mu,\sigma}(\delta_{x_j}) = \frac{1}{\sqrt{2\pi\sigma^2}} \exp\left(\frac{-[\delta_{x_j} - \mu(t_{j+1}-t_j)]^2}{2\sigma^2}\right) \tag{9-14}$$

对于 Wiener 过程中每一个退化量的增量的集合 $\delta_X = (\delta_{x_0}, \delta_{x_1}, \cdots, \delta_{x_{m-1}})$，相应的对数形式的极大似然函数为

$$\ln f(\delta_X) = m \frac{1}{\sqrt{2\pi\sigma^2}} - \sum_{j=0}^{m-1} \left(\frac{-[\delta_{x_j} - \mu(t_{j+1}-t_j)]^2}{2\sigma^2}\right) \tag{9-15}$$

等式两边分别对 μ 和 σ 求偏导数，并令原式等于 0，可以估计出 Wiener 过程的漂移参数和扩散参数值。

$$\frac{\partial \ln f}{\mu} = \frac{1}{m}\sum_{j=0}^{m-1}\frac{\delta_{x_j} - \mu(t_{j+1} - t_j)}{\sigma^2(t_{j+1} - t_j)} = 0 \tag{9-16}$$

$$\frac{\partial \ln f}{\partial \sigma} = \sum_{j=0}^{m-1}\left[-\frac{1}{\sigma} + \frac{\delta_{x_j} - \mu(t_{j+1} - t_j)^2}{\sigma^3(t_{j+1} - t_j)}\right] = 0 \tag{9-17}$$

以上两式联立求解可以分别得到 μ 和 σ 的极大似然估计为

$$\hat{\mu} = \frac{1}{m}\sum_{j=0}^{m-1}\frac{\delta_{x_j}}{t_{j+1} - t_j} \tag{9-18}$$

$$\hat{\sigma} = \left[\frac{1}{m}\sum_{j=0}^{m-1}\frac{(\delta_{x_j} - \hat{\mu}(t_{j+1} - t_j))^2}{t_{j+1} - t_j}\right]^{\frac{1}{2}} \tag{9-19}$$

定义故障阈值 L，当性能退化指标量 x_m 首次达到阈值时，认为天线部件已经失效，其过程可以表示为

$$T = \inf\{t : x_t \geq L \mid x_p < L, 0 \leq p < t\} \tag{9-20}$$

当采用带漂移的 Wiener 分布时，天线部件的第一次故障时间将服从参数为 η 和 ξ 的逆高斯分布，即 FHT $\sim$ IG(η, ξ)，那么天线部件首次达到故障阈值 L 时，天线部件寿命概率密度函数可以表示为

$$f(t) = \sqrt{\frac{\xi}{2\pi t^3}}\exp\left[-\frac{\xi}{2\eta^2}\frac{(t-\eta)^2}{t}\right] \tag{9-21}$$

式中，η 和 ξ 分别为

$$\eta = \frac{L}{\mu}, \quad \xi = \frac{L^2}{\sigma^2} \tag{9-22}$$

将参数 η 和 ξ 代入式中，可以得到天线部件的寿命概率密度函数为

$$f(t) = \sqrt{\frac{L}{2\pi\sigma^2 t^3}}\exp\left[-\frac{(L - c - \mu t)^2}{2\sigma^2 t}\right] \tag{9-23}$$

则天线部件的剩余使用寿命可以表示为

$$T_{\text{RUL}} = T_L - \tau \tag{9-24}$$

其中 T_L 表示天线部件首次达到故障阈值的时间，τ 表示天线部件的当前运行时间。

由于天线部件的寿命概率密度函数服从逆高斯分布，从图 9-6 中可以看出，当 $f(t)$ 越大时，表明天线部件到达故障值 L 的概率也越大。将最大概率密度 $f_{\max}(t_z)$ 对应的 t_z 作为天线部件的寿命上限，T_L 为

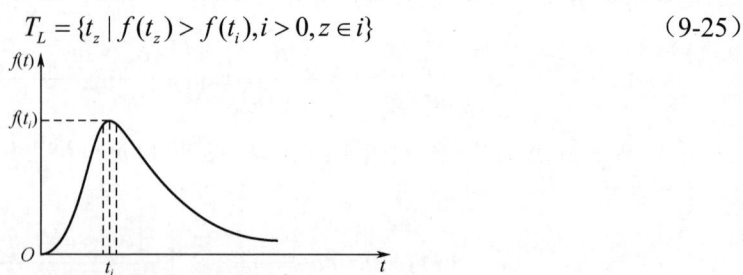

$$T_L = \{t_z \mid f(t_z) > f(t_i), i > 0, z \in i\} \tag{9-25}$$

图 9-6 逆高斯分布的概率密度函数图形

9.2.3 工程实例

为某大型天线设计了天线健康监测系统，该系统分为数据采集子系统和数据管理与综合分析子系统。其中，数据采集子系统主要包含数据采集仪、交换机、监控录像设备以及温度、噪声、振动等传感器设备；数据管理与综合分析子系统主要包含状态监测服务器和客户端。

9.2.3.1 数据采集子系统

为方便部署并提高传感器可用性，本系统选用了国产隔离监测型加速度传感器。该类型传感器内置了高精度、小体积电荷放大单元，需要4~6mA恒流供电，为此开发了专用的加速度数据采集设备。该数据采集设备是一款专门针对复杂试验现场进行长期监测的高精度数据采集测试测量仪器。可采集振动、噪声、冲击、应变、压力、电压等各种物理信号。针对监测型仪器的使用特点，该款仪器具有接线方便牢靠、性能稳定、功能丰富、指示清晰、散热性能优越等特点。采用24位高精度A/D芯片和高速FPGA，可采集、分析带宽为0~20kHz的有效信号。数据采集设备采用工业级分布式采集设备，具体硬件参数如表9-1所示，其实物图如图9-7所示。

表9-1 A/D模拟输入硬件参数

硬件参数	参数值
通道数	8
精度	24位Δ-∑方式
幅值误差	小于0.5%
幅值线性度	小于0.05%
频率误差	小于0.01%
采样频率范围	6.25Hz~51.2kHz
最大输入量程	±10V
增益放大	1倍，10倍，100倍，1000倍
输入耦合	DC/AC/IEPE
输入噪声	<1μV（最大放大倍数折算到输入端测量值）
数据接口	以太网（RJ45）
数字接口	RS485总线、RS422、RS232
外部供电	220V AC、9~18V DC 或 PoE
对外供电	24V

传感器主要包括振动加速度、温湿度、噪声等传感器，以及视频监控设备等。主要采用的传感器如下所述。

1. 监测用振动加速度传感器

振动传感器外观如图 9-8 所示,其性能指标如表 9-2 所示。

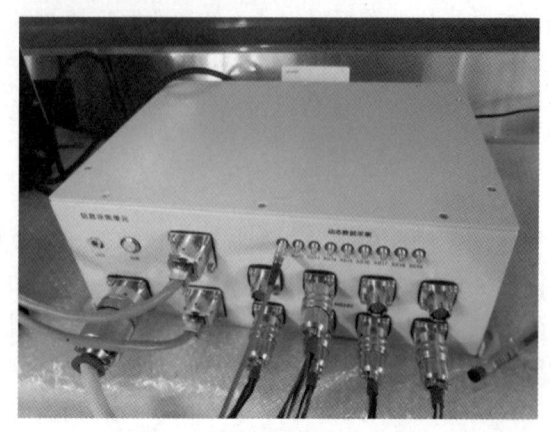

图 9-7　数据采集设备实物图　　　　图 9-8　振动传感器外观图

表 9-2　振动传感器性能指标

性 能 指 标	值
灵敏度（20±5℃）	100±5mV/g
测量范围（峰值）	±50g
最大横向灵敏度	<5%
频率响应（±5%）	1～5000Hz
幅值线性度	≤2%
工作温度范围	−40～+120℃
温度响应	见温度曲线
冲击极限（峰值）	3000g
噪声	<40μV
输出阻抗	<100Ω
供电电源（恒流源）	+18～24V DC
工作电流	2～10mA
直流偏置电压	12±2V DC
基座隔离	≥10^{8}Ω
敏感材料	压电陶瓷
结构设计	剪切

图 9-9　温度传感器外观图

2. 温度传感器

该传感器内置了高精度温度敏感器件,通过 A/D 转换将模拟量转换为数字量,再通过 RS485 收发电路将温度数据上报给上一级采集单元。监测用温度传感器外观如图 9-9 所示,其性能指标如表 9-3 所示。

表 9-3 温度传感器性能指标

项 目		值
直流供电		10～30V DC
最大功耗		0.3W
默认精度	温度	±0.5℃
探头测温范围		−40℃～+120℃
通信协议		Modbus-RTU
输出信号		RS485 信号
长期稳定性	温度	≤0.1℃/年
响应时间	温度	≤10s（1m/s 风速）

3．噪声传感器

噪声传感器内置一个对声音敏感的电容式驻极体话筒，驻极体面与背电极相对，中间有一个极小的空气隙，形成一个以空气隙和驻极体作为绝缘介质、以背电极和驻极体上的金属层作为两个电极的平板电容器。电容的两极之间有输出电极。由于驻极体薄膜上分布有自由电荷，当声波引起驻极体薄膜振动而产生位移时，改变了电容两极板之间的距离，从而引起电容的容量发生变化，输出电信号。监测用噪声传感器外观如图 9-10 所示，其性能指标如表 9-4 所示。

图 9-10 监测用噪声传感器外观图

表 9-4 噪声传感器性能指标

项 目	值
直流供电（默认）	10～30V DC
功率	0.4W
工作温度和湿度	−20℃～+60℃，0%RH～80%RH
通信接口	RS485 通信（MODBUS）协议
分辨率	0.1dB
测量范围	30～120dB
频率范围	20Hz～12.5kHz
响应时间	≤3s
稳定性	使用周期内小于 2%
噪声精度	±0.5dB

9.2.3.2　数据管理与综合分析分系统

数据管理与综合分析分系统是健康管理中与数据相关操作的核心部分，主要功能是对数据进行管理和综合分析。该部分集成天线状态数据实时采集与汇聚、天线故障诊断与寿命预测分析计算、数据管理与存储等功能。

数据管理与综合分析分系统主要以 Java 语言实现，基于 SpringCloud+Maven +Git+MySQL

完成整体功能的实现。其中，为了提高系统性能和健壮性，引入了 Guava API；为了方便数据库的管理，引入了 MyBatis 插件；为了满足数据的实时性要求，加入 NoSQL 数据库 Redis 作为 MySQL 的缓存层；为了方便日志管理，引入了 SLF4J。

总体来说，以 SpringCloud 微服务为整体架构载体，通过 Maven 进行项目构建和依赖管理，采用 MySQL 进行数据采集和固化处理，并通过引入诸多具有完备良好性能且经过验证的插件对系统功能进行完善优化。

系统的整体运作方式为：采用多线程运行方式，每个子服务都对应至少一个线程池。其中 3 个最主要的线程为：负责从各个天线实时采集数据的线程；负责将采集到的数据存储到 Redis 和 MySQL 的线程；负责和前端界面进行交互的线程。3 个主线程将数据管理模块的采集处理子模块和前端交互模块分离开来，基本实现了两个子系统的功能解耦，既可以提高系统的健壮性和可维护性，也方便了各个子模块内部的更新和维护。同时其他各个子模块以这 3 个线程为基础分别实现各自的功能，彼此之间耦合度降到最低，各自功能完备并且对外依赖性较小。

根据功能，该部分划分为状态实时监测、天线离线监测、天线健康评估、数据管理共四个子模块。

1. 状态实时监测模块

对天线部件温度、振动、噪声等数据进行采集、监测，实时显示当前数据和历史数据，系统根据各个设备不同传感测点和阈值自动报警，保证设备正常运行。实时监测模块界面如图 9-11 所示。

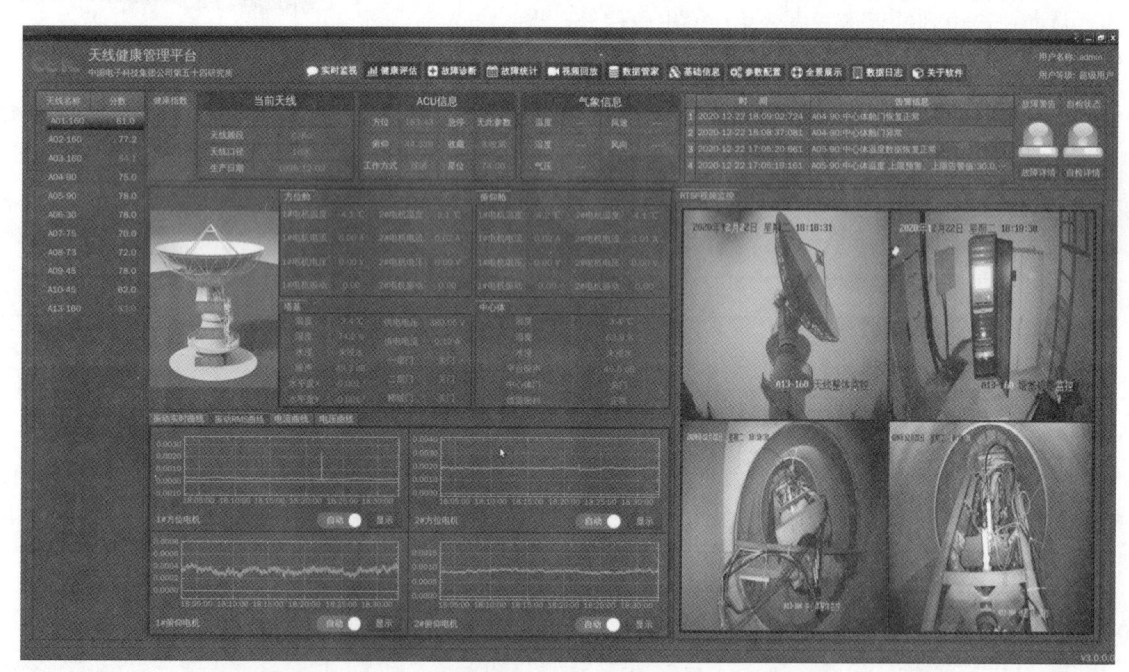

图 9-11 实时监测模块界面

系统可对关键位置振动、温度、噪声等状态数据进行计算和监测，主要包括振动加速度有效值、振动峭度值、噪声分贝值、电机温度、电机电流、转速等。

实时监测模式是天线运行监测平台最主要的工作方式，对于被监控的天线系统，默认的工作方式就是实时监测模式。在实时监测模式下，服务器自动采集天线系统及后端设备的工作状态、运行数据，进行数据处理、数据存盘，实时监测设备是否发生异常，显示状态、数据、曲线和图像。该工作模式不会对天线运行产生任何干扰。

2．离线检测模块

离线检测也被称为健康自测，是通过综合数据分析、模型匹配，对天线系统的部件进行专业分析评判，判定是否存在故障隐患。离线检测首先需要制定健康自测评估计划，对评估的设备、评估范围进行界定，然后向 ACU 发送健康测试命令，待被评估设备执行完相应的命令，软件按照需要采集相应的数据，包括实时和历史数据。通过对设备实时数据和参量的分析，对比历史数据、故障阈值，评估设备的工作参数恶化情况；分析历史数据，对设备故障发生的频度、概率进行统计和分析，结合已建立的设备组成模型、故障树模型，评估给出设备的健康状态。将健康状态作为一个连续取值的变量，进行存储、分析和研究，在故障发生之前即能及时发现问题隐患，及时进行干预维护。离线检测模块界面如图 9-12 所示。

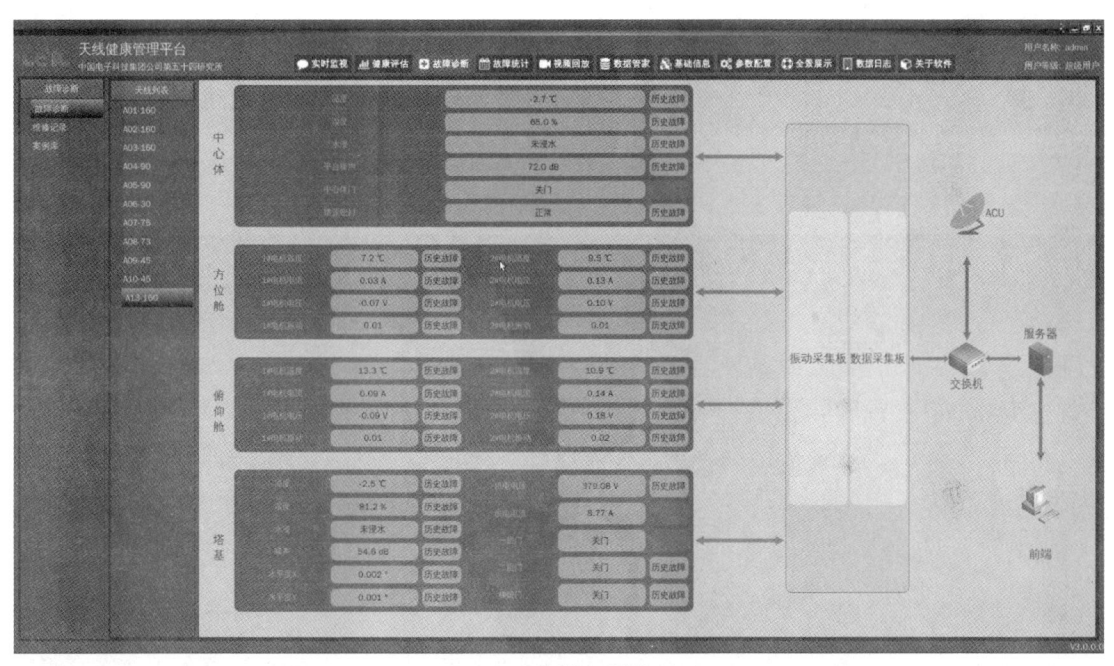

图 9-12　离线检测模块界面

3．健康评估模块

健康评估模块的主要功能是选取天线系统中的某些设备的特征项，结合设计指标、历史数据和实际工程经验，进行健康状态评估，并可以根据健康评估的历史数据进行健康趋势预测，及早发现影响设备正常运行的薄弱处进行处理；可在天线部件异常告警的情况下，随时进行健康状态评估，根据评估结果进行故障确认和定位。健康评估模块界面如图 9-13 所示。

4．数据管理模块

数据管理模块主要完成健康管理系统内部的伺服状态数据、传感器数据、知识库数据和日志数据的存储和管理。数据管理模块界面如图 9-14 所示。

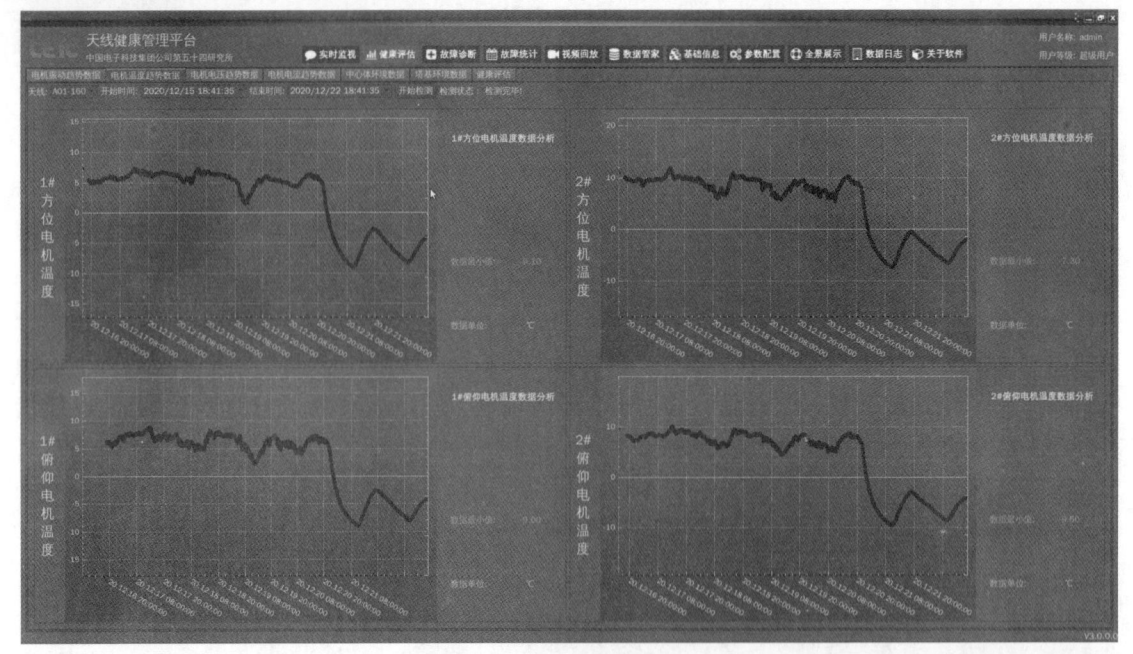

图 9-13 健康评估模块界面

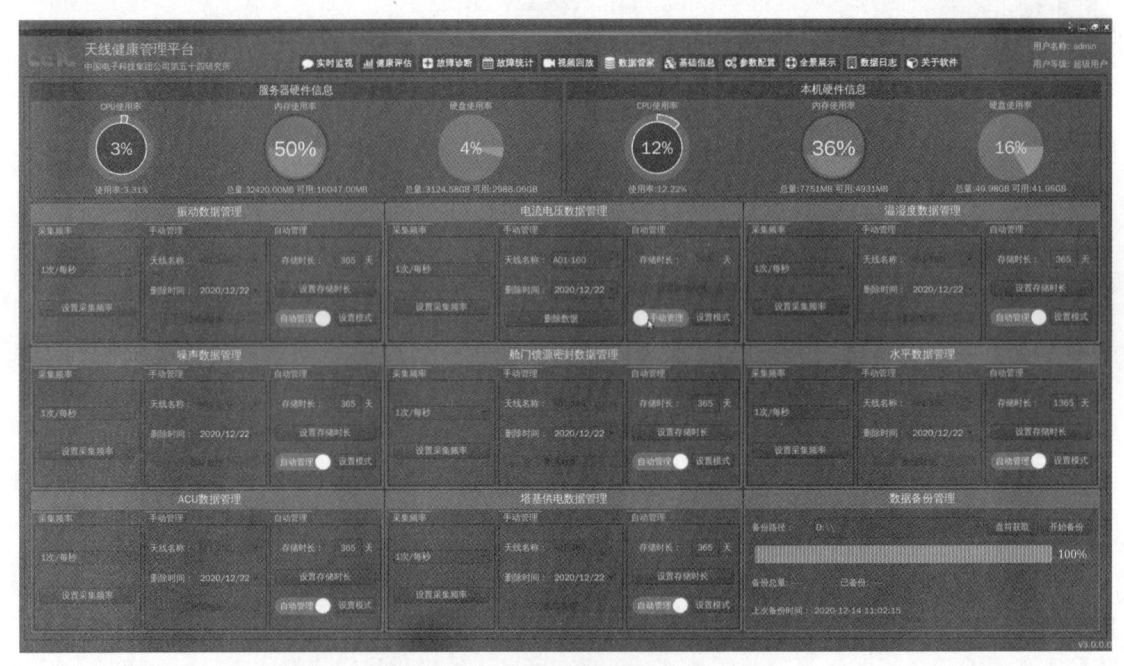

图 9-14 数据管理模块界面

数据管理模块内部数据集中送到 MySQL 数据库进行存储，以方便其他模块使用。为了处理某些对数据实时性要求很高的场景，采集到的数据会直接存储到 Redis 数据库中，优先满足其他子模块的功能，之后再开启异步线程存储到 MySQL 数据库中。

数据库是健康监测系统进行天线系统故障诊断、健康评估等操作过程中各种模型和各种知识信息的来源。知识库包括故障案例库和推理知识库等；模型库用于存储设备组成模型、故障树模型和其他诊断模型；故障案例库用于存储故障案例样本数据；推理知识库用于存储根据征兆、故障及训练样本数目确定的各种推理规则和知识信息。

9.3 故障诊断技术

故障诊断主要包括信号采集、状态监测、分析诊断以及寿命预测等内容，在9.2.2节中，介绍了状态监测和寿命预测等内容，本节主要介绍信号采集与预处理以及典型的故障特征提取技术。

9.3.1 信号采集与预处理

9.3.1.1 模拟信号的采集

模拟信号是进行故障诊断最为重要的数据来源。在天线系统中，与故障诊断相关的模拟信号通常包括振动信号、应变信号、电压电流信号等。对于一个连续模拟信号 $x(t)$ 而言，必须使信号变为有限长度的离散时间信号才能方便计算机进行处理和分析。在信号处理定义中，常把采样定义为将连续模拟信号转换为离散数字信号的过程，该过程包括采样和量化两个过程，如图9-15所示。

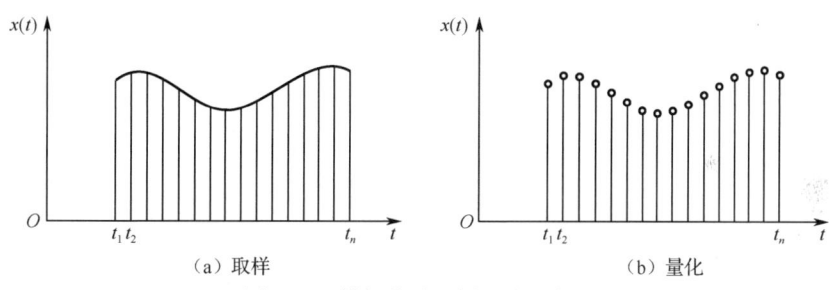

图9-15 模拟信号取样量化示意图

采样是指将连续模拟信号 $x(t)$ 按照一定的时间间隔 Δt 逐点取其瞬时值，而量化是将瞬时值转换为数字编码。可量化的最小单位也被称为量化单位。在实际应用时，采用专门的A/D采样电路实现对模拟信号的采集，通常流程如图9-16所示。为充分利用A/D的量化精度，首先将模拟信号进行放大处理，使模拟信号的幅值与A/D量化范围相匹配；而后通过前置的抗混滤波器，将信号中大于 $1/2\Delta t$ 频率的高频成分过滤掉，防止采样时出现频率混叠；最终通过采样和量化转换为数字形式存储的离散信号。

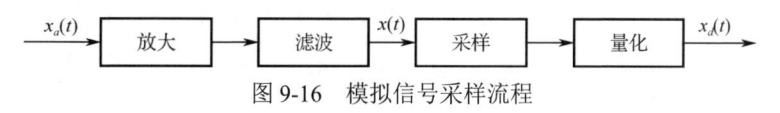

图9-16 模拟信号采样流程

根据采样设备、传感器的不同，需要对信号采集过程中的一些参数进行设置。这些参数如果设置得不合理，会影响分析结果的准确性，甚至得出错误的结论。

1. 信号的采样频率

根据香农采样定理，为了避免出现频率混叠现象，采样频率 f_s 最小值必须大于或等于待取样信号中最高频率 f_c 的 2 倍，即 $f_s \geq 2f_c$。在实际工程应用中，经常将采样频率设定为最高频率的 2.56 倍。如果对信号的频率分辨率要求较高，而对信号谱幅值精度要求不高时，应将采样频率设定得稍低，采集的信号长度尽量长，这样在进行傅里叶变换时可用到的数据更多，频率分辨率可以更高；当对信号谱幅值精度要求较高而对频率分辨率要求不高时，应尽量提高采样频率。如果信号中频率成分较多，而仅关心其中某些频率成分时，可以将关心的最高频率设定为信号的最高频率。市面上常见的数据采集系统，其抗混滤波器截止频率一般为了跟随采样率而变化，不会出现混叠现象，可以充分利用这一特性，降低采样频率。

2. 采集系统的量程

前面提到了模拟信号在进行采样前有放大过程，需要将信号放大以匹配 A/D 量化范围，信号放大倍数对应采集设备不同的量程。当传感器和采集设备硬件确定后，需要选择合适的量程以减小量化误差，提高信号的信噪比。理论上量化量级可以用公式 $Q = 2A/2^M$ 来表示，其中 A 为电压量程，M 为 A/D 位数。当采集设备确定后，M 也随之确定，此时可通过适当减小电压量程提高量化量级。一般而言，对于相对平稳的振动信号，应选择小量程；对于冲击等大动态范围的信号应选择大量程。量程选择不当会出现削波和杂波过多等情况，如图 9-17～图 9-19 所示。

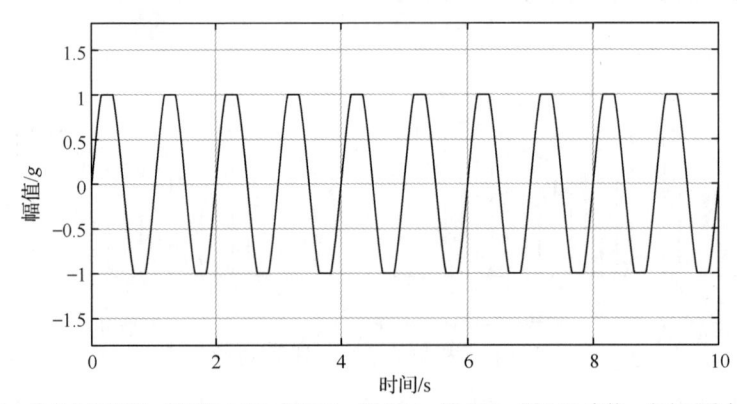

注：图中 g 为重力加速度。后面图 9-18～图 9-21、图 9-24、图 9-31、图 9-32 中的 g 也表示重力加速度。

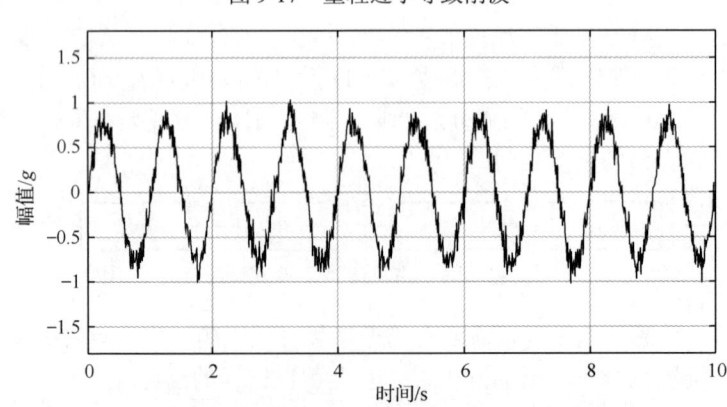

图 9-17 量程过小导致削波

图 9-18 量程过大导致小信号杂波明显

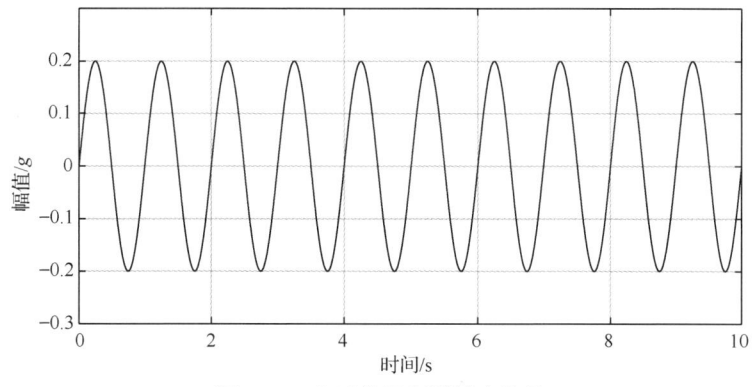

图 9-19 合适的量程测量小信号

9.3.1.2 数字信号的采集

工业控制行业应用着大量不同种类的数字式监测仪表，例如温度计、湿度计、电流表等。这些工业货架产品具有成熟稳定、价格便宜、性能可靠等诸多优点。对于天线系统而言，某些传感器无须专门开发，可直接采用常规工业数字仪表用于故障诊断和状态监测。这类工业用数字仪表常用的数据接口主要有 RS485、RS232、CAN、EtherCAT 等。

RS485 总线采用差分接收、平衡驱动的方式，是一种串行总线，具有成本低、通信可靠的优点。在选择 RS485 总线传感器时，要根据天线系统实际情况需要，尽量选择带有 TVS 保护器件的传感器，为避免开发周期过长，应尽量选择采用成熟协议如 MODBUS 协议的传感器。在传感器安装与施工时，要注意阻抗匹配和信号反射问题，同时安装要尽量远离电磁干扰源。

RS232 是最为常见的一种串行通信接口，一般的计算机中均带有这种接口。串行通信一般在两个工作站之间进行，RS232 一般有三种工作方式：

- 单工方式，在该方式下每一个工作站只有一种功能，一方只发送数据，另一方只接收数据，数据是按照固定方向单向传输的。
- 半双工方式，在该方式下两工作站均有收、发功能，但是在一次传输过程中，一方功能是固定的，只能是一方发送另一方接收。数据不能同时在两个方向上传输。
- 全双工方式，两个工作站均有收、发功能，并且在同一次传输过程中，双方均可发送和接收，数据是在两个方向进行传输的。

在应用 RS232 接口传感器时要注意线缆电磁防护，防止干扰串入。

9.3.1.3 信号预处理

1. 剔除野点

在数据采集和传输过程中，由于信号干扰、协议解析错误、A/D 转换失效等各种原因，容易出现偏离正常值较大水平的"噪声点"。这些噪声点数量占离散信号总点数并不多，往往单独出现，也被称为野点。由于野点的存在，信号的信噪比会降低，功率谱也会出现偏差，会干扰某些依赖统计规律进行故障诊断的方法。野点的检测可以采用人工检视、差分、滤波、聚类等方法，如图 9-20 所示。

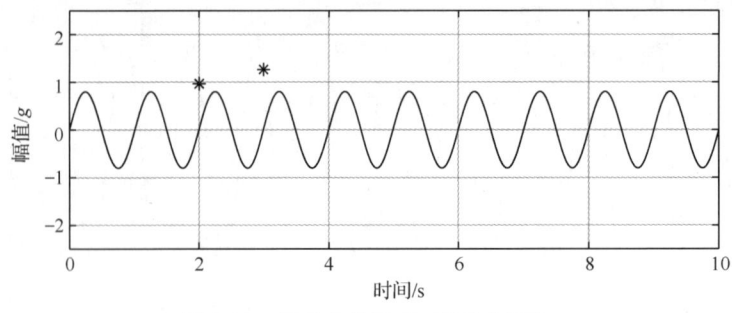

图 9-20 信号中的野点("*"标记)

2. 零均值化

某些数据均值不为零,这类数据在进行频谱分析时会带来较强的低频直流项,非零均值信号如图 9-21 所示。当不需要对直流分量进行分析时,需要将分析信号转换为均值为零的信号。令 x 为原始信号,则零均值化的信号 y 为

$$y = x - \frac{1}{N}\sum_{n=1}^{N} x_n \tag{9-26}$$

其中,N 为信号点总个数。

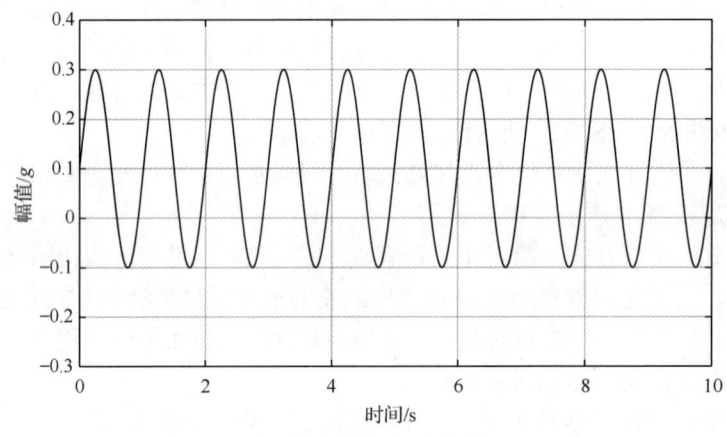

图 9-21 非零均值信号

3. 消除趋势项

由于信号采集系统、传感器存在温漂等原因,导致采集信号中包含趋势项,趋势项通常是样本记录中周期较长的频率成分。趋势项会使信号谱图中的低频成分真实性降低,但某些信号中趋势项则是正常数据,是真实反映天线结构响应的数据。因此,消除趋势项是一项重要工作,需要结合传感器与信号实际特点确定趋势项成分。消除趋势项常用的方法有多项式最小二乘拟合方法、信号分解方法、滤波法等。未消除趋势项的信号数据如图 9-22 所示,消除趋势项的信号数据如图 9-23 所示。

图 9-22 未消除趋势项的信号数据

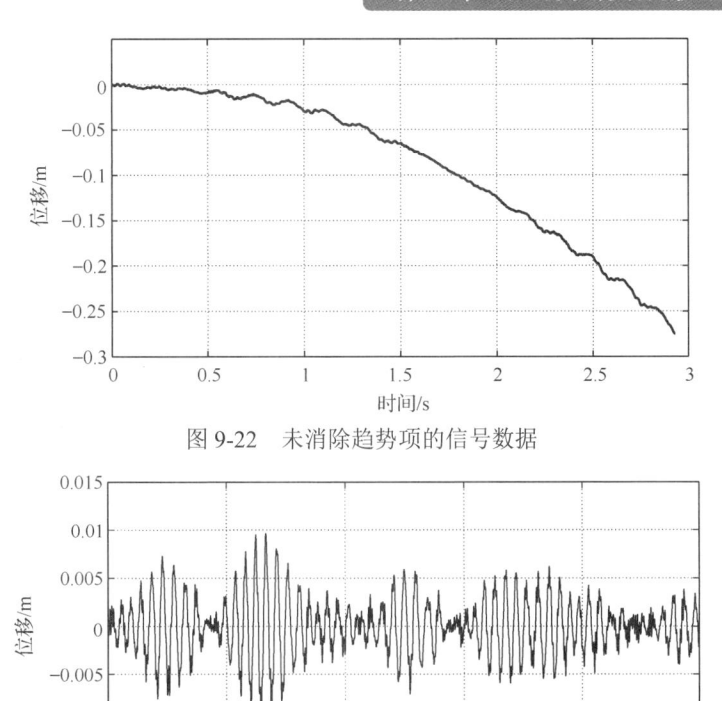

图 9-23 消除趋势项的信号数据

9.3.2 故障特征提取与选择

天线结构状态信息的获得有很多种方法，其中基于振动的监测和故障诊断是当前普遍采用的方法。当天线结构发生故障时，一般伴随着异常的振动、声音等现象。通过对天线结构振动信息的测量和分析，能够获得大量的故障特征。常用的特征分析方法包括时域特征分析、频域特征分析以及时频域特征分析方法。

1. 时域特征与分析方法

振动传感器输出的信号一般是时域信号，因此时域振动波形是最原始的振动信息源，通过对时域信号进行分析，可以获得大量有用的故障特征。

在天线结构的故障诊断中，常用振动信号的峰-峰值 X_{p-p} 表示信号振动幅值的大小。峰-峰值即信号最大值与最小值之间的幅值差，也称为信号的通频幅值。

对时域信号采样点值先求平方，再求平均值，最后开方，可以得到信号的均方根值。它是反映振动能量大小的重要指标，如果将均方根值与时间变化联系起来，可以很好地反映振幅随时间的缓慢变化过程，因此常用均方根值的变化趋势来判断系统的状态和故障。

峭度值是归一化四阶中心矩，是一种无量纲参数，可以用来衡量信号相对于正态分布的峰度或平整度。峭度常用于滚动轴承的故障诊断中，对早期的故障有很好的诊断效果。

设振动信号为 $x=[x(1),x(2),\cdots,x(N)]$，其中 N 为采样长度，常用的时域特征计算公式如表 9-5 所示。

表 9-5 时域特征计算公式表

特征参数	表达式	特征参数	表达式
最大值	$F_1=\max(x(i))$	偏斜度	$F_9=\frac{1}{N}\sum_{i=1}^{N}(x(i)-\bar{X})^3$
均值	$F_2=\frac{1}{N}\sum_{i=1}^{N}x(i)$	峭度	$F_{10}=\frac{1}{N}\sum_{i=1}^{N}(x(i)-\bar{X})^4$
平均幅值	$F_3=\frac{1}{N}\sum_{i=1}^{N}\lvert x(i)\rvert$	波形因数	$F_{11}=\frac{F_6}{F_3}$
方根幅值	$F_4=\left(\frac{1}{N}\sum_{i=1}^{N}\sqrt{\lvert x(i)\rvert}\right)^2$	峰值因数	$F_{12}=\frac{F_1}{F_6}$
均方值	$F_5=\frac{1}{N}\sum_{i=1}^{N}x^2(i)$	脉冲因数	$F_{13}=\frac{F_1}{F_3}$
均方根值	$F_6=\sqrt{\frac{1}{N}\sum_{i=1}^{N}x^2(i)}$	裕度指标	$F_{14}=\frac{F_1}{F_4}$
方差	$F_7=\frac{1}{N-1}\sum_{i=1}^{N}(x(i)-\bar{X})^2$	峭度指标	$F_{15}=\frac{F_{10}}{F_8^4}$
标准差	$F_8=\sqrt{\frac{1}{N-1}\sum_{i=1}^{N}(x(i)-\bar{X})^2}$	偏度指标	$F_{16}=\frac{F_9}{F_8^4}$

峭度、裕度和脉冲因数等指标对天线部件响应信号中脉冲类型的特征比较敏感，当出现早期故障时，这些指标往往有非常明显的变化；随着故障的发展，当指标上升到一定程度后，往往不再增加甚至出现下降。这类现象表明这些指标对早期的故障有很好的敏感性，但是在稳定性方面有所不足。通常情况下，均方根值有比较好的敏感性，但是对早期故障不够敏感。因此，为了取得更好的诊断效果，往往采用多个指标综合判断。

2. 频域特征与分析方法

频域特征是信号经傅里叶变换至频域，在频域中提取得到的信号特征。假设信号为 x，定义经 FFT 变换后的谱线为 $s(k)$，其中 $k=1,2,\cdots,K$，K 为谱线总数，f_k 为第 k 条谱线所对应的频率值，常用的频域特征计算公式如表 9-6 所示。

表 9-6 频域特征计算公式表

特征参数	表达式	特征参数	表达式
幅值平均值	$S_1=\frac{1}{K}\sum_{k=1}^{K}s(k)$	幅值偏度指标	$S_7=\frac{\sum_{k=1}^{K}[s(k)-\bar{S}]^3}{\sqrt{S_6}^3}$
重心频率	$S_2=\frac{\sum_{k=1}^{K}f_k s(k)}{\sum_{k=1}^{K}s(k)}$	幅值峭度指标	$S_8=\frac{\sum_{k=1}^{K}[s(k)-\bar{S}]^4}{S_6^2}$
均方频率	$S_3=\frac{\sum_{k=1}^{K}f_k^2 s(k)}{\sum_{k=1}^{K}s(k)}$	频率标准差	$S_9=\sqrt{\frac{\sum_{k=1}^{K}(f_k-S_2)^2 s(k)}{\sum_{k=1}^{K}s(k)}}$

续表

特征参数	表 达 式	特征参数	表 达 式
频率方差	$S_4 = \dfrac{\sum_{k=1}^{K}(f_k - S_2)^2 s(k)}{\sum_{k=1}^{K} s(k)}$	频域频率歪度	$S_{10} = \dfrac{\sum_{k=1}^{K}(f_k - S_2)^3 s(k)}{AC^3 K}$
均方根频率	$S_5 = \sqrt{\dfrac{\sum_{k=1}^{K} f_k^2 s(k)}{\sum_{k=1}^{K} s(k)}}$	频域频率峭度	$S_{11} = \dfrac{\sum_{k=1}^{K}(f_k - S_2)^4 s(k)}{AC^4 K}$
幅值方差	$S_6 = \dfrac{1}{K-1}\sum_{k=1}^{K}[s(k) - \bar{S}]^2$	平方根比率	$S_{12} = \dfrac{\sum_{k=1}^{K}\sqrt{|f_k - S_2|}\, s(k)}{\sqrt{AC}\, K}$

注：表中 $AC = \left[\sum_{k=1}^{K}(f_k - F_{15})^2 s(k)/K\right]^{1/2}$

在天线结构故障诊断中，最常用的信号处理方法就是频域分析方法。这是因为天线部件在运行时受到电机、风载等多种形式的动载荷激励，结构本身产生一定的振动响应，这些振动响应会随着天线部件内部故障的出现和发展呈现出频率成分的变化。例如轴承内部出现点蚀后，其振动响应信号中特定频率成分信号幅值会增大。根据轴的转速和轴承的几何尺寸，即可推断出该频率值，通过监测该频率分量幅值的变化，即可对轴承故障进行识别和分析。

频谱分析是频域分析手段中最直接的一种方法，通过傅里叶变换能够将信号在频域上的分布情况进行直观展示。常用的频谱类型有幅值谱和功率谱密度，分别代表了信号在不同频率上的幅值和功率密度。如图 9-24 所示为某结构件的功率谱密度。

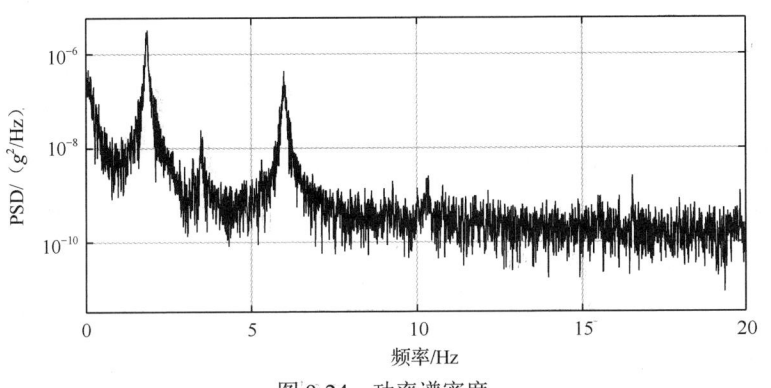

图 9-24 功率谱密度

倒频谱分析，也称为倒谱分析，是信号处理的一项新技术，用于检测频谱图中的周期性成分。首先对信号的功率谱取对数，然后再进行傅里叶逆变换，得到倒频谱。频谱图中的周期性成分在倒频谱中呈现为单根谱线。倒频谱分析常用于齿轮和轴承的故障诊断中：齿轮和轴承出故障时会在信号中产生调制边频带，利用倒谱分析可以将成簇的边频带转换成单根谱线，更容易反映出故障特征频率，进而判断齿轮或轴承的故障类型。倒频谱计算公式见式（9-27），其中，$S_x(f)$ 为信号功率谱，f 为频率。

$$C_x(q) = F^{-1}\{\ln[S_x(f)]\} = \int_{-\infty}^{+\infty} \ln[S_x(f)] e^{j2\pi f q} df \qquad (9-27)$$

包络分析，或称为共振解调分析，是用于提取调制在高频载波信号上的低频信号。当轴承、齿轮表面出现故障时，会产生周期性的振动冲击信号，这些冲击激励会造成轴承座、齿轮等部件的固有振动。这类故障产生时信号的时域波形往往呈现明显的周期性包络变化,这是由于故障特征频率通过调幅调制到更高频率的结构固有频率上造成的。信号的频域特征变现为啮合频率及倍频附近有调制边频带现象,该现象可以用式(9-28)表示。

$$Y(t) = G(t) + \sum K_G(t)E_G(t) + \sum K_B(t)E_B(t) + n(t) + \sum K_X(t)E_G(t) \quad (9\text{-}28)$$

式中,$G(t)$ 为低频信号,$K(t)$ 为载波信号,$E(t)$ 为调制信号,$\sum K_G(t)E_G(t)$ 代表齿轮啮合频率及高次谐波调制信号,$\sum K_B(t)E_B(t)$ 代表轴承振动频率及调制的干扰信号,$\sum K_X(t)E_G(t)$ 代表箱体和齿轮的振动信号及调制信号,$n(t)$ 为其他干扰信号。通过滤波技术,将由于冲击引起的高频固有振动信号分离出来,然后使用包络检波,提取与故障特征频率对应的包络信号,再从包络信号的强度和频次判断出零件损伤的程度和部位。

3. 时频域特征分析

对于复杂的天线结构,监测到的振动信号往往为非线性、非平稳信号,并且由于不同的故障模式包含了不同的故障特征,因此对于信号的局部处理提出了更高的要求。时频域分析方法可以在时间维度上对频谱变化进行分析,得到更多故障特征。除了经典的短时傅里叶变换方法,将 EMD(Empirical Mode Decomposition)分解方法和 Hilbert 能量谱分析方法结合,形成了 Hilbert-Huang 变换方法。该方法能够根据信号局部时变特征进行自适应分解,克服了小波变换方法中人工选择小波基的问题;由于引入了瞬时频率,与短时傅里叶变换相比,其谱图能量聚集性更强,时频分辨率更高。

假设一个振动信号为 $x(t)$,首先利用 EMD 方法将其分解为有限个模式分量(IMF)之和,具体过程为:

(1)确定信号中的局部极值点,用三次样条曲线将极大值和极小值点分别连接起来,形成上下包络线,将包络线的平均值记为 m_1,求出 $x(t) - m_1 = h_1$。

(2)如果 h_1 不满足 IMF 的条件,把 h_1 作为原始数据,重复步骤(1),得到上下包络线的平均值 m_{11},再判断 $h_{11} = h_1 - m_{11}$ 是否满足 IMF 条件。如果不满足则重复 k 次得到 $h_{1(k-1)} - m_{1k} = h_{1k}$,使得 h_{1k} 满足 IMF 条件。记 $c_1 = h_{1k}$ 为信号 $x(t)$ 的第一个满足 IMF 条件的分量。

(3)将 c_1 从 $x(t)$ 中分离出来,得到 $r_1 = x(t) - c_1$,作为原始数据重复步骤(1)和(2),得到信号的第二个模式分量,重复循环 n 次即有

$$\begin{cases} r_1 - c_2 = r_2 \\ \vdots \\ r_{n-1} - c_n = r_n \end{cases} \quad (9\text{-}29)$$

由此,信号 $x(t)$ 被分解为 n 个基本模式分量和一个残量之和

$$x(t) = \sum_{i=1}^{n} c_i + r_n \quad (9\text{-}30)$$

将分离后的信号进行 Hilbert 变换有

$$H[c_i(t)] = \frac{1}{\pi} \int_{-\infty}^{\infty} \frac{c_i(t)}{t - \tau} d\tau \quad (9\text{-}31)$$

构造解析信号

$$z_i(t) = c_i(t) + jH[c_i(t)] = a_i(t)\exp(j\varphi_i(t)) \quad (9\text{-}32)$$

从而可以求得幅值函数和相位函数,进一步即可得到

$$x(t) = \text{Re} \sum_{i=1}^{n} a_i(t) \exp(j\varphi_i(t)) = \text{Re} \sum_{i=1}^{n} a_i(t) \exp\left[j\int \omega_i(t) dt\right] \quad (9\text{-}33)$$

将式（9-33）展开即为 Hilbert 谱

$$H(\omega, t) = \text{Re} \sum_{i=1}^{n} a_i(t) \exp\left[j\int \omega_i(t) dt\right] \quad (9\text{-}34)$$

定义 Hilbert 边际谱为

$$h(\omega) = \int_0^T H(\omega, t) dt \quad (9\text{-}35)$$

9.3.3 典型天线部件故障诊断

9.3.3.1 俯仰轴连接箱体异响故障

某大型天线在俯仰运动时，俯仰轴一侧箱体附近发出异响，首先对异响与俯仰角度关系进行判断。利用记录下的发生响声时刻的俯仰角可以计算出发生响声的俯仰角统计直方图。从图 9-25 和图 9-26 可以看出：天线由 5°转向 90°时，在 25°之后才出现响声，在 62°和 85°附近出现频次较高；天线由 90°转至 5°时，响声发生次数基本服从平均分布，在 10°和 50°附近出现的频次较高。总体上看，异响发生与俯仰角度位置没有直接关系，说明异响与俯仰轴承关系不大。

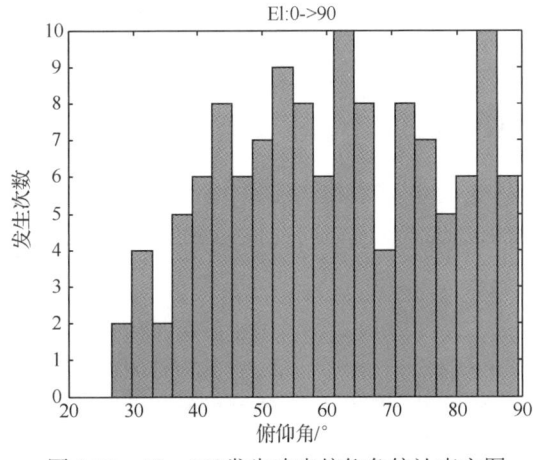

图 9-25 5°~90°发生响声俯仰角统计直方图 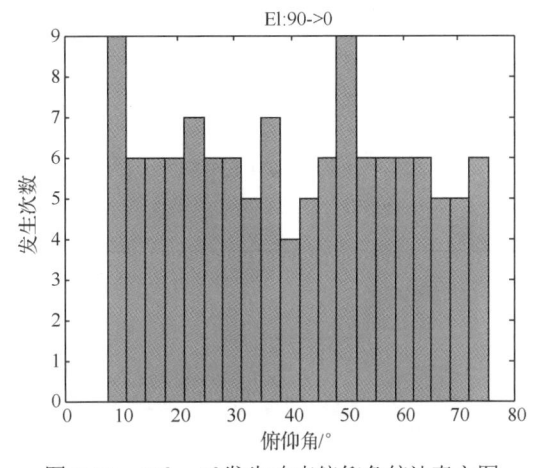   图 9-26 90°~5°发生响声俯仰角统计直方图

由于结构复杂、尺寸较大，从声音来源判断故障位置非常困难，应在俯仰轴连接法兰位置布置振动加速度传感器，通过加速度响应定位故障位置。加速度振动传感器布置如图 9-27 和图 9-28 所示。通过振动到达传感器延时判断故障发生位置，各传感器采集到的振动信号如图 9-29 所示，从图中可以看出 7 号传感器最先接收到振动响应。以 7 号传感器为基准，其他各传感器接收振动延时如表 9-7 所示。结合表中数据，判定 7、6 号传感器之间的螺栓可能存在故障。经现场检查，确定 7 号传感器附近螺栓出现故障。

图 9-27 加速度振动传感器布置（一） 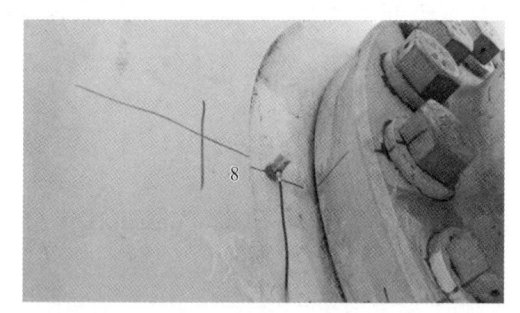　　图 9-28 加速度振动传感器布置（二）

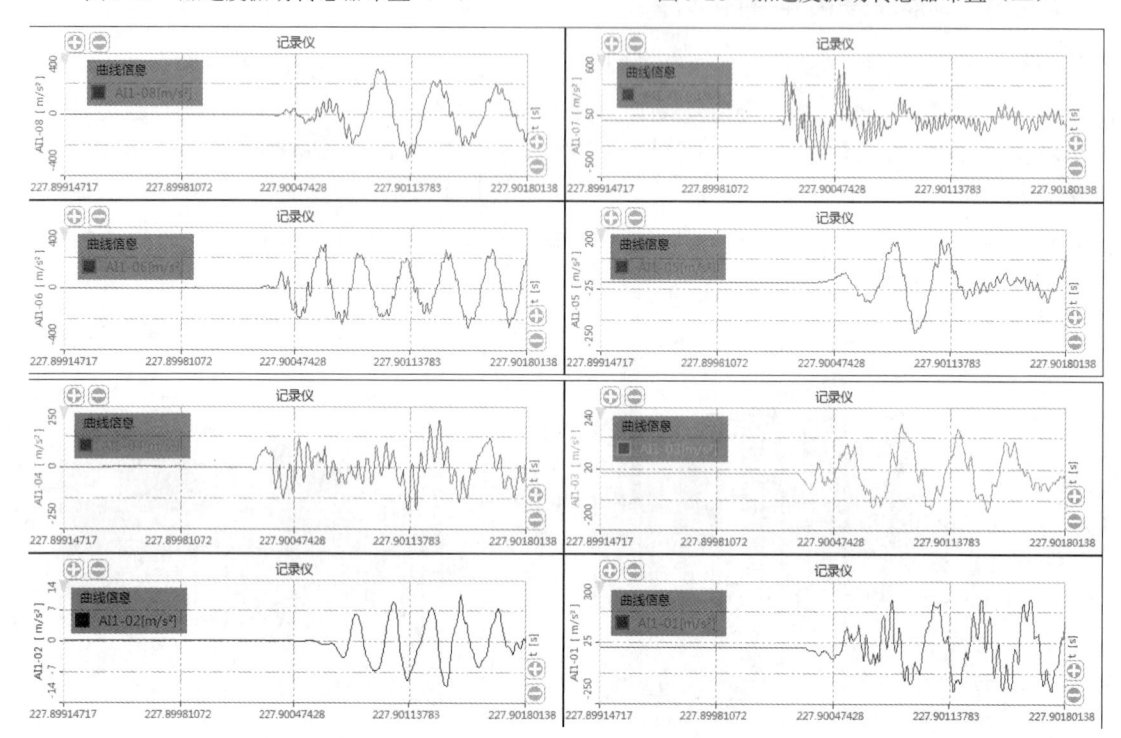

图 9-29 单次冲击响应时程放大图

表 9-7 单次冲击各测点响应延时比较

顺 序 序 号	传感器编号	位置 （左、右均以面向俯仰轴为准）	延时/ms （与序号 1 相比）
1	7	前板底部	—
2	4	轴底部	0.047
3	6	前板右端	0.117
4	3	轴右侧端	0.144
5	1	轴顶端	0.195
6	8	前板左端	0.227

顺 序 序 号	传感器编号	位置 （左、右均以面向俯仰轴为准）	延时/ms （与序号 1 相比）
7	5	前板顶端	0.336
8	2	轴承座前端	0.555

9.3.3.2 螺栓松动故障特征提取

本章 9.3.2 节介绍了天线部件常见故障的特征提取方法，对于某些天线部件而言，需要根据实际情况组合用到若干种算法，下面以某 1.8m 口径反射面天线座为例，介绍故障特征综合提取方法。

某型号 1.8m 口径天线已部署状态监测系统，其中电机、减速器各安装了一个单向加速度传感器。在出现减速器螺栓松动现象后，检查减速器振动加速度响应曲线如图 9-30 所示，与正常状态下减速器振动加速度响应曲线（图 9-31）对比，波形差异不大。故障状态时加速度振动均方根值为 0.19，而正常状态下的均方根值为 0.18，二者差异不大。

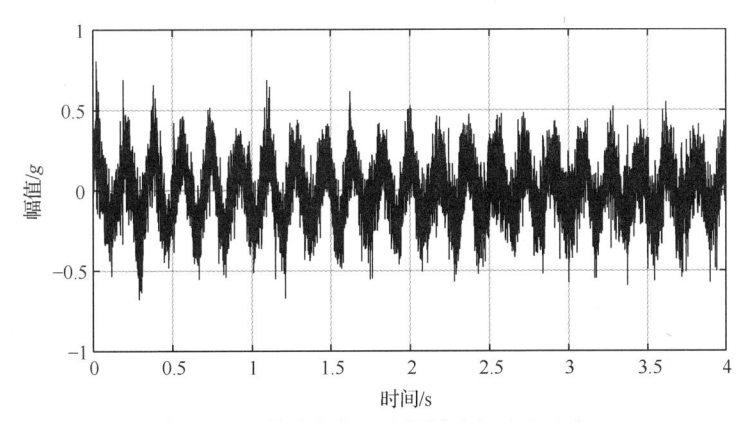

图 9-30　故障状态减速器振动加速度响应

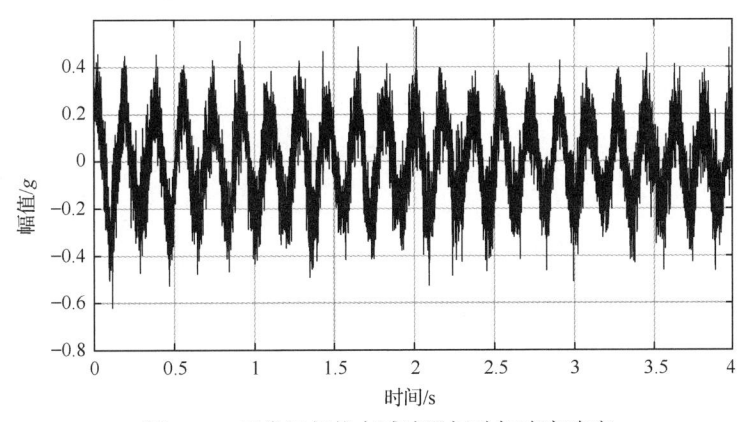

图 9-31　正常运行状态减速器振动加速度响应

利用频谱分析方法计算得到故障和正常状态下自功率谱密度，如图 9-32 所示。从图中容易看出，加速度响应频谱在 200～400Hz 之间差异明显，可对该频段单独计算均方根值作为故障特征。首先对加速度响应求自功率谱密度，然后在 200～400Hz 频段求定积分，最后开方即为该频段加速度均方根值。对于图中的加速度信号,故障状态的分频段均方根值为 $0.0727g$,正常状态为 $0.0165g$,两者差异明显。经故障重现并反复验证,该故障特征简单有效,可准确识别该型号天线减速器螺栓松动故障。

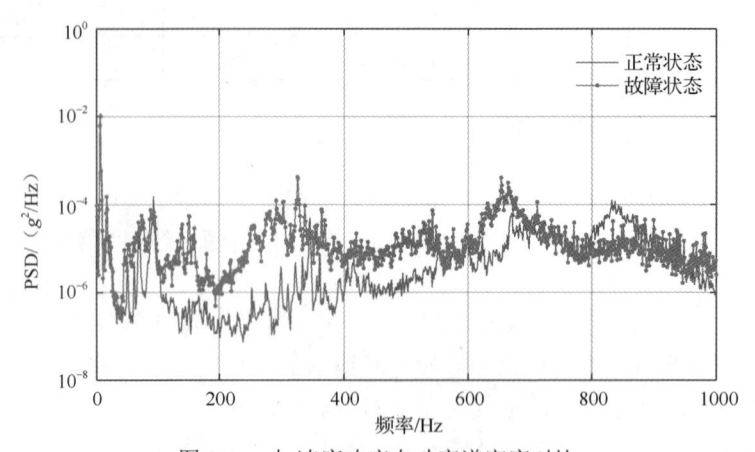

图 9-32 加速度响应自功率谱密度对比

参 考 文 献

[1] 马汉炎. 天线技术. 哈尔滨：哈尔滨工业大学出版社，2002.

[2] 魏文元，宫德明，等. 天线原理.北京：国防工业出版社，1985.

[3] Stutzman W L, Thiele G A.Antenna Theory and Design.New Jersey: John Wiley & Sons, 2012.

[4] Kraus J D, Marhefka R J. 天线. 章文勋，译. 北京：电子工业出版社，2013.

[5] 叶尚辉，李在贵. 天线结构设计. 西安：西北电讯工程学院出版社，1986.

[6] Imbriale W A.Large Antennas of the Deep Space Network.New Jersey: John Wiley & Sons, 2003.

[7] 童创明，梁建刚，等. 电磁场微波技术与天线. 西安：西北工业大学出版社，2009.

[8] Baars J W M.The Paraboloidal Reflector Antenna in Radio Astronomy and Communication Theory and Practice.New York: Springer, 2007.

[9] Karcher H J. Telescopes as Mechatronic Systems.IEEE Antennas and Propagation Magazine, 2006, 48(2): 17-37.

[10] 吴凤高. 天线座结构设计. 西安：西北电讯工程学院出版社，1986.

[11] 龚振邦，陈守春. 伺服机械传动装置. 北京：国防工业出版社，1979.

[12] Stewart D. A Platform with Six Degrees of Freedom.Proceedings of the Institution of Mechanical Engineers.1965, 180(15): 371-386.

[13] 张家生. 电机原理与拖动基础. 北京：北京邮电大学出版社，2006.

[14] Baars J W M, Karcher H J. 射电望远镜天线设计、构造与历史演化. 郑元鹏，等译. 北京：电子工业出版社，2021.

[15] 白国应. 关于力学文献分类的研究. 图书馆建设，2003, 01: 56-61.

[16] 吴家龙. 弹性力学. 北京：高等教育出版社，2008.

[17] 姚伟岸，钟万勰. 辛弹性力学. 北京：高等教育出版社，2002.

[18] Anil K. Chopra. 结构动力学理论及其在地震工程中的应用. 谢礼立，吕大刚，等译. 北京：高等教育出版社，2007.

[19] 李成辉. 振动理论与分析基础. 成都：西南交通大学出版社，2015.

[20] Gawronski W, Souccar K. Control Systems of the Large Millimeter Telescope. IEEE Antennas and Propagation Magazine, 2005, 47(4): 41-49.

[21] Gawronski W. Control and Pointing Challenges of Large Antennas and Telescopes. IEEE Transactions on Control Systems Technology, 2007, 15(2): 276-289.

[22] 周立峰，巢来春. 伺服系统基本原理. 北京：国防工业出版社，1979.

[23] Bely P Y. The Design and Construction of Large Optical Telescopes. New York: Springer, 2003.

[24] Song S H, Ji J K, Sul H K, et al.Torsional Vibration Suppression Control in 2-Mass System by State Feedback Speed Controller.IEEE Conference on Control Applications, 1993: 129-134.

[25] 王德纯，丁家会，程望东. 精密跟踪测量雷达技术. 北京：电子工业出版社，2006.

[26] Roy Levy. Structural Engineering of Microwave Antennas: for Electrical, Mechanical, and Civil Engineers. New York: IEEE Press, 1996.

[27] 杜平安，甘娥忠，等. 有限元法-原理、建模及应用. 北京：国防工业出版社，2004.

[28] 叶天麟，周天孝，李铁柏. 航空结构有限元分析指南. 北京：航空工业出版社，1996.

[29] 段宝岩. 天线结构分析、优化与测量. 西安：西安电子科技大学出版社，1998.

[30] Hoerner S V. Design of Large Steerable Antennas. The Astronomical Journal, 1967, 72(1): 35-47.

[31] 段宝岩. 电子装备机电耦合理论、方法及应用. 北京：科学出版社，2011.

[32] 王从思，段宝岩，等. 大面形天线 CAE 分析与电性能计算的集成. 电波科学学报，2007, 22(2): 292-298.

[33] 王从思，段宝岩. 反射面天线机电场耦合关系式及其应用. 电子学报，2011, 39(6): 1431-1435.

[34] 王从思，李江江，等. 大型反射面天线变形补偿技术研究进展. 电子机械工程，2013, 29(2): 5-10.

[35] 王从思，王伟，等. 微波天线多场耦合理论与技术. 北京：科学出版社，2015.